JN441658

증보개정판

쉬운
식품분석

양종범 · 오창환
윤경영 · 이근보 공저

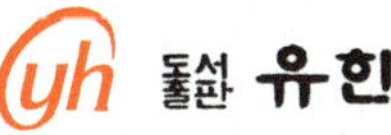

도서출판 유한문화사

머 리 말

영국의 물리학자 아이작 뉴튼(Isaac Newton)이 자신을 "진리의 대양에서 매끈한 조약돌을 찾으려는 소년"이라고 이야기하였듯이, 과학자들에게 세상은 여전히 수수께끼 투성이다. 하지만, 나노기술(nano-technology)이 실생활에 적용되고, 자율주행차의 탄생이 거의 마무리 단계에 있으며, 수십만 번 접었다 펴도 흠집이 나지 않는 필름이 개발되어 병풍 모양의 폴더블 폰이 출시될 정도로 과학기술은 눈부시게 발전하고 있다. 식품과학 관련분야 역시 새로운 기술과 제품을 꾸준히 개발하면서 인류의 건강증진에 크게 기여하고 있다.

최근, 웰빙(well-being)과 웰에이징(well-aging)을 추구하면서 식품의 건강기능성에 대한 관심이 크게 높아지고 있다. 그리고 산업의 발달과 세계화로 인하여 식품 중의 잔류농약, 잔류항생물질, 환경호르몬, GMO, 중금속, 위해첨가물 및 가공 중에 생성되는 예기치 못한 유해물질 등이 우리 사회의 중요 이슈가 되고 있다. 식품은 무엇보다도 안전성이 최우선적으로 보장되어야 하며, 식품의 안전성을 확인하기 위해서는 식품에 대한 철저한 분석이 선행되어야 한다.

식품분석은 식품의 영양성과 안전성을 확인하기 위하여 식품의 성분과 상태를 분석하는 학문인데, 크게 일반성분 분석, 특수성분 분석, 영양학적 분석, 유해물질의 분석 및 생물학적 분석으로 나누어진다. 과학의 발달로 하루가 다르게 새로운 식품분석 방법이 개발되고 있지만, 식품분석의 원리를 정확하게 이해하고 그것을 유용하게 활용할 수 있는 능력을 갖추는 것은 대단히 중요하다. 왜냐하면 이것은 최적의 분석 방법을 선택하여 좋은 결과를 얻고, 그 결과를 올바르게 해석하고 응용하는 데 필수 조건이기 때문이다.

지금까지의 식품분석 교재는 일반적으로 범위가 너무 방대하고 어려워, 식품분석을 공부하는 학생들에게는 다소 어렵게 느껴지는 경향이 있었다고 생각한다. 따라서 저자들은 현장에서의 풍부한 경험을 바탕으로 학생들이 보다 쉽게 이해할 수 있으며 쉽게 적용할 수 있는 식품분석 교재를 저술하고자 하였다. 이 책에서는 그 내용을 학생들이 자주 접하는 식품분석 방법으로 제한하여 최대한 쉽게 서술하고자 하였으며, 각 절의 마지막에는 '실험 예'를 통하여 총정리할 수 있도록 하였다. 그러므로 이 책은 학생들이 식품분석의 기초 원리를 습득하는 데 크게 도움이 되리라고 믿는다. 이 책을 통하여 독자 여러분들이 식품분석에 대한 이해를 높이고, 그 결과 식품과학의 발전에 이바지하였으면 하는 마음 간절하다.

많은 부족함이 있음에도 불구하고 독자들의 성원에 힘을 얻어 이번에 세 번째 개정판을 출판하게 되었다. 이번 세 번째 개정판을 준비하면서 책의 내용 중에 잘못된 부분을 수정하고 부족한 부분을 보완하면서, 특히 안전을 강조하기 위하여 각 절의 '실험 예'에서 사용되는 시약들의 안전보건표지(GHS hazard pictograms)를 표시하였다. 하지만 아직도 저자들의 제한된 지식 등으로 인한 미흡함을 감출 수가 없다고 생각한다. 이러한 부분은 독자들의 애정 어린 충고를 바탕으로 지속적으로 계속 수정하고 보완하고자 한다.

끝으로 코로나 19로 인하여 어려운 가운데서도 이 책의 개정판 출판을 결정하시고, 출판되기까지 헌신적인 노고와 열정을 아끼지 않으신 유한문화사 사장님과 직원 여러분께 감사의 인사를 드린다.

2021년 4월
저자 일동

일러두기

다음은 이 책과 관련하여 독자들이 참고하여야 할 사항(표현 방법 등)이다.

1. 이 책에서는 식품분석과 관련한 중요 실험 중에서 대학에서 약 2~4시간 정도에 실험을 마칠 수 있는 내용을 선택하여 설명하였다.
2. 이 책은 총 8장으로 구성되어 있고, 각 장에서는 그와 관련한 여러 가지 분석법을 설명하고 있다. 내용 중에 '**절**'이란 각 장에 설명하고 있는 각각의 분석법을 말한다.
   1) 69 페이지(제1장 7. 용액의 농도계수 측정 Ⅱ)의 17줄
   '6절에서는' → '6절'은 제1장의 6번째 실험내용을 뜻한다.
   2) 169 페이지(제3장 4. 개량 Kjeldahl 법에 의한 조단백질 정량)의 22줄
   '3절의' → '3절'은 제3장의 3번째 실험내용을 뜻한다.
3. 이 책에서는 실험 중의 안전, 특히 화학약품과 관련한 안전을 강조하기 위하여 각 절의 실험 예에서 사용되는 화학약품에 대하여 '한국산업안전보건공단 화학물질 정보'에서 제공하는 MSDS의 안전보건표지(GHS hazard pictograms)를 표시하였다.
4. 이 책의 제1장 2절(실험을 하기 전에…)과 제8장 1절(흡광광도법)은 같은 저자가 저술한 『쉬운 기기분석(김태화 등, 2019, 유한문화사)』의 내용과 같다.
5. 이 책에서는 책의 편집상, 그림이나 표의 출처 표시가 매끄럽지 않은 경우에는 그 출처를 참고문헌에 별도로 표기하였다.
6. 본문 중에서 참조할 내용의 '장'이 다를 경우에는 '장'을 기록하였지만, 참조할 내용의 '장'이 같을 경우에는 '장'을 생략하였다.
   1) 159 페이지(**제3장** 주요 성분의 정량 분석, 3절)의 1줄
   (1.1항, p. 147) → 3장 1절의 1.1항(147 페이지)을 뜻한다.
   2) 163 페이지(**제3장** 주요 성분의 정량 분석, 3절)의 1줄
   (제2장 1.1항, p. 99) → 2장 1절의 1.1항(99 페이지)을 뜻한다.
   3) 253 페이지(**제4장** 단백질의 분석, 6절)의 26줄
   'ninhydrin 반응(1.1항 p. 235)과 Fehling 반응(제5장 1.1항, p. 268)' → ninhydrin 반응은 제4장 1절의 1.1항에, Fehling 반응은 제5장 1절의 1.1항에 설명되어 있다는 것을 뜻한다.

7. 실험 환경에 따라 실험 조건(실험 양)이 각각 다르기 때문에 각 절의 3항(기구)과 5항 실험내용 중 '시료 및 시약 조제'에는 각 실험을 하는 데 필요한 기구와 조제 하여야 할 시약의 종류만 나열하였다. 즉 필요한 각 기구의 수나 크기, 시약의 양은 표시하지 않았다.

8. 각 실험내용의 서술 방법

1) 각 절 5항 실험내용 중 '실험방법'에서 시약번호(○)는 '시료 및 시약조제'에서 조제한 같은 번호의 시료 또는 시약을 뜻한다.

2) 68 페이지의 19줄

100 mL 비커 + ① 25 mL(정확하게) + ③ 3～5방울

100 mL 비커에 '6.5항의 1)시료 및 시약조제'에서 조제한 0.1 N 탄산나트륨 용액(①) 25 mL를 정확하게 첨가하고 지시약(③) 3～5방울을 첨가한다는 것을 뜻한다.

3) 168 페이지의 24줄

(3) + ② 1스푼 + ③ 20 mL → 가열(분해) → 냉각 → 적당량의 증류수로 희석

(3)의 과정을 마친 Kjeldahl flask에 '3.5항의 1)시료 및 시약조제'에서 조제한 분해촉매(②) 1스푼, 진한 황산(③) 20 mL를 넣은 후 가열(분해), 냉각하고 적당량의 증류수로 희석한다는 것을 뜻한다.

4) 222 페이지의 1줄

(7) (6)의 비커(A)를 55～60℃로 가온 → ⑦로 적정 → ⑦의 소비량 측정

앞의 (6)의 과정이 마쳐진 비커(A)를 55～60℃로 가온한 후 '10.5항의 1)시료 및 시약조제'에서 조제한 0.02 N 과망간산칼륨 용액(⑦)으로 적정 → ⑦의 소비량을 측정한다는 것을 뜻한다.

5) 252 페이지의 12줄

③ 각 ②를 37℃의 배양기에서 20분간 방치한다.

실험방법 ②를 마친 각 시험관을 37℃의 배양기에서 20분간 방치한다는 것을 뜻한다.

9. '제 8장 기기분석'에서는 분석하려는 종류와 성분이 너무 다양하기 때문에, 그리고 많은 시간을 필요로 하기 때문에 자세한 실험과정은 설명하지 않았고, 각 기기분석법의 원리에 충실하려고 노력하였다.

차 례

제 1 장 기초 이론과 기본 조작 / 17

제 7 장 특수 성분의 분석 / 331

제 8 장 기기 분석 / 359

제 1 장

기초 이론과 기본 조작

1. 식품분석이란?

식품분석은 수많은 성분들이 유기적으로 복잡하게 결합하고 있는 식품의 가치를 판단하기 위하여 식품을 분석하는 것이다. 넓은 의미로는 영양성분, 맛이나 향기 성분, 위생이나 안전성 관련 성분, 생리활성 기능 등 식품과 관련된 모든 분석을 말하지만, 일반적으로는 식품 중의 영양소와 관련한 화학적 조성이나 성질을 알아내는 것을 말한다.

식품분석(food analysis)은 크게 정성분석과 정량분석으로, 정량분석은 다시 부피분석과 무게분석으로 나뉘는데, 최근에는 부피분석과 무게분석의 원리를 적용한 고차원의 기기를 이용하는 기기분석(instrumental analysis)을 많이 이용하고 있다. 기기분석은 분석속도가 빠르고 편리하며, ng(10^{-9} g)이나 pg(10^{-12} g)의 미량성분까지도 정량이 가능하다. 하지만 기기를 잘못 조작할 경우 전체 실험 결과가 잘못 될 수 있기 때문에 기기의 원리를 이해하고 조작방법을 완전히 익힌 후에 사용하여야 한다.

▸ **식품분석의 분류**

ⓐ 정성분석(qualitative analysis) : 어떤 성분의 존재 여부나 성질을 확인하는 분석방법
ⓑ 정량분석(quantitative analysis) : 어떤 성분이 얼마나 존재하는지를 확인하는 분석방법
ⓒ 부피분석(volumetric analysis) : 용량분석이라고도 하며, 실험에 사용된 표준용액의 부피를 측정하여 정량하고자 하는 물질의 양을 측정하는 분석방법
ⓓ 무게분석(gravimetric analysis) : 무게를 측정하여 정량하고자 하는 물질의 양을 측정하는 분석방법

▸ **단위 설명**

ⓐ 1 g : 순수한 물 1 mL의 무게
ⓑ 1 mg : 1 g의 1/1,000(10^{-3} g)
ⓒ 1 μg : 1 g의 1/1,000,000(10^{-6} g)
ⓓ 1 ng : 1 g의 1/1,000,000,000(10^{-9} g)
ⓔ 1 pg : 1 g의 1/1,000,000,000,000(10^{-12} g)
ⓕ ppm : parts per million
ⓖ ppb : parts per billion

2. 실험을 하기 전에…

어떤 일을 하든지 안전은 최우선 가치라고 생각한다. 하지만 안전 불감증이 만연되어 있는 우리나라에서는 많은 사람들이 안전에 대하여 너무 가볍게 생각하는 것 같다. 이런 상황에 인천의 어느 공원에서 만났던 "언제나 안전! 어디서나 안전! 우리 모두 안전!"을 강조하는 스티커(그림 1-1)는 신선한 충격이었다.

언젠가 어느 식품회사 연구실을 방문하였는데, 그 입구에 「No job is so urgent that it cannot be done safely and accurately.」 라는 글이 적힌 포스터가 붙어 있는 것을 본 적이 있다. 실험실에서의 최우선 가치는 안전과 정확이라는 것이다. 그 후, 저자는 학생들과 실험 수업을 할 때 항상 안전한 실험과 정확한 실험을 강조해 오고 있다.

실험을 할 때 제일 중요한 것은 안전이라는 것을 항상 마음에 두어야 한다.

2.1 실험실 안전관리

과학적 이론이나 현상을 관찰하고 측정하는 실험실에서 사고를 예측하는 것은 상

그림 1-1. 인천광역시의 안전 강조 스티커

당히 어렵다. 비록 안전한 시설과 설비를 갖춘 실험실에서 안전한 물질을 가지고 실험을 하여도 이것은 마찬가지다. 더욱이 실험자가 경험해 보지 않은 실험을 할 경우에는 사고의 발생 가능성이 현저히 높아지게 된다. 실험실에서 발생할 수 있는 사고와 맞서기 위해서는 먼저 실험실 안전관리가 제대로 이행되어야 한다.

1) 화학약품

실험실 안전과 관련하여 화학약품의 안전관리는 가장 중요한 영역이라고 할 수 있다. 그러므로 실험실에서는 화학약품의 안전관리와 관련한 다음 사항들이 더욱 철저하게 지켜져야 한다.

(1) 화학약품과 관련한 **물질안전보건자료**를 비치하고, 실험자에게 화학약품의 특성과 사용 시 주의사항에 대하여 교육하여야 한다.

(2) 화학물질은 직사광선을 피하고, 배기시설이 있는 방폭 시약장에 보관하여야 한다. 폭발성 물질, 금수성 물질, 부식성 물질, 독성 물질 등으로 분류(표 1-1)하여 보관하는데, 독성 물질은 별도의 시약장에 잠금장치를 하여 보관하여야 한다. 예를 들면 질산과 벤젠, 톨루엔, 알코올 등의 유기용매는 같은 시약장에 보관하면 안 된다. 그러므로 시약을 ABC나 가나다순으로 분류 배열하지 않도록 하여야 한다. 표 1-2는 자주 사용하는 화학약품과 이들과 같은 시약장에 보관해서는 안 되는 화학약품의 예를 나타내고 있다. 화학약품에는 구입날짜, 위험성 등의 라벨을 부착하며, 위험한 화학약품의 분실, 도난 시에는 사고의 우려가 있으므로 담당자에게 보고하여야 한다. 표 1-3에는 국제적으로 사용되는 화학물질의 안전보건 표지(GHS hazard pictograms)를 나타내었다. 이 책에서는 각 절의 실험 예에서 사용되는 화학약품에 대하여 "한국산업안전보건공단 화학물질 정보"에서 제공하는 안전보건표지를 표시하였다.

(3) 화학약품을 장기 보관하면 변질이나 누출 등에 의하여 사고가 발생할 수 있기 때문에 장기보관 화학약품은 선별하여 주기적으로 폐기 처리하여야 한다. 예를 들면 백색 분말의 질산칼륨(KNO_3)을 장기 보관하게 되면 흡습에 의하여 괴상으로 변질되는데, 이를 실험에 사용하기 위하여 막자와 막자사발을 이용 분쇄하던 중 그 충격으로 폭발사고가 발생한 적이 있다.

(4) 방사성 동위원소(isotope)를 사용하고자 할 때에는 안전교육을 필하고, 사용허가를 취득한 후 사용하여야 한다. 그림 1-2는 방사성 물질을 나타내는 표시이다. 방사성 물질이 사용되는 곳, 저장되는 곳 그리고 폐기되는 곳에는 반드시 이 표시를 부착하여야 한다.

(5) 유해가스가 발생하는 실험은 후드(fume hood, 그림 1-3) 안에서 실시하는데, 이때 후드의 문은 가능한 최소(1/3 이하)로 개방하여야 한다. 그리고 실험실은 수시로 환기를 하여 공기를 깨끗한 상태로 유지하여야 한다.

표 1-1. 화학약품의 위험성

종 류	특 성	예
폭발성 물질	가열, 마찰, 충격, 다른 물질과의 접촉으로 산소나 산화제 없이 발화하는 물질	질산 에스테르류, 니트로(소)화합물, 아조화합물, 디아조화합물, 히드라진 및 유도체
발화성 물질	스스로 발화하거나 발화가 용이한 물질	가연성 고체 : 황화인, 적린, 유황, 철분, 마그네슘
	물과 접촉하여 발화하고 가연성 가스를 발생시키는 물질	자연 발화성 및 금수성 물질 : 칼륨, 나트륨, 알킬알루미늄, 알칼리금속류(Li, Na, K 등의 1족 원소), 알칼리토금속류(Be, Mg 등 18족 원소)
산화성 물질	산화력이 강하고 가열, 충격 및 다른 물질과의 접촉으로 격렬히 분해, 반응하는 물질	염소산 및 염류, 과염소산, 과산화수소 및 무기과산화물, 아염소산, 불소산 염류, 초산 및 그 염류, 요오드산 염류, 과망간산 염류, 중크롬산 및 염류
인화성 물질	대기압에서 인화점이 65℃ 이하인 가연성 액체	인화점 −30℃ 이하 : 에틸에테르, 가솔린, 아세트알데히드, 산화프로필렌 등
		인화점 −30~0℃ : 노말헥산, 산화에틸렌, 아세톤, 메틸에틸케톤 등
		인화점 0~30℃ : 메틸알코올, 에틸알코올, 크실렌, 아세트산 등
		인화점 30~65℃ : 등유, 경유, 에탄, 프로판, 부탄, 기타 15℃, 1기압에서 기체상태인 가연성 가스
가연성 가스	폭발한계 농도의 하한이 10% 이하 또는 상하한의 차이가 20% 이상인 가스	수소, 아세틸렌, 에틸렌, 메탄, 에탄, 프로판, 부탄, 기타 15℃, 1기압에서 기체 상태인 가연성 가스
부식성 물질	금속 등을 쉽게 부식시키거나 인체와 접촉하면 심한 상해를 입히는 물질	부식성 산류 : 농도 20% 이상인 염산, 질산, 황산 등 또는 농도 60% 이상인 인산, 아세트산, 불산(HF) 등
		부식성 염기류 : 농도 40% 이상인 수산화나트륨, 수산화칼륨 등
독성 물질	동물실험 독성치를 나타내는 물질	LD_{50}(경구, 쥐)* : 200 mg/kg 이하

*LD_{50}(치사량 50) : 특정 화합물을 실험동물에 투여하였을 때 50% 치사율을 보이는 양을 나타내는데, 체중 kg당 흡입된 물질 mg으로 표시하며 낮을수록 독성이 더 강하다.

(6) 화학약품을 운반할 때에는 운반용 바스켓이나 운반 용기를 사용하여야 한다. 가연성 액체는 증기를 발산하지 않는 내압성 보관 용기를 사용하여 운반한다.

(7) 조제한 용액이 담겨 있는 시약병에는 제조일자, 제조자 성명, 약품명, 주의사항 등을 기록한 라벨을 부착하고 완전히 밀봉하여 보관한다.

(8) 화학약품을 이용한 실험 후에 발생하는 폐액은 산, 알칼리, 유기용매, 기름 등의 별도 용기에 분리배출 하여야 한다. 이것은 혼합이 금지된 화학약품이 섞이는 일이 발생하지 않도록 하기 위한 것이다. 폐액용기는 플라스틱 제품을 사용하고 폐액명, 실험실명, 연락처, 주의사항 등을 기재한 라벨을 부착한 후 마개를 꼭 닫아 유출이나 악취가 발생하지 않도록 하고, 통풍이 잘되는 그늘진 곳에 보관한다.

표 1-2. 공존할 수 없는 화합물

화합물	공존할 수 없는 화합물
초 산	크롬산, 질산, 수산기를 지닌 화합물, 과산화물, 과망간산염
알칼리	물, 사염화탄소 또는 그 외의 염화 탄화수소, 이산화탄소, 할로겐
질산암모늄	산, 금속분말, 가연성 액체, 염소산염, 황, 연소성 물질
가연성 액체	질산암모늄, 크롬산, 과산화수소, 질산, 할로겐
과산화수소	대부분의 금속 또는 금속염, 알코올, 아세톤, 가연성 액체, 기체 산화제
황화수소	발연 질산, 기체 산화제, 무수 암모니아, 수소
질 산	초산, 아닐린, 크롬산, 황화수소, 가연성 액체, 가연성 기체,
황 산	염화칼륨, 과염소산 칼륨, 과망간산 칼륨(또는 나트륨, 리튬)
아세톤	진한 질산과 황산의 혼합물
염 산	대부분의 금속, 알칼리 또는 활성 금속
질산염	황산
유기용매	강산화제, 산, 강한 부식성 화합물

표 1-3. 화학물질의 안전보건 표지(GHS hazard pictograms)

구 분	그림문자	해당물질	특 징
불 꽃		• 인화성 물질 • 자기반응성 물질 • 물 반응성 물질	• 화재 위험이 있음 • 열, 스파크, 불꽃, 마찰에 노출되면 화재를 일으킬 수 있음
원 위의 불꽃		• 산화성 물질	• 화재 및 폭발 위험이 있음 • 접촉하면 피부와 눈에 화상을 입힌다.
폭탄의 폭발		• 폭발성 물질 • 화약류 • 유기 과산화물	• 대폭발 위험이 있음 • 화재 또는 분출 위험이 있음
부식성		• 금속 부식성 물질 • 피부 부식성 물질	• 접촉하면 눈과 피부에 심각한 염증을 유발한다. • 오랜 접촉은 심각한 조직손상을 가져온다.
가스 실린더		• 고압가스	• 폭발 위험 • 용기가 쓰러지면 폭발할 수 있음 • 용기가 가열되면 폭발할 수 있음
해골과 ×자형 뼈		• 급성독성	• 잠재적 치명적인 성분 • 먹거나 흡입하면 몸에 심각한 치명적인 손상을 입을 수 있음
감탄 부호		• 피부 과민성 물질 • 특정 표적 장기 전신 독성물질 • 급성 독성물질	• 피부와 접촉하면 유해할 수 있음 • 흡입하면 유해할 수 있음
환 경		• 급성 수생 환경 유해성 물질 • 만성 수생 환경 유해성 물질	• 수생생물에 매우 유독함 • 장기적 영향에 의해 수생생물에 유독함
건강 유해성		• 호흡기 과민성 물질 • 생식세포 변이원성 물질 • 특정 표적 장기 전신 독성물질	• 암을 일으킬 수 있음 • 호흡기계에 자극을 일으킬 수 있음 • 특정 표적 장기에 손상을 일으킴

▸ **물질안전보건자료(MSDS, Material Safety Data Sheet)**

화학물질을 안전하게 사용하고 관리하기 위하여 필요한 정보를 기재한 것인데 각 화학물질에 대하여 유해위험성, 응급조치 요령, 취급 및 저장방법, 폐기 시 주의사항 등 16가지 항목을 상세하게 설명해 주는 자료이다. 「산업안전보건법」 제41조의 규정에서는 화학물질을 제조, 수입, 사용, 저장, 운반하고자 하는 자는 MSDS를 작성, 비치 또는 게시하고, 화학물질을 양도 또는 제공하는 자는 MSDS를 함께 제공하도록 하고 있다.

참고로 이 책에서는 각 절의 실험 예에서 사용되는 화학약품에 대하여 "한국산업안전보건공단 화학물질 정보"에서 제공하는 MSDS의 안전보건표지를 표시하고 있는데, 이것은 법적으로 유효하지 않다. 위에서 언급한 바와 같이 MSDS는 화학물질 및 제품을 양도 제공하는 자에게 제공받아야 하기 때문이다. 그러므로 제조자가 제공한 MSDS와 한국산업안전보건공단의 MSDS의 유해성 위험성(안전보건표지) 분류가 서로 다른 경우에는 제조자의 MSDS를 우선하여야 한다. 그리고 화학물질 중 안전보건표지 자료가 없는 것은 해당 물질이나 제품이 위험물이 아니라는 뜻은 아니다.

그림 1-2. 방사성 물질(isotope)의 표시

그림 1-3. 후드(fume hood)

2) 시설과 설비

(1) 실험실에는 충분히 여유 있는 공간이 확보되어야 하며, 전기와 가스 시설은 안전하게 설치되어야 한다.

▸ **실험실의 안전시설**

ⓐ 후드(fume hood) : 실험 중 발생하는 몸에 해로운 기체를 실험실 밖으로 배출하기 위한 장치이다. 후드를 사용할 때에는 장비의 안쪽으로 적어도 15 cm 정도 들어가 실험한다. 내리닫이 문은 가능한 최소(1/3 이하)로 개방하여야 하는데 유해가스의 배출량이 많으면 많을수록 더 많이 내리고 사용한다.

ⓑ Safety showers : 몸에 강산 등이 엎질러졌을 때 이를 신속하게 희석시키기 위한 장치이다.

ⓒ Eye wash station : 위험한 화학물질이 눈에 접촉하였을 때 빠른 시간 내에 씻어낼 수 있는 장치이다.

그림 1-4. Eye wash station과 safety showers

(2) 실험실에는 환기시설, 소화장비, 그리고 eye wash station, safety showers(그림 1-4) 등의 **안전시설**을 갖추어야 한다.

(3) 실험실에는 방진방독 마스크, 보안경, 방열복, 내열 장갑, 청력 보호구 등의 안전장비가 구비되어 있어야 한다.

(4) 실험실의 위험한 장비에는 안전수칙, 사용방법 등을 부착하여야 하고, 기기에 부착된 온도계나 압력계 등은 정확도를 유지하여야 한다.

(5) 화기나 유해물질을 사용하는 실험은 반드시 2명 이상이 함께 실험하도록 한다.

3) 전자, 전기

(1) 전기, 전자 기기는 규격에 맞는 전선을 사용하고, 문어발식 콘센트 접속을 하지 않도록 한다. 그리고 전기, 전자 기기를 사용하지 않을 때에는 반드시 전원을 차단하여야 한다.

(2) 누전 차단기는 월 1회 이상 점검하도록 하며, 차단기가 작동하였을 때에는 차단기를 임의로 복구시키지 말고 반드시 안전 관리자에게 연락하도록 한다. 그리고 전기, 전자 기기의 이상 온도 상승이 발생하면 전기가 자동 차단되는 장치도 설치하여야 한다.

(3) 고압의 전기회로를 다룰 때에는 반드시 보호장비를 착용하여야 한다.

(4) 습한 곳에서는 전기, 전자 기기를 사용하지 않으며 젖은 손으로 전기, 전자기기를 작동하지 않는다.

(5) 전기, 전자기기 주위에 가연성 물질을 방치하지 않는다.

4) 생물실험

(1) 생물실험 실험실에는 허가받지 않은 사람이 임의로 출입하지 않도록 한다.

(2) 생물 및 동물 안전에 필요한 안전교육을 반드시 실시하여야 한다.

(3) 병원성 미생물을 보존, 취급하는 장소에는 경고 표지를 부착하며, 그 취급자는 연 1회 이상 예방접종을 실시하여야 한다.

(4) 동물 사육실에는 환기장치, 온도조절 장치 등이 항상 정상 작동되어야 한다.

(5) 실험 종료 후에는 실험대 등을 반드시 소독하여야 한다.

(6) 각종 폐기물 및 사체는 살균한 후에 처리하고, 감염성 폐기물과 일반 폐기물은 구분하여 처리하여야 한다.

2.2 실험실에서의 주의사항

실험을 할 때, 실험자는 자신의 안전을 최우선으로 하고, 실험실에서 지켜야 할 안전수칙을 반드시 지켜야 한다. 단순한 실험일지라도 여러 가지 위험요인들에 대한 사전지식을 충분히 갖고 대책을 수립한 후에 실험을 하여야 한다. 실험을 할 때에는 다음과 같은 사항들을 지켜야 한다.

(1) 실험 목적, 실험 내용을 확실히 이해하고 실험을 하도록 한다. 실험 중 각 조작의 의미, 필요성 등을 항상 생각하면서 실험을 하여야 한다.

(2) 실험실에서는 언제나 복장을 단정하게 한다. 실험복은 반드시 착용하여야 하고, 긴 머리는 단정하게 매고 실험을 한다. 또한 실험실 바닥에는 위험한 화학약품, 유리기구의 파편 등이 떨어져 있을 수가 있기 때문에 실험실에서는 반드시 신발을 착용하는데, 굽이 높은 구두나 발등이 보이는 신발은 착용하지 않는다.

(3) 실험대는 항상 깨끗하게, 실험실 바닥은 항상 건조한 상태를 유지하고, 사용하는 기구나 화학약품 등은 사용하기 쉽게 정리해 둔다.

(4) 실험은 결과만을 보는 것이 아니고 그 과정을 잘 관찰하는 것도 중요하기 때문에 실험 중에는 실험실을 절대로 이탈하지 않도록 한다.

(5) 실험과 관련한 기록은 누구나 쉽게 이해할 수 있도록 정확히 상세하게 기록하고, 실험결과에 대한 고찰 및 검토를 한 후 반드시 실험보고서를 작성한다.

(6) 실험실 내의 장치 및 기구는 이들에 대한 충분한 지식을 가지고 적당한 방법으로 사용한다.

(7) 실험을 할 때에는 비상구, 실험실 내의 소화장비, safety showers 그리고 eye

wash station 등의 안전시설의 위치와 사용방법을 파악하고 있어야 한다. 유해가스를 발생하는 화학약품을 사용할 때에는 반드시 fume hood를 사용하고, 필요하면 보안경을 착용한다.

(8) 피펫을 사용할 때에는 반드시 피펫 bulb 등의 피펫 보조기구를 사용한다.

(9) 실험실에서는 농담이나 장난 등의 실험과 관계없는 행동을 해서는 안 된다.

(10) 화학약품을 사용할 때에는 그들의 독성에 대하여 완전히 이해한 후 사용하도록 한다. 또한 실험이 끝난 후에 화학폐기물은 식물, 동물 그리고 사람들이 해를 입지 않게끔 적절하게 처리한다.

(11) 실험실에서는 흡연이나 식사를 해서는 안 된다. 특히 비커나 플라스크 등의 실험기구를 컵 대신 이용하는 일은 없어야 한다.

(12) 화상이나 상처를 입었을 때에는 신속히 대처하도록 한다. 실험 중 피부에 산 등이 떨어졌을 때에는 즉시 물로 닦아내도록 하며, 약알칼리성 물질(탄산나트륨 등)을 이용하여 중화시키도록 한다. 하지만 물과 산이 섞이면 강한 열이 발생하기 때문에 화상에 대한 대비를 하여야 한다. 알칼리성 물질이 떨어졌을 때에는 약산(구연산 등)을 이용하여 중화시키도록 한다.

(13) 실험은 뒷정리가 끝나야 종료되는 것이므로 실험 후에는 실험실의 정리 정돈을 완전하게 한다. 특히 폐기물의 처리는 신중을 기하여야 하고, 관련 법령을 준수하여야 한다.

2.3 사고 및 응급처치

1) 출 혈

▶ **인체에 해로운 시약의 예**

이들을 취급할 때에는 반드시 장갑을 착용하여야 하며, 때로는 마스크도 착용하여야 한다.

ⓐ Acrylamide : 신경독물질(neurotoxin)이며, 취급할 때에는 마스크를 착용하여야 한다.

ⓑ Ethidium bromide : 피부와 점막을 아리게 한다.

ⓒ Phenol : 피부에 손상을 주며, 강한 부식성이 있기 때문에 fume hood 안에서 취급하여야 한다.

ⓓ Phenyl methyl sulfonate fluoride(PMSF) : 단백질 분해효소의 저해제로 인체에 들어가면 치명적이다.

ⓔ Sodium dodecyl sulfate(SDS) : 가볍고 솜처럼 보풀보풀하기 때문에 부드럽게 취급하여야 하고, 특히 코를 자극하기 때문에 마스크를 착용하고 취급한다.

(1) 상처부위를 마른 패드나 천으로 눌러 지혈한다.
(2) 심한 출혈의 경우는 쇼크의 위험이 있으므로 상처부위를 감싸고 신속히 119에 연락한다.
(3) 상처부위를 심장보다 높게 위치하게 한다.

2) 화 상

(1) 열

① 약한 화상은 차가운 물로 10분 이상 화상부위를 식혀준다.
② 통증이 있으면 병원치료를 받는다.
③ 심한 화상의 경우는 응급처치와 함께 신속히 119에 연락한다.
④ 옷에 불이 붙었을 경우, 바닥에 누워 구르거나 담요 등으로 화염을 덮어 끄도록 한다.
⑤ 소화기는 사람을 향해 분무하지 않아야 한다.

(2) 화공약품

① 화공약품이 묻었을 경우에는 즉시 물로 씻어 내도록 한다.
② 화공물질이 묻은 의류 및 신발은 즉시 벗도록 한다.
③ 화공약품이 눈에 들어갔을 경우는 눈과 눈꺼풀, 얼굴 등을 흐르는 물(eye wash station)에 15분 이상 씻어내야 한다(후에 병원 치료를 받는다).
④ 몸에 화공약품이 묻었을 경우, 즉시 흐르는 물(safety showers)로 씻어내고 응급조치를 해야 한다(많은 양이 묻었을 경우 신속히 119에 연락한다).
⑤ 화공약품을 흡입하였을 경우에는 즉시 신선한 공기를 마실 수 있게 조치를 취하여야 한다(후에 병원치료를 받는다).
⑥ 화공약품을 먹었을 경우에는 신속히 119에 연락한다.

2.4 실험노트의 작성

실험을 할 때에는 반드시 실험노트를 준비하여 실험 중 발생하는 모든 일들과 실험결과를 정확하게, 있는 그대로 그리고 누구나 쉽게 이해할 수 있도록 기록하여야 한다. 우리들의 기억력에는 한계가 있기 때문에 실험에 관한 기록은 실험 중 수시로 즉시 작성되어야 한다. 실험노트는 대단히 중요한 것이다.

왜냐하면 우리는 실험노트를 이용하여 신제품을 개발할 수도 있고, 새로운 실험을 계획하기도 하며, 잘못된 실험의 해결책을 얻을 수 있기 때문이다. 그러므로 만약 실험실에 화재가 발생하였다면 실험노트를 제일 먼저 확보해야 한다고 말하는 사람도 있다.

일반적으로 실험노트를 작성할 때에는 다음과 같은 사항에 유의한다.

(1) 먼저 실험노트는 단단하게 묶여져 있는 것을 사용하여야 한다. 쉽게 뜯어지는 노트를 사용하면 실험노트에 기록하여 놓은 중요한 결과를 분실할 가능성이 있기 때문이다.

(2) 실험결과가 얻어지면 그 결과는 즉시 실험노트에 기록되어야 한다. 실험결과를 이용하여 어떤 계산을 한 후에 그 계산 값만을 노트에 기록하게 되면 계산의 잘못이 확인되었을 때 그 실험결과를 찾을 수 없기 때문이다.

(3) 실험노트를 작성하면서 실험과정, 실험결과를 잘못 기록하였더라도 지우지 말고 보기 쉽게 표시하여 두어야 한다. 이것은 똑같은 실수를 해결하거나 방지하는 데 도움을 주기 때문이다.

(4) 실험노트는 짜임새 있게 작성하는데, 다음과 같은 내용이 반드시 기록되어 있어야 한다.

① 실험자의 이름, 날짜, 실험제목 등
② 실험목적, 원리
③ 기구 및 장비, 재료 및 시약, 실험방법
④ 실험과정 및 실험 중 얻어진 결과
⑤ 실험결과와 관련한 계산과정, 그림, 표
⑥ 실험결과에 대한 결론, 고찰, 실험에 관한 의문점이나 문제점, 참고문헌 등

3. 무게측정과 부피측정

3.1 원 리

실험을 할 때에는 주로 고체나 액체 물질이 실험 재료로 사용된다. 그러므로 실험을 할 때에는 언제나 이들 물질의 필요한 양을 측정하여 채취하게 되는데, 일반적으로 고체물질은 무게를 측정하여 채취하고, 액체물질은 부피를 측정하여 채취한다. 식품분석을 하는 데 있어서 고체나 액체 물질의 양을 정확하게 측정하는 것은 가장 기본적이고 중요한 것이다.

1) 무게측정

물질의 무게를 측정하는 조작을 칭량, 이 때 사용하는 기구를 천칭(저울)이라고 하는데, 천칭은 실험실에서 가장 기본적인 기기 중의 하나이다. 천칭에는 여러 가지 종류가 있으나, 최근에는 물질의 무게를 보다 쉽게 칭량할 수 있는 **전자저울**(그림 1-5)이 많이 이용되고 있다. 보통 전자저울은 물질의 무게를 1 mg 또는 0.1 mg까지 정확하게 칭량할 수 있다. 천칭은 매우 정밀하여 취급을 잘못하면 쉽게 고장 나기 때문에 다음과 같은 점에 주의하여 사용하여야 한다.

① 천칭은 부식성 가스가 발생하지 않고 직사광선이 들어오지 않는 건조한 곳에, 흔들리지 않는 콘크리트 받침대 위에 수평을 맞추어 설치한다.

그림 1-5. 전자저울(balance)

그림 1-6. 유리 칭량병(weighing glass bottle)

▸ **전자저울의 사용방법**

ⓐ 저울을 켠다. 만약 저울이 깨끗하지 않다면 사용 전에 저울을 깨끗하게 한다.

ⓑ 몸에 해로운 물질(시약)을 칭량할 때에는 장갑을 착용하고 칭량한다. 또한 필요하다면 보안경이나 마스크를 착용한다.

ⓒ 천칭접시에 황산지나 칭량병을 올려놓고 'tare button'(영점 맞추기)을 누른다. 그러면 저울의 표시창이 0을 나타낸다.

ⓓ 필요한 무게만큼 물질을 채취한다. 화학약품의 경우, 일단 시약병으로부터 밖으로 나오면 수분을 흡수하고 성분이 변화될 수 있기 때문에 가능한 적은 양을 옮기면서 필요한 양을 채취한다.

ⓔ 채취한 물질을 비커나 플라스크에 옮기고 label을 붙인다.

ⓕ 가능한 빨리 시약병의 뚜껑을 닫는다.

ⓖ 저울을 끄고 주변을 깨끗이 정리한다.

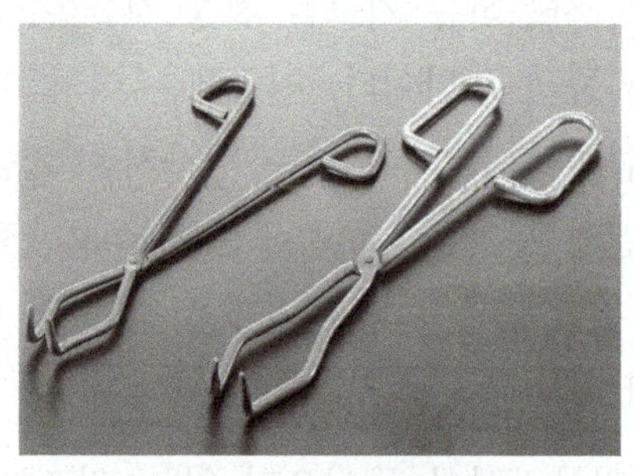

그림 1-7. Tongs

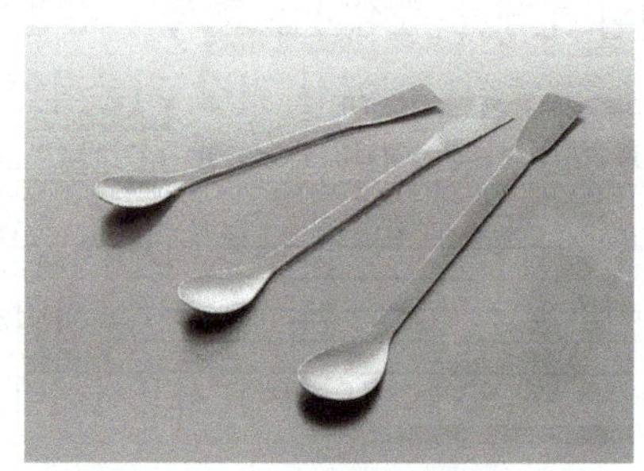

그림 1-8. 시약스푼(spatula)

② 천칭 내의 수분은 칭량에 영향을 주기 때문에 항상 적당한 용기에 방습제(silicagel 등)를 담아 천칭 안에 놓아둔다(직시천칭).

③ 천칭 내부나 외부를 항상 깨끗하게 유지한다.

④ 천칭은 자연스럽고 조심스럽게 조작해야 하며, 무리한 힘을 가하여서는 안 된다.

⑤ 천칭의 최대 칭량량 이상으로 무거운 물체를 칭량해서는 안 된다.

⑥ 뜨거운 물체는 데시케이터(그림 3-10)에서 실내 온도와 같은 온도로 냉각시킨 후 칭량한다.

⑦ 가루로 된 물질은 황산지, 시계접시 또는 칭량병을, 염산이나 요오드 같이 부식성이 있는 물질은 뚜껑이 있는 유리 칭량병(그림 1-6)을 이용하여, 칭량하고자 하는 물질이 직접 천칭접시에 닿게 해서는 안 된다.

⑧ 칭량병이나 칭량하고자 하는 물질은 손으로 만지지 않고 핀셋, tong(그림 1-7), 시약스푼(그림 1-8)을 사용하여 취급한다.

2) 부피측정

실험실에서는 실험재료로 액체물질이 상당히 많이 사용된다. 또한 고체물질도 화학반응의 특성상 대부분의 경우, 용매에 용해시켜 액체상태로 이용하게 된다. 그러므로 실험실에서 액체의 부피를 정확하게 측정하는 것은 대단히 중요하다.

눈금을 읽을 때는 그림 1-9와 같이 눈의 높이를 메니스커스와 같이 놓고 그 밑면과 접하는 눈금을 읽는데, 과망간산칼륨($KMnO_4$)과 같이 불투명한 용액의 경우에는 메니스커스의 윗면과 접하는 눈금을 읽는다. 부피를 측정하는 기구에는 플라스크, 피펫, 뷰렛이 있다.

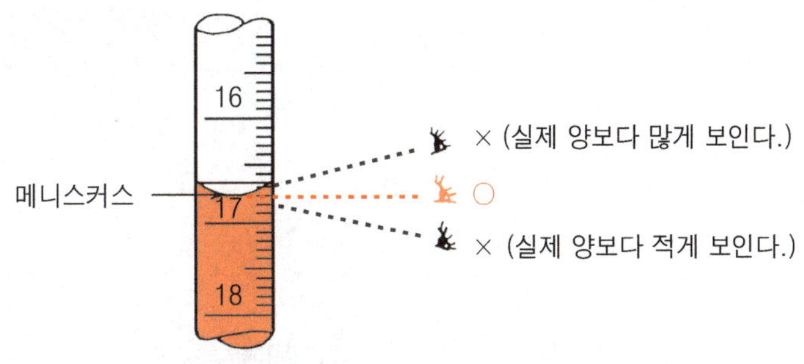

그림 1-9. 메니스커스(meniscus) 읽는 방법

눈을 메니스커스의 최하단과 같은 높이로 맞추고, 눈금을 0.01 mL 단위까지 읽는다(수은의 경우는 凸의 볼록 부분을 읽고, $KMnO_4$와 같이 색이 진해 최하단을 읽는 것이 곤란한 경우에는 메니스커스의 최상단을 읽는다).

(1) 플라스크

플라스크(flask, 그림 1-10)는 주로 일정한 부피의 액체를 담을 때 사용하는 기구로, 비커(beaker), 삼각플라스크(Erlenmeyer flask), 실린더(mass cylinder), 메스플라스크(mass flask, volumetric flask)가 이에 해당한다.

비커와 삼각플라스크에 그려져 있는 눈금은 정확하지 않기 때문에 정확한 부피를 측정할 때에는 이들을 사용하지 않는다. 부피를 측정하는 플라스크의 정확도는 눈금이 그려져 있는 곳의 플라스크 지름에 따라 달라진다. 메스플라스크는 눈금이 그려져 있는 곳의 지름이 플라스크 중에서 가장 작기 때문에 정확한 양의 부피를 측정하는 데 주로 사용된다. 하지만 메스플라스크는 그 모양 때문에 속에 들어 있는 용액을 균일하게 혼합하기가 힘들다. 특히 메스플라스크의 목 부위는 혼합하기가 더욱 힘들다. 그러므로 메스플라스크를 이용하여 용액을 제조한 후 제대로 혼합하지 않아 실험을 그르치는 경우가 종종 있다. 메스플라스크에 들어 있는 용액을 완전하게 혼합하는 가장 좋은 방법은 메스플라스크의 뚜껑을 닫고 '바로' '거꾸로'를 약 3～5회 정도 반복하여 흔들어 주거나, 깨끗한 비커에 용액을 붓고 유리막대로 섞어 준다.

▸ **단위 설명**

ⓐ 1 L : 4℃, 1 기압에서 순수한 물 1 kg이 차지하는 부피

ⓑ 1 mL : 1 L의 1/1,000(10^{-3} L)

ⓒ 1 μL : 1 L의 1/1,000,000(10^{-6} L)

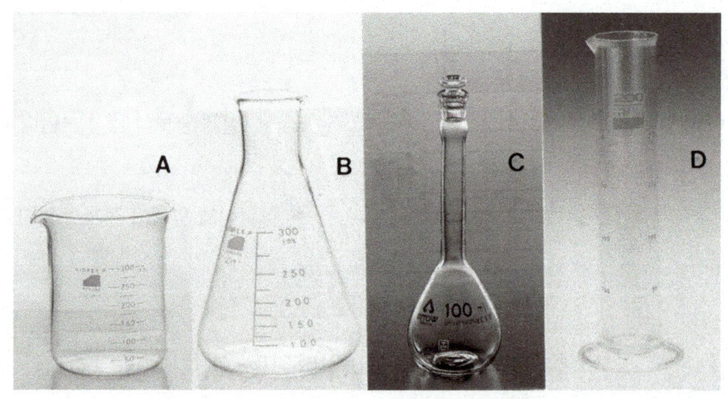

그림 1-10. 플라스크(flask)의 종류

A : 비커, B : 삼각플라스크, C : 메스플라스크, D : 메스실린더

(2) 피 펫

피펫(pipet)은 일정한 부피만큼의 액체를 다른 곳으로 옮기기 위한 기구이다(TD, to deliver). 즉 피펫에 표시되어 있는 눈금은 액체를 채취하여 다른 용기에 옮겼을 때 피펫 내부에 생성되는 얇은 막의 부피를 감안하여 제조한 것이다. 하지만 피펫 중에는 TC(to contain)라고 표시된 피펫이 있는데, 이러한 피펫은 피펫 내에 함유하고 있는 액체의 부피를 나타내는 것이다.

피펫에는 그림 1-11에서 보는 바와 같이 맨 위의 눈금 위에 하나 또는 두개의 줄이 그려져 있는 경우가 있는데 이것은 이 피펫의 눈금이 불어주기에 맞추어져 있다는 것을 의미한다.

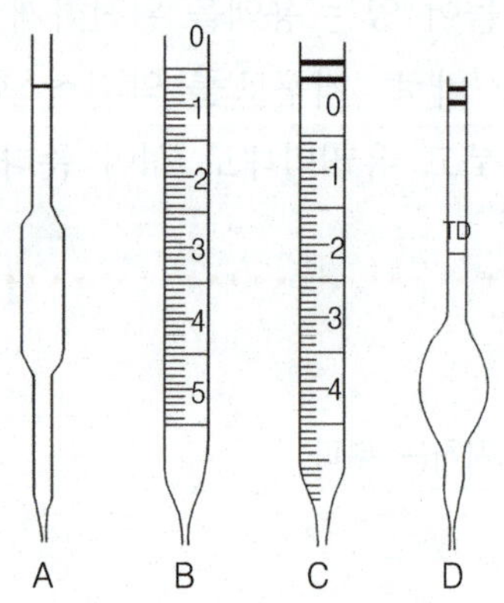

그림 1-11. 피펫(pipet)의 종류

A : Volumetric, B : Mohr,
C : Serological, D : Ostwald-Folin

피펫에는 여러 가지 종류가 있다(그림 1-11). 가장 일반적인 것은 메스피펫(measuring pipet)인데 이것은 실험자가 원하는 정해진 양의 액체를 취할 수 있도록 여러 눈금이 표시되어 있다. 메스피펫에는 피펫의 팁 부분까지 눈금이 표시되어 있는 serological pipet과 피펫의 몸체 부분에만 눈금이 있는 mohr pipet의 두 종류가 있는데, 일반적으로 serological pipet에 비하여 mohr pipet이 정확도가 높다. 피펫을 이용할 때에는 그것이 serological pipet인지, mohr popet인지를 반드시 먼저 확인하고 이용하여야 한다.

이와는 달리 메스플라스크와 같이 하나의 정해진 눈금을 가지고 있는 피펫은 홀피펫(volumetric transfer pipet)이라고 한다. 이 피펫에는 중간 부분에 불룩 나온 팽대부가 있다. Ostwald-Folin 피펫은 혈액과 같은 점성이 있는 액체를 옮기기 위한(TD) 피펫이다. 이를 위하여 불룩 나온 팽대부는 홀피펫과 달리 아래 쪽에 있으며, 불어주기 표시가 있는 피펫이다.

피펫을 이용할 때에는 먼저 사용하고자 하는 용액으로 2～3회 세척(전처리)한 후, 입을 사용하지 않고 **pipet bulb**(그림 1-12) 등과 같은 피펫 보조기구를 이용하여야 한다. 최근에는 **pipettor**(그림 1-13)라고 하는 기구가 개발되어 μL 단위의 대단히 적은 양의 액체도 정확하게 채취할 수 있다.

(3) 뷰 렛

뷰렛(buret, 그림 1-14)은 부피분석을 할 때 반응의 종점까지 표준용액을 정확하게 흘려 떨어뜨리고, 그 때의 표준용액의 소비량을 측정하는 데 사용하는 장치이다.

뷰렛을 사용할 때에는 먼저 사용하고자 하는 용액으로 뷰렛을 2～3회 세척(전처리)한 후 깔때기를 사용하여 뷰렛에 용액을 채운다.

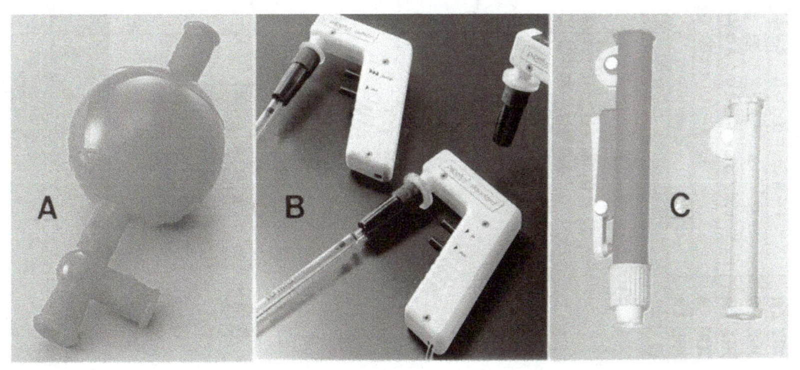

그림 1-12. 피펫 보조기구

A : Pipet bulb, B : Pipetus, C : Pipet filler

▸ Pipet bulb(그림 1-12의 A)의 사용방법

ⓐ 먼저 피펫을 pipet bulb의 밑부분에 끼운다.

ⓑ 손가락으로 pipet bulb 위의 밸브 A(for aspirate)를 누르고, 다른 손으로 bulb를 눌러 bulb 내의 공기를 밖으로 빼낸다.

ⓒ 피펫 끝을 채취하고자 하는 액체 중에 깊이 담그고, 밸브 S(for suction)를 눌러 액체를 피펫에 채취한다. 이 때 피펫 안으로 액체가 채취되는 것을 주시하여 액체가 bulb 안으로 들어가지 않도록 한다.

ⓓ 밸브 E(for exhaust)를 눌러 필요한 양을 유출한다. 불어주기를 할 때에는 엄지, 검지, 중지의 3손가락으로 밸브 E 옆의 작은 bulb를 잡고 엄지로 구멍을 막으면서 작은 bulb를 수차례 눌러 주면 된다.

▸ Pipet 눈금의 정확성 확인방법의 예

문) 빈 칭량병의 무게가 10.313 g이고, 피펫을 사용하여 증류수를 25 mL 가하였을 때 무게가 35.225 g이다. 실내 온도가 27℃라면 이 피펫으로 채취한 증류수의 부피는 얼마인가?

답) 채취한 물의 무게는 35.225 − 10.313 = 24.912 g이다. 27℃에서 물 1 g의 부피는 1.0046 mL이므로 물 24.912 g의 부피는 25.027(= 24.912 × 1.0046) mL이다.

▸ Pipettor의 사용방법과 주의사항

ⓐ Pipettor의 사용순서는 다음과 같으며 각 단계별 push button의 위치는 아래 그림을 참조한다.

Pipettor 꺼내기 → 팁 끼우기 → 부피설정 → 팁 전처리 → 시료 흡입 → 시료 분출 → 팁 제거 → 보관

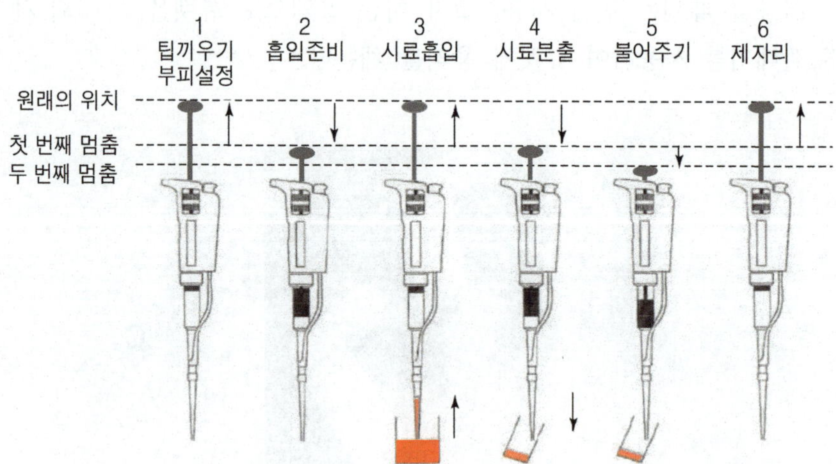

피펫팅의 단계별 push button의 위치

한국분석기기(주)

ⓑ 피펫팅을 정확히 하기 위해서는 올바른 자세와 충분한 연습이 필요하다.
ⓒ Pipettor에 맞는 올바른 팁을 사용한다.
ⓓ 시료를 흡입하기 전에 팁(tip)의 전처리를 반드시 한다. 팁의 전처리란 pipettor에 팁을 끼우고 부피 설정을 한 후에, 채취할 시료용액을 흡입하였다가 분출하는 작업을 말하는데, 이 작업은 팁의 습윤성, 균일성, 정확성 및 정밀성을 증가시켜 준다. 팁을 새로 끼웠을 때나 부피를 증가시켰을 때에는 팁의 전처리를 실시하도록 한다.
ⓔ 시료 용액에 대한 팁의 침수 깊이는 pipettor의 용량이 클수록 깊게 한다. 일반적으로 1 mL용 pipettor의 경우 3 mm 정도가 적당하다.
ⓕ Pipettor를 보관할 때에는 최대 부피로 설정하고 수직으로 세워서 보관한다.

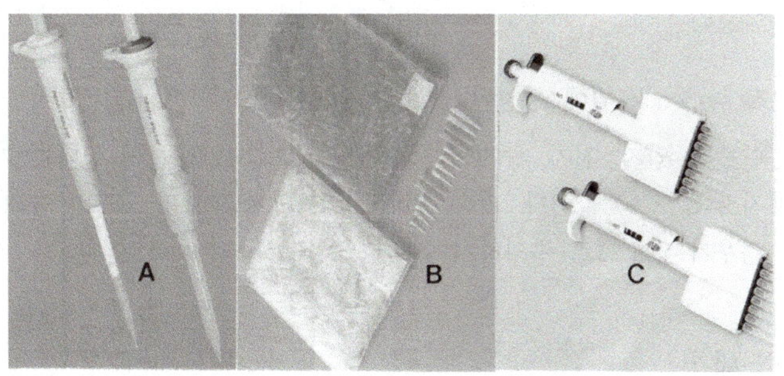

그림 1-13. Pipettors와 tips

A : Pipettors, B : Tips, C : Multi-channel pipettors

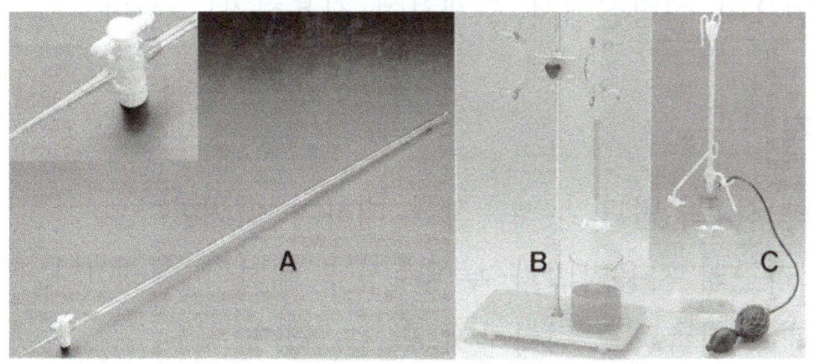

그림 1-14. 뷰렛(buret)

A : Buret, B : Buret stand, C : Automatic buret

다음, 뷰렛의 코크를 열어 코크의 밑부분을 공기가 남아 있지 않도록 표준용액으로 채우고 코크를 잠근 후 용액의 메니스커스를 읽고 사용한다. 그림 1-15는 뷰렛의 사용법을 나타낸 것이다.

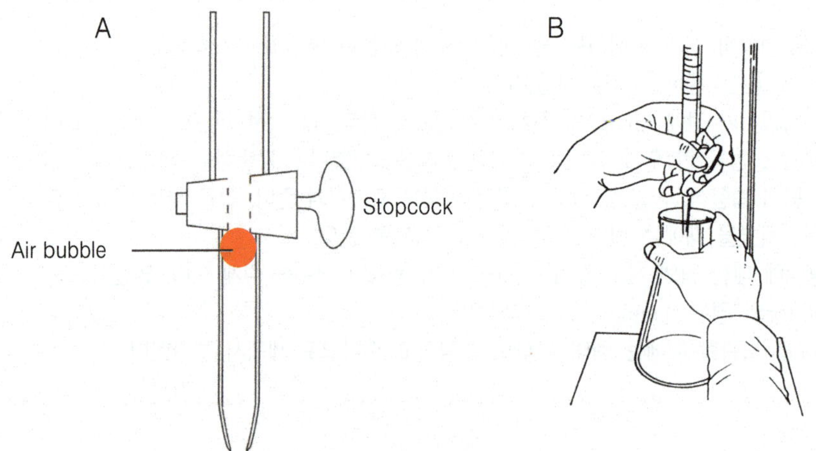

그림 1-15. 뷰렛(buret)의 사용법

A : 먼저 stopcock 밑에 형성된 공기를 제거한다.

B : 왼쪽 손의 엄지, 검지, 중지의 3 손가락으로 코크를 눌러 낀다는 기분으로 (빠지지 않도록) 돌린다. 왼손 손바닥이 코크에 닿으면 코크가 눌려서 빠지는 경우가 있으므로 주의하여야 한다.

(4) 유리기구의 세척

대부분의 경우, 유리기구의 세척은 보통의 비누나 중성 합성세제로도 충분하다. 하지만 세제 용액으로 오염물질이 제거되지 않는 경우는 유리기구를 **세척액**(cleaning solution)에 일정기간 담근 후 pipet washer를 이용하여 세척한다. 세척액은 여러 종류가 판매되고 있으며 실험실에서 조제하여 사용하기도 한다.

3.2 실험목적

(1) 전자저울의 사용방법과 무게측정에 대하여 이해한다.

(2) 부피측정 기구의 사용방법과 부피측정에 대하여 이해한다.

(3) 무게측정과 부피측정을 정확하게 할 수 있다.

3.3 기 구

(1) 전자저울
(2) 비 커
(3) 삼각플라스크
(4) 메스실린더
(5) 메스플라스크
(6) 뷰 렛
(7) 뷰렛스탠드
(8) 유리칭량병

(9) 세척병

(10) 피펫필러

(11) Pipettors(200～1,000 μL)와 tips

(12) 시약스푼

(13) 메스피펫(serological pipet, mohr pipet)

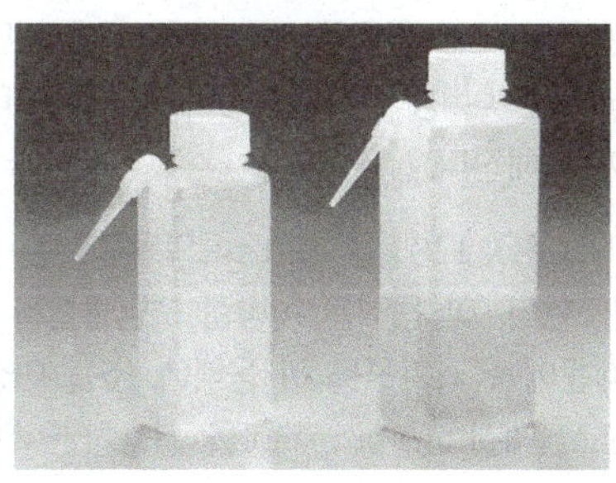

그림 1-16. 세척병(washing bottle)

▸ 전위차 적정

부피분석에서 적정의 종말점은 주로 지시약을 사용하여 확인한다. 하지만 시료가 착색되어 있거나, 약산과 약알칼리의 중화반응과 같이 지시약을 선택할 수 없을 때에는 반응액의 전위차를 측정하여 종말점을 확인하게 된다. 이것은 당량점 가까이에서 반응액의 전위차 변화가 크게 발생하는 것을 이용하는 것이며, 전위차는 특정 전극으로 측정이 가능하다. 전위차 적정법은 전극을 바꾸는 것에 의하여 중화적정, 산화환원적정, 침전적정 등에 적용이 가능하다.

아래 그림의 전위차 적정기는 표준용액이 프로그램에 의하여 일정한 속도로 자동적으로 적하되고, 이때 발생하는 반응액의 전위(mV) 변화를 읽어 미분하여 전위차 변화가 가장 크게 발생한 때를 적정 종말점으로 자동으로 판정하는 기기이다. 적정 종말점에서의 표준용액의 소비량을 자동으로 읽고 분석 대상 성분의 함량까지도 자동으로 계산된다. 전위차 적정과 기기의 원리를 잘 이해하고 사용하면 매우 정확하고 정밀도가 높은 실험 결과를 얻을 수 있다.

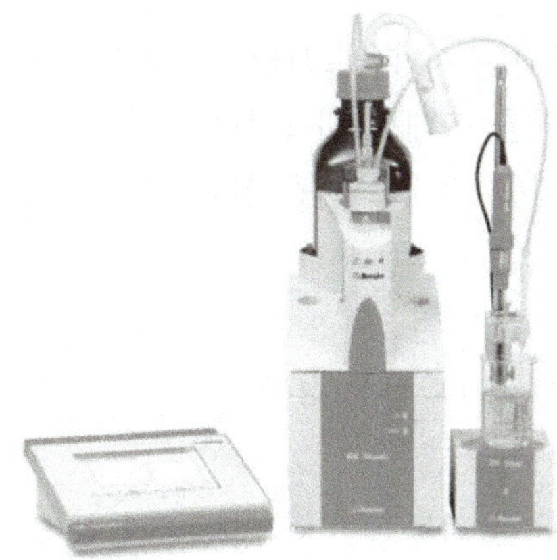

전위차 적정기(Metrohm Co.)

▸ **세척액(cleaning solution)**

ⓐ 공업용 중크롬산나트륨($Na_2Cr_2O_7 \cdot 2H_2O$) 92 g을 460 mL의 물에 녹이고 800 mL의 공업용 농황산을 천천히 가하면서 잘 섞어 조제하는데 취급시 주의하여야 한다. 이 용액은 Cr^{+6}이 Cr^{+3}으로 되면서 오염물질을 산화시키는데, 세척력이 있으면 Cr^{+6}의 붉은색을 띠지만 유기물을 산화시킴에 따라 Cr^{+3}의 녹색으로 변한다. 즉 이 용액이 녹색을 띠게 되면 세척 효과가 없으므로 새로 만들어 사용하여야 한다. 또한 이 용액은 흡습성이 강하므로 대기 중에 오랫동안 방치하면 점차 희석되어 산화력이 약해진다.

ⓑ 수산화칼륨(KOH) 105 g 또는 수산화나트륨(NaOH) 120 g을 120 mL의 물에 잘 녹이고, 이것을 95%의 ethyl alcohol 1 L와 섞어서 제조한다. 이 용액은 지방질 오염물질을 제거하는데 효과가 크지만 유리 용기를 부식시키기 때문에 유리기구를 이 용액에 15분 이상 담그는 것은 피하는 것이 좋다. 하지만 ethyl alcohol 대신 *iso*-propanol을 사용하면 세정력은 떨어지지만 유리기구의 손상은 적다.

3.4 재료 및 시약

(1) 수산화나트륨(NaOH, sodium hydroxide) 

(2) 황산(H_2SO_4, sulfuric acid)

(3) 염산(HCl, hydrochloric acid)

(4) 황산지

3.5 실험내용

1) 시료 및 시약조제

(1) 수산화나트륨 (①) : 시판되는 시약을 그대로 사용한다.

(2) 황산 (②) : 시판되는 시약을 그대로 사용한다.

(3) 염산 (③) : 시판되는 시약을 그대로 사용한다.

2) 실험방법

(1) 전자저울을 이용하여 ① 5.000 g을 정확히 칭량한 후 이를 비커에 옮기고 label을 붙인다.

(2) 천칭접시에 유리 칭량병을 올려놓고 'tare button'(영점 맞추기)을 누른다. 피펫 필러와 피펫을 이용하여 증류수 1 mL를 취하여 무게를 측정, 기록하고 'tare button'을 누른다. ② 1 mL를 취하여 무게를 측정, 기록한 후 다시 'tare

button'을 누르고 ③ 1 mL를 피펫으로 취하여 무게를 측정, 기록한다.

(3) 메스실린더와 메스플라스크에 증류수 100 mL를 정확히 채운다.

(4) 뷰렛에 증류수를 채우고 눈금을 읽는 후, 코크를 열어 증류수를 천천히 흘려 떨어뜨린다.

(5) 피펫필러와 피펫(serological pipet, mohr pipet)을 이용하여 증류수 100 mL를 비커와 삼각플라스크에 각각 취하고 비커와 삼각플라스크의 눈금을 확인한다.

(6) Pipettor를 이용하여 증류수 200 μL를 채취한다.

(7) 전자저울의 천칭접시 위에 유리 칭량병을 올려놓고 'tare button'을 누른 후 pipettor로 증류수 1,000 μL를 취하여 그 무게를 측정한다.

3.6 질문 및 토론

3.7 주의사항

(1) 실험실에서의 주의사항(안전제일)을 반드시 지킨다.

(2) 유리기구가 파손되지 않도록 주의한다.

(3) 수산화나트륨, 황산, 염산이 피부나 옷에 떨어지지 않도록 주의한다.

(4) Pipettor를 사용할 때에는 그 사용방법을 완전히 익힌 후에 사용한다.

4. 식품분석을 위한 기본 조작

4.1 원 리

식품분석을 하기 위해서는 경우에 따라 시료에 대하여 여러 가지 물리적인 처리를 하게 된다. 다음은 실험 중 일반적으로 행해지는 기본 조작의 원리와 방법에 대한 설명이다.

1) 가 열

어떤 화학반응이 흡열반응이면 가열하면서 반응시켜야 한다. 활성화 에너지가 크면 클수록 가열해야만 반응이 쉽게 일어나기 때문이다. 이 때 비커나 플라스크는 시험관보다 열에 약하므로 너무 세게 가열해서는 안 된다. 플라스크 중에서는 밑이 둥근 플라스크가 열에 강하므로 높은 온도로 가열할 때에는 둥근 플라스크를 석면 망 위에 올려놓고 가열한다.

(1) 직접가열

각종 전기히터나 버너를 사용하여 직접 가열하는 방법으로 가열온도에 제한이 없거나 가열방법이 반응속도, 반응시간 등에 큰 영향을 미치지 않는 경우에 사용하는 방법이다.

(2) 간접가열

직접가열에 비하여 가열면적이 넓어 화학반응이 효과적으로 일어날 수 있으며, 온도 조절도 훨씬 용이하다. 간접가열에는 다음과 같은 방법들이 있다.

① 수 욕 : 100℃ 이하의 온도로 가열할 때, 정해진 온도로 가열된 물속에서 가열하는 방법이다(항온수조, 그림 1-17).

② 유 욕 : 100℃~350℃ 정도의 온도로 가열할 때, 정해진 온도로 가열된 기름 속에서 가열하는 방법이다(oil bath).

③ 사 욕 : 350℃ 이상의 고온으로 가열할 때, 크기가 균일한 고운 모래를 가열하여 그 속에서 가열하는 방법이다.

2) 냉 각

(1) 냉각기

냉각기는 발열반응을 연속적으로 진행시키거나 증기를 회수하고자 할 때 사용되는데 리비히 냉각기(Liebig condenser), 알린 냉각기(Allihn's condenser), 나선형 그레이암 냉각기(Graham's condenser), 딤로스 냉각기(Dimmroth's condenser) 등이 있다(그림 1-18). 이들은 모두 수냉식이지만 때로는 길이 1 m 정도의 유리관을 사용하여 공기로 냉각하는 경우도 있다. 증류할 때에는 주로 리비히 냉각기를 사용하지만 유기

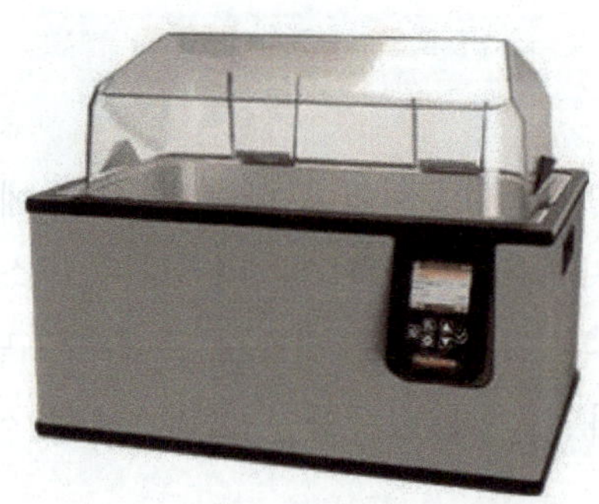

그림 1-17. 항온수조
(water bath, PolyScience Co.)

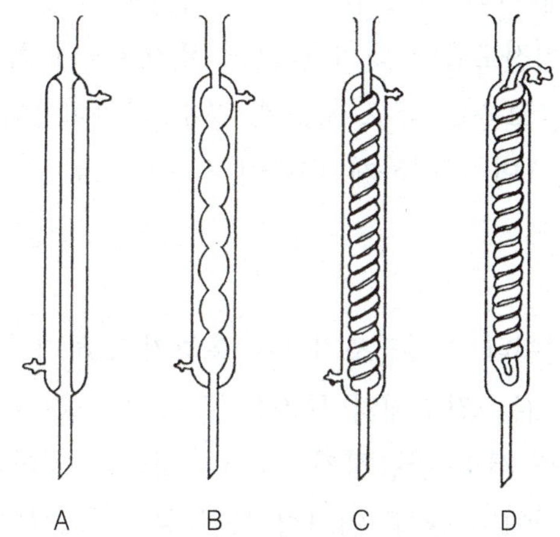

그림 1-18. 냉각관의 종류

A : Liebig형, B : Allihn형, C : Graham형, D : Dimmroth형

용매를 사용하여 추출할 때 용매의 휘발을 막기 위해서는 딤로스 냉각기, 냉각기 내에서 냉각면적을 넓혀 냉각효과를 증대시키기 위해서는 알린 냉각기나 그레이암 냉각기를 사용한다. 전분질을 산으로 분해하거나 섬유소를 정량할 경우에는 공기냉각기를 사용한다.

(2) 냉장고

시료를 대개 0～10℃ 정도로 냉각시킬 때 사용된다.

(3) 냉각제

적당한 용기에 냉각제를 넣고 시료 등을 냉각시키는 방법이다. 주로 얼음과 드라이아이스가 냉각제로 사용되는데, 이것을 무기염류 및 유기용매와 혼합하면 보다 낮은 온도를 얻을 수 있다.

▸ **비등석**

비커나 플라스크 안에 있는 용액을 직접 가열할 때에는 일반적으로 비등석을 여러 개 넣은 후 가열하여 갑자기 끓어오르는 돌비를 방지하여야 한다. 비등석을 넣어 주면 비등석 중의 작은 기포 중으로 액이 증발하고, 그 기포가 커지면 깨지면서 비등석이 위로 올라와 계속적으로 조용히 끓게 된다. 그러나 비등석을 용액이 끓기 시작한 후에 넣으면 대단히 위험하므로 주의하여야 한다. 반드시 용액을 가열하기 전에 비등석을 넣어 주어야 한다.

얼음은 용기와 얼음 사이에 간격이 생기지 않도록 얼음을 가늘게 부수어 사용하는 것이 좋다. 드라이아이스는 열전도율이 낮기 때문에 유기용매와 함께 사용한다. 주로 용기 속에 아세톤이나 메틸알코올을 넣고 가늘게 부순 드라이아이스를 넣어 사용한다. 이 때 용매의 온도가 높으면 격렬하게 비등이 일어나므로 주의하여야 한다.

3) 건 조

시료를 건조할 때에는 풍건이나 전열건조기를 이용하기도 하지만, 일반적으로는 건조제를 이용한다. 주로 사용되는 건조제의 특징은 표 1-4와 같다. 건조제를 선택할 때의 원칙은 시료와 건조제가 서로 반응하지 않아야 한다는 것이다. 즉 중성물질을 건조할 때에는 중성, 산성물질에는 산성, 염기성 물질에는 염기성의 건조제를 사용하여야 한다. 또한 흡수속도, 흡수량 등을 고려하여 선택하는 것도 중요하다. 시료가 많은 양의 수분을 함유하고 있을 때에는 분액이나 농축 등의 조작으로 먼저 수분을 제거한 후에 건조제를 사용하도록 한다.

(1) 고체물질의 건조

가장 간단한 방법은 풍건이다. 하지만 시료가 열에 안정하고 융점이 높을 때에는 건조기(그림 3-8)를 사용하거나 건조제를 사용하기도 한다. 건조제를 사용할 때에는 데시케이터(그림 3-10)를 사용하는데, 감압 데시케이터를 사용하면 보다 빨리 건조시킬 수 있다. 어느 건조법을 사용하든 시료는 미리 작게 분쇄하여야 한다.

표 1-4. 주요 건조제

종 류	건조제	흡수능력	용 도
중 성	실리카겔(SiO_2)	대	거의 모든 액체와 고체
	황산칼슘($CaSO_4$)	대	거의 모든 액체
	황산나트륨(Na_2SO_4)	소	거의 모든 액체
	염화칼슘($CaCl_2$)	대	탄화수소, 할로겐화합물, 에테르(ether)
산 성	황산(H_2SO_4)	대	산성물질, 포화탄화수소, 할로겐화합물
	오산화인(P_2O_5)	대	산성물질, 포화탄화수소, 방향족탄화수소, 에테르(ether), 에스테르(ester), 할로겐화합물
염기성	수산화나트륨(NaOH)	대	염기성 물질, dioxane, tetrahydrofuran
	산화칼슘(CaO)	대	염기성 물질, 알코올

(2) 액체물질의 건조

액체물질 내에 직접 고체 건조제를 넣어 건조시킨 후, 여과에 의해 건조제를 분리한다.

(3) 기체물질의 건조

세기병(기체를 액체에 통과시켜 세척하거나 흡수하는 데 사용)에 진한 황산 등을 넣고 기체를 통과시키거나 U자 관에 고체 건조제를 채우고 기체를 유출시켜 건조시킨다. 1개의 세기병이나 건조관으로는 건조가 불충분하기 때문에 여러 개를 연결하는 경우도 있다.

4) 증발과 농축

액체 시료에 용해되어 있는 비휘발성 성분의 농도를 높이기 위하여 용매를 증류, 제거하는 방법이다.

(1) 증발건고

도자기로 된 증발접시(그림 1-19)를 사용하여 용매(대부분의 경우는 물)가 없어질 때까지 증발을 계속하는 조작이다. 삼발이와 석면망을 사용하여 증발접시를 직접 가열하거나 수욕상에서 가열하는데, 이 때 약하게 가열하여 서서히 증발시키는 것이 필요하다. 건고의 상태에 가깝게 되면 화력을 약하게 하고 내용물이 비산하지 않도록 주의한다.

(2) 농 축

물이나 유기용매를 일정한 압력에서 비점까지 가열하고 증류, 제거하는 조작이다. 제거하는 용매의 대부분이 에틸에테르와 같은 인화성 물질이고 양도 많기 때문에 충분한 주의가 필요하다.

그림 1-19. 시계접시
(증발접시, watch glass)

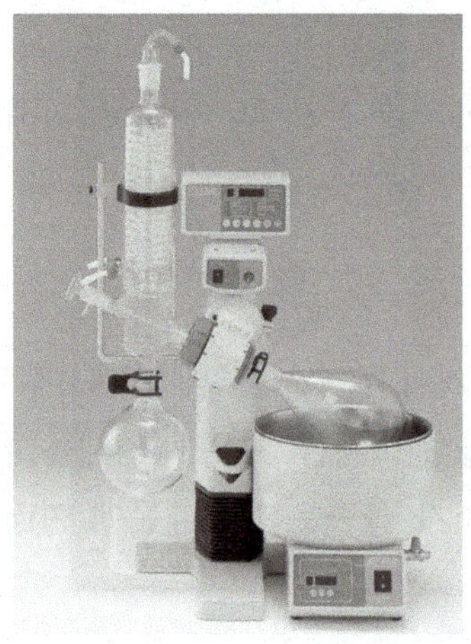

그림 1-20. 회전진공농축장치
(rotary vacuum evaporator)

회전진공농축기(그림 1-20)는 진공상태에서 회전하면서 용매를 증발시키기 때문에 낮은 온도에서 빠른 속도로 용매를 제거하는 장치이다.

5) 여 과

고체와 액체를 분리하는 방법을 여과(filtration, 그림 1-21)라고 한다. 여과해서 얻은 용액을 여액이라고 하며, 분리된 고형물을 침전물이라고 한다. 여과방법에는 **여과지**와 깔때기를 사용하는 방법, 석면과 Gooch 도가니(그림 1-24)를 사용하는 방법, 유리여과기를 사용하는 방법 등이 있으며, 여과속도를 빠르게 하기 위하여 감압여과를 하는 경우도 있다.

(1) 여과지와 깔때기를 사용하는 방법

여과지는 다공성 면섬유로 되어 있으며, 회분 함량에 따라 정성용과 정량용으로 나뉘어진다(표 1-5). 정량용 여과지는 일반적으로 연질과 경질로 나뉘어지는데, 연질은

그림 1-21. 여과(filtration)

그 외관이 부드럽고 구멍이 비교적 크므로 여과속도가 빠르지만 미립자의 침전이 새어 나가기 쉬우며, 산이나 알칼리에 약하다. 경질은 그 외관이 좀 딱딱해 보이며, 구멍이 작기 때문에 여과속도는 느리지만 미립자의 침전이 새어 나가지 않고, 산이나 알칼리에 대한 저항력도 비교적 강한 것이 장점이다.

여과지를 접는 방법은 그림 1-22에 나타내었다. 먼저 여과지를 절반으로, 또 다시 절반으로 접고, 한쪽 끝을 잘라낸다. 이는 여과지가 깔때기에 잘 붙도록 하기 위함이다. 그 후 잘라내지 않은 한쪽을 두 손으로 열고 깔때기에 잘 밀착시킨다.

여과를 할 때에는 접은 여과지를 깔때기에 잘 밀착시키고, 먼저 여과지의 끝을 모액으로 적신 후에 여과지의 상단까지 채워 깔때기 관의 공기를 제거하고 여과한다. 깔때기 관에 액체가 가득 차 있어야 여과가 빨리 되며, 이 때 액체가 반드시 비커의 벽을 따라 떨어지게 한다(그림 1-23).

표 1-5. 여과지의 종류

종류		용도
Toyo No.	Whatman No.	
1	1	정성용
2	2	정성용(1보다 치밀)
3	30	정량용(회분이 비교적 많음)
5 A	41	정량용([$Al(OH)_3$], [$Fe(OH)_3$]와 같은 침전에 적당)
5 B	40	정량용(일반용)
5 C	42	정량용($BaSO_4$와 같은 매우 작은 입자에 적당)
6	44	정량용(일반용이며, 회분이 극히 적음)
8	50	정량용(경질이므로 흡인여과에 적당)

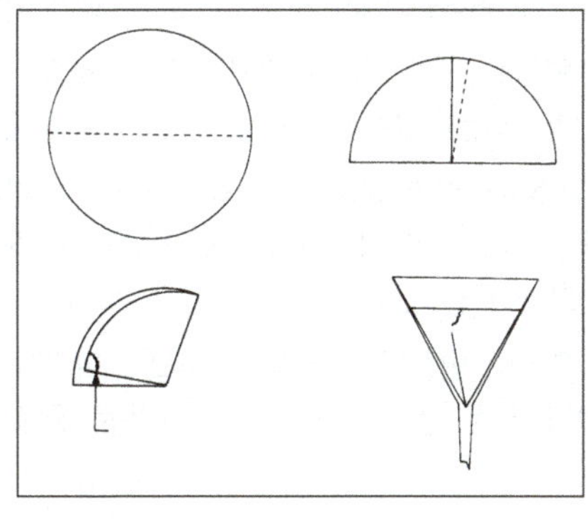

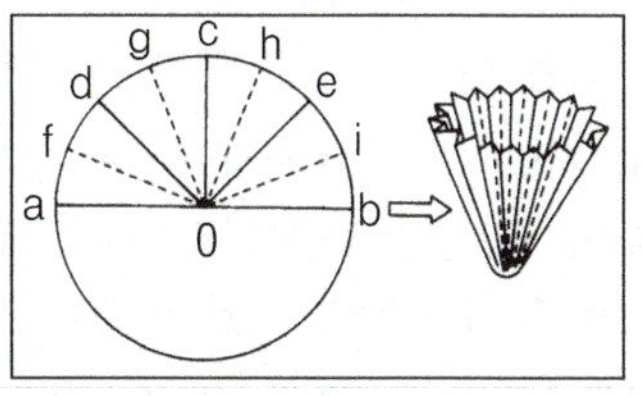

그림 1-22. 여과지 접는 방법

침전이 빨리 가라앉는 경우에는 여과지를 사용하지 않고 침전이 흐트러지지 않게 조심하면서 위의 맑은 액을 그냥 따라 낼 수도 있다. 이와 같은 방법을 경사여과(decantation)라고 한다. 첫 번째 경사여과 후, 용기에 남아 있는 침전물을 소량의 세척액으로 세척하고 침전시킨 후에 다시 경사여과 하고, 마지막에 침전물을 여과지 위에 옮겨 침전물만을 얻는다.

(2) 감압여과

여과속도가 빠를 뿐만 아니라 침전물에 잔류하는 모액이나 세척액을 빠르게 흡입, 제거할 수 있으므로 매우 편리한 방법이다. 따라서 다량의 용액을 여과할 때 또는 쉽게 여과가 안 되는 침전을 분리할 때 많이 사용한다. 감압여과장치(그림 1-24)는 고무마개를 사용하여 여과기를 감압여과병이나 감압여과관에 연결하고, 아스피레이터(aspirator)나 진공펌프로 감압여과병 내의 공기를 제거할 수 있도록 되어 있는데, 이 때 사용되는 여과기로는 유리여과기, Gooch 도가니, Büchner 깔때기(그림 1-25) 등

▸ **여과지의 선택**

가장 합리적이고 능률적인 여과를 하기 위해서는 다음과 같은 사항을 충분히 검토하여 여과지를 선택하는 것이 무엇보다 중요하다.

ⓐ 목적하는 여과의 정도
ⓑ 여과하려는 액체의 성질(pH, 점도, 온도 등)
ⓒ 포집하려는 입자의 조건(입자 크기, 입자 농도 등)

▸ **올바른 여과지의 사용법**

ⓐ 공경과 여과속도 : 같은 재질의 여과지에서는 여과지의 공경과 여과속도는 정비례한다. 일반적으로 여과속도를 빠르게 하기 위해서는 공경이 큰 여과지를 사용한다.

ⓑ 압력과 여과면적 : 압력이 크면 여과속도가 빠를 뿐만 아니라 여과면적이 작아도 여과하는 것이 가능하다. 하지만 압력이 작은 경우에는 여과면적을 크게 하지 않으면 여과가 어렵다.

ⓒ 전 여과 : 큰 입자를 함유하는 액체를 여과하면 여과공이 막히게 되어 여과가 어렵게 된다. 이 때는 여과공이 큰 여과지로 먼저 여과한 후, 다음에 본 여과를 행하는 것이 좋다.

ⓓ 여과지의 수명 : 여과지의 수명은 여과의 관리방법에 따라 달라진다. 즉 여과속도, 압력차이, 여과정도 등에 따라 달라진다. 그러므로 이들을 참조하여 여과지의 교체시기를 결정하여야 하며, 여과 수명이 다된 여과지는 빨리 교체되어야 한다.

ⓔ 여과지의 보존 : 여과지는 열, 빛, 습기 등에 의하여 변질될 수 있다. 그러므로 여과지를 보관할 때에는 증기 등이 발생하는 장소를 피하고 낮은 온도, 낮은 습도의 어두운 곳에 보관하여야 한다.

이 있으나 유리여과기가 가장 많이 사용된다.

유리여과기에는 그림 1-26과 같이 여러 가지 형태가 있다. 외부에는 1G4 등의 기호가 쓰여져 있는데, 맨 앞의 숫자는 부피(숫자가 클수록 크다), G는 유리의 품질, 끝 숫자는 여과판 구멍의 크기(1이 가장 크고, 4가 가장 작다)를 나타내는 것으로 정량분석에서는 1G4가 가장 많이 사용된다. 유리여과기는 약품에 대한 저항력이 강하고 취급이 간편하며 또 항량을 측정하기 쉬운 여러 가지 장점을 가지고 있으나, 고온으로 가열하면 파손되기 쉬우며 가격이 비싼 단점이 있다.

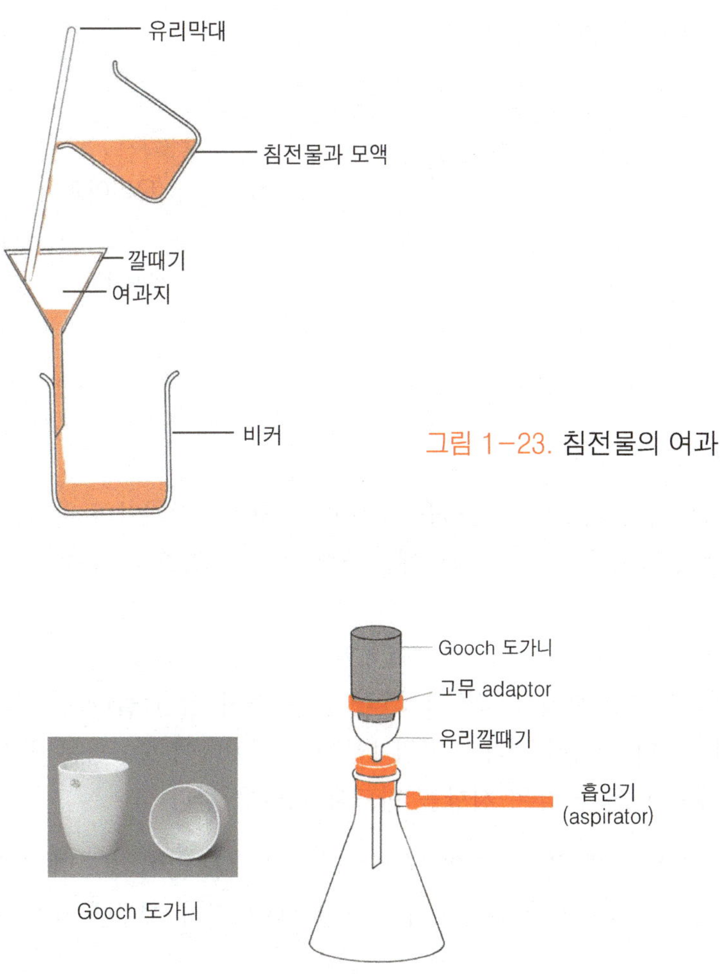

그림 1-23. 침전물의 여과

그림 1-24. Gooch 도가니와 Gooch 도가니를 이용한 감압여과

그림 1-25. Büchner 깔때기

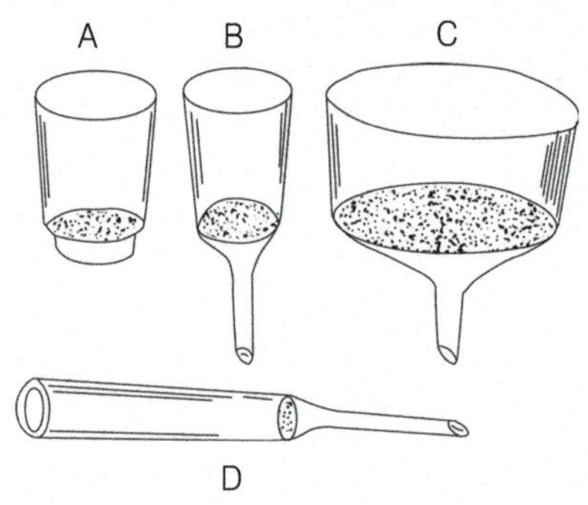

그림 1-26. 유리여과기

A : 도가니형, B : 깔때기형
C : Büchner 깔때기형, D : Allihn씨 형

6) 증 류

비점이 서로 다른 물질의 혼합물을 일정한 온도에서 증기압의 차이를 이용하여 분리, 정제하는 방법이다. 증류의 방법에는 상압증류, 감압증류, 수증기증류 등이 있다.

(1) 상압증류

일반적으로 대기압 하에서 그림 1-27과 같이 가지 달린 플라스크 또는 T자 관을 부착한 플라스크에 리비히 냉각관(그림 1-18)을 연결하여 증류하는 방법이다. 상압증류를 할 때에는 다음과 같은 사항을 반드시 지켜야 한다.

① 증류할 액은 증류 플라스크의 1/2 정도만 넣는다. 많이 넣으면 증발면적이 작아지고 플라스크의 가지 부분까지 증류할 액이 튀기 때문에 좋은 증류가 될 수 없다.

② 온도계의 구부(球部)는 증류 플라스크의 가지 부분보다 약간 아래에 위치하도록 한다.

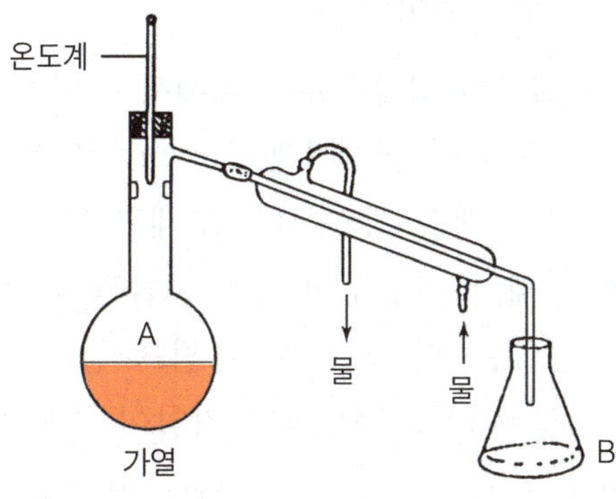

그림 1-27. 상압증류장치

A : 증류하려는 용액, B : 수기

③ 가열장치에 증류 플라스크를 안전하게 설치한다.

④ 돌비의 방지에 충분히 주의한다. 반드시 돌비방지제(비등석)를 넣은 후에 가열하는데, 한번 온도가 내려간 액을 다시 가열할 때는 새로운 것을 넣어야 한다. 돌비방지제에는 비등석이나 모세관, 다공유리 등이 있다.

⑤ 가열온도가 너무 낮거나 높으면 안 된다. 온도가 낮으면 속도가 느려지고, 너무 높으면 증류분에 불순물이 혼입되게 된다. 일반적으로 가열온도는 증류물질의 비점보다 20℃ 정도 높은 것이 적당하며, 한 방울 유출하는 데 1～2초 정도 걸리는 것이 좋다.

(2) 감압증류

대기압하에서 높은 온도로 가열할 수 없는 물질을 증류하는 데 적용되는 방법으로, 증류장치의 압력을 낮추어 증류하고자 하는 물질의 비점을 낮게 하는 것이 기본적인 원리이다. 일반적인 감압증류장치는 그림 1-28과 같다.

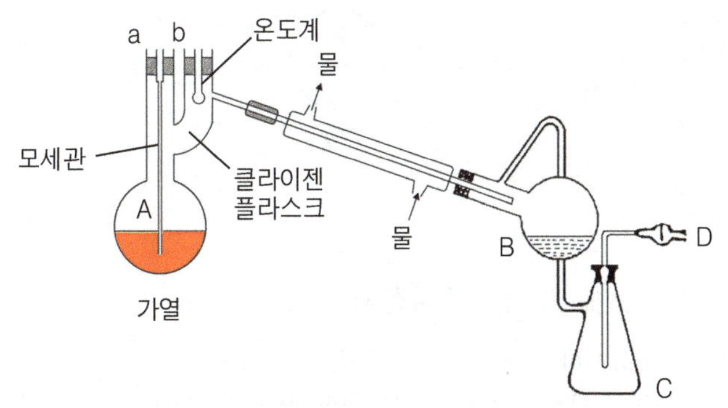

그림 1-28. 감압증류장치

A : 증류하려는 용액, B : 수기,
C : 안전병, D : 아스피레이터

감압증류를 할 때에는 다음과 같은 사항을 참고한다.

① 감압증류는 내부가 감압으로 되기 때문에 상압증류에 비해서 특별한 기밀이 필요하다. 증류 플라스크는 그림 1-28과 같이 클라이젠(Claisen) 플라스크를 사용하여, a부분은 모세관을, b부분은 온도계를 삽입한다. 모세관은 상압증류에서 비등석의 역할을 하는데, 증류할 액체의 내부에 공기가 조금씩 들어가게 함으로써 비등을 원활하게 해준다. 감압에는 진공펌프, 수류펌프 등을 사용하는데, 수류펌프는 취급이 용이하며 15～20 mmHg 정도까지 감압이 가능하다.

② 장치가 충분히 감압된 후에 가열을 시작한다. 비등이 시작되면 불꽃을 작게 하고 가열 온도를 정온으로 유지한다.

③ 증류를 끝낼 때에는 역류 등이 발생하지 않도록 주의하여 조작하여야 한다.

(3) 수증기 증류

물에 용해되지 않는 비점이 높은 물질이나 높은 온도로 가열할 수 없는 물질에 수증기를 직접 불어넣어 낮은 온도에서 증류하는 방법이다. 증류하려는 물질의 증기압과 물의 증기압의 합이 대기압보다 약간 크게 되면 증발이 발생하기 때문에 수증기 증류를 이용하면 대부분의 경우 100℃ 이하의 온도에서 증류가 가능하다. 증류 후 유출액에서 증류하려는 물질과 물은 층 분리되기 때문에 분액 또는 추출에 의해 목적 성분을 쉽게 채취할 수 있다. 일반적인 수증기 증류장치는 그림 1-29와 같고, 수증기 증류를 할 때에는 다음과 같은 사항을 반드시 지켜야 한다.

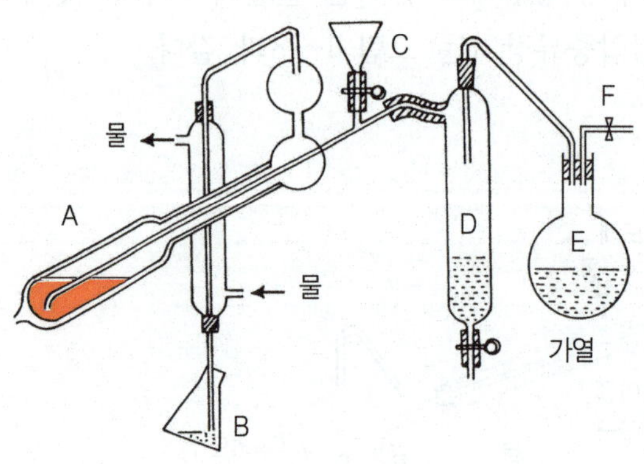

그림 1-29. 수증기 증류장치

A : 증류 플라스크(증류하려는 용액), B : 수기, C : 깔때기,
D : 역류병, E : 수증기 발생 플라스크, F : 개방 밸브

① 수증기 증류에서는 특히 증류 플라스크가 심하게 흔들려 내용물이 직접 냉각관으로 들어가는 경우가 많기 때문에 증류할 물질의 양을 적게 넣고, 증류 플라스크를 경사지게 설치한다.

② 냉각관은 효율이 좋은 대형을 이용하고, 냉각수가 잘 흐르도록 한다.

③ 수증기 증류에서 가장 위험한 것은 폭발과 이로 인한 화상이다. 이를 방지하기 위해서는 유리관으로 된 압력 게이지를 수증기 발생기 내에 삽입하여 두거나, 수증기 발생기에 개방 밸브를 설치하여 이상이 있을 때에는 열리도록 해 둔다. 또 처음에는 수증기 송입 밸브와 함께 이 개방 밸브를 열어 두고, 수증기가 강하게 유출된 후 개방 밸브를 닫도록 한다. 증류 플라스크에서 수증기가 응축하는 것을 방지하기 위해 증류 플라스크를 미리 약하게 가열해 두는 것이 좋다.

④ 증류를 멈출 때는 수증기 발생기의 개방 밸브를 열고 나서 가열을 멈춘다. 만약 개방 밸브를 닫은 채로 불을 끄면 증류 플라스크의 내용물이 수증기 발생기 안으로 역류하게 된다.

7) 추 출

액체 또는 고체 중에 존재하는 목적 물질을 적당한 용매를 사용하여 용출, 분리시키는 조작이다.

(1) 액체 시료로부터의 추출

액체 시료로부터의 추출은 크게 수용액 중의 목적성분을 유기용매로 추출(그림 1-30)하는 경우와 유기용매 중의 목적성분을 산이나 알칼리 수용액으로 추출하는 경우로 나뉘어진다.

이 때 진탕과 액층의 분리를 위하여 보통 분액깔때기(그림 1-31)가 사용되는데, 분액 깔대기의 사용법은 다음과 같다.

① 먼저 분액깔때기 아래 마개가 단단히 닫혀 있는지를 확인한다.

② 액체 시료를 분액깔때기의 1/2～1/3 정도 넣고 적당량의 추출용매를 가한다.

③ 분액깔때기 위 마개의 작은 구멍과 분액깔때기 자체의 작은 구멍이 겹치지 않도록 하고, 시료와 추출용매가 충분히 접촉하도록 하기 위하여 격렬하게 진탕한다. 한 손으로는 분액깔때기 위의 마개를, 다른 손으로는 아래의 마개를 잡고 위아래로 흔들어 분액깔때기 내의 시료와 추출용매가 서로 격렬하게 부딪히도록 한다.

진탕하는 중에 분액깔때기 내의 압력이 높아지는 경우가 많기 때문에 때때로

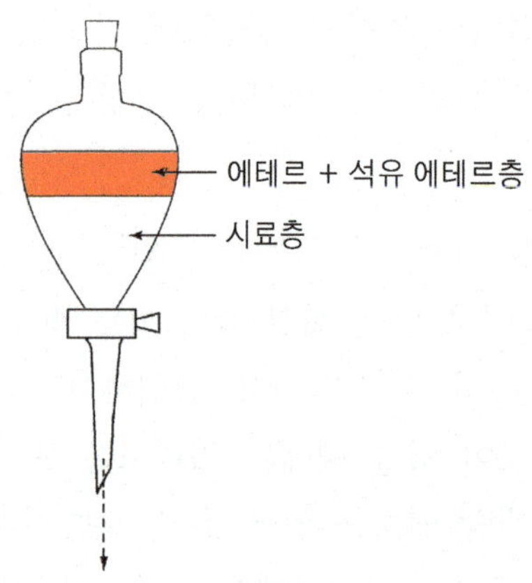

그림 1-30. 용매 추출

그림 1-31. 분액깔때기(separatory funnel)

진탕을 멈추고 위의 마개를 열어 준다. 특히 추출 용매로 에틸에테르와 같은 휘발성이 높은 용매를 사용할 때에는 처음부터 강하게 진탕해서는 안 된다. 즉 처음에는 1~2회 가볍게 흔든 후 바로 상부의 마개를 열고, 이 조작을 2~3회 정도 반복한 후에 강하게 진탕한다. 진탕은 가끔 위의 마개를 열면서 합계 30회 정도면 충분하다.

④ 진탕 후 분액깔때기를 정치하여 내부의 액을 층 분리한다.

⑤ 분액깔때기 내부의 액이 2개의 층으로 분리되면 조심해서 아래의 마개를 열고 하층의 액을 유출시키는데, 이때 상·하층 액의 경계가 아래 마개에 가까이 오면 마개를 닫고 분액깔때기를 서서히 수평으로 회전시켜 준다. 이렇게 하면 분액깔때기 내부의 액이 회전하면서 내벽에 묻어 있는 하층의 액을 모으게 된다. 다시 층 분리하고 하층의 액을 유출시킨 후, 분액깔때기를 거꾸로 하여 위의 마개로 상층의 액을 다른 용기에 취한다.

⑥ 추출은 다량의 용매로 1회만 하는 것보다 같은 양의 용매를 수회로 나누어 추출하는 것이 훨씬 능률적이다.

(2) 고체 시료로부터의 추출

고체 시료로부터 목적성분을 추출할 때에는 용매와의 접촉면적을 가능한 크게 하기 위하여 시료를 가능한 작게 분쇄하여 사용하는데, 일반적으로 Soxhlet 추출기(그림 3-13)가 이용된다. 원통여과지에 고체 시료를 분쇄하여 넣고, 수기에는 추출용매를 수기의 3/4 정도 넣는다.

항온수조에서 용매를 가열, 비등시키면 휘발된 용매는 측관을 따라 올라가 냉각기에서 응축되어 원통여과지가 있는 추출관에 떨어지고, 이때부터 추출용매는 원통여과지 내에 있는 시료로부터 목적성분을 추출한다. 추출관의 추출용매 수위가 사이폰(siphon)관에 이르면 추출용매는 목적성분과 함께 수기로 돌아오는데, 추출용매의 비등이 계속되는 동안 이 조작이 반복된다.

5. 용액의 조제

5.1 원 리

실험을 할 때에는 고체, 액체 또는 기체상태의 여러 가지 화학약품을 사용하게 되는데, 대부분의 경우 이들은 물 등의 액체에 녹여 액체상태로 사용하게 된다. 여기에는 그럴 만한 이유가 있다. 화학반응이 발생하기 위해서는 분자들이 서로 충분히 접촉하여야 하는데 고체상태에서는 분자들의 이동속도가 너무 느리고, 기체상태에서는 분자들의 유동성은 좋으나 취급하기가 매우 어렵다. 하지만 액체상태는 화학반응에 관여하는 분자들의 거리가 기체상태에 비하여 매우 가까우며, 취급하기가 용이하고, 고체상태에 비하여 다른 물질과 신속하게 혼합될 수 있기 때문이다. 또한 화학약품들은 서로 일정한 비율로 화학반응에 관여하기 때문에 여러 가지 이유로 이들의 농도를 조정할 필요가 있기 때문이다. 그러므로 실험을 할 때, 정확한 농도의 **용액**을 조제하는 것은 대단히 중요한 일이다.

용액 중에 용질이 얼마만큼 녹아 있는지를 나타내는 농도를 표시하는 방법은 % 농도, M 농도(molarity) 그리고 N 농도(normality)의 3가지가 주로 사용되고 있다.

1) 백분율농도

백분율(%)농도는 용액 100 mL 또는 100 g을 기준으로 하며 '%'로 표시한다. 중용량 백분율농도(w/v%), 중량 백분율농도(w/w%) 그리고 용량 백분율농도(v/v%)의 3

▸ **용액(solution)**

용액이란 어떤 물질이 녹아 있는 액체를 말하는데, 특히 용매가 물일 때의 용액을 수용액이라고 한다. 용액 중에 녹아 있는 물질을 용질(solute)이라고 하고, 물질을 녹이는 데 사용되는 액체를 용매(solvent)라고 한다.

종류가 있는데, 특별한 언급이 없다면 일반적으로 중량 백분율농도를 말한다.

(1) 중용량 백분율농도

용액 100 mL 중에 녹아 있는 용질의 g수로 표시한다. 예를 들면 5%(w/v) 염화나트륨(NaCl) 용액은 100 mL 중에 NaCl 5 g이 녹아 있는 것을 뜻한다. 30%(w/v) NaOH 수용액을 조제하려면 NaOH 30 g을 증류수 60 mL 정도에 먼저 녹이고, 용액 전체의 부피를 100 mL로 맞추면 된다.

(2) 중량 백분율농도

용액 100 g 중에 녹아 있는 용질의 g수로 표시한다. 예를 들면 1%(w/w) NaCl 용액을 조제하려면 NaCl 1 g을 물 99 g에 완전히 녹이면 된다.

(3) 용량 백분율농도

용액 100 mL 중에 녹아 있는 용질의 mL수로 표시한다. 이것은 주로 농축액을 희석할 때 사용한다. 예를 들면 10%(v/v) 에틸알코올 용액은 100% 에틸알코올 10 mL와 증류수 90 mL를 혼합한 것이다. 즉 10%(v/v) 에틸알코올 용액 100 mL 중에는 순수한 에틸알코올 10 mL가 녹아 있는 것이다.

(4) mg%

임상화학에서 자주 이용되는 농도로 100 mL의 용액에 녹아 있는 용질의 mg수로 표시한다. 예를 들면 혈당치가 70 mg%라는 것은 100 mL의 혈액 중에 포도당이 70 mg 들어 있다는 것이다.

2) 몰 농도

용액 1 L 중에 녹아 있는 용질의 **몰(mole)**수로 나타내고 'M'으로 표시한다. 표 1-6은 자주 사용되는 주요 물질의 분자량과 그의 1 M을 나타낸 것이다.

▸ **몰(mole)**

용질의 분자량에 g을 붙인 값을 말한다. 예를 들면 염산(HCl)의 분자량은 36.5(= 1 + 35.5)이고, 염산 1몰은 36.5 g이다.

표 1-6. 주요 물질의 분자량과 1 Mole

물질명	분자식	분자량	1 Mole
수 소	H_2	2.016	2.016 g
암모니아	NH_3	17.032	17.032 g
산 소	O_2	32.000	32.000 g
소 금	NaCl	58.442	58.442 g
염 산	HCl	36.465	36.465 g
황 산	H_2SO_4	98.082	98.082 g

다음의 예를 보고 몰농도에 대한 이해를 높이도록 한다.

[예 1] 1 M NaOH 용액 1 L에는 NaOH(분자량 40, 23+16+1)가 40 g 들어 있다.

[예 2] 0.1 M H_2SO_4 용액 0.1 L에는 H_2SO_4(분자량 98, 1×2+32+16×4)가 0.98(98×0.1×0.1) g 들어 있다.

[예 3] 0.5 M NaCl(분자량 58.5, 23+35.5) 용액 100 mL를 조제하려면 NaCl 2.925(= 58.5×0.5×0.1) g을 증류수에 녹여 전체 부피를 100 mL로 하면 된다.

[예 4] 1 M HCl(분자량 36.5, 비중 1.18, 순도 35%) 100 mL를 조제하려면?

풀이 ① HCl의 필요량

$$36.5 \times 0.1 = 3.65(\text{g})$$

이 용액을 조제하는 데 필요한 HCl의 양은 3.65 g이다. 즉 HCl 3.65 g을 채취하여 증류수에 녹여 최종 부피를 100 mL로 하면 된다.

② 시약의 순도 반영

대부분의 액체 시약은 그 순도가 100%가 아니기 때문에 액체 시약으로 용액을 만들 때에는 이것 역시 참조되어야 한다. 예를 들면 순도가 35%인 염산 3.65 g 중의 순수한 염산은 1.278(=3.65×0.35) g이다. 그러므로 순수한 염산 3.65 g을 채취하려면 10.429 g을 채취하여야 한다.

$$3.65 \times \frac{100}{35} = 10.429(\text{g})$$

③ 무게 단위(g)를 부피단위(mL)로 환산

HCl은 액체 시약이기 때문에 무게단위로 채취하지 않고, 피펫을 사용하여 부피단위로 채취하여 사용한다. 그러므로 액체 시약의 용액을 조제할 때에는 계산된 양의 단위(무게)를 부피로 바꾸어 주어야 한다. 비중이 1인 순수한 물 1 mL의 무게는 1 g이며, 비중이 1.18인 염산 1 mL의 무게는 1.18 g이다. 그러므로 무게단위를 부피단위로 바꿀 때에는 비중으로 나누면 된다. 즉 비중 1.18인 염산 10.429 g을 채취하려면 10.429(g) ÷ 1.18 = 8.838(mL)

8.838 mL를 채취하면 된다.

즉, 1 M HCl 100 mL를 조제하려면 HCl 8.838 mL를 채취하고 증류수를 가하여 최종 부피를 100 mL로 맞추면 된다.

3) 노르말 농도

규정농도라고도 하며, 용액 1 L에 포함된 용질의 g 당량수로 표시하고 'N'으로 나타낸다. 산과 알칼리의 중화반응 또는 산화제와 환원제의 산화환원반응, 침전반응 등과 같은 대부분의 화학반응에서 반응물질은 서로 **당량** 비율로 반응하기 때문에 N 농도의 용액이 많이 사용된다.

▸ **당량과 g 당량**

ⓐ **당량(equivalent mass)**

산과 알칼리의 경우는 수소이온(H^+) 1몰, 수산화이온(OH^-) 1몰을 낼 수 있는 양을 산 1 g 당량, 알칼리 1 g 당량이라고 한다. 산화제 · 환원제의 경우는 수소 1.008 g이나 산소 8.000 g을 받아들이든가 방출하는 산화제 · 환원제의 양을 산화제 · 환원제의 1 g 당량이라고 하는데, 전자를 기준으로 하면 1몰의 전자를 받아들이든가 또는 방출하는 양을 산화제 · 환원제의 1 g 당량이라고 한다. 같은 물질이라도 관여하는 화학반응에 따라 1 g 당량이 달라지는 경우가 있으므로 주의하여야 한다.

예를 들면 과망간산칼륨($KMnO_4$)을 산성용액 속에서 환원제로 반응시키면 망간(Mn)이 7가에서 2가의 상태로 환원되므로 과망간산칼륨 1몰은 5 g 당량이지만, 중성에서 반응시키면 망간이 7가에서 4가의 상태로 환원되기 때문에 이 경우 과망간산칼륨 1몰은 3 g 당량이 된다.

ⓑ **g 당량**

물질의 당량에 g을 붙인 것을 말한다.

다음의 예를 보고 노르말 농도에 대한 이해를 높이도록 한다.

[예 1] HCl은 1몰이 전리하면 수소이온 1몰이 생성되기 때문에 염산 1몰은 1 g 당량이고, 인산은 1몰이 전리하면 수소이온 3몰이 생성되기 때문에 인산 1몰은 3 g 당량이다.

$$HCl \leftrightarrows H^{+} + Cl^{-}$$

$$H_3PO_4 \leftrightarrows 3H^{+} + PO_4^{-3}$$

[예 2] NaOH는 1몰이 전리하면 수산화이온 1몰이 생성되기 때문에 수산화나트륨 1몰은 1 g 당량이고, 수산화칼슘 1몰이 전리하면 수산화이온 2몰이 생성되기 때문에 수산화칼슘 1몰은 2 g 당량이다.

$$NaOH \leftrightarrows Na^{+} + OH^{-}$$

$$Ca(OH)_2 \leftrightarrows Ca^{+2} + 2OH^{-}$$

[예 3] 탄산나트륨(Na_2CO_3) 1몰은 산 2 g 당량과 완전히 중화하므로 탄산나트륨 1몰은 2 g 당량이고, 탄산수소나트륨($NaHCO_3$) 1몰은 산 1 g 당량과 완전히 중화하므로 1몰이 1 g 당량이다.

$$Na_2CO_3 + 2HCl \leftrightarrows 2NaCl + H_2CO_3$$
$$NaHCO_3 + HCl \leftrightarrows NaCl + H_2CO_3$$

[예 4] 암모니아는 물에 녹아 다음과 같이 수산화이온(OH^{-}) 1몰을 내므로 암모니아 1몰은 1 g 당량이다.

$$NH_3 + H_2O \leftrightarrows NH_4OH \leftrightarrows NH_4^{+} + OH^{-}$$

[예 5] 다음 화학반응식에서 질산(HNO_3, 분자량 63, 1+14+16×3) 2몰로부터 산소 48(= 3×16) g을 얻으므로 산소 8 g을 얻기 위한 질산의 양은 21(= 63×2÷6) g이다. 그러므로 산화제인 질산의 1 g 당량은 21 g이다(제 2장 3.1항, p. 108).

$$2HNO_3 \leftrightarrows H_2O + 2NO + 3O$$

[예 6] 0.1 N NaOH(분자량 40, 23+16+1) 용액 100 mL를 조제하려면?

풀이 NaOH 1몰은 1 g 당량이므로 NaOH 1 g 당량은 40 g이다. 그러므로 NaOH 0.4(= 40×0.1×0.1) g을 칭량하여 증류수에 녹여 100 mL로 정용하면 된다.

[예 7] 0.5 N H_2SO_4(분자량 98, 비중 1.84, 순도 98%) 500 mL를 조제하려면?

풀이 ① H_2SO_4의 필요량

$49 \times 0.5 \times 0.5 = 12.25(g)$

이 용액을 조제하는 데 필요한 H_2SO_4의 양은 12.25 g이다. 즉 H_2SO_4 12.25 g을 채취하여 증류수에 녹여 최종 부피를 500 mL로 하면 된다.

② 시약의 순도 반영

대부분의 액체 시약은 그 순도가 100%가 아니기 때문에 액체 시약으로 용액을 만들 때에는 이것 역시 참조되어야 한다. 예를 들면 순도가 98%인 황산 12.25 g 중의 순수한 황산은 12.005(=12.25×0.98) g이다. 그러므로 순수한 황산 12.25 g을 채취하려면 12.5 g을 채취하여야 한다.

$$12.25 \times \frac{100}{98} = 12.5(g)$$

③ 무게 단위(g)를 부피 단위(mL)로 환산

H_2SO_4는 액체 시약이기 때문에 무게단위로 채취하지 않고, 피펫을 사용하여 부피단위로 채취하여 사용한다. 그러므로 액체 시약의 용액을 조제할 때에는 계산된 양의 단위(무게)를 부피로 바꾸어 주어야 한다. 비중이 1인 순수한 물 1 mL의 무게는 1 g이며, 비중이 1.84인 황산 1 mL의 무게는 1.84 g이다. 그러므로 무게단위를 부피단위로 바꿀 때에는 비중으로 나누면 된다. 즉 비중 1.84인 황산 12.5 g을 채취하려면

$12.5(g) \div 1.84 = 6.793(mL)$

6.793 mL를 채취하면 된다.

즉, 0.5 N H_2SO_4 500 mL를 조제하려면 황산 6.793 mL를 채취하고 증류수를 가하여 최종 부피를 500 mL로 맞추면 된다.

[예 8] H_2SO_4(분자량 98) 9.8 g을 물에 녹여 최종 부피를 250 mL로 정용하였다면 이 용액의 노르말 농도는 얼마인가?

풀이 황산 9.8 g이 250 mL에 녹아 있다면 1,000 mL에는 39.2(= 9.8×4) g이 녹아 있는 것이다. 황산 1 g 당량은 49 g이기 때문에 이 용액은 0.8 N 농도 ($49 : 1 = 39.2 : x$, $x = 0.8$)이다.

[예 9] 농도가 25%, 비중이 1.13인 염산(HCl, 분자량 36.5) 용액의 N 농도는?

풀이 이 염산 용액을 100 mL라고 가정하면 이 용액의 무게는 113(= 100×

1.13)g이다. 이 중에 염산이 25%이기 때문에 순수한 염산의 양은 28.25(= 113×0.25) g이다. 즉 1,000 mL 중에 녹아 있는 염산의 양은 282.5(= 28.25×10) g이 된다. 염산 1 g 당량은 36.5 g이기 때문에 이 용액의 농도는 7.740(= 282.5÷36.5) N이다.

[예 10] 다음 반응을 위하여 $KMnO_4$ 31.6 g을 정확히 칭량하여 증류수에 녹인 후 메스플라스크를 사용하여 500 mL로 정용하였다면 이 용액의 농도는 몇 N인가?

$$5Na_2C_2O_4 + 8H_2SO_4 + 2KMnO_4 \longrightarrow 5Na_2SO_4 + 10CO_2 + K_2SO_4 + 2MnSO_4 + 8H_2O$$

풀이 반응물인 $KMnO_4$에서 Mn의 산화수를 계산하면(제 2장 3.1항, p. 108)

$$+1 + x + (-2) \times 4 = 0, \quad x = +7$$

생성물인 $MnSO_4$에서 Mn의 산화수를 계산하면

$$x + 6 - 8 = 0, \quad x = +2$$

이 반응에서 산화제인 $KMnO_4$는 산화수가 5 감소하였기 때문에 1몰은 5 g 당량이다. $KMnO_4$의 분자량은 158.04, 1 g 당량은 31.6 g이다. 이 용액 1 L 중에는 $KMnO_4$가 63.2 g 녹아 있다. 그러므로 이 $KMnO_4$ 용액은 2(= 63.2÷31.6) N 농도이다.

4) 노르말 농도 용액 중에 존재하는 용질의 당량수

대부분의 화학반응에서 반응물질은 당량 대 당량으로 반응하기 때문에 N 농도 용액 중에 존재하는 용질의 당량 수에 대한 이해는 대단히 중요하다.

1 N 농도의 용액 1 L 중에는 용질이 1(= 1×1) 당량 존재하고, 0.5 N 농도의 용액 1 L 중에는 용질이 0.5(= 0.5×1) 당량 존재한다. 즉 노르말 농도 용액 중에 존재하는 용질의 당량수는 노르말 농도(N) × 용액의 부피(V)로 산출할 수 있다.

다음의 예를 보고 노르말 농도 용액 중에 존재하는 용질의 당량수에 대한 이해를 높이도록 한다.

[예 1] 2 N 황산용액 1 L 중에 들어 있는 황산의 당량수는 얼마인가?

풀이 2(N) × 1(L) = 2 당량

[예 2] 0.1 N KOH 용액 100 mL 중에 들어 있는 KOH의 당량수는 얼마인가?

풀이 0.1(N) × 0.1(L) = 0.01 당량

5) 농도의 변경

실험을 하다 보면 농도를 알고 있는 시약을 이용하여 다른 농도의 시약을 만들어야 하는 경우가 많다. 그러므로 다음의 예를 이해하고 용액의 농도변경에 어려움이 없도록 하여야 한다.

다음의 예를 보고 농도의 변경에 대한 이해를 높이도록 한다.

[예 1] 2 N HCl 30 mL와 5 N HCl 50 mL를 혼합하면 그 농도는?

풀이 혼합하기 전, 두 용액 속의 용질의 당량수와 혼합한 후의 용질의 당량수는 같다. 그러므로

$$N \times V = N' \times V'$$
$$2 \times 0.03 + 5 \times 0.05 = x \times 0.08$$
$$x = 3.875\ \mathrm{N}$$

[예 2] 96% 황산용액의 농도를 30%로 변경하고자 할 때 황산과 증류수의 혼합 비율은?

풀이 96% 황산을 30%로 만들려면 황산과 물을 섞어야 하기 때문에 황산의 양을 x, 증류수의 양을 y라고 하면

$$0.96x = 0.30(x + y)$$
$$96x = 30(x + y)$$
$$96x = 30x + 30y$$
$$66x = 30y$$

그러므로 x(황산의 양) : y(증류수의 양) = 30 : 66

위 문제를 피어슨(Pearson) 공식을 이용하여 다음과 같이 풀 수도 있다.

```
96(96% 황산) \         / 30(= 0−30의 절대값)
               \  30  /
               /      \
0(증류수)     /        \ 66(= 96−30의 절대값)
```

즉, 96% 황산용액과 증류수를 30 : 66의 비율로 혼합하면 된다.

[예 3] 10 N HCl 용액을 사용하여 2 N HCl 용액 200 mL를 조제하려면?

풀이

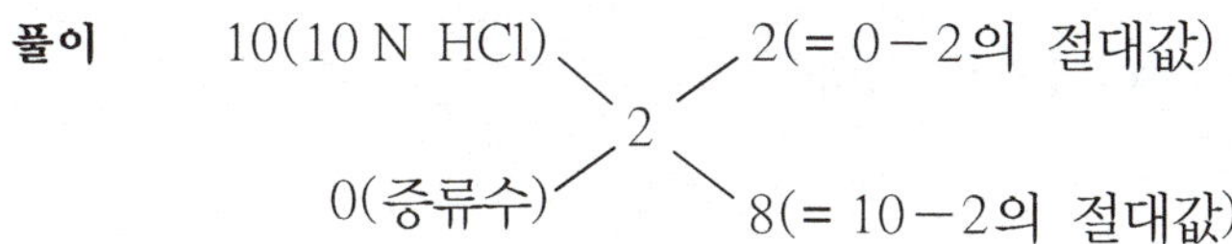

즉, 10 N HCl과 증류수를 2 : 8(= 1 : 4)의 비율로 혼합하면 된다.
용액의 양이 200 mL이므로
10 N HCl 40(= 2×20) mL와 증류수 160(= 8×20) mL를 섞으면 된다.

[예 4] 36 M HCl 용액과 10 M HCl 용액을 혼합하여 20 M HCl 용액을 조제하려면?

풀이

36(36 M HCl) ＼ ／ 10(= 10－20의 절대값)
20
10(10 M HCl) ／ ＼ 16(= 36－20의 절대값)

즉, 36 M HCl 용액과 10 M HCl 용액을 10 : 16(= 5 : 8)의 비율로 혼합하면 된다.

5.2 실험목적

(1) 용액의 농도에 대하여 이해한다.
(2) % 농도, M 농도, N 농도 용액의 조제방법을 이해한다.
(3) 용액의 농도 변경에 대하여 이해한다.
(4) 여러 가지 농도의 용액을 정확하게 조제할 수 있다.

5.3 기 구

(1) 전자저울
(2) 비 커
(3) 메스플라스크
(4) 메스피펫
(5) 세척병
(6) 피펫필러
(7) 시약스푼

5.4 재료 및 시약

(1) 수산화나트륨(NaOH, sodium hydroxide) 

(2) 황산(H_2SO_4, sulfuric acid)

(3) 염산(HCl, hydrochloric acid)

(4) 설탕($C_{12}H_{22}O_{11}$, sucrose) [자료 없음]

(5) 황산지

5.5 실험내용

1) 시료 및 시약조제

(1) 10%(w/v) 설탕용액(①)을 50 mL조제하고 label을 붙인다(5.1항, p. 53).

(2) 0.1 M 수산화나트륨 용액(②)을 100 mL 조제하고 label을 붙인다(5.1항).

(3) 0.5 M 염산용액(③)을 100 mL 조제하고 label을 붙인다(5.1항).

(4) 0.1 M 황산용액(④)을 500 mL 조제하고 label을 붙인다(5.1항).

(5) 0.2 N 수산화나트륨 용액(⑤)을 500 mL 조제하고 label을 붙인다(5.1항).

(6) 0.1 N 염산용액(⑥)을 1 L 조제하고 label을 붙인다(5.1항).

(7) 1 N 황산용액(⑦)을 1 L 조제하고 label을 붙인다(5.1항).

2) 실험방법

(1) ① 용액을 이용하여 2% 설탕용액 100 mL를 조제한다.

(2) ③ 용액을 이용하여 0.1 M HCl 용액 100 mL를 조제한다.

(3) ⑤ 용액을 이용하여 0.1 N NaOH 용액 100 mL를 조제한다.

(4) ⑦ 용액을 이용하여 0.1 N H_2SO_4 용액 100 mL를 조제한다.

5.6 질문 및 토론

5.7 주의사항

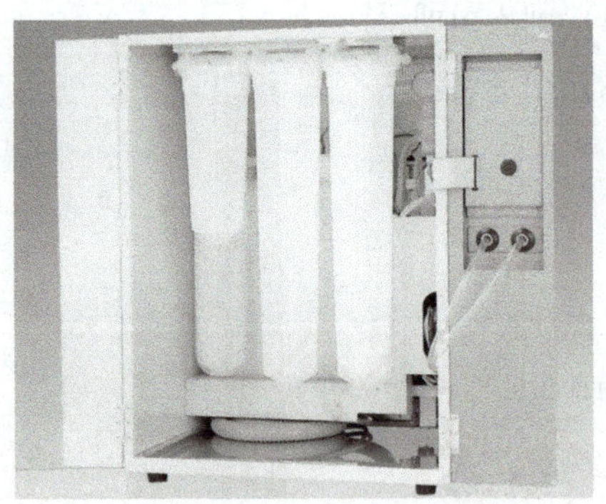

그림 1-32. 증류수 제조장치

원수 → 활성탄 filter → 이온교환수지 → 증류 → 저수탱크 → 채수(採水)

(1) 실험실에서의 주의사항(안전제일)을 반드시 지킨다.
(2) 유리기구가 파손되지 않도록 주의한다.
(3) NaOH, 황산, 염산이 피부나 옷에 떨어지지 않도록 주의한다.

6. 용액의 농도계수 측정 I

6.1 원 리

어떤 농도의 용액을 조제하다 보면 각 과정마다 오차가 발생할 수 있기 때문에 아무리 주의를 기울인다 하여도 만들어진 용액의 농도는 100% 정확할 수가 없다. 또한 실험에 사용되는 화학물질이 불순물을 함유하거나, 저장 중에 결정수의 함량이 변하거나, 공기 중의 수분을 흡수하거나, 이산화탄소 등에 의하여 변화되었다면 정확한 농도의 용액을 조제하는 것은 불가능하다.

그러므로 용액을 조제한 후에는 그 용액이 얼마나 정확하게 조제되었는지를 확인한 후에 실험을 하여야 한다. 특히 용액의 정확도가 실험결과에 큰 영향을 미치는 부피분석에서는 이를 반드시 확인하여야 한다.

이와 같이 용액이 얼마나 정확하게 조제되었는지를 확인하는 것을 그 용액의 농도계수를 측정한다고 하며, 농도계수는 간단히 f(factor)로 표시한다. 정확하게 만들어진 용액의 농도계수는 1로, 정량보다 용질이 적게 들어간 용액은 1보다 작게, 반대로 용질이 많이 들어간 용액의 경우는 1보다 크게 나타낸다. 예를 들어 0.1 N NaOH 용액의 농도계수를 측정하였더니 그 농도계수가 1.000이라면 이 용액 100 mL 중에는 순수한 NaOH가 정확하게 0.400 g 용해되어 있다는 것이며, 농도계수가 1.031이라면 NaOH가 정량의 1.031배 용해되어 있다는 뜻이고, 농도계수가 0.985이라면 NaOH가 정량의 0.985배 용해되어 있다는 뜻이다.

1) 표준물질

용액의 농도계수를 측정할 때에는 기준이 되는 물질이 있어야 하는데, 이것을 표준물질이라고 한다. 이들 표준물질은 화학적으로 안정하고 순수하여야 하며, 다음과 같은 조건을 갖추고 있어야 한다.

① 구입하기 쉽고 조성이 변화하지 않으며, 쉽게 정제·건조할 수 있어야 한다.

② 칭량 중 공기에 의하여 산화되지 않고 수분이나 이산화탄소를 흡수하지 않아야 한다.

③ 물에 잘 녹아야 한다.

④ 표정 시 반응이 정량적이고 빠르게 진행되어야 한다. 표정이란 적정에 의하여 표준용액의 실제농도를 구하는 조작을 말한다.

⑤ 칭량 오차를 줄이기 위하여 가능하면 표준물질의 1 g 당량의 값은 큰 것이 좋다.

일본공업규격에서는 정량분석용 표준시약으로서 표 1-7의 10품목을 규정하고 있다.

2) 1차 표준용액과 2차 표준용액

용액의 농도계수를 측정할 때에는 기준이 되는 정확한 농도를 알고 있는 용액, 즉 농도계수가 구해진 용액이 있어야 한다. 이 용액을 표준용액이라고 하는데, 1차 표준

표 1-7. 표준물질

표준물질		건조조건
아 연	Zn	염산(1+3), 물, 아세톤으로 차례로 씻는다. → 즉시 염화칼슘데시케이터 또는 황산데시케이터 중에서 24시간 이상 보존
염화나트륨	NaCl	백금도가니 중에서 500～650℃로 40～50분간 보존 → 황산데시케이터 중에서 방치 냉각
삼산화비소	As_2O_3	105℃로 3～4시간 보존 → 황산데시케이터 중에서 방치 냉각
중크롬산칼륨	$K_2Cr_2O_7$	석영유발 중에서 부순다. → 100～110℃로 3～4시간 보존 →황산데시케이터 중에서 방치 냉각
옥살산나트륨	$Na_2C_2O_4$	150～200℃에서 1～1.5시간 보존 → 황산데시케이터 중에서 방치 냉각
설파민산	$HOSO_2NH_2$	황산데시케이터 중에 약 48시간 보존
탄산나트륨 (무수)	Na_2CO_3	백금도가니 중에서 500～650℃로 40～50분간 보존 → 황산데시케이터 중에서 방치 냉각
구 리	Cu	초산(2+98), 물, 에탄올(99.5 %) 또는 메탄올로 차례로 씻는다. → 곧바로 염화칼슘데시케이터 중에서 24시간 이상 보존
불화나트륨	NaF	백금도가니 중에서 500～550℃로 40～50분간 보존 → 황산데시케이터 중에서 방치하여 냉각
요오드산칼륨	KIO_3	120～140℃로 1.5～2시간 보존 → 황산데시케이터 중에서 방치하여 냉각

염산(1+3) : 염산 1 mL와 증류수 3 mL를 혼합하여 조제한 것.

초산(2+98) : 초산 2 mL와 증류수 98 mL를 혼합하여 조제한 것.

용액이란 위에서 설명한 표준물질 중 적당한 것을 선택하고 정확히 칭량하여 용액을 조제한 후 농도계수가 산출된 용액을 말한다. 표준물질이 아닌 불안정한 시약(NaOH, $KMnO_4$, HCl 등)은 용액을 조제한 후 농도계수를 알고 있는 1차 표준용액을 이용하여 그 농도계수를 측정하여야 하는데, 이와 같이 1차 표준용액을 이용하여 농도계수가 측정된, 그리하여 표준용액의 역할을 할 수 있는 용액을 2차 표준용액이라고 한다.

3) 1차 표준용액을 이용한 0.1 N HCl 용액의 농도계수 측정

(1) 0.1 N Na_2CO_3 용액(1차 표준용액) 100 mL 조제 및 농도계수 측정

0.1 N HCl(산) 용액의 농도계수를 측정하기 위해서는 알칼리 표준물질(Na_2CO_3)을 이용하여 조제한 1차 표준용액이 있어야 한다. 탄산나트륨(Na_2CO_3)은 약알칼리성의 표준물질이기 때문에 산성용액의 농도계수를 측정하는 데 자주 이용된다. Na_2CO_3는 분자량이 106(= 23×2 + 12 + 16×3)이고, 1몰이 2 g 당량이다. 즉 Na_2CO_3의 1 g 당량은 53 g이다.

① 0.1 N Na_2CO_3 용액 100 mL를 조제하는 데 필요한 Na_2CO_3의 양을 계산한다.

$$53 \times 0.1 \times 0.1 = 0.530(g)$$

② 저장 중 흡수되었을지 모르는 수분을 제거하기 위하여 0.530 g 보다 약간 많은 양의 Na_2CO_3를 자제도가니에 취하여 260～300℃에서 약 30분간 가열한 후 데시케이터에서 방치, 냉각시킨다.

③ ②에서 건조한 Na_2CO_3 0.530 g을 칭량하고 그 무게를 실험노트에 기록한다.

④ 칭량한 Na_2CO_3를 모두 비커에 옮긴 후 60 mL 정도의 증류수로 완전히 용해시키고 100 mL 메스플라스크에 옮긴다. 약간의 증류수로 비커를 세척하고 이것도 메스플라스크에 옮기고, 이 작업을 1～2회 반복한다. 이때 메스플라스크의 입구가 좁기 때문에 Na_2CO_3가 용해된 물이 메스플라스크 밖으로 흐르지 않도록 주의하고, Na_2CO_3가 용해된 물이 메스플라스크의 표시선을 넘지 않도록 주의한다. 세척병을 이용하여 증류수를 메스플라스크의 표시선까지 정확하게 가한다.

⑤ 메스플라스크에 마개를 하고 '바로' '거꾸로'를 반복하여 잘 섞는다. 이 때 용액이 밖으로 흘러나오지 않도록 주의한다.

⑥ 농도계수를 계산한다. 앞에서도 설명한 바와 같이 표준물질은 화학적으로 안정하고 순수하다. 그러므로 표준물질로 조제한 1차 표준용액의 농도계수(f)는 용

액을 조제하는 데 필요한 표준물질의 이론적인 양과 실제 사용된 양을 비교(사용한 양 ÷ 이론적인 양)하는 것에 의하여 산출한다. 즉, 이론적인 양과 사용된 양이 같으면 용액의 농도계수는 1.000, 이론적인 양보다 사용된 양이 많으면 농도계수는 1.000보다 크고, 사용된 양이 적으면 농도계수는 1.000보다 작다. 위 ③에서 정확하게 0.530 g을 칭량하였으면 농도계수는 1.000이고, Na_2CO_3를 0.541 g 채취하여 용액을 조제하였다면 이 용액의 농도계수는 1.021(= 0.541 ÷ 0.530)이며, Na_2CO_3를 0.519 g 채취하여 용액을 조제하였다면 이 용액의 농도계수는 0.979(= 0.519 ÷ 0.530)이다.

⑦ 이 용액을 시약병에 옮기고 시약명, 농도계수, 제조일자 등이 기록된 label을 붙인다.

(2) 0.1 N HCl 용액 100 mL 조제

① 0.1 N HCl(분자량 36.5, 농도 36%, 비중 1.18) 용액 100 mL를 조제하는 데 필요한 HCl의 양을 계산한다.

$$36.5 \times 0.1 \times 0.1 = 0.365(\text{g})$$

$$0.365 \times \frac{100}{36} = 1.014(\text{g})$$

$$1.014 \div 1.18 = 0.859(\text{mL})$$

② 피펫으로 HCl 0.859 mL를 채취하여 100 mL 메스플라스크에 옮긴다.

③ 적당량의 증류수를 메스플라스크에 가하여 HCl을 완전히 용해시키고 세척병을 이용하여 증류수를 메스플라스크의 표시선까지 정확하게 가한다.

④ 메스플라스크에 마개를 하고 '바로' '거꾸로'를 반복하여 잘 섞는다. 이 때 용액이 밖으로 흘러 나오지 않도록 주의한다.

⑤ 이 용액을 시약병에 옮기고 시약명, 제조일자가 기록된 label을 붙인다.

(3) 0.1 N HCl 용액의 농도계수 측정

5.1항(p. 59)에서 설명한 바와 같이 노르말(N) 농도의 용액 중에 존재하는 용질의 당량수는 노르말 농도(N)×용액의 부피(V)로 계산되며, 산(HCl)과 알칼리(Na_2CO_3)는 당량 대 당량으로 반응하기 때문에 다음과 같은 공식이 성립된다.

$$N \times V \times F = N' \times V' \times F'$$

$N(N')$: 산 용액의 노르말 농도(알칼리 용액의 노르말 농도)
$V(V')$: 반응에 사용된 산 용액의 부피(반응에 사용된 알칼리 용액의 부피)
$F(F')$: 산 용액의 농도계수(알칼리 용액의 농도계수)

그러므로 농도계수가 구해져 있는 알칼리 표준용액을 이용하면 산 용액의 농도계수를 측정할 수 있게 된다.

① 6.1항(p. 65)에서 조제한 0.1 N Na_2CO_3 용액(f = 1.000으로 한다)을 비커에 정확하게 25 mL 채취하고 이를 실험노트에 기록한다.

② ①에 메틸오렌지(methyl orange) 지시약을 3～5방울 가한다. 이 지시약은 pH 4.4 이상에서는 황색을 띠고, pH 3.1 이하에서는 오렌지색을 띤다.

③ 6.1항(p. 66)에서 조제한 0.1 N HCl 용액을 뷰렛에 넣고 ②의 색이 황색에서 오렌지색으로 변할 때(반응종점)까지 적정하고 0.1 N HCl 용액의 소비량을 읽는다. 반응종점은 비커 용액의 황색이 0.1 N HCl 한 방울로 조금이라도 붉은빛을 띠어 오렌지색으로 바뀌고, 30초 정도 섞어도 황색으로 돌아가지 않을 때를 반응의 종점으로 한다. 반응의 종점 부근에서는 갑자기 색이 변하므로 적정을 천천히 하여야 한다.

④ ①～③의 과정을 반복하여 0.1 N HCl 용액의 소비량의 평균치를 구한다(평균 소비량을 25.5 mL로 한다).

⑤ 0.1 N HCl 용액의 농도계수 계산

$$N \times V \times F = N' \times V' \times F'$$
$$0.1 \times 25.5 \times F = 0.1 \times 25 \times 1.000$$
$$F = 0.980$$

6.2 실험목적

(1) 노르말 농도의 용액 조제에 대하여 이해한다.
(2) 표준물질, 표준용액, 표정, 용액의 농도계수에 대하여 이해한다.
(3) 농도계수 측정방법에 대하여 이해한다.
(4) 용액의 농도계수를 측정할 수 있다.

6.3 기 구

(1) 전자저울 (2) 자석교반기(그림 1-33)
(3) 건조기 (4) 데시케이터
(5) 뷰렛스탠드 (6) 비 커
(7) 메스플라스크 (8) 메스피펫
(9) 뷰 렛 (10) 세척병
(11) 피펫필러 (12) 시약스푼
(13) 스포이드

6.4 재료 및 시약

(1) 탄산나트륨(Na_2CO_3, sodium carbonate)
(2) 염산(HCl, hydrochloric acid)
(3) 메틸오렌지(methyl orange)
(4) 황산지

6.5 실험내용

1) 시료 및 시약조제

(1) 0.1 N 탄산나트륨 용액(①)을 조제하고 농도계수를 계산한다(6.1항, p. 65).
(2) 0.1 N 염산용액(②)을 조제한다(6.1항, p 66).
(3) 0.1% methyl orange 수용액(③, 지시약)을 조제한다.

2) 실험방법

(1) 100 mL 비커 + ① 25 mL(정확하게) + ③ 3～5방울

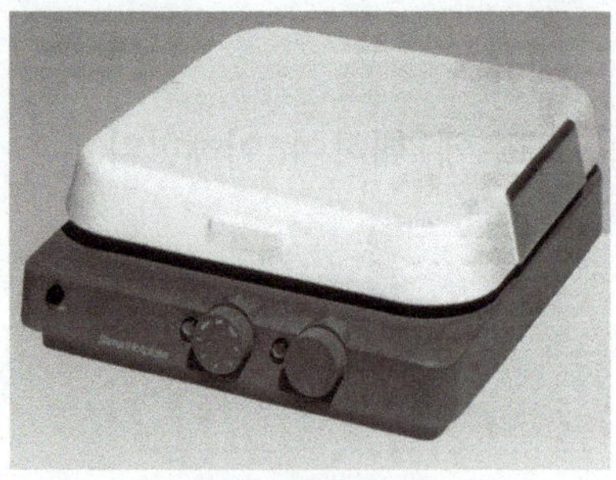

그림 1-33. 가열판(hot plate) 및 자석교반기

(2) 뷰렛에 ②를 넣고 메니스커스를 읽은 후, (1)의 색이 황색에서 오렌지색으로 변할 때까지 적정하고 ②의 소비량을 읽는다.

(3) (1)~(2)를 반복하고 ②의 평균 소비량을 계산한다.

(4) ②의 농도계수를 계산한다(6.1항, p. 66).

6.6 질문 및 토론

6.7 주의사항

(1) 실험실에서의 주의사항(안전제일)을 반드시 지킨다.

(2) 메틸오렌지 지시약의 변색점에서는 흰 종이 등을 사용하여 색의 변화에 특별히 유의하여 반응종점을 정확히 확인하여야 한다.

(3) Na_2CO_3 용액을 조제할 때에는 칭량 후 그 양을 반드시 기록해 놓아야 하고, 실험방법 (1)에서 비커에 Na_2CO_3 용액을 채취할 때에는 그 양을 정확하게 하여야 한다.

(4) 뷰렛의 사용방법을 정확히 지킨다.

(5) 염산(HCl) 취급시 피부나 옷에 떨어지지 않도록 주의한다.

7. 용액의 농도계수 측정 II

7.1 원 리

6절에서는 표준물질, 표준용액, 표정, 용액의 농도계수 및 농도계수 측정방법에 대하여 이해하고, 알칼리 표준물질(Na_2CO_3)을 이용하여 산(HCl) 용액의 농도계수를 측정하는 실험에 대하여 설명하였다. 이 절에서는 농도계수에 대한 이해를 더욱 높이기 위하여 산 표준물질(수산, $H_2C_2O_4 \cdot 2H_2O$)을 이용하여 알칼리(KOH) 용액의 농도계수를 측정하고, 이 알칼리 용액을 이용하여 산(H_2SO_4) 용액의 농도계수를 측정해 보도록 한다.

1) 1차 표준용액을 이용한 0.1 N KOH 용액의 농도계수 측정

(1) 0.1 N 수산 용액(1차 표준용액) 100 mL 조제 및 농도계수 측정

0.1N KOH(알칼리) 용액의 농도계수를 측정하기 위해서는 산 표준물질(수산)을

이용하여 조제한 1차 표준용액이 있어야 한다. 수산($H_2C_2O_4 \cdot 2H_2O$)은 약산의 표준물질이기 때문에 알칼리성 용액의 농도계수를 측정하는 데 자주 이용된다. 수산은 분자량이 126(= 1×2＋12×2＋16×4＋18×2)이고, 1몰은 2 g 당량이기 때문에 수산 1 g 당량은 63 g이다. 참고로 수산 시약에는 무수물($H_2C_2O_4$, 분자량 90, 1 g 당량은 45 g)도 있기 때문에 수산 용액을 조제할 때에는 반드시 확인하고 용액을 조제하여야 한다.

① 0.1 N 수산용액 100 mL를 조제하는 데 필요한 수산의 양을 계산한다.

$$63 \times 0.1 \times 0.1 = 0.63(g)$$

② 수산의 경우는 2분자의 결정수를 함유하고 있기 때문에 탄산나트륨과는 달리 용액을 조제하기 전에 가열하여 건조시키지 않는다.

③ 수산 0.630 g을 칭량 후, 칭량한 정확한 무게를 실험노트에 기록한다.

④ 칭량한 수산을 모두 비커에 옮긴 후 60 mL 정도의 증류수로 완전히 용해시키고 100 mL의 메스플라스크에 옮긴다. 약간의 증류수로 비커를 세척하고 이것도 메스플라스크에 옮기고, 이 작업을 1～2회 반복한다. 이때 메스플라스크의 입구가 좁기 때문에 수산이 용해된 물이 메스플라스크 밖으로 흐르지 않도록 주의하고, 수산이 용해된 물이 메스플라스크의 표시선을 넘지 않도록 주의한다. 세척병을 이용하여 증류수를 메스플라스크의 표시선까지 정확하게 가한다.

⑤ 메스플라스크에 마개를 하고 '바로' '거꾸로'를 반복하여 잘 섞는다. 이 때 용액이 밖으로 흘러 나오지 않도록 주의한다.

⑥ 농도계수를 계산한다. 6.1항(p. 65)에서도 설명한 바와 같이 표준물질로 조제한 1차 표준용액의 농도계수(f)는 용액을 조제하는 데 필요한 표준물질의 이론적인 양과 실제 사용된 양을 비교(사용한 양 ÷ 이론적인 양)하는 것에 의하여 산출한다. 0.1 N 수산용액 100 mL를 조제하는 데 필요한 수산의 양(이론치)은 0.630(= 63×0.1×0.1) g 이다. 만약 용액을 조제할 때, 수산이 0.640 g 칭량되었으면 그 농도계수는 1.016(= 0.640÷0.63, 이론치보다 용질이 많이 녹아 있기 때문에 농도계수는 1보다 크다)이고, 0.620 g이 칭량되었으면 그 농도계수는 0.984(= 0.620÷0.63, 이론치보다 용질이 적게 녹아 있기 때문에 농도계수는 1보다 작다)이다.

⑦ 이 용액을 시약병에 옮기고 시약명, 농도계수, 제조일자가 기록된 label을 붙인다.

(2) 0.1 N KOH 용액 100 mL 조제

① 0.1N KOH(분자량 56.1, 농도 85%) 용액 100 mL를 조제하는 데 필요한 KOH의 양을 계산한다. 참고로 KOH는 고체시약이지만, 그 특성 때문에 순도가 85% 정도임을 잊어서는 안 된다.

$$56.1 \times 0.1 \times 0.1 = 0.561(\text{g})$$
$$0.561 \times 100 \div 85 = 0.660(\text{g})$$

② KOH 0.660 g을 칭량하여 모두 비커에 옮긴 후 60 mL 정도의 증류수로 완전히 용해시키고 100 mL의 메스플라스크에 옮긴다. 약간의 증류수로 비커를 세척하고 이것도 메스플라스크에 옮기고, 이 작업을 1~2회 반복한다. 이때 메스플라스크의 입구가 좁기 때문에 KOH가 용해된 물이 메스플라스크 밖으로 흐르지 않도록 주의하고, KOH가 용해된 물이 메스플라스크의 표시선을 넘지 않도록 주의한다. 세척병을 이용하여 증류수를 메스플라스크의 표시선까지 정확하게 가한다.

③ 메스플라스크에 마개를 하고 '바로' '거꾸로'를 반복하여 잘 섞는다. 이때 용액이 밖으로 흘러나오지 않도록 주의한다.

④ 이 용액을 시약병에 옮기고 시약명, 제조일자 등이 기록된 label을 붙인다.

(3) 0.1 N KOH 용액의 농도계수 측정

설명한 바와 같이 노르말(N) 농도의 용액 중에 존재하는 용질의 당량수는 노르말 농도(N)×용액의 부피(V)로 계산되며, 산(수산)과 알칼리(KOH)는 당량 대 당량으로 반응하기 때문에 다음과 같은 공식이 성립된다. 그러므로 농도계수가 구해져 있는 산 표준용액을 이용하면 알칼리 용액의 농도계수를 측정할 수 있게 된다.

$$N \times V \times F = N' \times V' \times F'$$

$N(N')$: 산 용액의 노르말 농도(알칼리 용액의 노르말 농도)
$V(V')$: 반응에 사용된 산 용액의 부피(반응에 사용된 알칼리 용액의 부피)
$F(F')$: 산 용액의 농도계수(알칼리 용액의 농도계수)

① 7.1항(p. 69)에서 조제한 0.1 N KOH 용액을 비커에 정확하게 25 mL 채취하고, 이를 실험노트에 기록한다.

② ①에 페놀프탈레인(phenolphthalein) 지시약을 3~5방울 가한다. 이 지시약의

변색점은 pH 8.2 부근이며, 산성 쪽에서는 무색, 알칼리성 쪽에서는 붉은 색을 나타낸다.

③ 7.1항(p. 69)에서 조제한 0.1 N 수산용액(1차 표준용액, 농도계수는 1.120으로 한다)을 뷰렛에 넣고 ②의 색이 붉은색에서 무색으로 변할 때(반응종점)까지 적정하고 0.1 N 수산용액의 소비량을 읽는다. 반응종점은 비커 용액의 붉은색이 0.1 N 수산 한 방울로 없어지는 때를 반응의 종점으로 한다. 반응의 종점 부근에서는 갑자기 색이 변하므로 적정을 천천히 하여야 한다.

④ ①~③의 과정을 반복하여 0.1 N 수산용액의 소비량의 평균치를 구한다(평균 소비량을 24.5 mL로 한다).

⑤ 0.1 N KOH 용액의 농도계수 계산

$$N \times V \times F = N' \times V' \times F'$$
$$0.1 \times 24.5 \times 1.120 = 0.1 \times 25 \times F'$$
$$F' = 1.098$$

2) 2차 표준용액을 이용한 0.1 N H_2SO_4 용액의 농도계수 측정

위에서 0.1 N KOH 용액(알칼리, 2차 표준용액)의 농도계수가 측정되었기 때문에 이것을 이용하면 다른 산 용액(0.1 N H_2SO_4)의 농도계수를 측정할 수 있다.

(1) 0.1 N H_2SO_4 용액 100 mL 조제

① 0.1 N H_2SO_4(분자량 98, 농도 98 %, 비중 1.84) 용액 100 mL를 조제하는 데 필요한 H_2SO_4의 양을 계산한다.

$$49(1\text{ g 당량}) \times 0.1 \times 0.1 = 0.49(\text{g})$$
$$0.49 \times \frac{100}{98} = 0.5(\text{g})$$
$$0.5 \div 1.84 = 0.272(\text{mL})$$

② 피펫으로 황산 0.271 mL를 채취하여 100 mL 메스플라스크에 옮긴다.

③ 적당량의 증류수를 메스플라스크에 가하여 황산을 완전히 용해시키고, 세척병을 이용하여 증류수를 메스플라스크의 표시선까지 정확하게 가한다.

④ 메스플라스크에 마개를 하고 '바로' '거꾸로'를 반복하여 잘 섞는다. 이 때 용액이 밖으로 흘러나오지 않도록 주의한다.

⑤ 이 용액을 시약병에 옮기고 시약명, 제조일자가 기록된 label을 붙인다.

(2) 0.1 N H_2SO_4 용액의 농도계수 측정

① 7.1항(p. 71)에서 조제한 0.1 N KOH 용액(f = 1.098)을 비커에 정확하게 25mL 채취하고 이를 실험노트에 기록한다.

② ①에 메틸오렌지(methyl orange) 지시약을 3～5방울 가한다. 이 지시약은 pH 4.4 이상에서는 황색을 띠고, pH 3.1 이하에서는 오렌지색을 띤다.

③ 7.1항(p. 72)에서 조제한 0.1 N H_2SO_4 용액을 뷰렛에 넣고 ②의 색이 황색에서 오렌지색으로 변할 때(반응종점)까지 적정하고 0.1 N H_2SO_4 용액의 소비량을 읽는다.

④ ①～③의 과정을 반복하여 0.1 N H_2SO_4 용액의 소비량의 평균치를 구한다(평균 소비량을 25.1 mL로 한다).

⑤ 0.1 N H_2SO_4 용액의 농도계수 계산

$$N \times V \times F = N' \times V' \times F'$$

$$0.1 \times 25 \times 1.098 = 0.1 \times 25.1 \times F'$$

$$F' = 1.094$$

7.2 실험목적

(1) 여러 가지 시약의 N농도 용액 조제에 대하여 이해한다.
(2) 표준물질, 표준용액, 표정, 용액의 농도계수에 대하여 이해한다.
(3) 2차 표준용액을 이용한 용액의 농도계수 측정방법에 대하여 이해한다.
(4) 용액의 농도계수를 측정할 수 있다.

7.3 기 구

(1) 전자저울
(2) 자석교반기(그림 1-33)
(3) 비 커
(4) 메스플라스크
(5) 메스피펫
(6) 뷰 렛
(7) 뷰렛스탠드
(8) 세척병
(9) 피펫필러
(10) 시약스푼
(11) 스포이드

7.4 재료 및 시약

(1) 수산($H_2C_2O_4 \cdot 2H_2O$, oxalic acid)

(2) 수산화칼륨(KOH, potassium hydroxide)

(3) 황산(H_2SO_4, sulfuric acid)

(4) 메틸오렌지(methyl orange)

(5) 페놀프탈레인(phenolphthalein)

(6) 에틸알코올(C_2H_5OH, ethyl alcohol)

(7) 황산지

7.5 실험내용

1) 시료 및 시약조제

(1) 0.1 N 수산용액(①)을 조제하고 농도계수를 계산한다(7.1항, p. 69).

(2) 0.1 N 수산화칼륨 용액(②)을 조제한다(7.1항, p. 71).

(3) 0.1 N 황산용액(③)을 조제한다(7.1항, p. 72).

(4) 0.1% methyl orange 수용액(④, 지시약)을 조제한다.

(5) 0.1% phenolphthalein 알코올 용액(⑤, 지시약)을 조제한다.

2) 실험방법

(1) 100 mL 비커 + ② 25 mL(정확하게) + ⑤ 3~5방울

(2) 뷰렛에 ①을 넣고 메니스커스를 읽은 후, (1)의 색이 붉은색에서 무색으로 변할 때까지 적정하고 ①의 소비량을 읽는다.

(3) (1)~(2)를 반복하고 ①의 평균 소비량을 계산한다.

(4) ②의 농도계수를 계산한다(7.1항, p. 72).

(5) 100 mL 비커 + ② 25 mL(정확하게) + ④ 3~5방울

(6) 뷰렛에 ③을 넣고 메니스커스를 읽은 후, (5)의 색이 황색에서 오렌지색으로 변할 때까지 적정하고 ③의 소비량을 읽는다.

(7) (5)~(6)을 반복하고 ③의 평균 소비량을 계산한다.

(8) ③의 농도계수를 계산한다(7.1항, p. 73).

7.6 질문 및 토론

7.7 주의사항

(1) 실험실에서의 주의사항(안전제일)을 반드시 지킨다.
(2) 메틸오렌지 지시약의 변색점에서는 흰 종이 등을 사용하여 색의 변화에 특별히 유의하여 반응종점을 정확히 확인하여야 한다.
(3) 수산용액을 조제할 때에는 칭량 후 그 양을 반드시 기록해 놓아야 한다.
(4) 뷰렛의 사용방법을 정확히 지킨다.
(5) 수산화칼륨(KOH), 황산(H_2SO_4) 취급시 피부나 옷에 떨어지지 않도록 주의한다.

8. 수소이온농도와 완충용액

8.1 원 리

식품의 원료가 되는 동·식물체에는 물이 약 2/3 정도를 차지하고 있다. 그러므로 식품의 물리화학적 특성은 식품 중에 존재하는 물의 물리화학적 성질과 아주 밀접한 관련이 있다.

물(H_2O)은 H^+로 이온화될 수 있는 수소(H) 원자와 H^+를 받아들일 수 있는 산소(O) 원자를 지니고 있기 때문에 상대에 따라 산 또는 염기로 작용한다. 그러므로 여러 가지 산이나 염기의 상대적인 강도는 물과의 반응하는 정도로 구별이 가능하다. 즉 반응 결과 수용액 중에 수소이온(H^+)의 농도가 높아지면 이 물질은 산이고, 수산화이온(OH^-)의 농도가 높아지면 이 물질은 염기이다.

수소이온농도(pH)는 수용액 중에 존재하는 수소이온의 몰농도($[H^+]$)를 말하고 산과 염기의 강도를 나타내는데, pH는 수소이온농도의 또 다른 표기법이다. pH는 식품의 향, 조직, 안정성 그리고 영양학적 품질 등에 큰 영향을 미칠 뿐만 아니라 동·식물체에서 진행되는 거의 모든 생물학적 반응과 액체상태에서 진행되는 대부분의 화학반응에도 큰 영향을 미친다. 그러므로 pH에 대한 이해는 식품분석을 하는데 있어서 대단히 중요하다.

1) 물의 이온곱과 pH

물은 약한 전해질로서 아주 작은 양이 다음과 같이 이온화한다.

$$H_2O \rightleftharpoons H^+ + OH^- \tag{1.1}$$

여기서 물 중의 H^+는 가장 작은 원자인 수소의 양이온으로 실제로는 H_2O와 배위결합을 한 상태, 즉 H_3O^+로 존재한다. 따라서 H^+와 H_3O^+는 같은 것으로 나타낸다.

위 1.1 식을 **평형상수(K_{eq})**로 나타내면 다음과 같다.

$$K_{eq} = \frac{[H^+] \times [OH^-]}{[H_2O]} \tag{1.2}$$

$[H_2O]$: 평형상태에서의 물의 몰농도
$[H^+]$: 평형상태에서의 수소이온의 몰농도
$[OH^-]$: 평형상태에서의 수산화이온의 몰농도

식 1.1에서 반응 전(좌측) 물의 몰농도는 물 1 L의 무게를 물의 1 g 분자량(1몰)으로 나눈 값으로 즉 $\frac{1000}{18}$ = 55.5 M이 된다. 그리고 식 1.1의 평형상태에서의 수소이온의 몰농도($[H^+]$)를 x라고 하면 평형상태에서의 수산화이온의 몰농도($[OH^-]$)도 x이며, 평형상태에서의 물의 몰농도($[H_2O]$)는 $55.5 - x$가 된다. 그런데 식 1.1과 같은 물의 이온화는 물 1,800만 분자당 약 1분자만 이온화되므로 반응 후 25℃ 평형상태에서의 순수한 물속의 $[H^+](=x)$나 $[OH^-](=x)$는 매우 낮다. 즉 평형상태에서의 물의 몰농도(H_2O) '$55.5 - x$'에서 55.5는 x에 비하여 상대적으로 매우 크기 때문에 x는 무시할 수 있다. 그러므로 식 1.2는 다음과 같이 쓸 수 있다.

$$K_{eq} = \frac{[H^+][OH^-]}{55.5} \tag{1.3}$$

이 식을 변형시키면

$$55.5 \times K_{eq} = [H^+][OH^-] \tag{1.4}$$

▶ **평형상수(K_{eq})**

화학반응에서 정반응의 속도와 역반응의 속도가 같을 때 반응물질의 농도와 생성물질의 농도비는 일정한 값을 나타내는데, 이를 평형상수라고 한다. 이 상수는 일정한 온도에서는 압력이 변하고, 각 물질의 혼합 비율이 달라져도 일정하다.

여기서 K_{eq} 값은 물의 전기전도도 측정에 의하여 25℃에서는 1.8×10^{-16}이라는 것을 알 수 있는데, 이 값을 1.4 식에 대입하면

$$55.5 \times (1.8 \times 10^{-16}) = [H^+][OH^-] \tag{1.5}$$

위 식을 풀면

$$K_w = 1.0 \times 10^{-14} = [H^+][OH^-] \tag{1.6}$$

즉 25℃에서 물의 이온 곱(K_w)은 언제나 1.0×10^{-14}이다.

순수한 물처럼 $[H^+]$와 $[OH^-]$이 정확히 같을 때 이 용액을 중성용액이라고 한다. 중성상태에서 $[H^+]$와 $[OH^-]$는 같기 때문에 1.6 식에서

$$1.0 \times 10^{-14} = [H^+]^2$$

$$[H^+] = [OH^-] = 10^{-7}(M)$$

즉 중성용액의 수소이온농도($[H^+]$)는 10^{-7} M이다. 산성용액의 $[H^+]$는 $[OH^-]$보다 크고, 알칼리성 용액의 $[H^+]$는 $[OH^-]$보다 작다. 위에서 설명한 바와 같이 25℃에서 물의 이온 곱은 언제나 1.0×10^{-14}이기 때문에 물에 산을 첨가하여 $[H^+]$가 높아지면 $[OH^-]$는 낮아지게 되고, 알칼리를 첨가하여 $[OH^-]$가 높아지면 $[H^+]$는 낮아지게 된다.

덴마크의 화학자 Sörensen은 용액 중의 수소이온농도가 너무 작기 때문에 이를 보다 쉽게 표현하는 방법을 제안하였는데, 그는 수소이온농도의 역수를 상용대수로 나타낸 값을 pH로 정의하였다.

$$pH = \log \frac{1}{[H^+]} = -\log[H^+]$$

예를 들면 온도가 25℃이며, 정확히 중성인 용액의 $[H^+]$는 정확히 10^{-7} M이므로 그 pH는

$$pH = \log \frac{1}{10^{-7}} = \log 10^7 = 7$$

즉, pH = 7이다.

앞에서 설명한 바와 같이 중성 용액의 pH 7.0은 임의로 택한 값이 아니라 25℃ 물의 이온 곱인 절대값으로부터 유도된 것이다. pH가 7.0보다 작은 용액은 $[H^+]$가 $[OH^-]$보다 크므로 산성이 되고, pH가 7.0보다 큰 용액은 $[OH^-]$가 $[H^+]$보다 크므로 알칼리성이 된다. 이 pH 값이 대수 값이라는 점은 특히 중요하다. 즉 두 용액의 pH가 1 pH 단위만큼 다른 것은 두 용액 중의 $[H^+]$가 10배 차이가 난다는 것이다. 가끔 사용되는 pOH는 마찬가지로 수산화이온농도의 역수를 상용대수로 나타낸 값이다.

$$\mathrm{pOH} = \log \frac{1}{[OH^-]} = -\log[OH^-]$$

즉, pH와 pOH는 다음과 같이 서로 관련이 있다.

$$\mathrm{pH} + \mathrm{pOH} = 14$$

2) 수용액의 pH 계산

1 M 초산(CH_3COOH) 용액의 pH를 계산해 보자. 초산은 약한 **전해질**이므로 일부분만 전리하여 용액 중에 같은 농도의 H^+와 CH_3COO^-를 생성한다.

$$CH_3COOH \rightleftharpoons H^+ + CH_3COO^-$$

$$K_a = \frac{[H^+][CH_3COO^-]}{[CH_3COOH]}$$

표 1-8. 산, 알칼리의 농도와 pH

	산			알칼리		
강전해질	HCl(전리도 0.92 ≒ 1)			NaOH(전리도 0.91 ≒ 1)		
	M 농도	$[H^+]$	pH	M 농도	$[OH^-]$	pH
	1	1	0	1	1	14
	0.1	10^{-1}	1	0.1	10^{-1}	13
	0.01	10^{-2}	2	0.01	10^{-2}	12
	0.001	10^{-3}	3	0.001	10^{-3}	11
약전해질	CH_3COOH(전리도 0.01)			NH_4OH(전리도 0.01)		
	M 농도	$[H^+]$	pH	M 농도	$[OH^-]$	pH
	0.1	10^{-3}	3	0.1	10^{-3}	11
	0.01	10^{-4}	4	0.01	10^{-4}	10

▸ **강산과 약산**

산은 H^+를 내어놓는 물질이므로 산이 강하다는 것은 H^+를 쉽게 내어놓는다는 것을 의미한다. 강산(HA)이란 물과 반응하여 거의 100%, 즉 완전하게 H^+와 A^-로 해리되는 산을 말하는데 H_2SO_4, HNO_3, $HClO_4$, HCl, HBr, HI 등이 이에 해당한다. 약산이란 그 일부만 H^+와 A^-로 해리되는 산을 말한다. 그러므로 약산의 수용액에는 산이 주로 해리되지 않은 형태로 존재하며 HF, CH_3COOH 등이 이에 해당한다.

▸ **강염기와 약염기**

염기는 H^+를 받아들이는 물질이므로 염기가 강하다는 것은 H^+를 잘 받아들인다는 것을 의미한다. 염기의 상대적 세기도 산의 경우와 마찬가지로 물과 반응하는 정도로 결정한다. 강염기는 물에 녹아 거의 100% 금속 양이온과 OH^-로 해리하는데 LiOH, NaOH, KOH 등이 이에 해당하고, 약염기는 일부만 물과 반응하여 물로부터 H^+를 받아들이는데 NH_4OH 등이 이에 해당한다.

▸ **전해질**

염화나트륨과 같이 물 또는 다른 물질에 녹아서 그 용액 속에서 이온을 만들고, 이 이온들이 이동하여 전기를 통하는 물질을 전해질이라 하며, 설탕과 같이 용액 속에서 전기를 통하지 못하는 것을 비전해질이라고 한다. 또한 전해질이 물에 녹아서 전기를 잘 통하는 것을 강전해질, 전기를 잘 통하지 못하는 것을 약전해질이라고 한다.

▸ **전리도**

전해질을 물에 녹였을 때 전해질(용질) 전체 양에 대한 전리되어 있는 양의 비율을 전리도라고 한다. 용질 m몰이 물에 녹아 n몰만이 전리되었다고 하면 전리도(α)는 n/m이며, 전리도 α는 ≤ 1이다. 일반적으로 전리도는 온도가 높아짐에 따라, 농도가 묽어짐에 따라 커지게 된다.

▸ **전리평형상수**

수용액 중에서 염산과 같은 강산의 용질은 거의 완전히 전리되어 있으나, 초산과 같은 약산은 전리되어 있는 부분과 전리되어 있지 않은 부분 사이에 평형을 이루고 있다.

$$CH_3COOH \longrightarrow CH_3COO^- + H^+$$

수용액 중에 남아 있는 초산의 농도를 $[CH_3COOH]$ 그리고 CH_3COO^-와 H^+의 농도를 $[CH_3COO^-]$, $[H^+]$로 표시하면 다음 식이 성립된다.

$$K = \frac{[H^+][CH_3COO^-]}{[CH_3COOH]}$$

$$K = 1.8 \times 10^{-5} (25℃)$$

이 때 K 값을 전리평형상수라고 한다. 전리평형상수는 온도가 일정하면 한 물질에 대하여 농도에 관계없이 일정하다. K 값이 클수록 평형상태에서 생성물이 많이 생성되어 있다는 뜻이 된다.

이 상태에서 $[H^+]$(H^+의 몰농도)를 (x)라고 하면 $[CH_3COOH]$(CH_3COOH의 몰농도)는 $(1-x)$이고, 초산의 **전리평형상수**(Ka)는 1.8×10^{-5}이므로

$$K_a = \frac{[H^+][CH_3COO^-]}{[CH_3COOH]} = \frac{[x] \cdot [x]}{[1 - x]} = 1.8 \times 10^{-5}$$

분모 $(1-x)$에서 x는 1에 비하면 매우 작기 때문에 x를 무시하면

$$[x]^2 = 1.8 \times 10^{-5}$$
$$[x] = [H^+] = 4.2 \times 10^{-3}$$
$$pH = -\log[H^+] = -\log(4.2 \times 10^{-3})$$
$$= -\log\ 4.2\ -\log\ 10^{-3} = -0.62 + 3 = 2.38$$

즉, 1 M 초산용액의 pH는 2.38이다.

다음의 예를 보고 pH에 대한 이해를 높이도록 한다.

[예 1] 0.01 N HCl의 pH는?

풀이 염산은 용액 중에서 완전히 전리되고 1 M이 1 g 당량과 같기 때문에 0.01 N HCl 용액 중의 수소이온농도는 이 용액의 규정농도와 같다. 즉 $[H^+] = 10^{-2}$이다.

$$pH = \log \frac{1}{[H^+]} = -\log 10^{-2} = 2$$

[예 2] 0.01 N CH_3COOH(초산의 **전리도** : 0.01) 용액의 pH는?

풀이 초산 1 M은 1 g 당량과 같으며, 전리도가 0.01이기 때문에 0.01 N 초산용액 중의 수소이온농도는 0.01의 0.01배에 해당하므로 $[H^+] = 10^{-4}$이다.

$$pH = \log \frac{1}{[H^+]} = -\log 10^{-4} = 4$$

[예 3] 0.1 N HCl 100 mL와 0.1 N NaOH 99 mL을 혼합하였을 때 그 용액의 pH는?

풀이 0.1 N HCl과 0.1 N NaOH는 당량 대 당량으로 반응하므로 0.1 N NaOH 99 mL와 반응하는 0.1 N HCl의 부피는 99 mL이다. 때문에 이 반응액 199 mL 중에는 1 mL의 0.1 N HCl이 남아 있다. 그러므로 이 용액의 HCl 농도는 다음에서 보는 바와 같이 0.0005 N이다.

$$N \times V = N' \times V'$$
$$0.1 \times 1 = x \times 199$$
$$x = 0.0005 = 5 \times 10^{-4}(\mathrm{N})$$

HCl은 1 M이 1 g 당량과 같으므로 0.0005 N HCl 용액 중의
$[H^+] = 0.0005$ M

$$pH = \log \frac{1}{[H^+]} = -\log(5 \times 10^{-4}) = -\log 5 + 4 = -0.699 + 4$$
$$= 3.301$$

[예 4] 0.001 N NaOH 용액의 pH는? (NaOH가 완전히 해리되었다고 본다)

풀이 $[OH^-] = 10^{-3}$ M
그리고 $[OH^-] \times [H^+] = 10^{-14}$ M이므로

$$[H^+] = 10^{-11}\ \mathrm{M}$$

$$pH = \log \frac{1}{[H^+]} = 11$$

3) 완충용액

우리들의 혈액은 pH 7.3 정도로 아주 약한 염기성 용액이며 혈액의 pH가 0.2 이상 변화하면 사망할 수도 있다. 만약 우리들이 큰 병에 들어 있는 pH 3.5 정도의 오렌지 주스를 모두 마시면 어떻게 될까? 먼저 오렌지 주스 중의 산은 혈액 중에 존재하는 작은 양의 염기를 중화시킨다? 그 후에 계속 섭취하는 오렌지 주스 중의 산은

혈액의 pH를 거의 5정도가 될 때까지 빠르게 낮춘다? 이렇게 낮은 pH에서 우리 몸 안의 대부분의 효소들은 생화학 반응에 관여하지 못하고 결국 우리들은 죽게 된다?

하지만 다행스럽게도 우리가 많은 양의 오렌지 주스를 마신다고 해서 이런 일이 발생하지는 않는다. 그 이유는 우리들의 혈액은 그 pH가 쉽게 변화하지 않는 기능을 가지고 있다. 이와 같이 어떤 용액에 작은 양의 산이나 염기가 첨가되었을 때 그 용액의 pH 변화를 억제하는 작용을 완충작용이라고 하고, 이와 같은 작용을 지니는 용액을 완충용액(buffer)이라고 한다.

일반적으로 완충용액은 약산과 그 짝염기 또는 약염기와 그 짝산으로 구성되는데, 완충용액의 pH는 이들의 해리 특성에 의하여 쉽게 변화하지 않는다. 예를 들어 초산(CH_3COOH, 약산)과 그 짝염기인 초산나트륨(CH_3COONa, 약염기)으로 구성된 완충용액에 대하여 생각해 보자. 이 완충용액에 강산인 염산(HCl)을 첨가한다면 이 염산은 완충용액 중의 초산나트륨과 다음과 같이 반응한다.

$$HCl + CH_3COONa \rightleftarrows CH_3COOH + NaCl$$

이 반응에서 보는 바와 같이 완충용액에 첨가된 강산인 염산은 약산인 초산으로 변환된다. 즉 염산을 첨가하였는데 초산을 첨가한 것과 같은 결과가 나타나는 것이다. 그러므로 강산인 염산을 첨가하였는데 약산인 초산이 첨가된 것만큼 pH가 낮아지게 된다. 만약 이 용액에 초산나트륨이 존재하지 않았다면 이와 같은 효과는 나타나지 않을 것이다. 마찬가지로 이 용액에 강염기인 수산화나트륨(NaOH)을 첨가한다면 이 수산화나트륨은 완충용액 중의 초산과 다음과 같이 반응한다.

$$NaOH + CH_3COOH \rightleftarrows CH_3COONa + H_2O$$

이 반응에서 보는 바와 같이 완충용액에 첨가된 강염기인 수산화나트륨은 약염기인 초산나트륨으로 변환된다. 즉 수산화나트륨을 첨가하였는데 초산나트륨을 첨가한 것과 같은 결과가 나타나는 것이다. 그러므로 강염기인 수산화나트륨을 첨가하였는데 약염기인 초산나트륨이 첨가된 것만큼 pH가 높아지게 된다. 마찬가지로 만약 이 용액에 초산이 존재하지 않았다면 이와 같은 효과는 나타나지 않았을 것이다.

강산과 그 짝염기 또는 강염기와 그 짝산으로 구성된 용액은 완충능력을 갖지 못한다. 그 이유는 강산과 강염기는 완전히 이온화되기 때문이다. 염산(HCl)의 경우를 예로 들면 염기가 첨가되었을 때 그 용액 중에 이와 반응할 염산이 남아 있지 않기 때문에 첨가하는 염기는 바로 그 용액의 pH에 영향을 주게 된다.

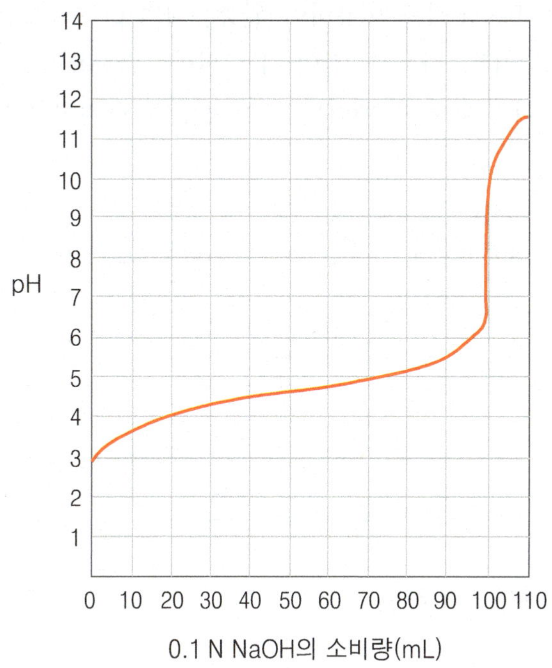

그림 1-34. 0.1 N CH_3COOH 용액을 0.1 N NaOH 용액으로 적정하였을 때의 pH 변화(적정곡선)

그러므로 약산과 그 짝염기 또는 약염기와 그 짝산을 적당히 조합하면 일정한 pH 범위에서 완충능력을 나타내는 완충용액을 조제할 수 있다. 완충용액의 완충능력은 완충용액을 구성하는 성분의 농도에 비례하는데, 완충용액의 농도는 약산(약염기)과 그 짝염기(짝산)의 농도를 합한 것이다. 예를 들면 물 1L 속에 0.05 M의 초산과 0.05 M의 초산나트륨이 녹아 있으면 이것은 0.1 M 초산 완충용액이다. 또한 완충용액의 완충능력은 약산(약염기)과 그 짝염기(짝산)의 비율이 같을 때, 즉 그 농도비가 1일 때 가장 크다.

그림 1-34는 0.1 N CH_3COOH 용액 100 mL에 0.1 N NaOH 용액을 적정하였을 때 이 용액의 pH 변화를 나타낸 것인데 pH의 변화가 가장 작은 곳은 pK_a(= 4.75) 점이고, 이때 이 용액에는 초산나트륨(CH_3COONa)과 초산(CH_3COOH)이 같은 양 존재한다. **pK_a**로부터 멀리 떨어지면 떨어질수록 약산(약염기)과 짝염기(짝산)의 비율, 즉 그 농도비가 1에서 점점 멀어지게 되므로 완충능력은 점점 작아지게 된다.

4) Handerson-Hasselbalch 식

Henderson-Hasselbalch 식은 완충용액의 pH, 완충용액 조제 시에 사용된 약산의 해리평형상수(K_a) 그리고 약산과 그 짝염기의 농도 사이의 관계를 설명하는 식인데,

우리는 Henderson-Hasselbalch 식을 이용하여 완충용액의 pH를 결정할 수 있다.

Henderson-Hasselbalch 식은 다음과 같이 유도된다. 완충용액을 구성하는 약산(HA, proton donor)은 다음과 같이 해리되고 이 반응의 해리평형상수는 다음과 같다.

$$\underset{\text{proton donor}}{HA} \rightleftharpoons \underset{\text{proton}}{H^+} + \underset{\text{proton acceptor}}{A^-} \tag{1.7}$$

$$K_a = \frac{[H^+][A^-]}{[HA]}$$

이 식을 변형하면

$$[H^+] = K_a \times \frac{[HA]}{[A^-]}$$

위 식에 역수의 상용대수를 취하면

$$-\log[H^+] = -\log K_a - \log\frac{[HA]}{[A^-]}$$

$$pH = pK_a - \log\frac{[HA]}{[A^-]}$$

$$pH = pK_a + \log\frac{[A^-]}{[HA]}$$

$$pH = pK_a + \log\frac{[\text{proton acceptor}]}{[\text{proton donor}]}$$

이 식을 보면 proton acceptor의 농도 $[A^-]$와 proton donor의 농도 [HA]의 농도가 같으면 이 완충용액의 pH는 p*K*a와 같다는 것을 알 수 있다. 즉 초산의 적정곡선

▸ **pK_a**

pK_a에서 p는 역수의 상용대수, K는 평형상수, a는 산을 뜻한다. 그러므로 pK_a는 산의 해리평형상수 값의 역수의 상용대수를 취한 값을 말하는데 Henderson-Hasselbalch 식에서 보는 바와 같이 완충용액에서 이 값은 proton acceptor와 proton donor의 농도가 같을 때의 pH를 말하고 이 때 완충용액의 완충능력이 가장 크다.

(그림 1-34)에서 완충능력이 가장 크게 나타난 가운데 점에서 초산나트륨과 초산의 농도는 같고, 이때의 pH는 4.75라는 것을 알 수 있다.

▶ 완충제의 선택 시 주의사항

완충용액이 실험에 사용되었을 때 완충용액은 주어진 범위에서 일정한 pH를 유지해야 할 뿐만 아니라 실험에 다른 영향을 주어서는 안 된다. 그러므로 실험을 할 때에 적당한 완충제를 선택하는 것은 대단히 중요하다. 아래 그림은 여러 가지 생물 완충용액의 사용 가능한 pH 범위를 나타낸 것이다.

다음은 완충제를 선택할 때의 고려해야 할 사항이다.

ⓐ 생화학 실험에서는 완충제의 pK_a가 6과 8 사이에 있어야 한다.
ⓑ 물에 대한 용해도가 높아야 한다.
ⓒ 이온강도, 농도, 온도 등에 의하여 완충능력이 변화해서는 안 된다. 하지만 이와 같은 물질은 거의 없다.
ⓓ 생체막을 통과해서는 안 된다.
ⓔ 염의 첨가에 의한 영향을 적게 받아야 한다.
ⓕ 양이온을 띠는 무기물과 반응하지 않아야 한다.
ⓖ 화학적으로 안정하여야 한다.
ⓗ 가시광선의 흡수가 적어야 한다. 이것은 분광광도법을 이용하여 흡광도를 측정하는 실험에서 특히 중요하다.
ⓘ 쉽게 이용할 수 있어야 한다.

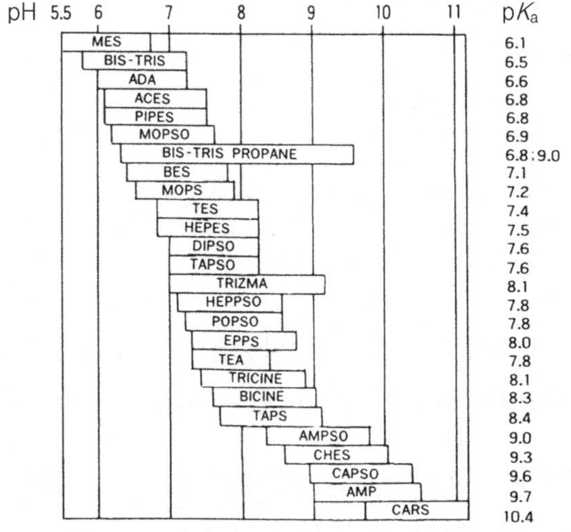

여러 가지 생물 완충용액의 사용 가능한 pH 범위

Henderson-Hasselbalch 식을 이용하면

① 완충용액을 구성하는 산의 [proton acceptor] / [proton donor]와 pKa 값으로부터 완충용액의 pH를 알 수 있고,
② 완충용액을 구성하는 산의 [proton acceptor] / [proton donor]와 완충용액의 pH로부터 이 산의 pKa 값을 알 수 있으며,
③ 완충용액의 pH와 완충용액을 구성하는 산의 pKa 값으로부터 이 산의 [proton acceptor] / [proton donor]를 알 수 있다.

[예 1] 1 L의 0.2 M, pH 4.5인 초산완충용액을 만드는 데 필요한 초산(acetic acid, $pK_a = 4.75$)과 초산나트륨(sodium acetate)의 양은 얼마인가?

풀이 식 1.7(p. 84)에서 HA는 acetic acid, A^-는 sodium acetate 이다. 0.2 M 완충용액이므로

$[HA] + [A^-] = 0.2$ M(초산의 농도 + 초산나트륨의 농도)
$[A^-] = x$라고 하면, $[HA] = 0.2 - x$

Henderson-Hasselbalch 식에 대입해 보면

$$4.5 = 4.75 + \log \frac{x}{(0.2 - x)}$$

$$0.25 = \log \frac{(0.2 - x)}{x}$$

$$1.78 = \frac{(0.2 - x)}{x}$$

$$x = 0.07$$

그러므로 pH 4.5, 0.2 M 초산 완충용액을 조제하려면 0.13 M의 acetic acid와 0.07 M의 sodium acetate를 증류수에 녹여 1 L로 정용하면 된다.

[예 2] 0.1 M의 초산과 0.2 M의 초산나트륨을 함유하는 완충용액의 pH는 얼마인가? 초산의 해리평형상수(25℃)는 1.8×10^{-5}이다.

풀이 Henderson-Hasselbalch 식에 대입해 보면

$$pH = -\log K_a + \log \frac{[\text{proton acceptor}]}{[\text{proton donor}]}$$

$$pH = -\log(1.8 \times 10^{-5}) + \log \frac{0.2}{0.1}$$

$$pH = 5.05$$

5) pH 측정

간단한 용액의 pH는 앞의 예와 같이 쉽게 계산되지만, 실제로 식품분석에서 사용되는 대부분의 용액은 대단히 복잡하여 그 pH가 쉽게 계산되지 않기 때문에 지시약이나 pH 미터를 이용하여 그 pH를 측정하게 된다.

(1) 지시약

지시약은 용액의 pH에 따라 해리 정도가 다르고, 비해리형과 해리형의 색이 다르기 때문에 지시약을 이용하면 대략적으로 어떤 용액의 pH를 알 수 있다. 지시약(H-indicator)은 자신이 약한 산이기 때문에 용액 중에서 다음과 같이 해리 한다.

$$\text{H-indicator} \rightleftharpoons H^+ + \text{indicator}^-$$

$$K_{in}(\text{지시약의 전리평형상수 또는 평형상수}) = \frac{[H^+][\text{indicator}^-]}{[\text{H-indicator}]}$$

위 식의 양변에 $-\log$를 취하여 정리하면

$$-\log K_{in} = -\log[H^+] - \log[\text{indicator}^-] + \log[\text{H-indicator}]$$

$$pK_{in} = pH + \log \frac{[\text{H-indicator}]}{[\text{indicator}^-]}$$

그러므로 만약 지시약이 녹아 있는 용액의 pH가 pK_{in} 보다 작으면 $(pK_{in} - pH) > 0$ 이므로 위의 식에서

$$\log \frac{[\text{H-indicator}]}{[\text{indicator}^-]} > 0, \text{ 즉 } \frac{[\text{H-indicator}]}{[\text{indicator}^-]} > 1 \text{이다.}$$

그러므로 이때는 지시약의 비해리형(H-indicator) 농도가 더 높기 때문에 지시약의 색은 비해리형의 색을 나타낸다. 하지만 pH가 pK_{in} 보다 크면 $(pK_{in} - pH) < 0$ 이므

표 1-9. 지시약과 그 변색 범위

Indicator	pH Range	Acid Color	Base Color	용 매	지시약의 농도(%)
Methyl violet	0.5～1.5	Yellow	Blue	물	0.25
Thymol blue	1.2～2.8	Red	Yellow		
Methyl yellow	2.9～4.0	Red	Yellow		
Methyl orange	3.1～4.4	Red	Yellow	물	0.1
Bromophenol blue	3.0～4.6	Yellow	Blue-violet	물	0.1
Bromocresol green	3.8～5.4	Yellow	Blue	20% 에탄올	0.1
Methyl red	4.2～6.3	Red	Yellow	60% 에탄올	0.2
Chlorophenol red	4.8～6.4	Yellow	Red		
Bromothymol blue	6.0～7.6	Yellow	Blue		
Paranitrophenol	6.2～7.5	Colorless	Yellow		
Phenol red	6.4～8.0	Yellow	Red		
Cresol red	7.2～8.8	Yellow	Red		
Thymol blue	8.0～9.6	Yellow	Blue	20% 에탄올	0.1
Phenolphthalein	8.2～10.0	Colorless	Red	80% 에탄올	0.1
Thymolphthalein	9.3～10.5	Colorless	Blue		
Alizarin yellow R	10.1～12.0	Yellow	Violet	물	0.1

로 이때는 지시약의 해리형(indicator$^-$) 농도가 더 높기 때문에 지시약의 색은 해리형의 색을 나타낸다.

$$\log \frac{[\text{H-indicator}]}{[\text{indicator}^-]} < 0, \quad \text{즉} \quad \frac{[\text{H-indicator}]}{[\text{indicator}^-]} < 1 \text{이다.}$$

일반적으로 지시약은 비해리형과 이온형의 비율이 10배 이상 차이가 날 때 한쪽의 색이 분명하게 나타나게 된다. 그러므로 지시약으로는 pH 값을 정확하게 측정할 수 없으며, pH 값 1～2 범위의 오차가 따르기 마련이다(표 1-9).

(2) pH 미터

pH 미터는 용액의 pH를 가장 정확하고 정밀하게 측정할 수 있는 기기(그림 1-35)이다. pH 미터는 시료 용액에 전극을 담그고 그 때 발생하는 전위를 측정하여 수소 이온의 농도를 측정하는 기기이다. 즉, pH 미터는 항상 일정한 전위를 가지고 있는 은-염화은 **기준전극**과 **지시전극**인 수소이온 선택성 유리전극을 짝지어 시료용액에 담그고 두 전극 사이의 전위를 측정하고, 이것으로부터 시료용액의 pH(수소이온농

그림 1-35. pH 미터
(Thermo Scientific ™)

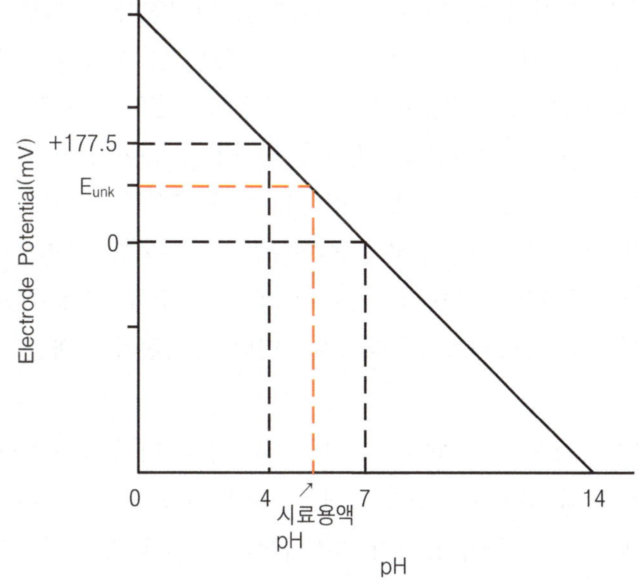

그림 1-36. pH 미터의 보정과 시료용액의 pH 측정

E_{unk} : 시료용액에서 측정된 전위

도)를 구하는 장치이다. pH 미터는 기준전극과 지시전극 그리고 전위차계로 구성되어 있는데, 최근에는 기준전극과 유리전극을 하나로 만든 복합전극이 많이 이용되고 있다.

pH 미터의 기본 원리는 기존의 일반화학 및 분석화학 책에 자세히 설명되어 있기 때문에 이 책에서는 pH 미터를 조작할 때의 주의사항만을 간단히 설명하고자 한다.

① pH 미터를 사용할 때에는 반드시 pH 미터를 보정한 후에 사용하여야 한다. pH

미터의 보정이란 완충용액의 pH를 pH 미터가 그렇게 읽도록 하는 것이다. 그러면 pH 미터는 이를 바탕으로 그림 1-36과 같은 검량선을 작성한다. 그 후, 시료 용액에 pH 미터의 전극을 담그면 pH 미터는 그 전위(E_{unk})를 측정하고 이에 해당하는 pH를 나타내게 된다. 그러므로 1개의 완충용액으로 pH 미터를 보정하는 것은 보정의 의미가 없는 것이다.

pH 미터 보정용 완충용액은 장기간 보존하게 되면 pH가 변화할 수 있기 때문에 새로 조제한 완충용액과 비교하여 그 적부를 확인해서 사용하여야 한다. 일반적으로 한번 공기 중에 방치했던 완충용액은 다시 사용하지 않는다. 그리고 pH 미터의 보정방법은 기기마다 약간씩 다르므로 그 방법을 충분히 이해한 후에 보정하도록 한다.

② pH 미터에서 측정되는 전위는 온도에 따라 달라진다. 그러므로 pH 미터의 보정시에 사용하는 완충용액의 온도는 될 수 있는 한 시료의 온도와 일치(±1℃)하게 하여야 한다. 또한 완충용액과 시료의 pH 값은 온도에 따라 변화한다. 이것은 온도에 따라 물의 이온화 정도나 화학평형 등이 달라지기 때문이다. 예를 들면 표 1-10에서 보는 바와 같이 pH 7 완충용액의 pH는 25℃에서는 pH 7.00이지만 0℃에서는 7.11, 40℃에서는 pH 6.97이다. 그러므로 pH 값은 항상 온도와 함께 표기하여야 하며, 25℃에서의 pH 값을 얻기 위한 유일한 방법은 pH를 25℃에서 측정하는 것이다. pH 미터 유리전극 중에는 온도계가 내장된 것도 있다.

③ 전극은 조심스럽게 다루어야 하는데, 특히 유리 막이 긁히거나 깨지지 않도록 조심하여야 한다. pH를 측정할 때에는 항상 전극을 깨끗하게 세척·건조한 후 사용하여야 하고, 전극이 용기의 밑바닥이나 측면에 닿게 해서는 안 된다. 또한 유리막이 건조하여 탈수되면 원상태로 회복시키는 데 오랜 시간이 걸리기 때문에 pH 미터를 사용하지 않을 때에는 유리전극을 가능한 전극보관 용액에 담가

▶ **지시전극 (indicator electrode)**

분석하고자 하는 화학종의 농도에 비례하여 그 전극전위가 결정되는 전극을 말하는데, 수소이온 선택성 지시전극인 유리전극이 주로 사용된다.

▶ **기준전극 (reference electrode)**

전극전위가 항상 일정하여 지시전극이 전위를 측정하는데, 대조전극으로 이용되는 전극을 말한다. 은-염화은 기준전극이 주로 사용된다.

표 1-10. 각 pH 값의 온도에 따른 변화

온도	pH 값								
25℃	1.68	3.78	4.01	6.86	7.00	7.41	9.18	10.01	12.46
0℃	1.67	3.86	4.00	6.98	7.11	7.53	9.46	10.32	13.42
5℃	1.67	3.84	4.00	6.95	7.08	7.50	9.40	10.25	13.21
10℃	1.67	3.82	4.00	6.92	7.06	7.47	9.33	10.18	13.01
20℃	1.67	3.79	4.00	6.87	7.01	7.43	9.23	10.06	12.64
30℃	1.68	3.77	4.02	6.85	6.98	7.40	9.14	9.97	12.30
40℃	1.69	3.75	4.03	6.84	6.97	7.38	9.07	9.89	11.99
50℃	1.71	3.75	4.06	6.83	6.97	7.37	9.01	9.83	11.71
60℃	1.72	-	4.08	6.84	-	-	8.96	-	-
70℃	1.74	-	4.13	6.85	-	-	8.92	-	-
80℃	1.77	-	4.16	6.86	-	-	8.89	-	-
90℃	1.79	-	4.21	6.88	-	-	8.85	-	-

(Thermo fisher scientific Inc.)

보관한다. 유리전극을 증류수에 담가 보관하면 pH 측정 시에 응답속도가 늦어지게 된다. 전극 보관용액이 없을 때에는 pH 7 완충용액 200 mL에 KCl 1 g을 녹인 용액을 조제하여 사용하여도 된다.

④ 전극은 깨끗하게 유지되어야 한다. pH 미터가 용액의 pH를 읽는데 느리다거나 또는 pH 값이 움직이는 것은 전극이 지저분하다는 것이다. 그러므로 pH 미터를 사용한 후에는 반드시 전극 전체를 증류수로 깨끗이 세척하여야 하는데, 단백질이나 무기물이 많은 시료의 pH를 측정한 후에는 더욱 주의를 기울여 세척하여야 한다. 전극의 유리 막 부분이 단백질로 오염되었을 때는 0.1 M HCl 용액에 30분 정도 담그어 세척하고, 유지류는 알코올 등으로, 무기물은 0.1 M tetrasodium EDTA 용액에 15분 동안 담그어 세척한다. 이 과정이 끝나면 반드시 전극의 충진용액을 새 용액으로 교체하고 전극 보관용액에 최소한 1시간 이상 담가 둔다. 하지만 잦은 세척은 유리전극의 수명을 단축시킬 수 있으므로 유의하여야 한다.

8.2 실험목적

(1) 수소이온농도, pH, 완충용액, 지시약, pH 미터에 대하여 이해한다.
(2) 완충용액의 조제법에 대하여 이해한다.
(3) 완충능력의 측정법에 대하여 이해한다.

(4) 용액의 pH 측정방법에 대하여 이해한다.
(5) 용액의 pH를 측정할 수 있다.

8.3 기 구

(1) 전자저울
(2) 자석교반기(그림 1-33)
(3) pH 미터(그림 1-35)
(4) 비 커
(5) 메스플라스크
(6) 메스피펫
(7) 메스실린더
(8) 시험관(중)
(9) 세척병
(10) 피펫필러
(11) 시약스푼
(12) 스포이드

8.4 재료 및 시약

(1) 브로모티몰블루(bromothymol blue) [자료 없음]
(2) 메틸오렌지(methyl orange)
(3) 페놀프탈레인(phenolphthalein) 
(4) 초산(CH_3COOH, acetic acid)
(5) 초산나트륨(CH_3COONa, sodium acetate)
(6) 제1인산칼륨(KH_2PO_4, potassium phosphate, monobasic) 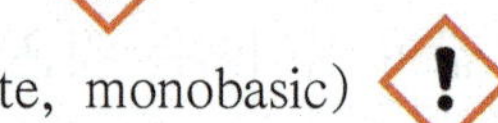
(7) 제2인산칼륨(K_2HPO_4, potassium phosphate, dibasic) [자료 없음]
(8) 수산화나트륨(NaOH, sodium hydroxide)
(9) 에틸알코올(C_2H_5OH, ethyl alcohol) 
(10) 완충용액(buffer solution, pH 4, pH 7)
(11) 황산지

8.5 실험내용

1) 시료 및 시약조제

(1) 0.1% bromothymol blue 알코올 용액(①, 지시약)을 조제한다.
(2) 0.1% methyl orange 수용액(②, 지시약)을 조제한다.

(3) 0.1% phenolphthalein 알코올 용액(③, 지시약)을 조제한다.

(4) 0.1 M 초산 용액(④)을 조제한다.

(5) 0.1 M 초산나트륨 용액(⑤)을 조제한다.

(6) 0.1 M 제1인산칼륨 용액(⑥)을 조제한다.

(7) 0.1 M 제2인산칼륨 용액(⑦)을 조제한다.

(8) 0.1 M 수산화나트륨 용액(⑧)을 조제한다.

2) 실험방법

(1) 시험관 12개에 label(1～12)을 붙이고 ⑥과 ⑦을 이용하여 다음과 같이 서로 다른 pH를 갖는 12개의 인산완충용액을 조제한다. 일반적으로 인산완충용액은 pH 5～8에서 완충능력을 지닌다.

번호	⑥(mL)	⑦(mL)	pH	번호	⑥(mL)	⑦(mL)	pH
1	9.7	0.3	5.30	7	5.0	5.0	7.81
2	9.5	0.5	5.59	8	4.0	7.0	7.98
3	9.0	1.0	5.91	9	3.0	7.0	7.17
4	8.0	2.0	7.24	10	2.0	8.0	7.38
5	7.0	3.0	7.47	11	1.0	9.0	7.73
6	7.0	4.0	7.64	12	0.5	9.5	8.04

(2) 초산완충용액(⑨)을 다음과 같이 조제한다.
250 mL 비커 + ④ 9 mL + ⑤ 91 mL

(3) 또 다른 초산완충용액(⑩)을 다음과 같이 조제한다.
250 mL 비커 + ④ 50 mL + ⑤ 50 mL

(4) (1)의 각 완충용액 + ① 3～5방울 → 혼합 → 각 시험관의 색 확인(이 반응색을 pH 5.30에서 pH 8.04까지의 pH를 나타내는 표준용액으로 한다)

(5) 100 mL 비커 + ⑨ 10 mL + ① 3～5방울 → 혼합 → 색 확인 → (4)의 결과를 이용하여 ⑨의 pH 확인

(6) 완충용액(pH 4와 7)을 이용하여 pH 미터를 표준화한다.

(7) pH 미터를 이용하여 ⑨의 pH 측정 → (5)의 결과와 비교

(8) pH 미터를 이용하여 ④와 ⑩의 pH를 측정

(9) 100 mL 비커 + ④ 50 mL + ⑧ 0.5 mL → pH 측정 → (8)의 결과와 비교하

여 pH 변화 기록→이 용액 1 L의 pH 1 단위를 올리기 위하여 첨가되어야 할 OH^-의 몰수 계산

(10) 100 mL 비커 + ⑩ 50 mL + ⑧ 0.5 mL → pH 측정 → (8)의 결과와 비교하여 pH 변화 기록 → 이 용액 1 L의 pH 1 단위를 올리기 위하여 첨가되어야 할 OH^-의 몰수 계산 → (9)의 결과와 비교하여 ④ 용액과 ⑩ 용액의 완충능력 비교

(11) 100 mL 비커 + ⑧ 10 mL + ③ 3~5방울 → 혼합 → 색 확인

(12) 100 mL 비커 + ⑨ 10 mL + ③ 3~5방울 → 혼합 → 색 확인 → (11)의 색과 비교

(13) 100 mL 비커 + ④ 10 mL + ② 3~5방울 → 혼합 → 색 확인

(14) 100 mL 비커 + ⑨ 10 mL + ② 3~5방울 → 혼합 → 색 확인 → (13)의 색과 비교

8.6 질문 및 토론

8.7 주의사항

(1) 실험실에서의 주의사항(안전제일)을 반드시 지킨다.

(2) 완충용액은 냉장고에서 보관한다.

(3) pH 미터의 유리전극이 파손되지 않도록 주의한다.

제 2 장

부피분석의 기본원리

1. 중화적정 I

1.1 원 리

1) 부피분석

부피분석이란 정량하고자 하는 물질을 표준용액과 반응시켜 그 반응이 당량점(반응종점)에 도달하였을 때, 표준용액의 소비량(부피)으로부터 정량하고자 하는 물질의 양을 측정하는 분석방법이다. 그러므로 부피분석을 하는데 있어서 반응의 당량점을 정확하게 판단하여 적정을 정확하게 멈추는 것은 대단히 중요한 일이다. 반응의 당량점을 판단하는 방법에는 여러 가지가 있지만, 일반적으로 지시약이 많이 이용되는데 지시약은 각 반응에 적당한 것을 잘 선택하여 사용하여야 한다. 또한 부피분석에 사용하는 표준용액의 농도를 정확하게 아는 것도 대단히 중요하다. 그러므로 부피분석에 사용되는 표준용액은 반드시 그 농도계수(factor)가 정확하게 측정되어야 한다.

부피분석에 의하여 어떠한 물질을 정량하기 위해서는 그 화학반응이 다음과 같은 조건을 갖추고 있어야 한다.

① 반응이 정량적으로 진행되고, 역반응이나 부수적인 반응이 발생하지 않아야 한다.

② 화학반응의 속도가 빨라야 한다.

③ 반응의 종점, 즉 당량점을 쉽게 확인할 수 있어야 한다.

부피분석법은 화학반응의 종류에 따라 중화적정법(neutralimetry, 1절~2절), 산화환원적정법(oxidation reduction titration, 3절~5절), 침전적정법(precipitimetry, 6절), Chelate 적정법((chelatometry, 7절)으로 나뉘어진다.

2) 중화반응과 지시약의 선택

중화반응이란 산의 수소이온(H^+)과 염기의 수산화이온(OH^-)이 반응하여 염을 생성하는 반응을 말한다.

$$\underset{\text{산}}{AH} + \underset{\text{염기}}{BOH} \rightleftharpoons \underset{\text{염(salt)}}{AB} + H_2O$$

중화반응에서는 반응이 진행됨에 따라 반응액의 pH가 조금씩 변화하다가 당량점(반응종점)에서는 pH가 급격하게 변화한다. 즉 정량하고자 하는 물질이 용해되어 있는 용액에 표준용액을 적정하는 동안에 용액의 pH가 급격하게 변화한다면 이것은 반응물질이 서로 당량비로 반응하여 반응종점에 이르렀다는 것을 나타내는 것이다. 그러므로 중화적정에서는 반응종점에서 발생하는 급격한 pH 변화를 정확하게 읽어야한다. 이것은 여러 가지 방법에 의하여 가능하지만, 일반적으로 적당한 지시약을 선택하여 사용한다.

▶ **적정(titration)**

적정이란 뷰렛에 농도를 알고 있는 표준용액을 넣은 후, 이 표준용액을 분석 대상 물질이 들어 있는 시료 용액에 떨어뜨려 당량점에서 표준용액의 소비량을 확인하여 분석 대상 물질의 농도를 결정하는 것을 말한다. 적정에는 직접적정과 역적정의 두 가지가 있다. 직접적정은 시료 용액 중의 정량하고자 하는 물질을 표준용액(A)으로 직접 적정하여 반응에 사용된 표준용액(A)의 소비량을 측정하는 방법이고, 역적정은 시료용액에 과량의 표준용액(A)을 가하여 정량하고자 하는 물질과 먼저 반응시킨 후 반응액에 남아 있는 표준용액(A)의 양을 또 다른 표준용액(B)을 이용하여 측정함으로써 반응에 사용된 표준용액(A)의 소비량을 측정하는 방법을 말한다.

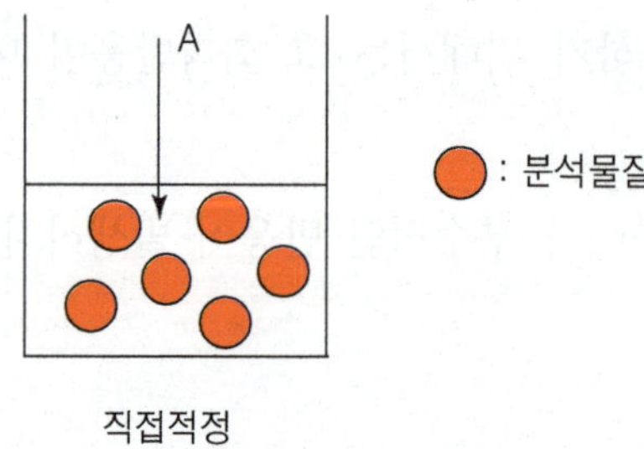

직접적정

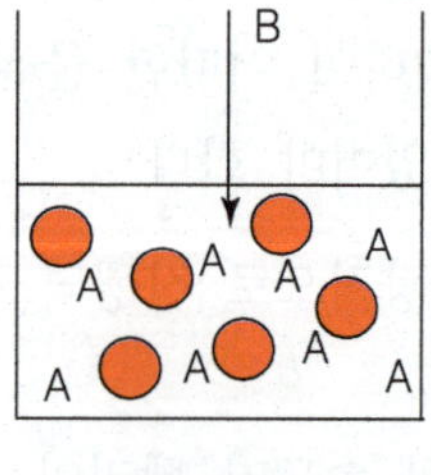

역적정

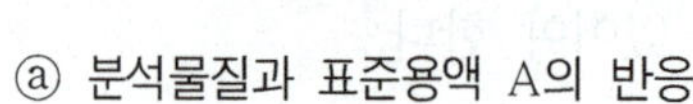

ⓐ 분석물질과 표준용액 A의 반응

ⓑ 분석물질과 반응한 표준용액 A의 양

ⓒ 분석물질의 양 계산

ⓐ 분석물질과 과량의 표준용액 A와 반응

ⓑ 표준용액 B와 남아있는 표준용액 A와 반응

ⓒ 분석물질과 반응한 표준용액 A의 양

ⓓ 분석물질의 양 계산

중화반응에서 반응의 종점을 확인하기 위한 지시약을 선택하기 위해서는 당량점에서의 pH 변화를 이해하여야 하는데, 이를 위해서는 중화적정곡선을 그려 보아야 한다.

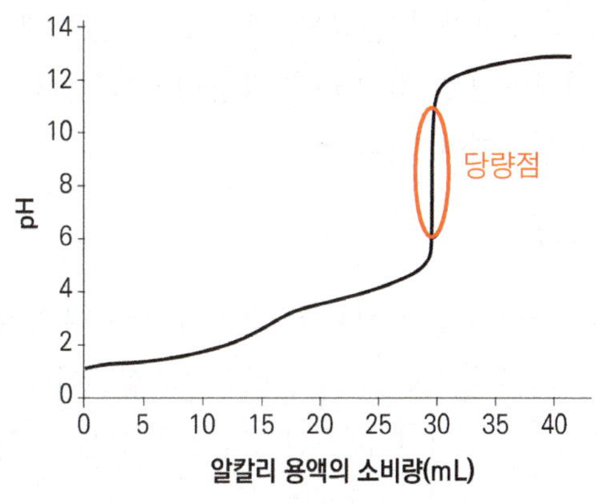

그림 2-1. 중화적정곡선

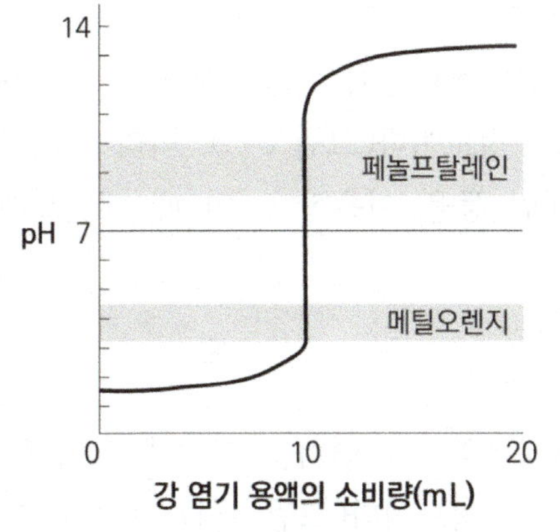

그림 2-2. 강산과 강염기의 중화적정곡선

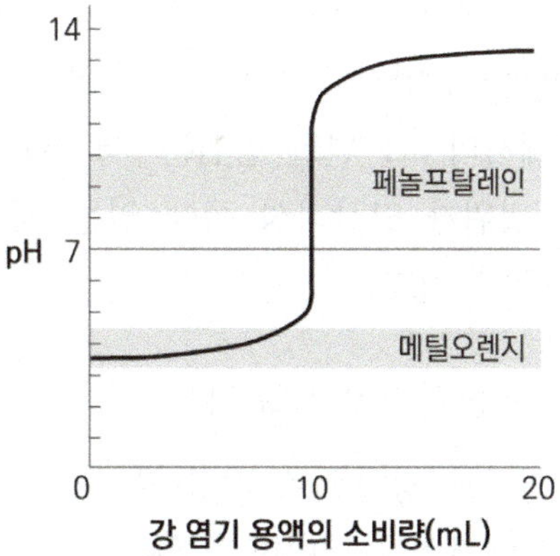

그림 2-3. 약산과 강염기의 중화적정곡선

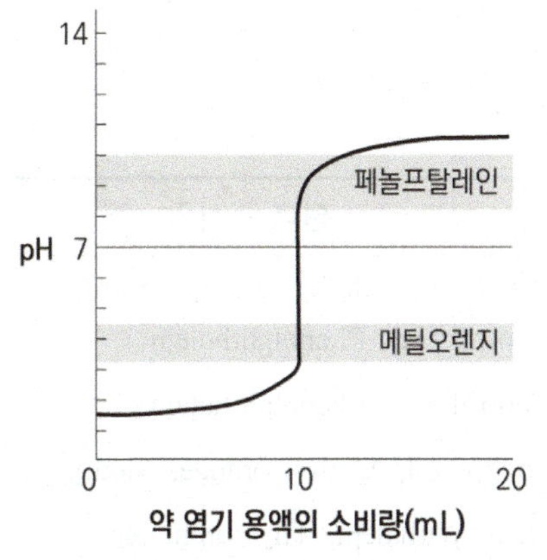

그림 2-4. 강산과 약염기의 중화적정곡선

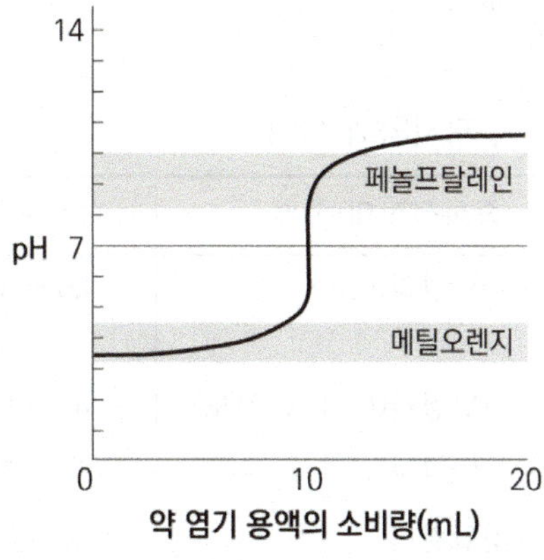

그림 2-5. 약산과 약염기의 중화적정곡선

중화적정곡선이란 중화적정시 산(염기)의 소비량(mL)을 가로축에, 산(염기)의 적정에 의하여 변화한 반응액의 pH를 세로축에 표시한 곡선을 말하는데, 이것은 실험에 의하여 쉽게 그릴 수 있다(그림 2-1). 중화적정곡선은 중화반응에 관계하는 산과 염기의 강·약에 의하여 다음 4가지 종류를 생각할 수 있는데, 각 반응에 적당한 지시약은 각 반응의 중화적정곡선을 참고하여 당량점에서의 pH 변화 범위 내에 변색 범위가 있는 지시약을 선택하여야 한다(표 2-1).

(1) 강산과 강염기의 적정

강산을 강염기로, 또는 강염기를 강산으로 **적정**하게 되면 당량점에서 반응액의 pH가 급격히 변화하는데 그 범위는 pH 4에서 pH 10 정도이다(그림 2-2). 따라서 이 반응의 당량점을 확인하기 위한 지시약은 선택하기가 쉬운 편이다. 즉 이 pH 사이에 변색 범위가 있는 메틸오렌지, 페놀프탈레인 등 어느 쪽을 사용해도 좋다.

(2) 약산과 강염기의 적정

약산을 강염기로 적정하는 경우, 당량점에서의 pH 변화는 그렇게 크지 않으며, 당량점에서의 pH 변화 범위는 pH 7에서 pH 10 정도이다(그림 2-3). 따라서 지시약은 변색 범위가 알칼리성 쪽에 있는 페놀프탈레인 등을 이용한다. 이 때 메틸오렌지는 사용할 수 없다.

(3) 강산과 약염기의 적정

약염기를 강산으로 적정하는 경우, 당량점에서의 pH 변화는 그렇게 크지 않으며, 당량점에서의 pH 변화 범위는 pH 4에서 pH 7 정도이다(그림 2-4). 따라서 지시약은 변색 범위가 산성쪽에 있는 메틸오렌지 등을 이용한다. 이때 페놀프탈레인은 사용할 수 없다.

표 2-1. 지시약의 선택

중화적정의 종류	pH 비약범위	선택 지시약
강산 · 강알칼리(0.1 N 정도)	4.0 ~ 10.0	Congo red, Methyl orange, Methyl red, Neutral red, Phenolphthalein
강산 · 강알칼리(0.01 N 정도)	4.5 ~ 9.5	Neutral red, Phenolphthalein
강산 · 약알칼리	3.0 ~ 7.0	Congo red, Methyl orange, Methyl red
약산 · 강알칼리	7.0 ~ 11.0	Phenolphthalein, Thymolphtalein, Thymol blue

(4) 약산과 약염기의 적정

약산을 약염기로 적정하는 경우, 당량점에서의 pH는 거의 7이다(그림 2-5). 이때는 당량점에서의 pH 변화 범위가 너무 좁기 때문에 적당한 지시약을 선택할 수가 없어 당량점을 찾는 것은 불가능하다. 그리고 강산과 강염기의 중화반응이라 하여도 그 농도가 너무 낮으면 역시 당량점에서의 pH 변화가 크지 않아 당량점을 찾기가 어렵기 때문에 보통 0.05 N～1 N 정도의 농도를 지니는 용액이 사용된다.

3) 중화적정을 이용한 식초 중의 초산 정량

(1) 0.1 N NaOH 용액 250 mL 조제 및 농도계수 측정

중화반응에서 산과 염기는 당량 대 당량으로 반응한다. 그러므로 적정에 의하여 초산과 반응한 알칼리 표준용액(NaOH)의 소비량을 알면 식초 중의 초산 양을 측정하는 것이 가능하다. NaOH는 자연상태에서 수분을 흡수하는 등 불안정하기 때문에 NaOH 용액은 조제 후에 반드시 농도계수를 측정하여야 한다.

① 0.1 N NaOH 용액 250 mL를 조제하는 데 필요한 NaOH의 양을 계산한다. NaOH의 1 g 당량은 40 g이다.

$$40 \times 0.1 \times 0.25 = 1(\mathrm{g})$$

② NaOH 1.000 g을 비커에서 녹이고 증류수를 사용하여 250 mL 메스플라스크를 정용한다.

③ 제1장 7.1항(p. 69)을 참조하여 0.1 N 수산용액 100 mL를 조제하고 농도계수를 계산한다. 수산($H_2C_2O_4 \cdot 2H_2O$)은 대표적인 산 표준물질이며, 분자량이 126.1 g 당량은 63 g이다. 수산용액의 농도계수는 1.001로 한다.

④ 위에서 조제한 0.1 N NaOH 용액의 농도계수를 측정한다.

설명한 바와 같이 노르말(N) 농도의 용액 중에 존재하는 용질의 당량 수는 노르말 농도(N) × 용액의 부피(V)로 계산되며, 산(수산)과 알칼리(NaOH)는 "당량 대 당량"으로 반응한다.

$$N \times V \times F = N' \times V' \times F'$$

$N(N')$: 산 용액의 노르말 농도(알칼리 용액의 노르말 농도)
$V(V')$: 반응에 사용된 산 용액의 부피(반응에 사용된 알칼리 용액의 부피)
$F(F')$: 산 용액의 농도계수(알칼리 용액의 농도계수)

위에서 조제한 0.1 N NaOH 용액을 비커에 정확하게 25 mL 채취하고 페놀프탈레인 지시약을 3～5방울 가하고 ③에서 조제한 0.1 N 수산용액으로 반응액의 색이 붉은색에서 무색으로 변할 때(반응종점)까지 적정하고 0.1 N 수산용액의 소비량을 읽는다. 반응종점은 비커 용액의 붉은색이 0.1 N 수산 한 방울로 없어지는 때를 반응의 종점으로 한다. 반응의 종점 부근에서는 갑자기 색이 변하므로 적정을 천천히 하여야 한다. 위의 과정을 반복하여 0.1 N 수산용액의 소비량의 평균치를 구한다(평균 소비량을 25.2 mL로 한다).

$$N \times V \times F = N' \times V' \times F'$$
$$0.1 \times 25.2 \times 1.001 = 0.1 \times 25 \times F'$$
$$F' = 1.009$$

(2) 식초 중의 초산 정량

NaOH와 초산(CH_3COOH)은 다음과 같이 반응한다. 초산(1 g 당량은 60 g)과 NaOH(1 g 당량은 40 g)는 당량 대 당량으로 반응하는데, 다음 식을 참조하여 식초 중의 초산 정량에 대하여 이해하도록 한다.

$$CH_3COOH + NaOH \longrightarrow CH_3COONa + H_2O$$
CH_3COOH : NaOH = 60 g(1 g 당량) : 40 g(1 g 당량)
CH_3COOH 60 g ≡ 1 N NaOH 1,000 mL(NaOH 40 g 함유)
CH_3COOH 6 g ≡ 0.1 N NaOH 1,000 mL(NaOH 4 g 함유)
CH_3COOH 6 mg ≡ 0.1 N NaOH 1 mL
즉, 0.1 N NaOH 용액 1 mL는 초산 6 mg과 반응한다.

그러므로 식초 중의 초산 함량(%)은 다음과 같이 계산할 수 있다.

$$\text{초산 함량(\%)} = \frac{\text{초산의 양}}{\text{시료의 양}} \times 100 = \frac{V \times f \times 6(\text{mg}) \times \text{희석배수} \times 100}{S \times 1{,}000}$$

V : 0.1 N NaOH 용액의 소비량(mL)
f : 0.1 N NaOH 용액의 농도계수
6 : 0.1 N NaOH 용액 1 mL에 상당하는 초산의 mg 수
S : 시료의 채취량(g)

1.2 실험목적

(1) 부피분석의 원리를 이해한다.

(2) 중화반응을 이용한 식품성분의 정량 원리에 대하여 이해한다.

(3) 중화반응에서 지시약 선택의 중요성을 이해한다.

(4) 표준용액의 소비량으로 초산함량을 계산하는 방법을 이해한다.

(5) 중화적정을 이용하여 식품성분의 양을 측정할 수 있다.

1.3 기 구

(1) 전자저울
(2) 자석교반기(그림 2-6)
(3) 메스플라스크
(4) 메스피펫
(5) 뷰 렛
(6) 뷰렛스탠드
(7) 시약스푼
(8) 세척병
(9) 피펫필러
(10) 스포이드
(11) 비 커

1.4 재료 및 시약

(1) 페놀프탈레인(phenolphthalein)

(2) 수산화나트륨(NaOH, sodium hydroxide)

(3) 에틸알코올(C_2H_5OH, ethyl alcohol)

(4) 수산($C_2H_2O_4 \cdot 2H_2O$, oxalic aicd)

(5) 시판 식초

(6) 황산지

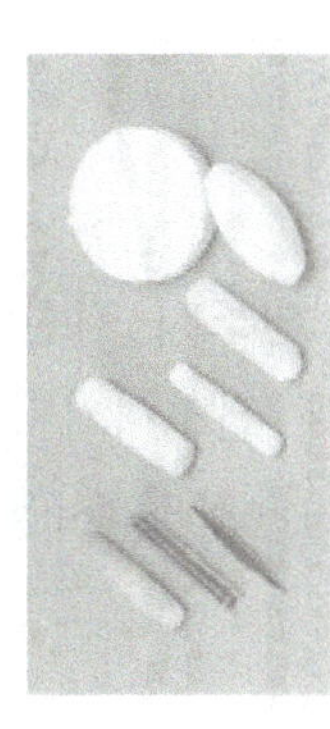

그림 2-6. 자석교반기(magnetic stirrer, VELP Co.)와 stirring bars

1.5 실험내용

1) 시료 및 시약조제

(1) 시료(①)의 조제
100 mL mass flask + 시판되고 있는 식초 5 g(채취한 식초의 양을 실험노트에 정확히 기록) → 증류수로 정용 → 잘 혼합

(2) 0.1 N 수산화나트륨 용액(②)을 조제한다.

(3) 0.1 N 수산용액(③)을 조제하고 농도계수를 계산한다(제 1장 7.1항, p. 69).

(4) 0.1% phenolphthalein 알코올 용액(④, 지시약)을 조제한다.

2) 실험방법

(1) ②의 농도계수 측정
100 mL 비커 + ③ 25mL(정확하게 채취) + ④ 3~5방울 → ②로 적정 → ②의 소비량 측정

(2) 위 (1)의 과정을 반복하여 ②의 평균 소비량을 구하고 ②의 농도계수를 계산한다.

(3) 식초 중의 초산함량 측정
100 mL 비커 + ① 30 mL(정확하게 채취) + ④ 3~5방울 → ②로 적정 → ②의 소비량 측정

(4) 위 (3)의 과정을 반복하여 ②의 평균 소비량을 구한다.

(5) 위 (4)에서 구한 ②의 평균 소비량으로부터 식초 중의 초산함량(%)을 계산한다[(1.1항, p. 100).

1.6 질문 및 토론

1.7 주의사항

(1) 실험실에서의 주의사항(안전제일)을 반드시 지킨다.

(2) 수산 표준물질은 용액을 조제할 때에 건조시키지 않는다.

(3) 이 실험에서는 지시약으로 methyl orange를 사용하면 안 된다.

2. 중화적정 II

2.1 원 리

1절에서는 부피분석의 원리를 이해하고 중화반응을 이용한 식초 중의 초산함량을 정량하는 실험을 하였다. 식품분석의 많은 부분이 중화반응을 이용한 부피분석이기 때문에 이에 대한 이해를 더욱 높이기 위하여 이 절에서는 같은 원리를 이용하여 귤 중의 유기산 함량을 정량하기로 한다. 이번 실험에서는 1절과는 달리 알칼리 표준물질(Na_2CO_3)로 조제한 표준용액(1차 표준용액)을 이용하여 산 용액(HCl)의 농도계수를 측정하고, 이 산 용액(2차 표준용액)을 이용하여 또 다른 알칼리 용액(NaOH)의 농도계수를 측정한 후, 이 용액(3차 표준용액)을 귤 중의 유기산 함량을 정량하는 표준용액으로 사용하여 용액조제와 농도계수 측정에 대하여 복습하고, 지시약 선택의 중요성을 강조하고자 한다.

1절에서 설명한 바와 같이 Na_2CO_3(약알칼리)와 HCl(강산)의 반응에서 당량점을 확인하기 위한 지시약은 주로 메틸오렌지(페놀프탈레인은 사용 불가)를 사용하고, HCl(강산)과 NaOH(강알칼리)의 반응에서는 메틸오렌지와 페놀프탈레인 모두 사용이 가능하며, NaOH(강알칼리)와 구연산(약산)의 반응에서는 페놀프탈레인(메틸오렌지는 사용 불가)을 사용한다.

귤 중에는 여러 종류의 유기산이 존재한다. 그런데 이들 모든 유기산을 각각 정량하기 위해서는 기기분석(gas chromatography 등)을 하여야 한다. 그러므로 부피분석을 이용하는 이 실험에서는 귤 중의 모든 유기산을 구연산(citric acid)으로 가정하여 실험하고, 그 양을 구연산의 함량으로 표시하고자 한다.

1) 중화적정을 이용한 귤 중의 구연산 정량

(1) 0.1 N Na_2CO_3 용액 100 mL 조제 및 농도계수 측정(제1장 6.1항, p. 65)

(2) 0.1 N HCl 용액 100 mL 조제 및 농도계수의 측정(제1장 6.1항)

(3) 0.1 N NaOH 용액 250 mL 조제 및 농도계수 측정

중화반응에서 산과 염기는 당량 대 당량으로 반응한다. 그러므로 적정에 의하여 구연산과 반응한 알칼리 표준용액(NaOH)의 소비량을 알면 귤 중의 구연산 양을 측정하는 것이 가능하다. NaOH는 자연상태에서 수분을 흡수하는 등 불안정하기 때문에 NaOH 용액은 조제 후에 반드시 농도계수를 측정하여야 한다.

① 0.1 N NaOH 용액 250 mL를 조제하는 데 필요한 NaOH의 양을 계산한다. NaOH의 1 g 당량은 40 g이다.

$$40 \times 0.1 \times 0.25 = 1(\mathrm{g})$$

② NaOH 1.000 g을 비커에서 녹이고 증류수를 사용하여 250 mL 메스플라스크를 정용한다.

③ 비커에 위에서 조제한 0.1 N NaOH 용액을 정확하게 25 mL 채취하고 이를 실험노트에 기록한다.

④ ③에 페놀프탈레인(phenolphthalein) 지시약을 3～5방울 가한다. 이 지시약의 변색점은 pH 8.2 부근이며, 산성 쪽에서는 무색, 알칼리성 쪽에서는 붉은색을 나타낸다.

⑤ 조제한 0.1 N HCl 용액(농도계수는 1.120으로 한다)을 뷰렛에 넣고 ④의 색이 붉은색에서 무색으로 변할 때(반응종점)까지 적정하고 0.1 N HCl 용액의 소비량을 읽는다. 반응종점은 비커 용액의 붉은색이 0.1 N 염산 한 방울로 없어지는 때를 반응의 종점으로 한다. 반응의 종점 부근에서는 갑자기 색이 변하므로 적정을 천천히 하여야 한다.

⑥ ③～⑤의 과정을 반복하여 0.1 N HCl 용액의 소비량의 평균치를 구한다(평균 소비량을 24.5 mL로 한다).

⑦ 0.1 N NaOH 용액의 농도계수 계산

$$N \times V \times F = N' \times V' \times F'$$
$$0.1 \times 24.5 \times 1.120 = 0.1 \times 25 \times F'$$
$$F' = 1.098$$

(4) 귤 중의 구연산 정량

NaOH와 구연산은 다음과 같이 반응한다. 구연산(분자량 192, 1몰은 3 g 당량, 1 g 당량은 64 g)과 수산화나트륨(1 g 당량은 40 g)은 당량 대 당량으로 반응하는데, 다음 식을 참조하여 귤 중의 구연산 정량에 대하여 이해하도록 한다.

$$\begin{matrix} CH_2COOH \\ | \\ C(OH)COOH \\ | \\ CH_2COOH \end{matrix} + 3NaOH \longrightarrow \begin{matrix} CH_2COONa \\ | \\ C(OH)COONa \\ | \\ CH_2COONa \end{matrix} + 3H_2O$$

구연산 : NaOH = 192 g : 120 g = 64 g(1 g 당량) : 40 g(1 g 당량)
구연산 64 g ≡ 1 N NaOH 1,000 mL(NaOH 40 g 함유)
구연산 6.4 g ≡ 0.1 N NaOH 1,000 mL(NaOH 4 g 함유)
구연산 6.4 mg ≡ 0.1 N NaOH 1 mL

즉, 0.1 N NaOH 용액 1 mL는 구연산 6.4 mg과 반응한다.

그러므로 귤 중의 구연산 함량(%)은 다음과 같이 계산할 수 있다.

$$\text{구연산 함량(\%)} = \frac{\text{구연산의 양}}{\text{시료의 양}} \times 100 = \frac{V \times f \times 6.4(\text{mg}) \times \text{희석배수} \times 100}{S \times 1{,}000}$$

V : 0.1 N NaOH 용액의 소비량(mL)
f : 0.1 N NaOH 용액의 농도계수
6.4 : 0.1 N NaOH 용액 1 mL에 상당하는 구연산의 mg 수
S : 시료의 채취량(g)

2.2 실험목적

(1) 부피분석의 원리를 이해한다.
(2) 중화반응을 이용한 식품성분의 정량 원리에 대하여 이해한다.
(3) 중화반응에서 지시약 선택의 중요성을 이해한다.
(4) 표준용액의 소비량으로 구연산 함량을 계산하는 방법을 이해한다.
(5) 중화적정을 이용하여 식품성분의 양을 측정할 수 있다.

2.3 기 구

(1) 전자저울
(2) 자석교반기(그림 2-6)
(3) 건조기(그림 3-8)
(4) 데시케이터(그림 3-10)
(5) 비 커
(6) 메스플라스크
(7) 메스피펫
(8) 뷰 렛
(9) 뷰렛스탠드
(10) 세척병
(11) 피펫필러
(12) 시약스푼
(13) 스포이드
(14) 깔때기
(15) 유 발

2.4 재료 및 시약

(1) 페놀프탈레인(phenolphthalein)

(2) 메틸오렌지(methyl orange)

(3) 염산(HCl, hydrochloric acid)

(4) 에틸알코올(C_2H_5OH, ethyl alcohol)

(5) 탄산나트륨(Na_2CO_3, sodium carbonate)

(6) 수산화나트륨(NaOH, sodium hydroxide)

(7) 귤 (8) 가제(gauze) (9) 황산지

2.5 실험내용

1) 시료 및 시약조제

(1) 시료(①)의 조제

겉껍질을 제거한 귤 5 g을 가능한 균일하게 채취한다(실험노트에 채취량을 정확하게 기록). → 유발을 이용하여 귤을 파쇄 → 250 mL 메스플라스크 위에 깔때기를 놓고 그 위에 여러 겹의 가제를 올려놓는다. → 파쇄된 귤을 증류수와 시약스푼을 이용하여 깔때기 위의 가제 위에 옮긴다. → 여과 → 유발을 증류수로 세척, 깔때기 위의 가제 위로 옮기고 여과(유발의 시료를 완전히 옮길 때까지 반복) → 가제를 깔때기 위에서 압착 → 증류수로 깔때기를 세척 → 증류수로 메스플라스크를 정용 → 혼합

이 때 각 과정마다 증류수를 소량 사용하여 전체 양이 250 mL를 초과하지 않도록 한다.

(2) 0.1 N 탄산나트륨 용액(②)을 조제하고 농도계수를 계산한다(제 1장 6.1항, p. 65).

(3) 0.1 N 염산 용액(③)을 조제한다(제 1장 6.1항, p. 66).

(4) 0.1 N 수산화나트륨 용액(④)을 조제한다(2.1항, p. 103).

(5) 0.1% methyl orange 수용액(⑤, 지시약)을 조제한다.

(6) 0.1% phenolphthalein 알코올 용액(⑥, 지시약)을 조제한다.

2) 실험방법

(1) ③의 농도계수 측정
100 mL 비커 + ② 25 mL(정확하게 채취) + ⑤ 3~5방울 → ③으로 적정 → ③의 소비량 측정
(2) 위 (1)의 과정을 반복하여 ③의 평균 소비량을 구하고 ③의 농도계수를 계산한다.
(3) ④의 농도계수 측정
100 mL 비커 + ④ 25 mL(정확하게 채취) + ⑥ 3~5방울 → ③으로 적정 → ③의 소비량 측정
(4) 위 (3)의 과정을 반복하여 ③의 평균 소비량을 구하고 ④의 농도계수를 계산한다.
(5) 구연산 정량
100 mL 비커 + ① 25 mL + ⑥ 3~5방울 → ④로 적정 → ④의 소비량 측정
(6) 위 (5)의 과정을 반복하여 ④의 평균 소비량을 구하고 구연산 함량(%)을 계산한다(2.1항, p. 105).
(7) 위 (1)을 다음과 같이 실험하여 그 결과가 어떻게 다른지를 확인해 본다.
100 mL 비커 + ② 25 mL(정확하게 채취) + ⑥ 3~5방울 → ③으로 적정 → ③의 소비량 측정 → ③의 농도계수 계산 → (2)의 결과와 비교
(8) 위 (5)를 다음과 같이 실험하여 그 결과가 어떻게 다른지를 확인해 본다.
100 mL 비커 + ① 25 mL + ⑤ 3~5방울 → ④로 적정 → ④의 소비량 측정 → 구연산 함량 계산 → (6)의 결과와 비교

2.6 질문 및 토론

2.7 주의사항

(1) 실험실에서의 주의사항(안전제일)을 반드시 지킨다.
(2) 탄산나트륨 표준물질은 미리 건조시킨 후 용액을 조제한다.
(3) 각 단계마다 지시약이 선택된 이유를 이해한다.
(4) 위 실험방법 (1)과 (7), (5)와 (8)의 실험결과가 다른 이유를 이해한다.

3. 산화환원적정 I

3.1 원 리

과망간산칼륨($KMnO_4$) 적정법은 산화환원적정에서 표준용액으로 $KMnO_4$ 용액을 이용하는 부피분석 방법이다. 이 절은 산화환원적정(3절~5절)의 처음이기 때문에 먼저 산화환원적정의 기본 원리를 설명한 후에 과망간산칼륨 적정법(permanganometry)에 대하여 설명하기로 한다.

1) 산화환원반응

산화환원반응은 다음과 같이 어떤 물질이 산소와 결합(산화), 분리(환원) 또는 수소와 결합(환원), 분리(산화)되는 반응을 말한다.

(산화: $H_2 \rightarrow H_2O$, 환원: $CuO \rightarrow Cu$)

$$CuO + H_2 \rightarrow Cu + H_2O$$ (Cu는 산소와 분리, H는 산소와 결합)

(산화: $H_2S \rightarrow S$, 환원: $Cl_2 \rightarrow 2HCl$)

$$Cl_2 + H_2S \rightarrow 2HCl + S$$ (S은 수소와 분리, Cl은 수소와 결합)

앞에서도 설명한 바와 같이 어떤 물질이 산소와 결합하는 것을 산화라고 하는데, 이 산소는 불소(F) 다음으로 전기 음성도가 큰 원소이다. 따라서 산소가 어떤 원소와 결합을 하면 그 원소로부터 전자를 자기 쪽으로 끌어당긴다. 때문에 어떤 원소가 산소와 결합한다는 것은 전자를 빼앗긴다는 것과 같은 뜻이 된다. 그러므로 산화반응은 전자를 잃는 반응, 반대로 환원반응은 전자를 얻는 반응이며, 그렇기 때문에 산화환원 반응은 산화수가 증가하거나 감소하는 반응이다.

산화수는 화합물에서 특정 원자가 전자를 잃거나 얻는 정도를 나타내는 척도로 양 또는 음의 값으로 나타낸다. 전자를 1개 잃은 상태이면 산화수가 +1, 전자를 1개 얻은 상태이면 -1이 된다. 한 화합물에서 원자들이 결합하면서 결합에 참여한 전자들을 공유할 때 원자의 전기음성도 차이에 의해 이들 전자들이 어느 한 원자로 치우치면 치우친 쪽의 원자는 음의 산화수, 전자를 빼앗기는 쪽의 원자는 양의 산화수를 가지게 된다.

산화수를 결정할 때, 원자들이 공유결합을 하고 있는 경우와 이온결합을 하고 있는 경우를 구분하지 않는다. 예를 들면 나트륨 원자로부터 전자가 떨어져 나가 나트륨 이온이 되는 경우에도 산화수를 +1로 보고, 물에서 수소 원자와 산소 원자가 전자쌍을 공유하고 있는 경우 전기음성도 차이에 의해 전자쌍이 치우침 현상이 일어난 경우에도 수소원자의 산화수를 +1로 본다. 그러나 같은 종류의 원자들끼리 전자를 공유하는 경우, 전자의 치우침이 없으므로 각 원자는 0의 산화수를 가진다. 산화수를 결정하는 데에는 다음과 같은 약속이 있다.

(1) 단체를 구성하고 있는 원자의 산화수는 0으로 한다.

[예] I_2(I의 산화수는 0), Cu(Cu의 산화수는 0)

(2) 이온의 산화수는 그 이온의 하전수와 같다.

[예] Cu^{+2}에서 Cu의 산화수는 +2, Cl^-에서 Cl의 산화수는 −1

(3) 화합물 중의 각종 원자의 산화수의 총합은 0으로 한다.

[예] $CaCl_2$: (+2) + (−1) × 2 = 0

H_3PO_4 : (+1) × 3 + (+5) + (−2) × 4 = 0

(4) 화합물 중의 수소원자의 산화수는 +1, 산소원자의 산화수는 −2로 한다.

[예] NH_3에서 H의 산화수의 합이 +3이고, 화합물을 구성하는 각종 원자의 산화수 총합은 0이므로 N의 산화수는 −3이며, H_2SO_4에서 H는 +1, O는 −2이고, 화합물을 구성하는 각종 원자의 산화수 총합은 0이므로 S의 산화수는 +6이다.

(5) 수소, 산소 이외의 원자들의 공유결합에서는 결합한 원자 중 전기음성도가 큰 원자를 (−)로 한다.

[예] CH_4 : C는 H보다 전기음성도가 크므로 이 때 C는 −4이다.
CCl_4 : Cl은 C보다 전기음성도가 크므로 이 때 C는 +4이다.

(6) 대부분의 화합물에서 수소와 산소의 산화수는 +1과 −2이지만 소수의 예외가 있다.

[예1] 과산화물에서 산소의 산화수는 −1이다.

H_2O_2, Na_2O_2에서 산소의 산화수는 −1이다.

[예2] 금속의 수소화합물에서 수소의 산화수는 −1이다.

NaH, CaH_2 등에서 수소의 산화수는 −1이다.

[예 3] 비금속과 비금속이 공유결합을 한 화합물에서는 전기음성도가 큰 쪽이 (−)의 산화수를 갖는다. OF_2에서 F는 O보다 전기음성도가 크므로 산화수가 −1, O는 +2이다.

(7) 1, 2족 금속 화합물에서 금속의 산화수는 주기율표의 족 번호와 같다.

[예] 1족 금속(Na, K 등)의 산화수는 +1, 2족 금속(Ca, Mg 등)의 산화수는 +2이다.

이제 산화수의 증감으로 산화환원반응을 설명해 보기로 하자.

$$CuO + H_2 \rightarrow Cu + H_2O$$

(산화: $H_2 \rightarrow H_2O$, 환원: $CuO \rightarrow Cu$)

CuO에서 Cu의 산화수 : $x-2=0, \quad x=+2$

Cu의 산화수 : 0

H_2에서 H의 산화수 : 0

H_2O에서 H의 산화수 : $2x-2=0, \quad x=+1$

이 반응에서 구리(Cu)는 산화수가 +2에서 0으로 감소, 즉 환원되었으며, 수소(H)는 0에서 +1로 증가, 즉 산화되었다.

$$Cl_2 + H_2S \rightarrow 2HCl + S$$

(산화: $H_2S \rightarrow S$, 환원: $Cl_2 \rightarrow 2HCl$)

H_2S에서 S의 산화수 : $2+x=0, \quad x=-2$

S의 산화수 : 0

Cl_2에서 Cl의 산화수 : 0

HCl에서 Cl의 산화수 : $1+x=0, \quad x=-1$

이 반응에서 황(S)은 산화수가 −2에서 0으로 증가, 즉 산화되었고, 염소(Cl)는 0에서 −1로 감소, 즉 환원되었다.

일반적으로 화학반응은 위와 같이 산화수의 변화가 일어나는 반응과 산화수의 변화가 일어나지 않는 반응의 2가지로 나눌 수가 있는데, 다음과 같이 산화수의 변화가 일어나지 않는 반응은 산화환원반응이 아니다.

$$BaCl_2 + Na_2SO_4 \longrightarrow BaSO_4 + 2NaCl$$

$BaCl_2$에서 Ba의 산화수 : $x-2 = 0$, $x = +2$
$BaSO_4$에서 Ba의 산화수 : $x+6-8 = 0$, $x = +2$
이 반응에서 Ba(바륨)의 산화수는 변화가 없다.

2) 산화제와 환원제

자신은 쉽게 환원되면서 다른 물질을 산화시키는 성질이 강한 물질을 산화제라고 하고, 자신은 쉽게 산화되면서 다른 물질을 환원시키는 힘이 강한 물질을 환원제라고 한다. 표 2-2에는 중요한 산화제와 환원제를 나타내었다. 산화제와 환원제에는 강한 것과 약한 것이 있는데, 그 세기는 서로 상대적이다.

표 2-2. 중요한 산화제와 환원제

산 화 제	산화제로서의 반응	비 고
오존	$O_3 \rightarrow O_2 + O$	발생기 산소를 내놓아 요오드칼륨 녹말종이를 보라색으로 변색시킨다.
과산화수소	$H_2O_2 \rightarrow H_2O + O$	
이산화망간	$MnO_2 \rightarrow MnO + O$	
진한황산	conc $H_2SO_4 \rightarrow H_2O + SO_2 + O$	산화력이 있는 산으로 Cu, Hg, Ag 같은 금속을 녹인다.
진한질산	conc $2HNO_3 \rightarrow H_2O + 2NO_2 + O$	
묽은질산	dil $2HNO_3 \rightarrow H_2O + 2NO + 3O$	
과망간산칼륨	$2KMnO_4 + 3H_2SO_4 \rightarrow K_2SO_4 + 2MnSO_4 + 3H_2O + 5O$	황산산성 용액에서 산화작용이 활발하다.
중크롬산칼륨	$K_2Cr_2O_7 + 4H_2SO_4 \rightarrow K_2SO_4 + Cr_2(SO_4)_3 + 4H_2O + 3O$	
염소	$Cl_2 + H_2O \rightarrow 2HCl + O$	
환 원 제	**환원제로서의 반응**	
수소	$H_2 + O \rightarrow H_2O$	
일산화탄소	$C + O \rightarrow CO$ $\quad CO + O \rightarrow CO_2$	
이산화황	$SO_2 + H_2O + O \rightarrow H_2SO_4$	
황화수소	$H_2S + O \rightarrow H_2O + S$	
금속나트륨	$2Na + H_2O + O \rightarrow 2NaOH$	
염화제일주석	$SnCl_2 + 2HCl + O \rightarrow SnCl_4 + H_2O$	
옥살산	$(COOH)_2 + O \rightarrow 2CO_2 + H_2O$	

표 2-3. 황의 산화수

화합물	H_2S	S	SO_2	SO_3
산화수	−2	0	+4	+6

산화제 중 과산화수소(H_2O_2)는 일반적으로 산화제로 작용하지만, 보다 강력한 산화제인 MnO_2, $KMnO_4$, PbO_2 등과 반응할 때에는 환원제로도 작용하며, 환원제 중 이산화황(SO_2)은 일반적으로 환원제로 작용하지만, 보다 강력한 환원제인 황화수소(H_2S)와 반응할 때에는 산화제로도 작용한다. 한편, 황(S)은 표 2-3과 같이 여러 종류의 산화수를 가지기 때문에 반응에 따라 산화제 또는 환원제로 작용한다.

$$2KI + H_2O_2 \longrightarrow 2KOH + I_2 \ (H_2O_2\text{는 산화제})$$

$$2KMnO_4 + 3H_2SO_4 + 5H_2O_2 \longrightarrow K_2SO_4 + 2MnSO_4 + 8H_2O + 5O_2 \ (H_2O_2\text{는 환원제})$$

$$SO_2 + 2H_2O + Cl_2 \longrightarrow H_2SO_4 + 2HCl \ (SO_2\text{는 환원제})$$

$$SO_2 + 2H_2S \longrightarrow 2H_2O + 3S \ (SO_2\text{는 산화제})$$

3) 산화제, 환원제의 당량

산화환원반응에서 반응에 관여하는 산화제와 환원제 사이에는 일정한 양적 관계가 성립된다. 중화반응에서 산과 염기가 당량 대 당량으로 반응하는 것과 같이 산화환원반응에서 산화제와 환원제도 당량 대 당량으로 반응한다. 산화제와 환원제의 당량은 다음과 같이 정한다.

(1) 발생기 산소와 당량

발생기 산소를 기준으로 하면, 반응을 통하여 산소 1/2 g 원자량(8 g)을 발생하는 산화제 또는 소비하는 환원제의 양을 1 g 당량이라고 한다.

[예] $2HNO_3 \longrightarrow H_2O + 2NO + 3O$

질산 2몰로부터 산소 48 g(= 3×16)이 발생하므로 질산 1몰은 3 g 당량이다.

(2) 전자수와 당량

1몰의 전자를 방출하는 환원제의 양 또는 1몰의 전자를 받아들이는 산화제의 양을 1 g 당량이라고 한다.

[예] $Fe^{+2} \longrightarrow Fe^{+3} + e^-$

제일철이온(Fe^{+2})이 전자 1몰을 방출하고 제이철이온(Fe^{+3})이 되었으므로 제일철이온 1몰은 환원제 1 g 당량이다.

(3) 산화수와 당량

산화제, 환원제 1몰을 산화수의 변화된 값으로 나누어준 양을 1 g 당량이라고 한다.

[예] $KMnO_4$(분자량 : 158)는 황산 산성 용액에서 다음과 같이 반응한다.

$$2KMnO_4 + 3H_2SO_4 \longrightarrow K_2SO_4 + 2MnSO_4 + 3H_2O + 5O$$

$KMnO_4$에서 망간(Mn)의 산화수 : $+1+x-8=0, \quad x=+7$
$MnSO_4$에서 망간(Mn)의 산화수 : $x+6-8=0, \quad x=+2$

이 반응에서 Mn의 산화수가 5 감소되었으므로 $KMnO_4$ 1몰은 5 g 당량이다. 그러므로 산성상태에서 $KMnO_4$ 1 g 당량은 1/5몰, 즉 31.6 g 이다.

산화제와 환원제의 1 g 당량이 결정되면 산화환원적정에 사용할 산화제 또는 환원제의 표준용액을 조제하게 된다. 즉 산화제 또는 환원제의 1 N 농도 용액은 용액 1L 속에 1 g 당량의 산화제 또는 환원제가 포함된 용액을 말한다.

4) 과망간산칼륨 적정법을 이용한 과산화수소수 중의 과산화수소 정량

위에서 설명한 바와 같이 산화환원반응에서 산화제와 환원제는 당량 대 당량으로 반응한다. 그러므로 산화제나 환원제 표준용액의 농도와 소비량을 알면 이와 반응한 환원제나 산화제 용액의 농도계수를 측정할 수 있을 뿐만 아니라 그 양도 측정할 수 있다.

NV(산화제의 당량수) $= N'V'$(환원제의 당량수)
$N(N')$: 산화제의 N 농도(환원제의 N 농도)
$V(V')$: 산화제의 부피(환원제의 부피)

이와 같은 목적으로 산화제 표준용액으로 환원성 물질을 적정하거나 환원제 표준용액으로 산화성 물질을 적정하는 것을 산화환원적정이라고 한다. 산화환원적정에서 산화제 표준용액으로는 $KMnO_4$, $K_2Cr_2O_7$, I_2, KIO_3 등이, 환원제 표준용액으로는

$Na_2C_2O_4$, $FeSO_4$, $Na_2S_2O_3$ 등이 자주 사용된다. 이 절에서는 $KMnO_4$ 표준용액을 이용하는 $KMnO_4$ 적정법을 이용한 과산화수소수 중의 과산화수소(H_2O_2) 정량에 대한 설명을 통하여 산화제 표준용액으로 자주 이용되는 $KMnO_4$ 용액의 조제, 농도계수 측정 그리고 $KMnO_4$ 적정법에 대하여 이해하도록 한다.

(1) 0.1 N $KMnO_4$ 용액 250 mL 조제

$KMnO_4$는 순도가 높지 않을 뿐만 아니라 햇빛에 의하여 이산화망간(MnO_2)으로 분해된다. 그리고 이산화망간은 $KMnO_4$를 분해하는 촉매역할을 하므로 $KMnO_4$ 용액은 조제 후에 반드시 여과하여 이산화망간을 제거하고 농도계수를 측정하여야 한다.

① 0.1 N $KMnO_4$ 용액 250 mL를 조제하는 데 필요한 $KMnO_4$의 양을 계산한다. $KMnO_4$의 1 g 당량은 31.6 g이다.

$$31.6 \times 0.1 \times 0.25 = 0.79(\mathrm{g})$$

② $KMnO_4$ 시약 중의 불순물 등을 고려하여 약 0.82 g 정도를 칭량하고, 비커에 증류수 250 mL를 가하여 용해한 후 착색병에 넣어 어두운 곳에 약 1주일 정도 방치한다. 약 15분간 조용히 끓여 2일간 방치하여도 된다.

③ 가볍게 흡인하면서 유리여과기로 여과한다. 이 때 여과의 전후에 물로 씻지 않으며, 여과지는 종이의 유기물이 $KMnO_4$를 분해하므로 사용하지 않는다.

④ 여과액을 갈색병에 보존하고 농도계수를 측정한다.

(2) 0.1 N $Na_2C_2O_4$ 표준용액의 조제 및 0.1 N $KMnO_4$ 용액의 농도계수 측정

과망간산칼륨 용액의 농도계수를 측정할 때에는 일반적으로 수산나트륨($Na_2C_2O_4$) 표준용액을 이용한다. $Na_2C_2O_4$(분자량 : 134.00)는 결정수를 함유하지 않으며 흡습성이 없는 안정한 표준물질이고, 1몰이 2 g 당량, 1 g 당량은 67 g이다. 과망간산칼륨과 $Na_2C_2O_4$은 산성상태에서 다음과 같이 반응한다.

$$\begin{aligned}5Na_2C_2O_4 + 8H_2SO_4 + 2KMnO_4 \longrightarrow \\ 5Na_2SO_4 + 10CO_2\uparrow + K_2SO_4 + 2MnSO_4 + 8H_2O\end{aligned}$$

제 1장 5.1항(p. 59)에서 설명한 바와 같이 노르말(N) 농도의 용액 중에 존재하는 용질의 당량수는 노르말 농도(N) × 용액의 부피(V)로 계산되며, 산화제($KMnO_4$)와 환원제($Na_2C_2O_4$)는 당량 대 당량으로 반응하기 때문에 역시 다음과 같은 공식이 성립된다.

$$N \times V \times F = N' \times V' \times F'$$

$N(N')$: 산화제 용액의 노르말 농도(환원제 용액의 노르말 농도)
$V(V')$: 반응에 사용된 산화제 용액의 부피(반응에 사용된 환원제 용액의 부피)
$F(F')$: 산화제 용액의 농도계수(환원제 용액의 농도계수)

그러므로 농도계수가 구해져 있는 환원제 표준용액을 이용하면 산화제 용액의 농도계수를 측정할 수 있게 된다.

① $Na_2C_2O_4$ 약 2.5 g을 150~200℃에서 1시간 정도 건조하여 데시케이터에서 냉각하고 1.675 g(= 67×0.1×0.25)을 정확히 칭량하여 증류수에 녹여 250 mL 메스플라스크의 표시선을 정확히 맞추고 이 용액의 농도계수를 계산한다. 제1장 6.1항(p. 65)에서 설명한 바와 같이 $Na_2C_2O_4$를 정확하게 1.675 g 채취하여 용액을 조제하였다면 이 용액의 농도계수는 1.000이고, 1.700 g 채취하여 용액을 조제하였다면 농도계수는 1.015(= 1.700÷1.675), 1.600 g 채취하여 용액을 조제하였다면 농도계수는 0.955(= 1.600÷1.675)이다(여기서는 $Na_2C_2O_4$ 용액의 농도계수를 1.000으로 한다).

② 비커에 ①에서 조제한 $Na_2C_2O_4$ 용액 30 mL, 증류수 200 mL, 진한 황산 5 mL를 가한다. 이때는 $KMnO_4$ 용액 자체의 색을 지시약으로 이용하기 때문에 지시약을 따로 첨가하지 않는다. $KMnO_4$의 자주색은 $KMnO_4$가 환원되면 없어지기 때문에 이를 활용하여 당량점을 확인한다.

③ 갈색 뷰렛에 (1)항에서 조제한 0.1 N $KMnO_4$ 용액을 넣는다. $KMnO_4$ 용액은 착색되어 있어 메니스커스(meniscus)의 하단을 읽기 어려우므로 상단을 읽는다(그림 1-9).

④ 뷰렛을 완전히 열어서 28 mL 정도를 빠르게 적정하고 $KMnO_4$의 자주색이 없어질 때까지 방치한 후 55~60℃로 가온한다. 적정을 계속하여 30초간 담홍색이 유지되는 점에서 적정을 멈추고 0.1 N $KMnO_4$ 용액의 소비량을 읽는다.

⑤ ②~④의 과정을 반복하여 0.1 N $KMnO_4$ 용액 소비량의 평균치를 구한다(평균 소비량을 30.5 mL로 한다).

⑥ 0.1 N $KMnO_4$ 용액의 농도계수 계산

$$N \times V \times F = N' \times V' \times F'$$
$$0.1 \times 30.5 \times F = 0.1 \times 30 \times 1.000$$
$$F = 0.984$$

(3) 과산화수소수 중의 과산화수소 정량

과산화수소와 과망간산칼륨은 다음과 같이 반응한다. 이 반응에서 H_2O_2(1 g 당량은 17.005 g)와 $KMnO_4$(1 g 당량은 31.608 g)는 당량 대 당량으로 반응하는데, 다음 식을 이해하도록 한다.

$$5H_2O_2 + 2KMnO_4 + 3H_2SO_4 \longrightarrow K_2SO_4 + 2MnSO_4 + 8H_2O + 5O_2$$

H_2O_2 : $KMnO_4$ = 17.005 g(1 g 당량) : 31.608 g(1 g 당량)

H_2O_2 17.005 g ≡ 1 N $KMnO_4$ 1,000 mL($KMnO_4$ 31.608 g 함유)

H_2O_2 1.7005 g ≡ 0.1 N $KMnO_4$ 1,000 mL($KMnO_4$ 3.1608 g 함유)

H_2O_2 1.7005 mg ≡ 0.1 N $KMnO_4$ 1 mL

즉, 0.1 N $KMnO_4$ 용액 1 mL는 H_2O_2 1.7005 mg과 반응한다.

그러므로 과산화수소수 중의 과산화수소 함량(%)은 다음과 같이 계산할 수 있다.

$$\text{과산화수소 함량(\%)} = \frac{\text{과산화수소 양}}{\text{시료의 양}} \times 100 = \frac{V \times f \times 1.7(\text{mg}) \times \text{희석배수} \times 100}{S \times 1{,}000}$$

V : 0.1 N $KMnO_4$ 용액의 소비량(mL)

f : 0.1 N $KMnO_4$ 용액의 농도계수

1.7 : 0.1 N $KMnO_4$ 용액 1 mL에 상당하는 과산화수소의 mg 수

S : 시료의 채취량(g)

3.2 실험목적

(1) 산화환원반응에 대하여 이해한다.

(2) 산화수의 개념에 대하여 이해한다.

(3) 산화제와 환원제, 산화제와 환원제의 당량에 대하여 이해한다.

(4) 산화환원적정법 중 $KMnO_4$ 적정법의 원리를 이해한다.

(5) $KMnO_4$ 용액의 소비량으로 과산화수소 함량을 계산하는 방법을 이해한다.

(6) 산화환원적정($KMnO_4$ 적정법)을 이용하여 식품성분의 양을 측정할 수 있다.

3.3 기 구

(1) 전자저울

(2) 자석교반기(그림 2-6)

(3) 건조기(그림 3-8)

(4) 항온수조(그림 1-17)

(5) 데시케이터(그림 3-10)

(6) aspirator

(7) 유리여과기
(8) 여과장치
(9) 비 커
(10) 메스플라스크
(11) 메스피펫
(12) 갈색뷰렛
(13) 뷰렛스탠드
(14) 온도계
(15) 세척병
(16) 피펫필러
(17) 시약스푼

3.4 재료 및 시약

(1) 과망간산칼륨($KMnO_4$, potassium permanganate) 

(2) 수산나트륨($Na_2C_2O_4$, sodium oxalate)

(3) 시판 과산화수소수(소독약) 

(4) 황산(H_2SO_4, sulfuric acid)

(5) 황산지

3.5 실험내용

1) 시료 및 시약조제

(1) 시료(①) 조제
100 mL mass flask + 시판되고 있는 과산화수소수 5 g(채취한 양을 실험노트에 정확히 기록) → 증류수로 정용 → 잘 혼합

(2) 0.1 N 과망간산칼륨 용액(②)을 조제한다(3.1항, p. 114).

(3) 0.1 N 수산나트륨 용액(③)을 조제하고 농도계수를 계산한다(3.1항, p. 114).

(4) 농황산(④) : 시판되는 시약을 그대로 사용한다.

2) 실험방법

(1) ②의 농도계수 측정
250 mL 비커 + ③ 25 mL(정확하게 채취) + 증류수 100 mL + ④ 5 mL → ②로 적정 → ②의 소비량(메니스커스의 상단을 읽는다) 측정
②용액으로 적정할 때에는 23 mL 정도를 적정하고 $KMnO_4$의 자주색이 없어

질 때까지 방치한 후, 55~60℃로 가온하고 적정을 계속하여 30초 간 담홍색이 유지될 때 적정을 멈춘다.

(2) 위 (1)의 과정을 반복하여 ②의 평균 소비량을 구하고 ②의 농도계수를 계산한다.

(3) 과산화수소수 중의 과산화수소 함량 측정
250 mL 비커 + ① 25 mL(정확하게 채취) + 증류수 100 mL + ④ 5 mL → ②로 적정 → ②의 소비량(메니스커스의 상단을 읽는다) 측정

(4) 위 (3)의 과정을 반복하여 ②의 평균 소비량을 구한다.

(5) 위 (4)에서 구한 ②의 평균 소비량으로부터 과산화수소수 중의 과산화수소 함량(%)을 계산한다(3.1항, p. 116).

3.6 질문 및 토론

3.7 주의사항

(1) 실험실에서의 주의사항(안전제일)을 반드시 지킨다.

(2) 각 용액의 조제법과 농도계수 측정법을 이해한다.

(3) 산화환원반응에 대하여 이해한다.

(4) 0.1 N $KMnO_4$ 용액의 소비량으로부터 과산화수소 함량을 계산하는 방법을 이해한다.

(5) 이 반응에서의 지시약과 당량점 확인의 원리에 대하여 이해한다.

4. 산화환원적정 II

4.1 원 리

산화환원적정의 중크롬산칼륨($K_2Cr_2O_7$) 적정법(dichrometry)은 중크롬산칼륨 표준용액을 이용하여 적정하는 방법이다. 중크롬산칼륨은 표준물질이기 때문에 1차 표준용액을 조제하는 데 사용되며, 장기간 보존도 가능하다.

$K_2Cr_2O_7$은 산성상태에서 다음과 같이 작용한다.

$$K_2Cr_2O_7 \longrightarrow K_2O + Cr_2O_3 + 3O$$

위 반응식에서 보는 바와 같이 $K_2Cr_2O_7$ 1몰(294.19 g)로부터 산소 48 g(= 16×3)

이 발생하므로 $K_2Cr_2O_7$ 1몰은 6(= 48÷8) g 당량이고, 1 g 당량은 49.032 g(= 294.19÷6)이다.

중크롬산칼륨 적정법에서는 $KMnO_4$ 적정법과는 달리 중크롬산이온($Cr_2O_7^{-2}$)의 색이 흐리기 때문에 지시약을 필요로 하는데, sodium diphenylamine sulfuric acid ($C_{12}H_{10}NSO_3Na$)가 이용된다. 이 지시약의 환원체는 무색이고, 산화체는 적자색이며, 변색전위는 0.83V이다. 산화환원 지시약의 색은 산화제, 환원제의 종류에 관계없이 적정중인 용액의 산화환원전위에 따라 달라진다.

1) 중크롬산칼륨 적정법을 이용한 황산철 중의 철 정량

(1) 0.1 N $K_2Cr_2O_7$ 용액 250 mL 조제 및 농도계수 측정

① 0.1 N $K_2Cr_2O_7$ 용액 250 mL 조제에 필요한 $K_2Cr_2O_7$ 양은 1.226 g(= 49.032× 0.1×0.25)이므로 $K_2Cr_2O_7$ 약 1.5 g 정도를 칭량하여 곱게 갈아 칭량병에 넣고 150～200℃에서 1시간 정도 건조하고, 데시케이터에서 냉각시킨 후 1.226 g을 정확히 칭량하고 증류수에 녹여 250 mL 메스플라스크를 이용하여 정용한다.

② $K_2Cr_2O_7$은 표준물질이기 때문에 그 농도계수는 쉽게 계산할 수 있다. 위 ①에서 $K_2Cr_2O_7$를 1.300 g 취하였다면 그 농도계수는 1.060(= 1.300÷1.226)이며, 1.200 g을 취하였다면 0.979(= 1.200÷1.226)가 된다.

(2) 황산철 중의 철 정량

황산철과 중크롬산칼륨은 다음과 같이 반응한다. 이 반응에서 Fe(1 g 당량은 55.8 g)과 $K_2Cr_2O_7$(1 g 당량은 49.032 g)은 당량 대 당량의 비율로 반응하는데, 다음 식을 이해하도록 한다.

$$K_2Cr_2O_7 + 6FeSO_4 + 7H_2SO_4 \longrightarrow K_2SO_4 + Cr_2(SO_4)_3 + 3Fe_2(SO_4)_3 + 7H_2O$$

$K_2Cr_2O_7$(1몰은 6 g 당량) ≡ $6FeSO_4$ ≡ 6Fe
Fe : $K_2Cr_2O_7$ = 55.8 g(1 g 당량) : 49.032g(1 g 당량)

Fe 55.8 g ≡ 1 N $K_2Cr_2O_7$ 1,000 mL($K_2Cr_2O_7$ 49.032 g 함유)
Fe 5.58 g ≡ 0.1 N $K_2Cr_2O_7$ 1,000 mL($K_2Cr_2O_7$ 4.9032 g 함유)
Fe 5.58 mg ≡ 0.1 N $K_2Cr_2O_7$ 1 mL

즉, 0.1 N $K_2Cr_2O_7$ 용액 1 mL는 Fe 5.58 mg과 반응한다.

그러므로 황산철 중의 철 함량(%)은 다음과 같이 계산할 수 있다.

$$\text{철 함량(\%)} = \frac{\text{철의 양}}{\text{황산철의 양}} \times 100 = \frac{V \times f \times 5.58(\text{mg}) \times \text{희석배수} \times 100}{S \times 1{,}000}$$

V : 0.1 N $K_2Cr_2O_7$ 용액의 소비량(mL)

f : 0.1 N $K_2Cr_2O_7$ 용액의 농도계수

5.58 : 0.1 N $K_2Cr_2O_7$ 용액 1 mL에 상당하는 철의 mg 수

S : 황산철의 양(g)

4.2 실험목적

(1) 산화환원반응에 대하여 이해한다.

(2) 산화환원적정법 중 중크롬산칼륨 적정법의 원리를 이해한다.

(3) 중크롬산칼륨 용액의 소비량으로 황산철 중의 철 함량을 계산하는 방법을 이해한다.

(4) 산화환원적정($K_2Cr_2O_7$ 적정법)을 이용하여 식품성분의 양을 측정할 수 있다.

4.3 기 구

(1) 전자저울

(2) 자석교반기(그림 2-6)

(3) 건조기(그림 3-8)

(4) 데시케이터(그림 3-10)

(5) 비 커

(6) 메스플라스크

(7) 메스피펫

(8) 뷰 렛

(9) 뷰렛스탠드

(10) 세척병

(11) 피펫필러

(12) 시약스푼

(13) 스포이드

4.4 재료 및 시약

(1) 중크롬산칼륨($K_2Cr_2O_7$, potassium dichromate) 

(2) sodium diphenylamine sulfuric acid($C_{12}H_{10}NSO_3Na$) [자료 없음]

(3) 황산철($FeSO_4 \cdot 7H_2O$, ferrous sulfate) 

(4) 황산(H_2SO_4, sulfuric acid) 

(5) 인산(H_3PO_4, phosphoric acid)

(6) 황산지

4.5 실험내용

1) 시료 및 시약조제

(1) 시료(①) 조제 : 아래 실험방법의 (1)과 같이 조제한다.

(2) 0.1 N 중크롬산칼륨 용액(②)을 조제하고 농도계수를 계산한다(4.1항, p. 119).

(3) 0.1% sodium diphenylamine sulfuric acid 용액(③, 지시약)을 조제한다.

(4) 황산철(④) : 시판되는 시약을 그대로 사용한다.

(5) 황산(⑤) : 시판되는 시약을 그대로 사용한다.

(6) 85% 인산 용액(⑥)을 조제한다.

2) 실험방법

(1) 250 mL 메스플라스크 + ④ 5 g(채취한 양을 실험노트에 정확히 기록) + ⑤ 2 mL(황산철의 분해를 방지하기 위하여 첨가) → 증류수로 정용 → 잘 혼합

(2) 황산철 중의 철 함량 측정

250 mL 비커 + ① 25 mL(정확하게 채취) + 증류수 100 mL + ⑤ 10 mL + ⑥ 5 mL + ③ 3~5방울 → 반응액의 색이 적자색을 나타낼 때까지 ②로 적정 → ②의 소비량 측정

(3) 위 (2)의 과정을 반복하여 ②의 평균 소비량을 구한다.

(4) 위 (3)에서 구한 ②의 평균 소비량으로부터 황산철 중의 철 함량(%)을 계산한다(4.1항, p. 120).

4.6 질문 및 토론

4.7 주의사항

(1) 실험실에서의 주의사항(안전제일)을 반드시 지킨다.

(2) 각 용액의 조제법과 농도계수 측정법을 이해한다.

(3) 산화환원반응에 대하여 이해한다.

(4) 0.1 N $K_2Cr_2O_7$ 용액의 소비량으로부터 철 함량을 계산하는 방법을 이해한다.

(5) 산화환원 지시약에 대하여 이해한다.

5. 산화환원적정 Ⅲ

5.1 원 리

산화환원적정의 요오드(I_2) 적정법(idometry)은 요오드 표준용액을 이용하여 적정하는 방법이다. 요오드 적정법에는 요오드의 산화작용을 이용하여 요오드 표준용액으로 직접 적정하는 직접 요오드 적정법(요오드 산화적정법)과 요오드 이온(I^-)의 환원작용을 이용하여 반응액 중에 생성된 I_2를 치오황산나트륨($Na_2S_2O_3$) 표준용액으로 적정하는 간접 요오드 적정(요오드 환원적정)의 두 가지가 있다. 직접 요오드 적정법은 $Na_2S_2O_3$ 표준용액의 농도계수 측정이나 아비산(As_2O_3, arsenic oxide)의 정량 등에 이용되지만, 요오드는 산화력이 약하기 때문에 요오드 표준용액으로 직접 적정할 수 있는 것은 환원성이 강한 물질이어야 한다. 그러므로 직접 요오드 적정법은 거의 이용되지 않고 간접 요오드 적정법이 많이 이용된다.

간접 요오드 적정법에서는 전분용액을 지시약으로 사용한다. 전분은 요오드와 반응하여 진한 청색을 띠지만, 반응종점에서 I_2가 $Na_2S_2O_3$와 반응하여 완전히 I^-로 변화하게 되면 청색이 없어지기 때문에 이때를 당량점으로 한다. 하지만 산성 상태에서는 전분이 가수분해되어 요오드전분반응이 나타나지 않으므로 **전분 지시약**은 반응종점 직전에 가하여야 한다. 또한 요오드는 휘발성 물질이기 때문에 높은 온도가 유지되는 반응에는 사용할 수가 없다.

그리고 요오드 적정법에서 나타나는 오차의 중요한 2가지 원인은 반응 중에 생성된 요오드화 이온(I^-)의 공기에 의한 산화와 요오드의 휘발이다. 그러므로 이들 원인에 의한 오차가 발생되지 않도록 하여야 한다. 즉 반응 중에 반응액의 온도를 낮게 유지하고, 공기와의 접촉을 방지하거나 반응액에 탄산수소나트륨($NaHCO_3$)을 가하여 이산화탄소를 발생시키면서 적정하도록 한다.

I_2와 $Na_2S_2O_3$은 다음과 같이 반응한다.

▸ 전분 지시약의 조제법

먼저 전분 1 g을 증류수 약 10 mL에 섞은 후 이것을 뜨거운 물 200 mL에 저으면서 가한다. 이것을 약 1분간 끓인 후 냉각시키고 여과하여 사용하는데, 사용하기 전에 0.1 N 요오드 용액 한 방울로 청색을 띠는 것을 확인하고 사용한다. 전분지시약은 적정할 때마다 새로 만들어 사용하는 것이 좋으며, 높은 온도와 알코올 용액에서는 전분 지시약의 감도가 떨어진다.

$$I_2 + 2Na_2S_2O_3 \longrightarrow 2NaI + Na_2S_4O_6$$

$$I_2 + 2e^- \longrightarrow 2I^-$$

$$2S_2O_3^{-2} \longrightarrow S_4O_6^{-2} + 2e^-$$

I_2는 다른 물질에서 전자 2개를 뺏으므로 I_2 1몰은 2 g 당량이고, $Na_2S_2O_3$ 2몰로부터 전자 2개가 방출되기 때문에 $Na_2S_2O_3$ 1몰은 1 g 당량(158.10 g)이다.

1) 요오드 적정법을 이용한 황산구리 중의 구리 정량

(1) 0.1 N $Na_2S_2O_3$ 용액 250 mL 조제

순도가 높은 시약을 사용하여 조제한 $Na_2S_2O_3$ 용액은 상당히 안정하다. 그러나 일반적으로 $Na_2S_2O_3$는 공기나 증류수에 존재하는 CO_2나 O_2에 의하여 서서히 분해되기 때문에 안정을 찾는 데는 약 1～2일을 필요로 한다. 그러므로 용액을 조제하는 데 사용하는 증류수는 끓여서 CO_2와 O_2를 제거하고 냉각하여 사용하여야 한다.

$$Na_2S_2O_3 + H_2CO_3 \longrightarrow H_2S_2O_3 + Na_2CO_3$$

$$H_2S_2O_3 \longrightarrow H_2SO_3 + S \downarrow$$

$$2Na_2S_2O_3 + O_2 \longrightarrow 2Na_2SO_4 + 2S \downarrow$$

앞에서도 설명한 바와 같이 $Na_2S_2O_3$는 1몰은 1 g 당량(158.10 g)이다.

① 0.1 N $Na_2S_2O_3$ 용액 250 mL를 조제하는 데 필요한 $Na_2S_2O_3$는 3.953(= 158.10 ×0.1×0.25) g이지만, 시약의 분해 등을 고려하여 약 4.100 g을 칭량한다.

② 끓인 후 냉각한 증류수를 사용하여 용해시키고 250 mL 메스플라스크에 정용한다. 시약병에 마개를 하여 약 1～2일 간 방치한 후 여과하고, 다음과 같이 농도계수를 구하여 표준용액으로 사용한다.

(2) 0.1 N $Na_2S_2O_3$ 용액의 농도계수 측정

0.1 N $Na_2S_2O_3$ 용액의 농도계수를 측정하는 원리는 다음 반응식과 같이 먼저 0.1 N $K_2Cr_2O_7$ 표준용액과 KI를 반응시켜 요오드를 유리시키고, 유리된 요오드의 양을 0.1 N $Na_2S_2O_3$ 용액으로 적정하는 것인데 결국은 0.1 N $K_2Cr_2O_7$ 표준용액을 기준으로 0.1 N $Na_2S_2O_3$ 용액의 농도계수를 산출하는 것이다.

$$K_2Cr_2O_7 + 6KI + 14HCl \longrightarrow 2CrCl_3 + 8KCl + 7H_2O + 3I_2$$

$K_2Cr_2O_7$에서 Cr의 산화수 : $2+2x-14=0,\ x=+6$
$CrCl_3$에서 Cr의 산화수 : $x-3=0,\ x=+3$

이 반응에서 Cr의 산화수는 3 감소하였는데, $K_2Cr_2O_7$ 1몰에는 Cr이 2개 있으므로 $K_2Cr_2O_7$ 1몰은 6 g 당량이다.

그리고 I_2는 $Na_2S_2O_3$와 다음과 같이 반응한다.

$$I_2 + 2Na_2S_2O_3 \longrightarrow 2NaI + Na_2S_4O_6$$

$K_2Cr_2O_7$(6 g 당량) ≡ 3 I_2(6 g 당량) ≡ 6 $Na_2S_2O_3$(6 g 당량)
$K_2Cr_2O_7$(1 g 당량) ≡ $Na_2S_2O_3$(1 g 당량)

위 두 반응을 보면 $K_2Cr_2O_7$ 1몰(= 6 g 당량)로부터 I_2 3몰(= 6 g 당량)이 유리되고, 요오드 1몰(= 2 g 당량)은 $Na_2S_2O_3$ 2몰(= 2 g 당량)과 반응한다. 그러므로 $K_2Cr_2O_7$, I_2, $Na_2S_2O_3$는 당량 대 당량으로 반응하기 때문에 0.1 N $K_2Cr_2O_7$ 표준용액을 이용하여 0.1 N $Na_2S_2O_3$ 용액의 농도계수를 산출하는 것이 가능하다.

① 0.1 N $K_2Cr_2O_7$ 표준용액을 조제하고 농도계수를 구한다[(4.1항, p. 119), 농도계수는 1.000으로 한다].

② 250 mL 삼각플라스크에 ① 용액 30 mL을 정확하게 취한 후 진한 염산 약 5 mL와 KI 약 2 g을 가하고 마개를 하여 잘 혼합하고 10분간 방치한다. 이 때 반응액의 색은 유리된 요오드의 갈색과 $CrCl_3$의 담황색이 섞인 색이다. 이 색은 나중에 반응종점을 확인하는 데 장애가 되므로 여기에 증류수 100 mL를 가하여 희석시킨다.

③ 뷰렛에 위의 (1)항에서 조제한 0.1 N $Na_2S_2O_3$ 용액을 넣고 ②에 당량점 직전까지 가한다(약 28 mL, 담황색). $K_2Cr_2O_7$와 $Na_2S_2O_3$는 당량 대 당량으로 반응하기 때문에 이 점은 대략 측정이 가능하다. ②에서 0.1 N $K_2Cr_2O_7$을 30 mL 취하였으므로 이와 반응하는 0.1 N $Na_2S_2O_3$ 용액은 30 mL 정도일 것이다.

④ 전분 지시약 1 mL를 가한 후 반응액의 청색이 없어질 때까지 0.1 N $Na_2S_2O_3$ 용액을 적정하여 0.1 N $Na_2S_2O_3$ 용액의 소비량을 읽는다(녹청색이 담녹색으로 변한 점을 당량점으로 한다).

⑤ ②~④의 과정을 반복하여 0.1 N $Na_2S_2O_3$ 용액 소비량의 평균치를 구한다(평균 소비량을 29.5 mL로 한다).

⑥ 0.1 N $Na_2S_2O_3$ 용액의 농도계수 계산

$N \times V \times F = N' \times V' \times F'$

$0.1 \times 29.5 \times F = 0.1 \times 30 \times 1.000$

$F = 1.017$

(3) 황산구리 중의 구리 정량

요오드 적정에 표준용액으로 이용되는 0.1 N $Na_2S_2O_3$ 용액의 농도계수가 측정되었으므로 다음의 화학반응을 이해하고 황산구리 중의 구리 양을 정량하여 보자.

$$2CuSO_4 + 4KI \longrightarrow 2CuI + 2K_2SO_4 + I_2$$

$$I_2 + 2Na_2S_2O_3 \longrightarrow 2NaI + Na_2S_4O_6$$

$Na_2S_2O_3 \equiv I \equiv CuSO_4 \equiv Cu$(= 1 g 당량)

Cu : $Na_2S_2O_3$ = 63.5 g(1 g 당량) : 158.10 g(1 g 당량)

Cu 63.5 g ≡ 1 N $Na_2S_2O_3$ 1,000 mL($Na_2S_2O_3$ 158.10 g 함유)

Cu 6.35 g ≡ 0.1 N $Na_2S_2O_3$ 1,000 mL($Na_2S_2O_3$ 15.810 g 함유)

Cu 6.35 mg ≡ 0.1 N $Na_2S_2O_3$ 1 mL

즉, 0.1 N $Na_2S_2O_3$ 용액 1 mL는 Cu 6.35 mg과 반응한다.

그러므로 황산구리 중의 구리 함량(%)은 다음과 같이 계산할 수 있다.

$$\text{구리 함량(\%)} = \frac{\text{구리의 양}}{\text{황산구리의 양}} \times 100 = \frac{V \times f \times 6.35(\text{mg}) \times \text{희석배수} \times 100}{S \times 1{,}000}$$

V : 0.1 N $Na_2S_2O_3$ 용액의 소비량(mL)

f : 0.1 N $Na_2S_2O_3$ 용액의 농도계수

6.35 : 0.1 N $Na_2S_2O_3$ 용액 1 mL에 상당하는 구리의 mg 수

S : 황산구리의 양(g)

5.2 실험목적

(1) 산화환원반응에 대하여 이해한다.

(2) 산화환원적정법 중 요오드 적정법의 원리를 이해한다.

(3) $Na_2S_2O_3$ 용액의 소비량으로 황산구리 중의 구리 함량을 계산하는 방법을 이해한다.

(4) 산화환원적정(I_2 적정법)을 이용하여 식품성분의 양을 측정할 수 있다.

5.3 기 구

(1) 전자저울
(2) 자석교반기(그림 2-6)
(3) 건조기(그림 3-8)
(4) 데시케이터(그림 3-10)
(5) 삼각플라스크
(6) 메스플라스크
(7) 메스피펫
(8) 뷰 렛
(9) 뷰렛스탠드
(10) 세척병
(11) 피펫필러
(12) 시약스푼
(13) 비 커
(14) 고무마개

5.4 재료 및 시약

(1) 중크롬산칼륨($K_2Cr_2O_7$, potassium dichromate) 

(2) 치오황산나트륨($Na_2S_2O_3$, sodium thiosulfate)

(3) 요오드화칼륨(KI, potassium iodide)

(4) 초산(CH_3COOH, acetic acid)

(5) 초산암모늄(CH_3COONH_4, ammonium acetate)

(6) 가용성전분(soluble starch) [자료 없음]

(7) 요오드(I_2, iodine) 

(8) 염산(HCl, hydrochloric acid)

(9) 황산구리($CuSO_4 \cdot 5H_2O$, cupric sulfate) 

(10) 황산지

5.5 실험내용

1) 시료 및 시약조제

(1) 시료(①) 조제 : 아래 실험방법의 (1)과 같이 조제한다.

(2) 0.1 N 중크롬산칼륨 용액(②)을 조제하고 농도계수를 계산한다(4.1항, p. 119).

(3) 0.1 N 치오황산나트륨 용액(③)을 조제한다.

(4) 전분 지시약(④)을 조제한다(5.1항, p. 122).

(5) 6 N 초산 용액(⑤)을 조제한다.

(6) 10% 초산암모늄 용액(⑥)을 조제한다.

(7) 황산구리(⑦) : 시판되는 시약을 그대로 사용한다.

(8) 요오드화칼륨(⑧) : 시판되는 시약을 그대로 사용한다.

(9) 염산(⑨) : 시판되는 시약을 그대로 사용한다(산화환원전위를 일정하게 유지하기 위하여 반응액의 pH를 8 이하로 유지).

2) 실험방법

(1) 시료(①) 조제 : 이 반응에서는 난용성인 CuI가 생성되는데(아래의 화학반응식 참조) 이것이 반응종점을 확인하는데 방해가 된다. 이것을 해결하기 위해서는 반응액의 pH를 3.5~4.5로 유지하여야 하는데, 이를 위하여 초산과 초산암모늄을 이용하여 다음과 같이 시료를 조제한다.

$$2CuSO_4 + 4KI \longrightarrow 2CuI + 2K_2SO_4 + I_2$$

100 mL 비커 + ⑦ 0.100 g(채취한 양을 실험노트에 정확히 기록) → 증류수 50 mL에 용해 → 여기에 ⑤ 4 mL, ⑥ 5 mL, ⑧ 3 g을 가하고 잘 혼합, 2반복 실험을 위하여 똑같은 방법으로 2개의 시료를 조제한다. 이 때 ⑤와 ⑥용액을 가한 후에 ⑧용액을 가하는데, ⑧용액을 가하면 요오드의 생성으로 용액의 색이 푸른색에서 갈색으로 변한다.

(2) ③의 농도계수 측정

250 mL 삼각플라스크 + ② 30 mL + ⑨ 약 5 mL + ⑧ 약 2 g → 마개를 막는다. → 잘 혼합 → 약 10분간 방치하고 증류수 100 mL를 가하여 희석 → 당량점 직전(약 28 mL 정도)까지 ③으로 적정 → 여기에 ④ 1 mL를 가하고 → 청색이 없어질 때까지 ③으로 적정 → ③의 소비량 측정(반응액에 생성되는 요오드는 휘발성이므로 적정에 소비되는 시간을 가능한 단축한다)

(3) 위 (2)의 과정을 반복하여 ③의 평균 소비량을 구하고 ③의 농도계수를 계산한다.

(4) 황산구리 중의 구리 함량 측정

위 (1)에서 조제한 시료(①) 전체 → 농도계수가 구하여진 ③으로 요오드의 색이 거의 없어질 때까지 적정 → ④ 1 mL를 가하고 청색이 없어질 때까지 ③으로 적정(녹청색이 담녹색으로 변하는 때를 당량점으로 한다) → ③의 소비량

측정(반응액에 생성되는 요오드는 휘발성이므로 적정에 소비되는 시간을 가능한 단축한다)

(5) 위 (1)에서 조제한 또 다른 시료를 이용하여 위 (4)의 과정을 반복하여 ③의 평균 소비량을 구한다.

(6) 위 (5)에서 구한 ③의 평균 소비량으로부터 황산구리 중의 구리 함량(%)을 계산한다(5.1항, p. 125).

5.6 질문 및 토론

5.7 주의사항

(1) 실험실에서의 주의사항(안전제일)을 반드시 지킨다.
(2) 각 용액의 조제법과 농도계수 측정법을 이해한다.
(3) 산화환원반응에 대하여 이해한다.
(4) 0.1 N $Na_2S_2O_3$ 용액의 소비량으로부터 구리 함량을 계산하는 방법을 이해한다.
(5) 전분 지시약에 대하여 이해한다.

6. 침전적정

6.1 원 리

침전생성반응을 이용하여 어떤 물질을 정량하는 방법을 침전적정법(precipitimetry)이라고 한다. 침전적정법에서는 주로 질산은($AgNO_3$, silver nitrate), 시안화암모늄(NH_4SCN, ammonium cyanide), 염화나트륨(NaCl, sodium chloride), 시안화칼륨(KSCN, potassium cyanide) 등의 용액을 표준용액으로 사용하는데, 이들과 반응하는 물질은 대부분 할로겐화 이온(Cl^-, CN^-, SCN^- 등)이다. $AgNO_3$, NaCl, KSCN, NH_4SCN은 모두 1몰이 1 g 당량이다. 침전적정법은 사용하는 표준용액이나 지시약 등에 따라 Mohr 법, Fajans 법 그리고 Volhard 법의 3가지로 나뉘어진다.

Mohr 법은 표준용액으로 $AgNO_3$ 용액을, 지시약으로 크롬산칼륨(K_2CrO_4) 용액을 이용하여 할로겐화 이온(Cl^- 등)을 정량하는 침전적정방법이다. 예를 들면 간장 중의 식염(NaCl)을 정량할 때, 간장 용액에 지시약(K_2CrO_4 용액)을 가하고 $AgNO_3$ 표준용액으로 적정하면 $AgNO_3$의 Ag^+은 먼저 NaCl의 Cl^-과 반응하여 AgCl의 침전을 만들고, 반응액에 Cl^-이 존재하지 않으면(반응종점) 이 때 가하여지는 $AgNO_3$는 지시약(K_2CrO_4)의 CrO_4^{-2}와 반응하여 Ag_2CrO_4(적갈색 침전)를 생성하게 된다. 그러므로 반응액에 적갈색 침전이 생성되면 정량하고자 하는 모든 Cl^-이 $AgNO_3$와 반응하였다는 것을 뜻하기 때문에 이 점을 반응종점으로 하고, $AgNO_3$ 용액의 소비량으로 이와 반응한 Cl^-의 양, 즉 NaCl의 양을 계산하게 된다.

$$Ag^+ + Cl^- \longrightarrow AgCl\downarrow$$

$$2Ag^+ + CrO_4^{-2} \longrightarrow Ag_2CrO_4\downarrow \text{(적갈색)}$$

이 방법은 Cl^-, Br^-, I^-, CN^-, SCN-, S^{-2} 등의 정량에 많이 이용되는데 pH 6～10 범위에서만 반응이 나타난다. 그러므로 반응액의 pH가 이 범위를 벗어나면 실험에 영향을 주지 않는 산 또는 알칼리를 사용하여 pH를 조절한 후 실험하여야 한다.

Fajans 법은 지시약으로 fluorescein sodium 용액(uranine 용액) 등의 흡착 지시약을 이용하는 것이다. 예를 들면 간장 중의 식염(NaCl)을 정량 할 때, 간장 용액에 이 흡착지시약을 가하고 $AgNO_3$ 표준용액으로 적정하면 Mohr 법에서와 같이 $AgNO_3$의 Ag^+은 먼저 NaCl의 Cl^-과 반응하여 AgCl의 침전을 만든다. 반응종점에 도달하면 이 AgCl 입자는 급히 지시약을 흡착하여 적색으로 된다. 이 점을 반응종점으로 하고 $AgNO_3$ 용액의 소비량으로 이와 반응한 Cl^-의 양, 즉 NaCl의 양을 계산하게 된다. 지시약 fluorescein sodium은 약알칼리성(pH 7～10)에서 유효하다.

Volhard 법은 표준용액으로 KSCN(또는 NH_4SCN) 용액, 지시약으로 Fe^{+3}을 이용하는 침전적정방법이다. 예를 들면 $AgNO_3$ 용액에 Fe^{+3} 지시약을 가하고 KSCN 표준용액으로 적정하면 $AgNO_3$의 Ag^+은 먼저 KSCN의 SCN^-과 반응하여 AgSCN 침전을 만든다. 반응종점에서 Ag^+이 존재하지 않으면 계속 가하여지는 KSCN 용액은 지시약 Fe^{+3}와 반응하여 $Fe(SCN)_3$의 적색침전을 생성하게 된다. 그러므로 반응액에 적색 침전이 생성되면 정량하고자 하는 모든 $AgNO_3$가 KSCN과 반응하였다는 것을 뜻하기 때문에 이 점을 반응종점으로 하고, KSCN 용액의 소비량으로 이와 반응한 $AgNO_3$의 양을 계산하게 된다. 이 침전물의 적색은 25℃ 이상에서는 퇴색하기 때문에 반응온도에 주의할 필요가 있다.

$$AgNO_3 + KSCN \longrightarrow AgSCN\downarrow + KNO_3$$

$$Fe_2(SO_4)_3 + 6KSCN \longrightarrow 2Fe(SCN)_3\downarrow + 3K_2SO_4$$

이 방법은 은(Ag)염을 직접 정량할 수 있을 뿐만 아니라 간접적으로 염화물 이온 등의 정량도 가능하다. 즉 Cl^-(NaCl) 용액에 과잉의 $AgNO_3$ 용액을 가하여 Cl^-과 $AgNO_3$를 반응시킨 후, 남은 Ag^+를 KSCN으로 적정하면 Cl^-(NaCl)의 양을 정량할 수 있다. 이 책에서는 Mohr 법을 이용한 간장 중의 식염 정량에 대하여 설명하기로 한다.

1) 침전반응에 관여하는 물질의 당량

침전반응에 관여하는 물질들 사이에도 일정한 양적 관계가 성립된다. 중화반응에서 산과 알칼리가, 산화환원반응에서 산화제와 환원제가 당량 대 당량으로 반응하는 것과 같이 침전반응에 관여하는 물질들도 당량 대 당량으로 반응한다. 그러므로 침전반응에서 N 농도의 표준용액을 조제하고, 적정에 의하여 표준용액의 소비량을 알면 분석 대상물질의 양을 측정하는 것이 가능하다. N 농도의 용액을 조제하려면 그 물질의 당량을 계산하여야 한다. 침전반응에 관여하는 물질의 당량은 그 물질이 침전을 만드는 데 필요한 이온을 몇 개 제공하느냐?를 계산하여 당량을 계산한다.

다음에 위에서 설명한 Mohr 법과 관련 있는 2가지 침전반응의 예를 들고 침전반응에 관여하는 물질들의 당량 계산에 대하여 설명하고자 한다.

$$NaCl + AgNO_3 \longrightarrow AgCl\downarrow + NaNO_3$$

위 반응식에서 침전물($AgCl$)이 만들어지기 위해서는 Ag^+ 이온($AgNO_3$이 제공)과 Cl^- 이온($NaCl$이 제공)이 1개씩 필요하다. $AgNO_3$ 1 몰(169.87 g)에서 침전물 $AgCl$을 만드는데 필요한 Ag^+ 이온이 1개 제공되기 때문에 $AgNO_3$ 1 몰(169.87 g)은 1 g 당량이다. $NaCl$ 1 몰(58.5 g)에서 침전물 $AgCl$을 만드는데 필요한 Cl^- 이온이 1개 제공되기 때문에 $NaCl$ 1 몰(58.5 g)은 1 g 당량이다.

$$2AgNO_3 + K_2CrO_4 \longrightarrow Ag_2CrO_4\downarrow + 2KNO_3$$

위 반응식에서 침전물 Ag_2CrO_4이 만들어지기 위해서는 Ag^+ 이온($AgNO_3$이 제공)이 2개, CrO_4^{-2} 이온(K_2CrO_4이 제공)이 1개 필요하다. $AgNO_3$ 1 몰(169.87 g)에서 침전물 Ag_2CrO_4를 만드는 데 필요한 Ag^+ 이온이 1개 제공되기 때문에 침전물 Ag_2CrO_4를 만들기 위해서는 $AgNO_3$ 2 몰이 필요하다. 그러므로 $AgNO_3$는 2 몰(2 × 169.87 g)이 1 g 당량이고 $AgNO_3$ 1 몰(169.87 g)은 0.5 g 당량이다. K_2CrO_4 1 몰(194.2 g)에서 침전물 Ag_2CrO_4를 만드는데 필요한 CrO_4^{-2} 이온이 1개 제공되기 때문에 K_2CrO_4 1 몰(194.2 g)은 1 g 당량이다.

2) Mohr 법을 이용한 간장 중의 식염 정량

(1) 0.02 N $AgNO_3$ 용액 250 mL 조제 및 농도계수 측정

$AgNO_3$는 대단히 안정하기 때문에 특급 시약을 건조시킨 후에 정확히 칭량하여 Cl^-

을 함유하지 않은 증류수에 녹이면 농도계수를 측정하는 실험을 하지 않아도 농도계수를 계산할 수 있으나, 여기에서는 표준물질인 NaCl 용액을 이용하여 $AgNO_3$(1 g 당량은 169.87 g) 용액의 농도계수를 측정하는 방법을 설명하기로 한다.

① 0.02 N $AgNO_3$ 용액 250 mL를 조제하는 데 필요한 $AgNO_3$의 양은 0.849 g(= 169.87×0.02×0.25)이다. 이 양을 칭량하여 증류수에 녹이고 250 mL 메스플라스크를 사용하여 정용하고, 다음과 같이 농도계수를 측정하여 간장 중의 NaCl을 정량하기 위한 표준용액으로 사용한다.

② 0.02 N $AgNO_3$ 용액의 농도계수를 측정하기 위하여 0.01 N NaCl(1 g 당량은 58.5 g) 용액 100 mL를 조제한다. 먼저 NaCl 약 0.1 g을 취하여 150~200℃에서 1시간 정도 건조하고 데시케이터에서 냉각시킨다. 0.0585 g(= 58.5×0.01 ×0.1)을 정확하게 칭량하여 증류수로 녹이고 100 mL 메스플라스크를 사용하여 정용한다. NaCl은 표준물질이기 때문에 그 농도계수는 쉽게 계산된다. 즉 0.06 g을 취하였다면 그 농도계수는 1.034(= 0.060÷0.058), 0.055 g을 취하였다면 그 농도계수는 0.948(= 0.055÷0.058)이다(여기서는 NaCl 용액의 농도계수를 0.993으로 한다).

③ 0.01 N NaCl 용액 30 mL를 비커에 정확하게 취하고 지시약으로 5% K_2CrO_4 용액 1 mL를 가한다.

④ 뷰렛에 ①에서 조제한 0.02 N $AgNO_3$ 용액을 넣고 적정한다. 이 때 백색 침전(AgCl)이 생성되고, 부분적으로 적갈색의 침전(Ag_2CrO_4)도 나타나지만 섞으면 없어진다. 30초 정도 흔들어 섞어도 적갈색이 없어지지 않으면 이 때를 반응종점으로 하고 소비량을 읽는다.

⑤ ③~④의 과정을 반복하여 0.02 N $AgNO_3$ 용액의 평균 소비량을 구한다(평균 소비량을 14.8 mL로 한다).

⑥ 0.01 N $AgNO_3$ 용액의 농도계수 계산

$$N \times V \times F = N' \times V' \times F'$$

$$0.02 \times 14.8 \times F = 0.01 \times 30 \times 0.993$$

$$F = 1.006$$

(2) 간장 중의 식염 정량

침전적정(Mohr 법)에 표준용액으로 이용되는 0.02 N $AgNO_3$ 용액의 농도계수가 측정되었으므로 다음의 화학반응을 이해하고 간장 중의 식염 양을 정량하여 보자.

$$NaCl + AgNO_3 \longrightarrow AgCl \downarrow + NaNO_3$$

$NaCl \equiv AgNO_3$(= 1 g 당량)

$NaCl : AgNO_3$ = 58.5 g(1 g 당량) : 169.87 g(1 g 당량)

NaCl 58.5 g ≡ 1 N $AgNO_3$ 1,000 mL($AgNO_3$ 169.87 g 함유)

NaCl 5.85 g ≡ 0.1 N $AgNO_3$ 1,000 mL($AgNO_3$ 16.987 g 함유)

NaCl 0.585 g ≡ 0.01 N $AgNO_3$ 1,000 mL($AgNO_3$ 1.6987 g 함유)

NaCl 0.585 mg ≡ 0.01 N $AgNO_3$ 1 mL

NaCl 1.17 mg ≡ 0.02 N $AgNO_3$ 1 mL

즉, 0.02 N $AgNO_3$ 용액 1 mL는 NaCl 1.17 mg에 상당한다.

그러므로 간장 중의 식염 함량(%)은 다음과 같이 계산할 수 있다.

$$\text{식염 함량(\%)} = \frac{\text{식염의 양}}{\text{시료의 양}} \times 100 = \frac{V \times f \times 1.17(\text{mg}) \times \text{희석배수} \times 100}{S \times 1{,}000}$$

▸ 식품공전에서의 식염 정량 방법

ⓐ 간장 5 g 정도를 정밀히 취하여 도가니에 넣고 수욕상에서 증발 건고한 후 탄화시키고 회화한다.

ⓑ 밧트에서 200℃ 정도로 예비방냉 후 데시케이터에서 방냉시킨다.

ⓒ 증류수로 녹여 500 mL로 맞춘다.

ⓓ 여과한 다음 여액 10 mL를 삼각플라스크에 취하고 크롬산칼륨시액 2～3방울을 가하고 0.02 N 질산은 용액으로 황색에서 적색으로 변할 때까지 적정한다.

ⓔ 계산식

$AgNO_3 + NaCl \rightarrow AgCl \downarrow + NaNO_3$, $AgNO_3 \equiv NaCl$(=1 g 당량)

$AgNO_3 : NaCl$ = 169.87 g(1 g 당량) : 58.5 g(1 g 당량)

NaCl 58.5 g ≡ 1 N $AgNO_3$ 1,000 mL($AgNO_3$ 169.87 g 함유)

NaCl 0.585 g ≡ 0.01 N $AgNO_3$ 1,000 mL($AgNO_3$ 1.6987 g 함유)

NaCl 0.585 mg ≡ 0.01 N $AgNO_3$ 1 mL

$$\text{식염(w/w \%)} = \frac{b \times f \times 5.85}{a}$$

a : 시료의 채취량

b : 적정에 사용된 0.02 N 질산은 소비량(mL)

f : 0.02 N 질산은 용액 factor

5.85 : 58.5 × 0.02 N × 50(희석배수) × 100(%) ÷ 1000(단위 맞추기)

V : 0.02 N $AgNO_3$ 용액의 소비량(mL)
f : 0.02 N $AgNO_3$ 용액의 농도계수
1.17 : 0.02 N $AgNO_3$ 용액 1 mL에 상당하는 식염의 mg 수
S : 시료의 채취량(g)

6.2 실험목적

(1) 침전적정법에 대하여 이해한다.
(2) $AgNO_3$ 용액과 NaCl 용액의 조제법, 농도계수 측정법에 대하여 이해한다.
(3) 0.01N $AgNO_3$ 용액의 소비량으로 간장 중의 식염 함량을 계산하는 방법을 이해한다.
(4) 침전적정법을 이용하여 식품성분의 양을 측정할 수 있다.

6.3 기 구

(1) 전자저울
(2) 자석교반기(그림 2-6)
(3) 건조기(그림 3-8)
(4) 항온수조(그림 1-17)
(5) 회화로(그림 3-16)
(6) 데시케이터(그림 3-8)
(7) 메스플라스크
(8) 메스피펫
(9) 메스실린더
(10) 뷰 렛
(11) 뷰렛스탠드
(12) 세척병
(13) 피펫필러
(14) 시약스푼
(15) 비 커
(16) 회화도가니

6.4 재료 및 시약

(1) 질산은($AgNO_3$, silver nitrate)
(2) 염화나트륨(NaCl, sodium chloride)
(3) 크롬산칼륨(K_2CrO_4, potassium chromate)

(4) 시판 간장
(5) 황산지

6.5 실험내용

1) 시료 및 시약조제

(1) 시료(①) 조제 : 간장의 색이 반응종점의 확인을 어렵게 할 수 있기 때문에 다음과 같이 전처리하여 시료로 사용한다.

회화 도가니에 시판 간장 2.000 g(정확한 숫자 기록)을 칭량 → 끓는 물에 담그어 건조 → 550～600℃의 회화로에서 회화 → 도가니 중의 회분을 적당량의 증류수에 완전히 용해 → 250 mL 메스플라스크에 여과 → 도가니 중의 회분이 완전히 채취되도록 증류수로 도가니를 여러 번 세척하면서 250 mL 메스플라스크에 여과 → 메스플라스크를 정용

(2) 0.02 N 질산은 용액(②)을 조제한다(6.1항, p. 130).

(3) 0.01 N 염화나트륨 용액(③)을 조제하고 농도계수를 계산한다(6.1항, p. 131).

(4) 5% 크롬산칼륨 용액(④, 지시약)을 조제한다.

2) 실험방법

(1) ②의 농도계수 측정

100 mL 비커 + ③ 30 mL(정확하게 채취) + ④ 0.5 mL → ②로 적정(30초간 적갈색의 침전이 없어지지 않을 때까지) → ②의 소비량

(2) (1)의 과정을 반복하여 ②용액의 평균 소비량을 구하고, ②용액의 농도계수를 계산한다.

(3) 간장 중의 식염함량 정량

100 mL 비커 + 시료(①) 5 mL(정확하게) + ④ 1 mL + 증류수 20 mL → ②로 적정 → ②의 소비량

(4) 위 (3)의 과정을 반복하여 ②의 평균 소비량을 구한다.

(5) 위 (4)에서 구한 ②의 평균 소비량으로부터 간장 중의 식염 함량(%)을 계산한다(6.1항, p. 132).

6.6 질문 및 토론

6.7 주의사항

(1) 실험실에서의 주의사항(안전제일)을 반드시 지킨다.
(2) 각 용액의 조제법과 농도계수 측정법을 이해한다.
(3) 침전적정법에 대하여 이해한다.
(4) 0.01 N $AgNO_3$ 용액의 소비량으로부터 식염 함량을 계산하는 방법을 이해한다.
(5) $AgNO_3$는 표준물질로도 사용이 가능하다.
(6) 식염정량 시 회화 후 부피분석을 하는 이유를 이해한다.
(7) 적색 침전물의 생성을 확인하고 반응종점 확인에 유의한다.

7. 킬레이트 적정

7.1 원 리

일반적으로 금속이온은 이온결합을 하는 경우가 많지만, 원자나 원자단(배위자)으로부터 전자쌍을 제공받아 배위결합을 이루고 있는 경우도 있다. **킬레이트**(chelate) 화합물이란 **다배위자**와 한 개 또는 그 이상의 금속원자가 **배위결합**을 하고 있는 안정한 **착염**을 말한다. 이와 같이 금속이온은 킬레이트 시약(다배위자)과 반응하여 안정한 금속 킬레이트 화합물을 생성하기 때문에 킬레이트 시약의 표준용액을 사용하면 시료 중의 금속이온을 정량할 수 있다. 이 부피분석법을 킬레이트 적정법이라고 한다.

1) 킬레이트 시약과 완충용액

킬레이트 적정에 표준용액으로 사용되는 **킬레이트 시약**에는 EDTA, NTA, CyDTA 등이 있는데, 이 중에서 가장 많이 사용되는 것은 EDTA이다. EDTA는 그림 2-7과 같은 구조를 가지며, YH_4로 표시되는 4염기산이다. EDTA 표준용액을 조제할 때에는 EDTA의 2Na 염인 $C_{10}H_{14}O_8N_2Na_2 \cdot 2H_2O$($Na_2H_2Y \cdot 2H_2O$)가 이용되는데, 이것은 물에 잘 녹고, 정제하기 쉬우며, 흡습성이 없고, 보존 및 취급이 용이하기 때문이다(표 2-4).

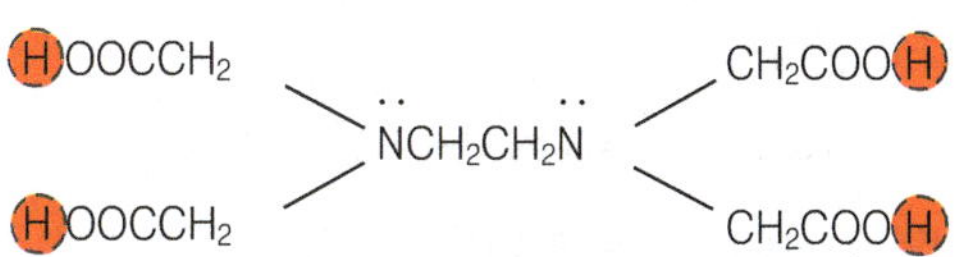

그림 2-7. EDTA의 구조

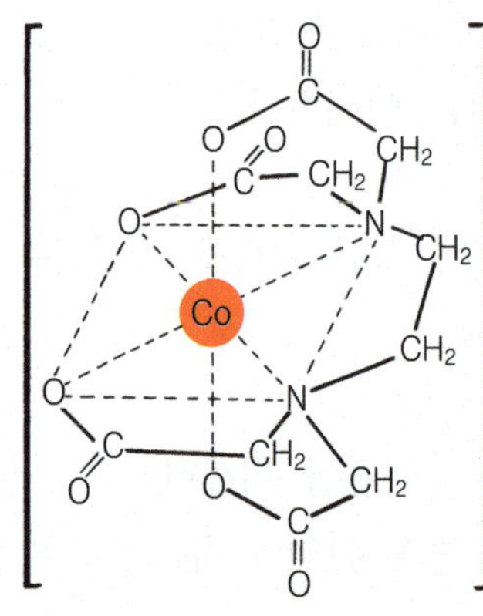

그림 2-8. EDTA의 코발트(II) 착이온

표 2-4. EDTA의 성질

분자식	분자량	모 양	용해도 (g /100 mL)	
			20℃	60℃
$H_4Y \cdot 2H_2O$	328.24	결정성 가루	1.2	1.5
$Na_2H_2Y \cdot 2H_2O$	372.24	결정성 가루	12	18

▶ **킬레이트(Chelate, 착물)**

그리이스어의 'Chela'(새우나 게의 집게)라는 단어에서 유래한 것인데, 그림 2-7에서 보는 바와 같이 그 모양이 게가 집게로 금속이온을 잡고 있는 것과 같은 모양을 취하기 때문에 이렇게 불리게 되었다.

▶ **배위결합**

비공유 전자쌍을 지니는 원자나 분자가 전자쌍을 필요로 하는 원자 또는 이온과 이 전자쌍을 공유하는 화학결합을 말한다. 금속의 착이온은 모두 배위결합을 한다.

▶ **배위자(ligand)**

배위결합에서 전자쌍 공여체(전자쌍을 주는 물질)를 말하는데, 2개 이상의 전자쌍 공여체를 다배위자라고 한다. 일반적으로 금속이온에 다배위자가 배위하면 단순배위자가 배위하였을 때보다 그 안정도가 증가한다.

▶ **착 염**

이온과 이온, 이온과 분자가 결합하여 새로운 성질을 지니는 이온을 착이온이라고 하며, 착이온을 함유하는 염을 착염이라고 한다.

$$KCN + AgCN \rightarrow KAg(CN)_2$$

여기서 $KAg(CN)_2$은 착염, $Ag(CN)_2^-$은 착이온이라고 한다.

▶ **킬레이트 시약**

금속이온과 킬레이트 화합물을 형성하는 다배위자를 말한다.

EDTA는 다음과 같이 4단계로 이온화하는데, EDTA 용액의 EDTA 농도는 다음 5가지 화합물의 농도의 합으로 표시된다.

$$H_4Y \longrightarrow H^+ + H_3Y^-(K_1 = 1.00 \times 10^{-2})$$
$$H_3Y^- \longrightarrow H^+ + H_2Y^{-2}(K_2 = 2.16 \times 10^{-3})$$
$$H_2Y^{-2} \longrightarrow H^+ + HY^{-3}(K_3 = 6.92 \times 10^{-7})$$
$$HY^{-3} \longrightarrow H^+ + Y^{-4}(K_4 = 5.50 \times 10^{-2})$$
$$[H_4Y] + [H_3Y^-] + [H_2Y^{-2}] + [HY^{-3}] + [Y^{-4}] = C_{EDTA}(\text{EDTA의 농도})$$

용액 중에 존재하는 위 5가지 화합물의 농도는 용액의 pH에 따라 달라지는데, 예를 들면 pH 10에서는 HY^{-3}와 Y^{-4}가 64.5%와 35.5%를 차지하고, 나머지는 거의 무시할 정도이다. EDTA 이온, Y^{-4}는 알칼리금속을 제외한 거의 모든 금속이온(M^{+n})과 1 : 1의 몰비로 반응하여 안정한 착화합물을 만든다. EDTA 착화합물은 중성 또는 염기성 용액에서는 안정도가 높으나, 산성용액에서는 다음과 같이 수소이온과 반응하여 일부가 분해되게 된다.

$$MY^{n-4} + 2H^+ \longrightarrow M^{+n} + H_2Y^{-2}$$

그러므로 킬레이트 적정은 반응액의 pH를 중성 또는 염기성으로 조절한 후 실시하여야 한다. 하지만 중성 또는 염기성 용액에 EDTA를 적정하면, EDTA는 용액 중의 금속이온과 착화합물을 형성하면서 다음과 같이 수소이온을 방출하게 되어 용액의 pH가 감소하게 되므로 이 반응은 중지되거나 역반응이 진행되게 된다.

$$M^{+n} + H_2Y^{-2} \longrightarrow MY^{n-4} + 2H^+$$
$$M^{+n} + HY^{-3} \longrightarrow MY^{n-4} + H^+$$

때문에 킬레이트 적정을 할 때에는 미리 적당한 완충용액을 가하여 반응액의 pH가 감소하는 것을 방지하여야 한다. 구리, 카드뮴, 니켈 등과 같이 EDTA와 안정한 착화합물을 만드는 금속의 경우에는 약한 산성상태에서도 가능하지만, 안정도가 낮은 금

▸ **용어설명**

ⓐ EDTA : ethylenediaminetetraacetic acid
ⓑ NTA : nitrilotriacetic acid
ⓒ CyDTA : 1,2-cyclo-hexadiaminetetraacetic acid

속이온은 pH를 10 정도로 유지하여야 한다. 하지만 이 때는 금속이온의 수산화물 또는 염기성 산화물이 침전하게 된다. 이러한 침전반응을 방지하고 반응액의 pH를 염기성으로 유지하기 위하여 킬레이트 적정을 할 때에는 암모니아-암모늄 완충용액을 사용한다. 이 때 생성되는 이들 금속의 암모니아 착화합물은 EDTA 착화합물보다 안정도가 낮기 때문에 킬레이트 적정을 방해하지 않는다.

2) 금속지시약

킬레이트 적정에서는 반응종점을 확인하기 위하여 금속지시약을 사용한다. 금속지시약은 금속이온과 반응하여 색깔을 띤 킬레이트 화합물을 만드는 동시에 중화적정 지시약과 같이 pH에 따라서도 그 색이 달라지기 때문에 이 두 가지 성질을 같이 이용하여 반응종점을 확인하게 된다.

가장 많이 사용되는 금속지시약은 EBT(eriochrome black T, 그림 2-9)이다. EBT는 삼염기산이므로 H_3In으로 표현할 수 있는데, EBT의 $-SO_3H$는 강산으로 작용하고, 나머지 두 개의 수소는 다음과 같이 이온화한다.

$$H_2In^-(\text{붉은색}) \rightleftharpoons H^+ + HIn^{-2}(\text{푸른색}),\ pK_2 = 6.3$$

$$HIn^{-2}(\text{푸른색}) \rightleftharpoons H^+ + In^{-3}(\text{주황색}),\ pK_3 = 11.55$$

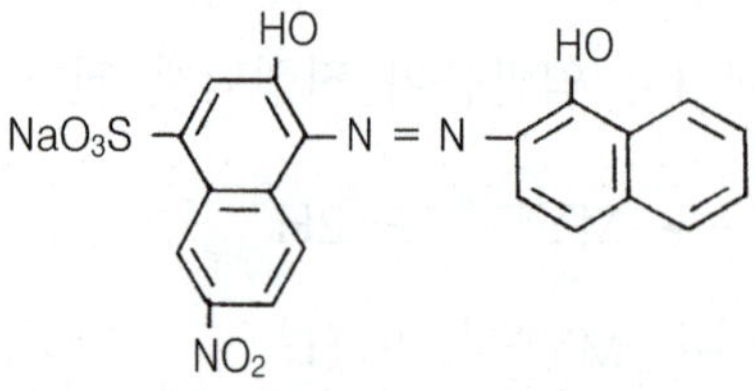

그림 2-9. EBT 지시약의 구조

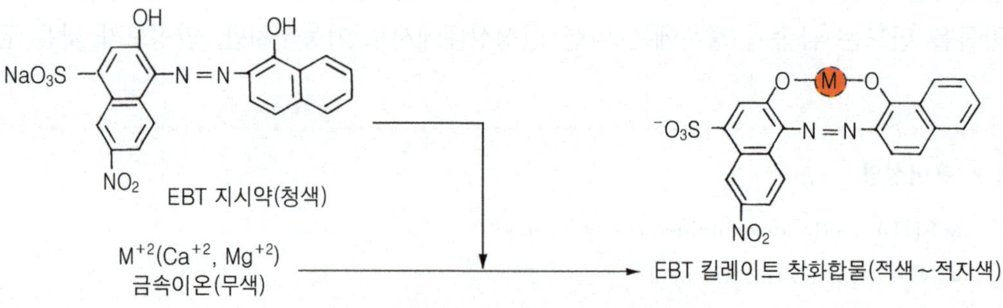

그림 2-10. EBT 지시약의 색깔 변화

즉 EBT 금속 지시약은 pH 6 이하에서는 붉은색, pH 7과 11 사이에는 주로 푸른색 그리고 12 이상에서는 주황색을 띤다. 그리고 금속이온과 1 : 1의 안정한 착화합물을 만들면 붉은색을 띈다(그림 2-10). 그러므로 pH 6 이하와 12 이상에서는 EBT 지시약의 색과 그 금속 착화합물의 색이 비슷하므로 지시약으로 사용할 수 없으며, pH 7과 11 사이에서는 지시약의 금속착물의 색은 붉은색을 띠고, 지시약은 푸른색을 띠기 때문에 이 지시약은 일반적으로 이 범위에서 사용한다. 반응액에 먼저 EBT 지시약을 가하면 반응액 중의 금속은 지시약과 반응하여 지시약의 색은 붉은색을 나타낸다. 하지만 반응액에 EDTA 표준용액을 가하면 지시약에 결합하고 있던 Ca, Mg 등의 금속은 지시약보다 EDTA와 킬레이트 화합물을 쉽게 만들기 때문에 지시약으로부터 떨어져 나와 EDTA와 결합하기 때문에 반응종점에서 반응액의 색은 금속지시약 자체의 색인 푸른색으로 변화하게 된다.

EBT 지시약은 여러 가지 금속이온과 붉은색의 착이온을 만들지만, 일부 금속에만 사용할 수 있다. 왜냐하면 EBT 금속 착화합물의 안정도가 EDTA 금속 착화합물의 안정도의 약 1/10 정도가 되어야 하기 때문이다.

3) 킬레이트 적정법을 이용한 물의 총 경도 측정

물의 경도는 물 중의 Ca^{+2}과 Mg^{+2} 양을 이것에 대응하는 $CaCO_3$의 ppm, 즉 mg/L로 환산하여 나타내는 것이다. 물 중의 Ca^{+2}과 Mg^{+2}는 주로 토양으로부터 유래되지만 해수, 하수, 공장 폐수 등에 기인하는 경우도 많다. 수돗물에 있어서는 시설의 콘크리트 구조물이나 물의 석회처리에 기인하는 것도 있다. 물의 경도가 너무 높으면 위에 영향을 주어 설사를 일으킨다든지, 비누의 세정효과를 저하시킨다든지 하는 문제가 발생하지만, 적당하면 물의 맛을 높여 주고 또 수도관의 부식방지에 좋은 역할을 한다고 알려져 있다.

물의 경도는 총 경도, 칼슘 경도, 마그네슘 경도로 구분한다. 총 경도는 물 중의 칼슘과 마그네슘 이온에 의한 경도를, 칼슘 경도는 물 중의 칼슘이온에 의한 경도를, 마그네슘 경도는 총 경도에서 칼슘 경도를 뺀 것을 말한다.

$$\text{물의 총 경도} = \text{칼슘 경도} + \text{마그네슘 경도}$$

(1) 0.01 M EDTA 용액 250 mL 조제 및 농도계수 측정

물의 경도를 측정하기 위해서는 먼저 0.01 M EDTA · 2 Na(1 몰은 372.24 g) 표준용액을 조제하여야 한다. 킬레이트 적정법에서는 금속이온과 EDTA 시약이 1 : 1의 몰 비로 반응하기 때문에 몰(M) 농도의 용액을 사용한다. EDTA는 표준물질이다.

EDTA · 2 Na 약 1 g 정도를 80℃ 에서 5시간 건조시킨 후, 데시케이터에 넣어 방냉한다. 이 EDTA · 2 Na 0.931(= 372.24×0.01×0.25) g을 정확하게 칭량, 비커에 옮겨 증류수로 녹이고 250 mL 메스플라스크를 정용한다. 이 때 사용하는 증류수는 이온교환수지를 통과한 물이라야 한다. EDTA · 2 Na를 정확하게 0.931 g 칭량하였으면 이 용액의 농도계수는 1.000이고, 0.940 g을 취하였다면 1.010(= 0.940÷0.931), 0.928 g을 취하였다면 0.997(= 0.928÷0.931)이다.

(2) 염화암모니움-암모니아 완충용액(pH 10)의 조제

앞에서도 설명한 바와 같이 EDTA 적정법에서는 EDTA와 금속 지시약(EBT)의 특성 때문에 반응액의 pH를 10.0 정도로 유지할 필요가 있다. 그러므로 물의 경도를 측정하기 위해서는 pH 10.0의 완충용액이 필요한데, 이것은 다음과 같이 조제한다. NH_4Cl 약 6.75 g과 암모니아수(NH_4OH) 57 mL을 섞고 증류수를 가하여 100 mL로 정용한 후, pH 미터를 이용하여 pH 10으로 조절한다.

(3) 금속 지시약의 조제

EBT 0.5 g을 메틸알코올 100 mL에 녹여 조제한다. 이 지시약은 구조 중의 $-NO_2$, $-N{=}N-$ 때문에 매우 불안정하고 쉽게 분해되므로 항상 새로 만들어 사용하여야 한다.

(4) 물의 총 경도 측정

앞에서도 설명한 바와 같이 물의 총 경도는 물 중의 Ca^{+2}과 Mg^{+2} 양을 이것에 대응하는 $CaCO_3$의 ppm, 즉 mg/L로 환산하여 나타내는 것이다. EDTA 표준용액의 소비량으로부터 물의 총 경도를 계산하는 다음의 화학반응을 이해하고, 물의 총 경도를 측정해 보자.

$$\text{EDTA} \cdot 2\,\text{Na} \equiv Ca^{+2} \equiv Mg^{+2} \equiv CaCO_3 (\text{분자량 } 100)$$

$$1\text{ M EDTA} \cdot 2\,\text{Na 용액 } 1{,}000\text{ mL} \equiv 100.0\text{ g } CaCO_3$$

$$0.1\text{ M EDTA} \cdot 2\,\text{Na 용액 } 1{,}000\text{ mL} \equiv 10.0\text{ g } CaCO_3$$

$$0.01\text{ M EDTA} \cdot 2\,\text{Na 용액 } 1{,}000\text{ mL} \equiv 1.0\text{ g } CaCO_3$$

$$0.01\text{ M EDTA} \cdot 2\,\text{Na 용액 } 1\text{ mL} \equiv 1\text{ mg } CaCO_3$$

즉, 0.01 M EDTA · 2 Na 용액 1 mL는 $CaCO_3$ 1 mg에 상당한다.

그러므로 물의 총 경도는 다음과 같이 계산할 수 있다.

$$\text{물의 총경도(ppm, mg/L)} = \frac{V \times f \times 1(\text{mg}) \times 1{,}000}{S}$$

V : 0.01 M EDTA · 2 Na 용액의 소비량(mL)

f : 0.01 M EDTA · 2 Na 용액의 농도계수

1 : 0.01 M EDTA · 2 Na 용액 1 mL에 상당하는 $CaCO_3$의 mg 수

S : 시료(물)의 채취량(mL)

7.2 실험목적

(1) 킬레이트 적정법에 대하여 이해한다.

(2) EDTA 용액의 조제법, 농도계수 측정법에 대하여 이해한다.

(3) 금속 지시약, EBT에 대하여 이해한다.

(4) 0.01 M EDTA · 2 Na 용액의 소비량으로 물의 총 경도를 계산하는 방법을 이해한다.

(5) 킬레이트 적정법을 이용하여 식품성분의 양을 측정할 수 있다.

7.3 기 구

(1) 전자저울
(2) 자석교반기(그림 2-6)
(3) 건조기(그림 3-8)
(4) 데시케이터(그림 3-10)
(5) pH 미터(그림 1-35)
(6) 여과장치
(7) 메스플라스크
(8) 메스피펫
(9) 메스실린더
(10) 뷰 렛
(11) 뷰렛스탠드
(12) 세척병
(13) 피펫필러
(14) 시약스푼
(15) 비 커
(16) 스포이드

7.4 재료 및 시약

(1) EDTA · 2Na($C_{10}H_{14}O_8N_2Na_2 \cdot 2H_2O$, ethylenediaminetetraacetic acid)
[자료 없음]

(2) 염화암모늄(NH_4Cl, ammonium chloride)

(3) 암모니아수(NH_4OH, ammonia water) 

(4) EBT(eriochrome black T, 지시약) [자료 없음]

(5) 메틸알코올(CH_3OH, methyl alcohol)

(6) 청산칼륨(KCN, potassium cyanide) 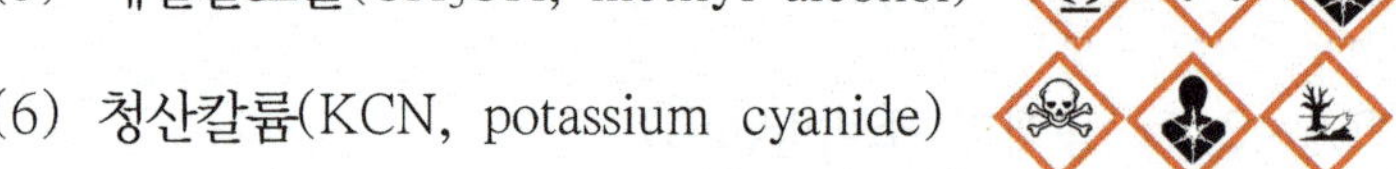

(7) 완충용액(buffer solution, pH 4, pH 7, pH 10)

(8) 0.1 N HCl(pH 조절용)

(9) 0.1 N NaOH(pH 조절용)

(10) 수돗물, 지하수, 증류수, 하천수 등

(11) 증류수(이온교환수지를 통과한 것)

(12) 황산지

7.5 실험내용

1) 시료 및 시약조제

(1) 시료(①) : 수돗물, 지하수, 증류수, 하천수 등을 그대로 시료로 사용하는데 물이 혼탁할 때에는 여과하여 사용한다.

(2) 0.01 M EDTA · 2Na 용액(②)을 조제하고 농도계수를 계산한다(7.1항, p. 139).

(3) 염화암모늄 - 암모니아 완충용액(③)을 조제하고 pH를 10으로 조절한다(7.1항, p. 140).

(4) EBT 용액(④, 지시약)을 조제한다(항상 새로 조제, 7.1항, p. 140).

(5) 1 N 청산칼륨 용액(⑤)을 조제한다(맹독성이므로 취급에 주의를 요하며, 시료 중에 Fe, Cu, Zn 등의 방해 금속이 존재하지 않으면 첨가하지 않아도 된다).

2) 실험방법

(1) 물의 총 경도 측정

100 mL 비커 + ① 50 mL(정확하게 채취) + ③ 1 mL + ④ 3~5방울 + ⑤ 3~5방울 → ②로 적정(적색이 완전히 사라지고 청색으로 될 때가 반응종점) → ②의 소비량 측정

(2) 위 (1)의 과정을 반복하여 ②의 평균 소비량을 구한다.

(3) 위 (2)에서 구한 ②의 평균 소비량으로부터 물의 총 경도를 계산한다(7.1항, p. 141).

7.6 질문 및 토론

7.7 주의사항

(1) 실험실에서의 주의사항(안전제일)을 반드시 지킨다.
(2) EDTA 용액의 조제법과 농도계수 측정법을 이해한다.
(3) 킬레이트 적정법에 대하여 이해한다.
(4) 0.01 M EDTA 용액의 소비량으로부터 물의 총 경도를 계산하는 방법을 이해한다.
(5) 금속 지시약의 원리를 이해하고 반응종점 확인에 유의한다.
(6) KCN 용액은 맹독성이므로 취급에 주의를 요한다.

제 3 장

주요 성분의 정량분석

1. 시료의 조제와 보존

1.1 원 리

1) 시료의 채취

시료를 채취할 때에는 시료가 분석하려는 시료 전체를 대표할 수 있도록 언제나 주의하여야 한다. 왜냐하면 같은 시료에서도 개체에 따라 성분의 차이가 있으며, 심지어 동일 개체 내에서도 부분적으로 그 차이가 있기 때문이다. 가공식품에서는 말할 것도 없고 천연식품에서도 여러 가지 요인에 따라 그 성분 조성이 크게 달라진다. 예를 들면 사과의 당도, 산도 그리고 수분 양 등은 사과의 품종, 성장기의 일조시간, 토양, 기후, 풍토 및 저장조건 등에 따라 크게 달라지며, 어패류의 성분조성도 어장, 어획시기 등에 따라서 크게 달라진다.

그러므로 식품분석을 할 때에는 이와 같은 여러 가지 요인들에 의한 실험 결과의 오차를 최소화하기 위하여 가능하면 많은 양의 시료를 골고루 채취하여야 한다. 다시 말하면 시료를 채취할 때에는 가능한 많은 부분에서 소량씩 취한 후, 잘 혼합하여 시료로 사용하여야 한다. 일반적으로 1회 실험에 필요한 시료의 양은 1～10 g 정도인데, 이것이 시료 전체를 대표할 수 있도록 하여야 한다. 이와 같이 많은 양의 시료로부터 시료 전체를 대표하는 적은 양의 시료를 채취하는 것을 시료의 추출과 축분이라고 하는데, 다음에 몇 가지 예를 참고하여 이해를 높이도록 한다.

(1) 과일 상자에서 과일을 시료로 채취하는 경우

우선 과일 상자에서 몇 개(8개)의 과일을 채취하여야 하는데, 상자의 한쪽 모퉁이로부터 8개 전체를 채취한다면 이들은 과일 상자 전체를 대표하지 못한다. 그러므로

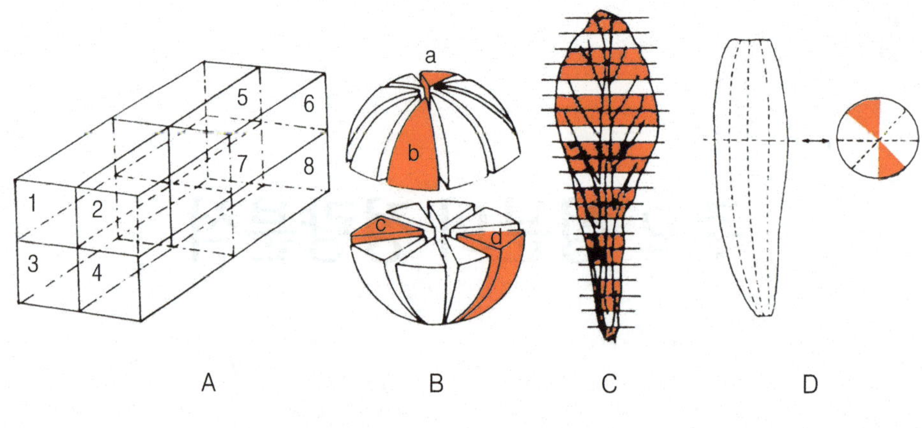

그림 3-1. 시료의 채취

그림 3-1의 A와 같이 상자를 8 부위로 나누고, 각 부위의 임의의 위치로부터 과일을 한 개씩 채취한다. 이 채취한 과일 전체를 마쇄해서 시료로 사용하면 좋겠으나, 그 양이 너무 많기 때문에 각각의 과일에서 일부분씩 채취하여 혼합한다. 그 방법은 일정하지 않으나 만약 한 개의 과일로부터 1/4씩 채취한다면 그림 3-1의 B와 같이 과일을 자르고, 상하가 서로 엇갈리게 채취(a, b, c, d)하여 될 수 있는 한 부위에 의한 편차를 작게 하여야 한다.

(2) 소시지, 무, 생선 등과 같이 모양이 길거나 편평한 것을 시료로 채취하는 경우

모양이 길거나 편평한 것은 그림 3-1의 C, D와 같이 두께에 관계없이 일정한 간격으로 평행 또는 수직으로 절단하여 홀수 번째나 짝수 번째 부분을 모으고 잘 혼합하여 시료로 채취한다.

(3) 곡류, 두류, 종실, 녹차를 시료로 채취하는 경우

이와 같은 작은 입자의 식품으로부터 시료를 채취할 때에는 원뿔사분법, 교번시약스푼법 등의 방법이 사용된다. 원뿔사분법은 먼저 시료를 그림 3-2와 같이 원뿔모양(1)으로 쌓은 다음 상부를 편평(2)하게 하고 a, b, c, d(3)로 구분한 후, 대각선상의 a, d 또는 b, c 부분을 채취·혼합하는데, 이와 같은 조작을 반복하여 시료의 양을 줄여 나가는 방법을 말한다. 교번시약수푼법은 적당한 크기의 용기나 큰 스푼으로 순차적으로 시료를 채취하여 일정 횟수(홀수, 5의 배수 등)의 것만을 모으고 혼합하는데, 이러한 조작을 반복하여 적당한 양의 시료를 채취하는 방법이다.

이렇게 하여 100～300 g의 축분된 시료를 얻은 후에는 실제 분석에 사용하기 위하여 그 일부분을 시료로 조제한다.

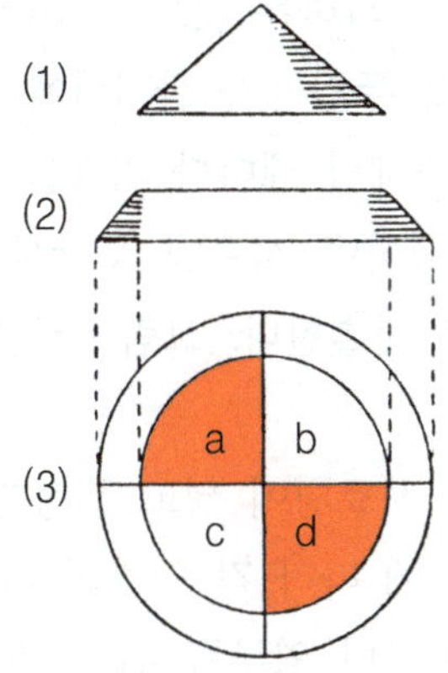

그림 3-2. 원뿔사분법

(4) 액상의 식품을 시료로 채취하는 경우

액상식품은 마개를 닫은 상태에서 잘 흔들어 내용물을 균일하게 한 후 시료를 채취한다.

2) 시료의 조제

일부분의 시료가 전체 시료를 대표하여야 하기 때문에 시료는 반드시 균일하여야만 한다. 액상이나 미분상의 시료는 적당하게 혼합하면 균일하게 되지만, 고형시료는 그 형상, 입도, 경도, 비중 등이 균일하지 않기 때문에 먼저 분쇄나 마쇄를 하여야 한다.

(1) 분쇄와 마쇄

고형상의 시료를 분쇄할 때에는 유발, 분쇄기, ball mill 등이 사용되며, 경우에 따라서는 가정용 mixer도 사용된다. 분쇄기의 형식에는 몇 개의 홈이 파인 두 개의 금속판 사이에 시료를 밀어 넣는 roller식, 시료를 탁탁 찧는 충격식, 시료를 미세하게 깎아 내는 절삭식 등이 있는데 시료의 종류나 분석 방법에 따라 적당한 것을 선택하여야 한다. Ball mill은 경질 자기의 통 안에 몇 개의 자재공과 시료를 함께 넣은 후 장시간 회전시키면 자제공에 의한 마찰과 충격으로 시료가 미세하게 마쇄되도록 한 것이다. 분쇄를 할 때에는 처음에는 거칠게 분쇄하고, 점차 미세하게 분쇄한다. 시료의 수분함량이 적거나 미리 조쇄(대강 분쇄한 상태)한 시료는 이 방법을 이용하면 일반적으로 좋은 쇄분을 얻을 수 있다.

시료 입자의 크기는 500~840 μm 정도가 적당하기 때문에 분쇄 후에는 표준체를 사용하여 사별하고, 체 위에 남은 것은 다시 분쇄하여 전부가 체를 통과하도록 한다.

사별을 할 때에는 시료가 체를 한꺼번에 많이 통과하는 것보다 조금씩 통과하도록 하는 것이 좋으며, 체 위에 남은 것은 따로 모아 두었다가 한꺼번에 분쇄하여 체를 통과시키면 보다 능률적이다. 분쇄기는 시료를 조제할 때마다 기계를 분해하여 남아 있는 시료를 브러시나 붓으로 모으고, 다시 체질하여 시료에 포함시키며 최후까지 체 위에 남는 시료는 유발을 사용하여 분쇄한 후 사별한다. 그림 3-3은 체 흔들이(sieve shaker)의 모양이다.

체를 통과한 시료는 균일하게 혼합시킨 후 시료병에 넣고 밀봉한다. 이때 500 μm 크기의 같은 체를 통과시킨 시료일지라도 시료에 따라 각 입자의 비중과 형태가 같지 않기 때문에 시료병에 옮길 때나 시료 병으로부터 일부를 취할 때 가벼운 입자들이 상층에 분리되는 경우가 많으므로 시료병을 잘 흔들어 주어야 한다.

수분이 많은 야채, 과실, 육류, 어류, 각종 가공식품, 조리식품 등의 시료는 마쇄 후 시료를 균일하게 하여야 하는데, 마쇄를 할 때에는 유발(그림 3-4), homogenizer(그림 3-5), mixer 등이 사용된다.

그림 3-3. 체 흔들이(sieve shaker)

그림 3-4. 유발(mortar)

그림 3-5. 균질기(homogenizer)

(2) 시료를 조제할 때에 주의하여야 할 사항

① 곡 류

비교적 수분이 적은 것은 먼지, 모래, 흙 등의 협잡물을 풍구나 체로 제거한 후에 그대로 또는 거칠게 빻거나 분쇄하여 분석에 사용한다. 사별된 시료는 시약스푼이나 유리막대로 균일하게 섞어 시료병에 넣는다. 시료병에는 시료명, 채취 시기, 채취 장소 등과 제조 년월일, 제조법, 조건 등을 상세히 명기한다.

비교적 수분이 많은 시료는 그대로 분석에 사용하는 경우와 일단 건조시켜 분석에 사용하는 경우가 있는데, 전자의 경우는 시료를 가능한 잘게 자른 후 혼합하는 것이 보통이지만, 경우에 따라서는 유발이나 만육기 등을 사용하여 혼합 분쇄시킬 때도 있다. 후자의 경우는 적당량의 시료를 정확히 칭량하여 채취한 후 큰 자제접시, 샤레 등에 엷게 펴고 1～2시간 실내에서 풍건시키고 다시 칭량하여 앞에서와 같이 분쇄, 사별한다. 이 때에는 건조된 수분의 양을 정확히 계산해 놓아야 한다. 실온에 방치하였을 때, 공기 중의 수분을 흡수할 우려가 있는 것은 건조 후 곧 분쇄, 사별하고 시료병에 넣어 밀봉한다.

② 종실류

종실류는 분쇄기를 사용하여 직접 분쇄하면 시료 중의 지방이 손실되는 경우가 많기 때문에 지방의 손실이 발생하지 않도록 조심하여야 한다. 이 때에는 먼저 에틸에테르(diethyl ether) 등의 유기용매를 이용하여 종실류 중의 지방을 제거하고, 그 양을 정확히 계산해 놓은 후에 분쇄하면 이와 같은 문제점을 해결할 수 있다.

③ 벌꿀, 물엿, 당밀류

벌꿀과 같은 시료는 병에 넣고 마개를 하여 50℃ 이하로 가온하면서 수시로 교반하여 결정을 완전히 녹이고 잘 혼합한 후, 냉각시켜 일정량을 취하여 시료로 사용한다. 물엿, 당밀과 같이 협잡물이 있을 경우에는 가온 후 보온깔때기로 여과한 후 시료로 이용한다.

④ 채소, 과실류

이들은 동일 개체라고 하여도 부위에 따라 성분의 차이가 있으므로 수분의 손실에 주의하면서 mixer나 유발로 갈아 펄프상으로 한다. 시료를 조제한 후에 곧 분석에 사용하지 않을 때에는 보존 중에 발효나 부패가 일어날 우려가 있으므로 냉장 보존하여야 한다.

⑤ 버터, 마가린 등의 유지류

전체 또는 각 부분에서 소량씩 취하여 병에 넣고 40℃ 이하의 진탕항온수조에서 녹인 후에 혼합하여 즉시 그 일부를 시료로 사용한다.

⑥ 과자류

수분이 적고 가루가 되기 쉬운 것(비스킷 등)은 유발로 분쇄하고 잘 혼합하여 시료로 사용하지만, 수분이 많은 것(생과자, 양갱 등)은 가루로 하기 어려우므로 작은 조각을 만든 후에 유발로 갈아 충분히 혼합하여 시료로 사용한다.

⑦ 어 류

신선한 상태의 생선, 젓갈, 훈제품 등은 우선 먹지 않는 부위를 깨끗이 제거한 후에 만육기, 유발, mixer 등을 사용하여 잘 혼합하고 곧 분석에 이용한다. 그러나 즉시 분석에 이용할 수 없거나 분석하는 데 시간을 많이 요하는 경우에는 시료를 낮은 온도에서 건조시킨 후 분쇄·혼합하여 시료로 사용하는데, 이 때에도 건조된 수분 양은 정확히 기록되어야 한다.

냉동어는 먼저 해동시킨 후 신선어류와 같이 시료를 조제하는데, 이 때 얼음이 시료에 혼입되지 않게 주의하여야 한다. 염장류는 필요에 따라 포화 식염수를 사용하여 시료에 부착된 결정 염을 씻어낸 후, 신선어류와 같은 방법으로 처리한다.

⑧ 육류 및 그 가공품

생육은 뼈를 제거하고, 만육기나 유발로 여러 차례 갈아 잘 혼합하여 사용하며, 시료를 보존할 때에는 냉동시킨다.

⑨ 난 류

전란을 분석할 때는 알을 깨어 껍질을 제거하고 충분히 혼합하면 된다. 난황과 난백을 나누어서 분석하려면 전란의 무게를 칭량한 후 비커 위에서 2등분한 계란껍질에 내용물을 서로 옮기면 난백은 비커 중에 흘러내리고 껍질 속에는 난황만 남게 된다. 난황과 난백을 칭량하여 잘 혼합하고 가제(gauze)를 사용, 흡인 여과하여 칼라자(chalazae)와 난황막을 제거하고 시료로 사용한다.

⑩ 유류 및 가공품

생유는 쉽게 변성되므로 빨리 분석에 사용하여야 한다. 생유를 정치하면 크림이 분리되어 생유의 상하층 성분이 다르게 되므로 분석할 때는 잘 혼합하여야 한다. 혼합할 때에는 교반기를 사용한다. 만약 생유의 정치시간이 길어 크림의 표면이 건조, 고화되어 있으면 40℃ 정도에서 5～10분간 녹여 잘 혼합하고 방냉시킨 후 시료로 사용한다.

연유는 그대로 시료로 사용하기도 하지만, 경우에 따라서는 우유와 비슷한 농도로 희석하여 분석하기도 한다. 가당연유는 밑바닥에 설탕이 침전되어 있으므로 30～35℃의 온수 중에서 약 15분간 진탕한 후 시료로 이용한다. 분유는 공기로부터 수분이 흡수되는 것을 주의하여야 한다. 그러므로 포장을 뜯은 후에는 가능한 빨리 시료로 사용하여야 한다.

⑪ 해조류

신선한 것은 3% 정도의 식염수로 씻어 모래와 흙을 제거한 다음에 먹을 수 없는 부위를 제거하고 절단하여 시료로 사용한다. 이 때 해조류에 존재하는 mannitol, 염류 등이 손실되지 않게 주의하여야 한다.

⑫ 차 및 커피

이들은 필요에 따라 50～60℃에서 건조한 후 쌀, 보리와 같은 방법으로 처리한다.

⑬ 탄산가스를 함유한 음료수

탄산가스를 제거한 후 시료로 이용한다.

⑭ 과실주

침전물이 없으면 잘 혼합하여 그대로 시료로 사용하지만, 침전물이 있을 경우에는 여과하여 투명한 여액을 시료로 이용한다.

3) 시료의 보존

위와 같이 조제된 시료는 적절하게 보존되지 않으면 수분의 증발 또는 흡수, 공기에 의한 산화, 효소작용, 미생물의 번식 등에 의하여 시료 성분의 변화가 발생하기 때문에 시료를 보존할 때에는 특별한 주의를 하여야 한다.

수분 양의 변화를 막기 위해서는 조제된 시료를 밀폐된 용기 중에 보존하여야 한다. 공기 중의 산소에 의한 산화를 방지하기 위해서는 시료를 담은 용기 내의 공기를 제거하고 질소 등의 불활성 가스를 넣어 밀봉하는 것이 좋으며, 저온에 보존하여 산화반응의 속도를 느리게 하는 것도 효과적인 방법이다. 그리고 효소작용이나 미생물의 성장을 방지하기 위해서는 냉장, 건조시키거나 또는 방부제 등을 첨가하기도 한다.

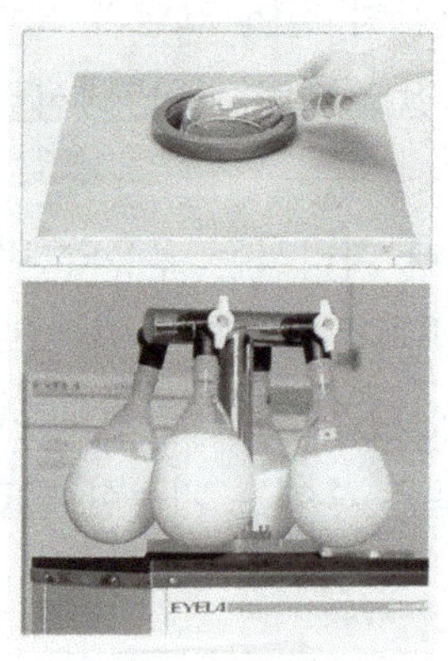

그림 3-6. 동결건조기(freeze drier)

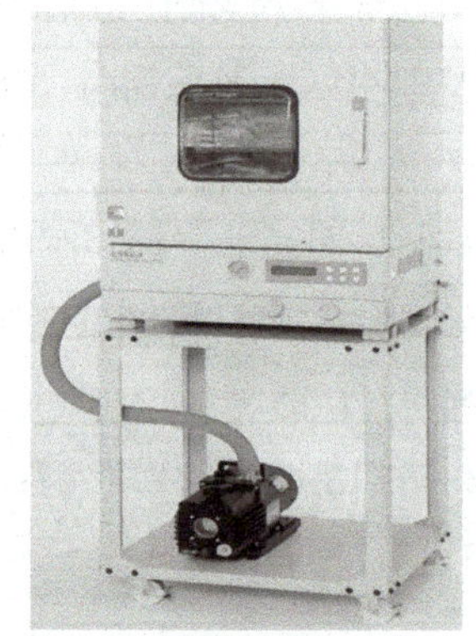

그림 3-7. 감압건조기(vacuum drier)

냉장에 의하여 효소작용을 완전히 멈추기 위해서는 -40℃ 정도의 저온이 요구된다. 건조 조건에 따라 시료의 성질, 상태 그리고 성분이 크게 변하는 경우가 있기 때문에 건조를 시킬 때에는 될 수 있는 대로 저온에서 신속히 하여야 하는데, 동결건조(그림 3-6)나 감압건조(그림 3-7)가 고온상압건조보다 효과적이다. 그리고 건조된 시료는 저온에 보존하면 더욱 좋다.

2. 상압가열건조법에 의한 수분 정량

2.1 원 리

식품은 여러 가지 화학물질로 구성되어 있는데, 이 중에서 비교적 많이 함유되어 있는 수분, 단백질, 지질, 당질, 섬유소 그리고 회분의 여섯 성분을 일반성분이라고 하고, 그 나머지 성분은 특수성분이라고 한다. 식품성분을 분석할 때에는 일반적으로 수분 양을 제일 먼저 분석한다. 왜냐하면 식품 중의 수분은 그 양이 쉽게 변할 뿐 아니라 식품의 성질에 크게 영향을 미치기 때문이다.

식품 중의 수분을 정량하는 방법에는 무게분석의 원리를 이용한 상압가열건조법과 증류법 그리고 부피분석의 원리를 이용한 적정법 등이 있으나, 이 중에서 상압가열건조법이 가장 많이 이용되고 있다. 상압가열건조법은 수분이 가열에 의하여 증발하는 원리를 이용하여 일정량의 시료(A)를 취한 후에 적당한 방법으로 가열, 수분을 제거하고 다시 칭량(B)하여, 수분을 제거하기 전후의 무게 차이(A-B)를 수분 양으로 산출하는 무게분석법이다.

상압가열건조법에 의하여 식품 중의 수분 정량을 할 때에는 다음과 같은 조건을 만족시켜야만 한다.

① 식품 중에 수분이 유일한 휘발 성분이어야 한다.

② 건조하였을 때 식품 중에 화학적 변화가 발생하여 수분 양에 영향을 주어서는 안 된다. 예를 들면 식품 중에 불포화 지방산과 같은 성분이 존재하면 가열에 의하여 이들이 산화되고, 산소의 무게만큼 그 무게가 증가하기 때문에 결과적으로 식품의 수분함량이 낮아지게 된다.

③ 건조에 의하여 식품 중의 수분이 완전히 제거되어야 한다. 당분이 많은 잼 그리고 물엿 같은 식품은 건조 중에 표면에 단단한 피막을 형성(표면 경화현상)하여 수분의 증발이 정지되는 경우가 많다. 시료 중의 수분을 효과적으로 완전히 제거하기 위해서는 다음과 같은 사항을 고려하여야 한다.

㉠ 가능하면 식품이 열에 의하여 분해되지 않을 정도의 고온에서 건조한다.

㉡ 감압상태에서 건조한다.

㉢ 증발 표면적을 가능한 크게 하기 위하여 시료를 분쇄하고, 액체시료는 해사(海沙)를 혼합하여 건조한다.

건조법에는 상압가열건조법, **적외선 수분측정기**에 의한 방법, **고온건조법**, **감압건조법** 등이 있는데, 식품의 상태나 실험실 여건 등에 따라 적당한 방법을 선택한다. 일반적으로 상압가열건조법이 자주 이용되기 때문에 이 절에서는 주로 상압가열건조법에 의한 수분정량에 대하여 설명하고자 한다.

1) 상압가열건조법에 의한 수분정량

물의 비점 보다 조금 높은 105℃에서 3～5시간 시료를 건조시키는 방법으로, 앞에서도 설명한 바와 같이 수분을 제거하기 전후의 식품의 무게 차이를 식품의 수분 양으로 한다. 그러므로 건조 전후의 시료 무게를 정확히 측정하는 것이 대단히 중요하다. 예를 들면 시료를 건조시키면 시료의 무게가 계속 감소하는데, 시료로부터 수분이 모두 증발하여 그 무게가 더 이상 변하지 않을 때(건조 후 항량)까지 건조시켜 이 때의 무게를 건조 후 시료 무게로 하여야 한다. 또한 시료를 건조시킬 때에는 여러 가지 목적으로 칭량병을 사용한다. 칭량병은 깨끗하게 세척한 후에 사용하는데, 역시 칭량병에 묻어 있는 수분을 완전히 건조시켜 칭량병의 무게가 더 이상 변하지 않을 때(칭량병의 항량)까지 건조시키고 그 무게를 칭량병의 무게로 하여야 한다.

상압가열건조법(105℃ 건조법)에 의한 식품의 수분 정량은 다음과 같이 한다.

① 먼저 건조기(dry oven, 그림 3-8)의 온도를 105℃로 맞추어 놓는다.

그림 3-8. 정온건조기(dry oven)

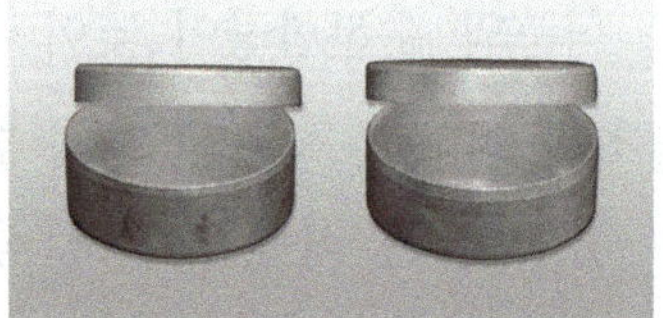

그림 3-9. 알루미늄 칭량병

② 알루미늄 칭량병(그림 3-9)의 항량(W_0)을 구한다. 칭량병을 깨끗이 세척한 후 105℃ 건조기에 칭량병의 뚜껑을 약간 열어 놓은 상태로 1시간 정도 가열한 뒤 데시케이터(그림 3-10)에 옮겨 방냉, 실온에 도달하면 무게를 칭량한다. 다시 칭량병을 105℃ 건조기에 넣어 30분 정도 가열하고 데시케이터에 옮겨 방냉, 실온에 도달하면 무게를 칭량하는데, 칭량병의 무게가 변하지 않을 때(항량)까지 이 조작을 반복한다.

③ 분쇄한 시료(3～5 g 정도)를 칭량병에 넣고 그 무게(W_1)를 칭량한다.

④ 이것을 105℃ 건조기에 칭량병의 뚜껑을 약간 열어 놓은 상태로 3～5시간 정도 건조시킨 뒤 **데시케이터**에 옮겨 방냉, 실온에 도달하면 빨리 무게를 측정한다. 다시 같은 방법으로 1～2시간 정도 건조, 방냉, 칭량하는데 칭량병과 시료의 무게가 항량(W_2)이 될 때까지 이 조작을 반복한다.

⑤ 시료의 수분함량을 계산한다.

$$\text{수분함량(\%)} = \frac{\text{수분의 양}}{\text{시료의 양}} \times 100 = \frac{(W_1 - W_2)}{(W_1 - W_0)} \times 100 = \frac{(W_1 - W_2)}{S} \times 100$$

W_0 : 칭량병의 항량(g)
W_1 : 건조 전, 시료와 칭량병의 무게(g)
W_2 : 건조 후, 시료와 칭량병의 항량(g)
S : 시료의 채취량(g)

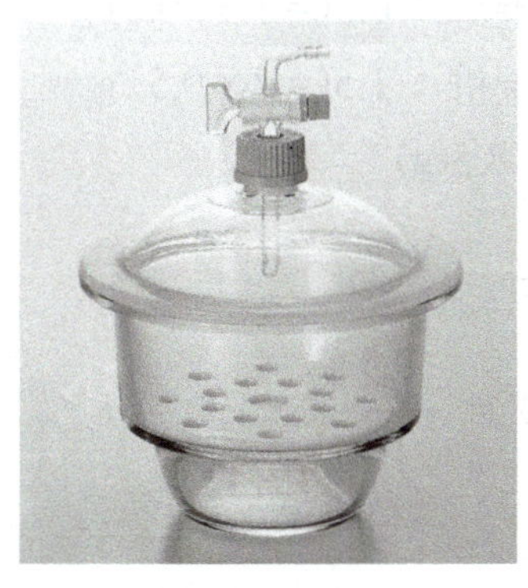

그림 3-10. 데시케이터(desiccator)

(1) 예비건조를 필요로 하는 상압가열건조법

수분함량이 많은 시료(어육류, 야채류, 과실류 등)는 시료 중의 수분을 건조시키는 데 시간이 오래 걸리게 된다. 이와 같이 높은 온도에서 장시간 가열하면 지방의 산화 등과 같은 여러 가지 화학반응이 발생하여 실험결과에 나쁜 영향을 미친다. 그러므로 이와 같은 시료는 먼저 40~60℃의 낮은 온도에서 예비 건조시켜 대부분의 수분을 제거시킨 후, 위와 같은 방법으로 수분함량을 정량한다. 이와 같이 예비건조를 시켜 수분을 정량하였을 때 수분함량의 계산은 다음 예를 참조한다.

[예] 야채 10 g을 채취하여 예비건조 후 칭량하였더니 그 무게가 3 g이었다. 이 예비건조를 마친 시료 1 g을 취하여 상압가열건조법에서와 같이 건조하여 칭량하였더니 0.5 g이었다면 이 야채의 수분함량(%)은 얼마인가?

풀이 예비건조에서 건조된 수분량 : 10 − 3 = 7(g)

▸ **데시케이터(desiccator)**

수분 정량시 시료를 건조시킨 후 실온으로 냉각시키기 위한 기구이다. 일반적으로 물체의 무게는 온도가 높으면 가벼워지기 때문에 건조 후에는 반드시 그 온도를 실온으로 냉각시킨 후 칭량한다. 데시케이터 중에 수분이 존재하면 냉각 중에 그 수분이 시료에 흡수되어 실험결과에 영향을 미치므로 데시케이터는 항상 건조된 상태를 유지하여야 하는데, 이를 위하여 데시케이터에는 항상 실리카겔(silicagel)과 같은 건조제를 넣어 두어야 한다. 이 실리카겔은 건조상태에서는 푸른색을 띠고, 수분을 흡수하면 흰색을 띠기 때문에 데시케이터 내의 수분 존재 여부를 판단할 수 있으며, 흰색으로 변한 실리카겔은 건조시키면 다시 푸른색으로 바뀌기 때문에 반복하여 사용할 수 있다. 또한 데시케이터의 뚜껑과 몸체의 접촉부위에는 외부로부터 수분이 들어오는 것을 방지하기 위하여 vaseline을 발라 두는데, 데시케이터에 칭량병을 넣고 뺄 때 칭량병에 이 vaseline이 묻지 않도록 주의하여야 한다.

예비건조가 마쳐진 시료 1 g 중의 수분량 : 0.5(= 1 − 0.5) g
예비건조가 마쳐진 시료 3 g 중의 수분량 : 1.5(= 3×0.5) g
즉, 원래 시료의 수분량 : 7 + 1.5 = 8.5(g)

그러므로 원래 시료의 수분함량(%)은

$$\frac{\text{수분의 양}}{\text{시료의 양}} \times 100 = \frac{8.5\text{ g}}{10\text{ g}} \times 100 = 85\%$$

(2) 건조보조제를 병용한 상압가열건조법

가열에 의하여 융해되어 액상이 되는 식품이나 원래 액상인 식품을 그대로 건조하면 표면이 말라 피막이 형성되어 내부 수분의 증발을 방해하는 경우가 많다. 그러므로 이러한 식품을 건조할 때에는 증발 표면적을 최대화하기 위하여 정제규사, 규조토, 해사 등을 건조보조제로 사용한다. 이때에는 건조보조제가 사용되기 때문에 대형 칭량접시가 필요하다.

① 대형 칭량접시에 정제규사 약 30 g(또는 규조토 약 10 g)을 채취하고 여기에 교반봉으로 사용할 유리막대를 함께 넣고 105℃에서 1~2시간 건조, 방냉, 칭량하고, 이 조작을 반복하여 '칭량접시 + 정제규사 + 유리막대'의 항량(A)을 구한다.

② ①에 적당량의 시료를 가하고 칭량(B)한 다음, 시료와 정제규사를 유리막대로 잘 섞으면서 수욕상에서 가열한다. 혼합하는 조작을 계속하면서 정제규사가 바삭바삭할 정도까지 건조시킨다.

③ ②를 상압가열건조법과 같은 방법으로 건조시켜 항량(C)을 구하고 수분함량을 계산한다.(= $\frac{B-C}{B-A} \times 100$)

2.2 실험목적

(1) 수분정량(무게분석)의 원리를 이해한다.
(2) 상압가열건조법에 의한 수분정량 원리에 대하여 이해한다.
(3) 무게분석에서 항량의 중요성을 이해한다.
(4) 상압가열건조법을 이용하여 식품 중의 수분을 정량할 수 있다.

▸ 적외선 수분측정기에 의한 수분정량

이 방법은 상압가열건조법에 비하여 정확도는 약간 떨어지지만 ① 적외선 수분 측정기 외에 다른 기구가 필요 없고, ② 간단하고 신속하게 수분함량을 정량할 수 있고, ③ 시료의 수분함량을 직접 읽을 수 있고, ④ 가열온도를 임의로 조절할 수 있다는 장점이 있어 분쇄가 가능한 여러 가지 식품의 수분함량을 측정하는 데 많이 이용된다. 하지만 시료의 입도가 다른 경우와 색상이 다른 경우(색에 따라 열의 흡수 및 반사가 크게 다름)에는 건조 조건을 다르게 하여야 하며, 한꺼번에 많은 양의 시료를 처리하지 못하는 단점도 지니고 있다.

적외선 수분측정기는 가열에 의하여 시료의 수분을 건조시키면서 저울의 원리를 적용하여 시료의 무게가 항량에 도달하면 그 시료의 수분함량을 직접 읽을 수 있는 기구이며 다음과 같이 조작한다.

ⓐ 영점조절 : 먼저 수분지침 이동핸들(◎)을 조절하여 수분지침(㉣)을 0에 맞추고 평형다이얼(㉧)을 조절하여 평형지침(㉢)을 0에 맞춘다.

ⓑ 시료채취 : 분동접시(㉠)에 5 g 분동을 올려놓고, 시료접시(㉡)에는 시료를 취한다. 평형지침(㉢)이 0에 맞추어지면 시료가 정확히 5 g 채취된 것이다.

ⓒ 적외선 램프(㉥)를 시료 위에 위치하고 열을 가하면 시료가 건조되고, 그 무게가 가벼워지므로 평형지침(㉢)은 0에서 멀어지게 된다.

ⓓ 시료가 완전히 건조되면 시료의 무게는 항량에 도달하게 된다. 시료가 건조됨에 따라 0에서 멀어졌던 평형지침(㉢)이 다시 0을 가리킬 때까지 수분지침 이동핸들(◎)을 회전시키는데 이 때 수분지침(㉣)이 가리키는 숫자가 바로 시료의 수분함량이다. 즉, 수분지침 이동핸들

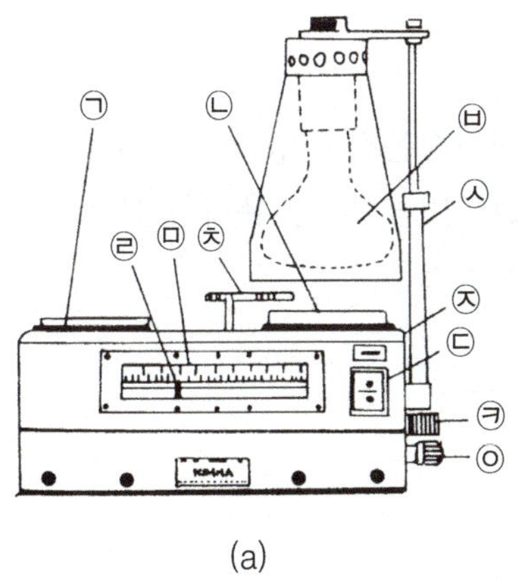

(a)

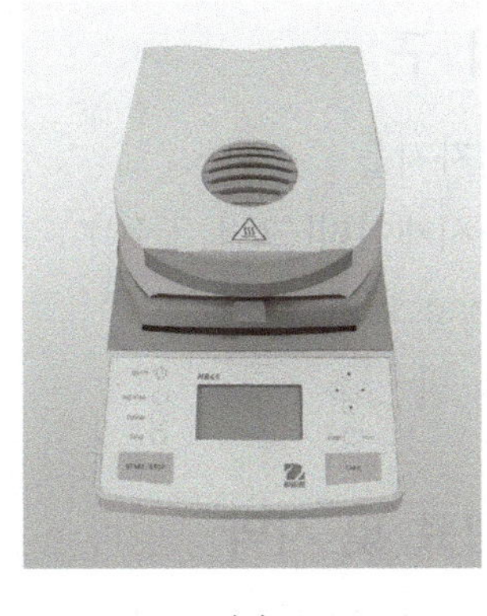
(b)

적외선 수분측정기

㉠ 분동접시, ㉡ 시료접시, ㉢ 평형지침, ㉣ 수분지침, ㉤ 수분눈금
㉥ 적외선 램프, ㉦ 램프 지주, ◎ 수분지침 이동 핸들, ㉧ 평형 다이얼
㉨ 온도계, ㉪ 온도조절 핸들

(ⓞ)의 회전에 의하여 시료로부터 건조된 수분 양만큼 시료접시(ⓛ) 쪽에 하중이 걸려 무게가 무거워지게 되는데, 수분지침(ⓡ)은 이것을 %로 환산하여 나타낸다. 일반적으로 적외선 수분측정기가 나타내는 최대 수분함량은 20%이다.

ⓔ 시료의 수분함량이 20%를 넘는 경우는 ⓑ에서와 같이 평형지침(ⓒ)을 0에 맞춘 후 분동을 1 g 내리고 시료의 무게가 항량이 될 때까지 가열한 후, 수분지침 이동핸들(ⓞ)을 이동하여 평형지침(ⓒ)이 0을 가리키도록 한다. 이 때 수분지침(ⓡ)이 5%를 나타낸다면 시료로부터 1 g의 수분이 건조된 후 5%를 나타내는 것이기 때문에 이 시료의 수분함량은 25%가 된다.

참고로 최근에는 컴퓨터가 내장된 자동 적외선 수분측정기(그림의 b)가 많이 이용되고 있다.

▸ **고온가열건조법**

높은 온도에서 가열하여 신속하게 수분을 정량하는 방법이다. 그러므로 이 방법은 높은 온도에서도 안정한 시료에만 적용할 수 있다. 실험방법은 상압가열건조법과 비슷하지만 높은 온도에서 가열하기 때문에 항량을 구하기 위하여 같은 조작을 여러 번 반복할 필요가 없다. 보통 밀가루는 130℃에서 1시간 건조하고, 쌀가루와 건면은 135℃에서 3시간 건조하여 수분함량을 구한다.

▸ **감압가열건조법**

진공건조법이라고도 하는데, 감압에 의하여 100℃ 이하의 낮은 온도에서도 시료 중의 수분을 완전히 제거시킬 수 있기 때문에 공기에 의한 산화 및 열 분해를 최소화할 수 있다. 그러므로 높은 온도에서 불안정한 식품에 대해서는 이 방법이 가장 신뢰할 수 있는 방법이다.

2.3 기 구

(1) 전자저울
(2) 전기정온건조기(그림 3-8)
(3) 데시케이터(그림 3-10)
(4) 알루미늄 또는 유리칭량병
(5) Tong
(6) 시약스푼
(7) 유 발

2.4 재료 및 시약

(1) 수분 양을 측정할 시료
(2) 황산지

2.5 실험내용

1) 시료 및 시약조제

(1) 시료(①) : 유발을 사용하여 곱게 분쇄한다(1.1항, p. 147).

2) 실험방법

(1) 건조기를 켜고 온도를 105℃에 맞춘다.

(2) 알루미늄(유리) 칭량병을 깨끗하게 세척한다.

(3) 알루미늄(유리) 칭량병의 항량

알루미늄(유리) 칭량병을 105℃ 건조기에서 1시간 정도 건조 → 데시케이터에 옮겨 방냉 → 무게를 측정하고 기록 → 다시 105℃ 건조기에서 30분 정도 건조 → 데시케이터에 옮겨 방냉 → 무게를 측정하고 기록 → 알루미늄(유리) 칭량병의 무게가 변하지 않을 때까지 반복 → 알루미늄(유리) 칭량병의 항량 → 무게를 기록

이때 칭량병을 옮길 때에는 tong을 이용한다.

(4) 항량을 구한 알루미늄(유리) 칭량병 + ① 3～5 g 정도 채취(시료 무게를 정확하게 기록)

(5) 건조 및 건조 후 항량

(4)를 105℃ 건조기에서 3～5시간(시료에 따라 적당한 시간 가열) 정도 건조 → 데시케이터에 옮겨 방냉 → 무게를 측정하고 기록 → 다시 105℃ 건조기에서 1～2시간 정도 건조 → 데시케이터에 옮겨 방냉 → 무게를 측정하고 기록 → 건조 후 시료와 칭량병의 무게가 변하지 않을 때까지 반복 → 건조 후 시료와 칭량병의 무게 항량 → 무게를 기록

(6) 시료의 수분함량(%)을 계산한다(2.1항, p. 154).

2.6 질문 및 토론

2.7 주의사항

(1) 실험실에서의 주의사항(안전제일)을 반드시 지킨다.

(2) 무게분석의 원리에 대하여 이해한다.

(3) 수분함량을 계산하는 방법을 이해한다.

(4) 칭량병의 항량과 건조 후 시료와 칭량병의 항량을 정확히 구한다.

3. Kjeldahl 법에 의한 조단백질 정량

3.1 원 리

단백질은 탄수화물이나 지질과 달리 질소(N)를 함유하고 있는데, 일반적으로 단백질을 구성하는 질소의 비율은 약 16% 정도이다. 이 비율은 식품 단백질의 종류에 따라 약간씩 다르지만 거의 비슷하다. 그러므로 식품 중의 단백질을 정량할 때에는 이와 같은 단백질의 특징을 이용, 식품 중의 질소 양을 측정하고, 그 값에 질소계수 6.25(= 100/16)를 곱하여 단백질 양을 산출한다. 그러나 식품에 존재하는 질소가 모두 단백질을 구성하는 것이 아니고, 단백질이 아닌 질소화합물(amide 화합물, 암모니아 화합물, purine 염기, creatine 등)도 구성하기 때문에 식품에 존재하는 전체 질소를 정량하고, 여기에 **질소계수**를 곱하여 얻은 단백질 양은 조단백질(crude protein) 양이라고 한다.

질소 정량법으로는 여러 가지 방법이 있지만, 1883년에 Kjeldahl 씨가 제안한 방법이 널리 이용되고 있다.

1) Kjeldahl 법

Kjeldahl 법의 원리는 다음과 같이 크게 4 단계로 나누어 설명할 수 있다.

표 3-1. 여러 가지 식품 단백질의 질소계수

품 명	질소계수	품 명	질소계수
밀가루	5.70～5.83	땅콩	5.46
쌀	5.95	콩, 콩제품	5.71
보리	5.83	밤, 참깨	5.30
메밀	6.31	호박, 수박, 해바라기 씨	5.40
국수, 마카로니	5.70	우유, 유제품, 마가린	6.38

▶ **질소계수**

단백질을 구성하는 질소의 비율이 16% 정도이기 때문에 질소 양으로부터 단백질의 양을 구하려면 질소의 양에 100/16을 곱하여 주어야 한다. 이 값을 질소계수라고 하는데, 이것은 표 3-1에서 보는 바와 같이 식품 단백질에 따라 약간씩 차이가 있다.

(1) 분 해

시료 중의 질소(N) + $H_2SO_4 \longrightarrow (NH_4)_2SO_4 + SO_2\uparrow + CO_2\uparrow + CO\uparrow + H_2O$

시료에 진한 황산을 가하여 가열하면 분해반응과 동시에 산화, 환원반응이 발생하여 시료 중의 질소는 모두 암모니아로 변화하는데, 이 암모니아는 반응액 중의 황산과 결합하여 황산암모늄[$(NH_4)_2SO_4$] 의 형태로 분해액 중에 남는다. 즉 시료 중에 단백질을 구성하고 있는 질소는 분해반응을 통하여 모두 황산암모늄의 형태로 바뀌게 된다. 이 때 산화제인 촉매(K_2SO_4와 $CuSO_4 \cdot 5H_2O$의 혼합물)를 가하면 반응온도가 높아짐에 따라 SO_3가 생성되어 유기물의 분해를 더욱 촉진시킨다.

(2) 증 류

$(NH_4)_2SO_4 + 2NaOH \longrightarrow 2NH_3 + Na_2SO_4 + 2H_2O$

분해 후 반응액에 과잉의 알칼리를 가하고 가열하면 황산암모늄 중의 질소는 암모니아(NH_3) 기체로 되어 시료 중의 다른 분해물과 분리된다. 이 기체상태의 암모니아는 취급하기에 어려움이 많기 때문에 냉각수를 통과시켜 액체상태의 암모니아로 만든다.

(3) 중 화

$2NH_3 + H_2SO_4 \longrightarrow (NH_4)_2SO_4$

증류 후에 생성된 액체 암모니아(알칼리성)는 휘발성이 강하다. 이 암모니아의 일부가 휘발되면 시료 중의 단백질 정량에 오차가 발생하기 때문에 암모니아를 일정량의 황산용액(산성)과 반응시켜 질소의 형태를 다시 황산암모늄으로 바꾼다. 이 때 액체상태의 암모니아와 반응시키기 위하여 첨가하는 황산용액의 양(A)은 암모니아와 반응하고 남을 정도의 과잉의 양을 가한다.

(4) 적 정

$H_2SO_4 + 2NaOH \longrightarrow Na_2SO_4 + 2H_2O$

중화반응에서 소비되는 황산용액의 양(B)은 증류반응을 통하여 생성되는 액체 암모니아의 양에 비례한다. 그러므로 반응 후에 남아 있는 황산용액의 양(C)을 NaOH 용액으로 적정하면 암모니아와 반응한 황산용액의 양(B = A − C)을 알 수 있고, 이로부터 질소의 양을 산출하게 된다.

2) Kjeldahl 법에 의한 조단백질 정량

(1) 0.05 N H_2SO_4 용액 250 mL 조제

위의 중화단계에서 액체 암모니아와 반응하는 데 사용된 황산의 양은 시료 중의 단백질 양을 산출하는 중요한 근거가 된다.

① 0.05 N H_2SO_4 용액 250 mL를 조제하는 데 필요한 H_2SO_4(비중 1.84, 농도 98%)의 양을 계산한다. H_2SO_4의 1 g 당량은 49 g이다.

$$49 \times 0.05 \times 0.25 = 0.613(g)$$

$$0.613 \times \frac{100}{98}(\text{농도}) = 0.626(g)$$

$$0.626 \div 1.84(\text{비중}) = 0.340(mL)$$

② 피펫으로 H_2SO_4 0.340 mL를 채취하여 250 mL 메스플라스크에 옮긴다.

③ 적당량의 증류수를 메스플라스크에 가하여 H_2SO_4를 완전히 용해시키고, 증류수를 메스플라스크의 표시선까지 정확하게 가한다.

④ 메스플라스크에 마개를 하고 '바로' '거꾸로'를 반복하여 잘 섞는다.

⑤ 이 용액을 시약병에 옮기고 시약명, 제조일자 등이 기록된 label을 붙인다.

(2) 0.05 N NaOH 용액 250 mL 조제 및 농도계수 측정

위의 적정단계에서는 알칼리(NaOH)를 이용하여 반응액에 남아 있는 0.05 N 황산 용액의 양을 측정하는 것이기 때문에 NaOH 용액은 조제 후 반드시 농도계수를 측정하여 사용하여야 한다.

① 0.05 N NaOH 용액 250 mL를 조제하는 데 필요한 NaOH의 양을 계산한다. NaOH의 1 g 당량은 40 g이다.

$$40 \times 0.05 \times 0.25 = 0.5(g)$$

② NaOH 0.5 g을 채취하여 비커에 옮기고 적당량의 증류수로 용해시킨다.

③ 이것을 250 mL 메스플라스크에 옮기고 비커를 증류수로 2～3차례 세척하여 메스플라스크에 옮긴 후, 증류수를 메스플라스크의 표시선까지 정확하게 가한다.

④ 메스플라스크에 마개를 하고 '바로' '거꾸로'를 반복하여 잘 섞는다.

⑤ 0.05 N NaOH 용액의 농도계수를 측정한다(제 2장 1.1항, p. 99).

⑥ 이 용액을 시약병에 옮기고 시약명, 농도계수, 제조일자 등이 기록된 label을 붙인다.

(3) 분 해

① 250～300 mL 정도의 Kjeldahl flask에 질소 양이 20～30 mg 정도가 되도록 시료를 채취한다. 이 때 시료를 황산지 등으로 싸서 시료가 Kjeldahl flask 내벽에 달라붙지 않도록 한다. 실험을 시작하기 전에 식품성분표나 기타 참고문헌을 이용하여 대략적인 식품 중의 단백질 양을 조사하고, 이를 근거로 시료의 채취량, 희석비율, 사용하는 시약의 양 등을 결정하여야 한다.

② 다음에 혼합촉매(K_2SO_4와 $CuSO_4 \cdot 5H_2O$의 혼합물) 1～2 g을 Kjeldahl flask에 가한다. 혼합촉매도 황산지 등으로 싸서 Kjeldahl flask의 내벽에 달라붙지 않도록 한다.

③ 여기에 진한 H_2SO_4을 20 mL 정도 가한다. 이 때 사용되는 H_2SO_4의 양은 시료에 따라 다르다. 일반적으로 단백질 1 g을 분해하기 위해서는 황산 17.8 g 정도가 필요하다.

④ Kjeldahl flask를 흔들어 이들을 잘 혼합하고 hood 내에서 처음에는 약한 불꽃으로 가열한다. 분해가 시작되어 분해액이 점차 흑색의 점조상이 되면 온도를 높여 가열한다. 전분, 당류 그리고 지방의 함량이 높은 시료는 분해 중 거품이 많이 생기는데, 이 때 파라핀 조각을 넣으면 거품의 발생을 어느 정도 방지할 수 있다. 분해가 계속되면 분해액은 흑갈색에서 녹갈색, 나중에는 청색 내지 황록색의 투명한 액이 된다. 이때부터 30～40분간 더 분해를 계속한다. 분해 후

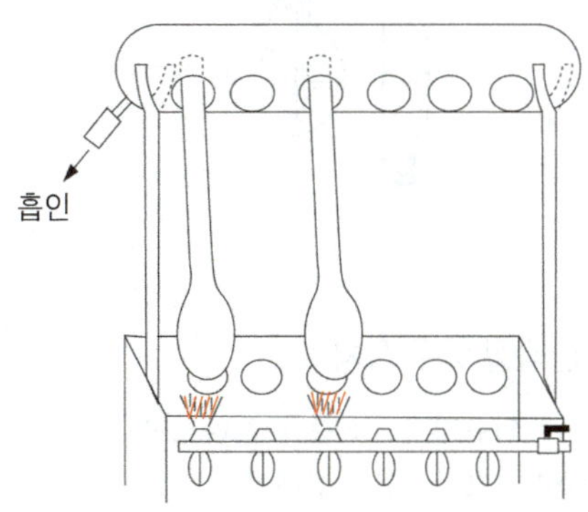

그림 3-11. Kjeldahl flask와 분해장치

플라스크를 방냉시키고, 증류수 약 100 mL를 소량씩 Kjeldahl flask 벽을 따라 조금씩 천천히 가하여 분해액을 희석한다. 그 후 200 mL 메스플라스크에 옮기고 Kjeldahl flask를 증류수로 세척하여 전량을 200 mL로 정용한다. 이것은 분해반응을 통하여 생성된 황산암모늄을 안정화시키고, 다음의 증류반응에서 NaOH 용액을 가할 때 분해액의 급격한 비등을 막기 위한 것이다.

(4) 증류 및 중화

Kjeldahl 법에서 증류반응과 중화반응은 거의 동시에 발생한다. 왜냐하면 암모니아는 휘발성이 강하기 때문에 증류반응을 통하여 생성된 액체 암모니아는 곧바로 황산 용액으로 중화되어야 하기 때문이다. Kjeldahl 증류장치에는 여러 가지 종류가 있으나 그 원리는 모두 같다.

여기에서는 그림 3-12를 보면서 그 방법을 설명하기로 한다.

① 먼저 수기(삼각플라스크, E)에 0.05 N H_2SO_4 용액의 적당한 양(10~20 mL 정도)을 취한 후 **혼합지시약**[부런스위크(Brunswik) 시액] 3~5방울을 가하고 냉각관의 끝에 놓는다. 이 때 냉각관의 끝 부분(G)이 반드시 황산용액에 충분히 잠기도록 하여 증류시에 냉각관을 통하여 나오는 암모니아가 모두 황산용액과 반응하게 하여야 한다.

② 증류 플라스크(C)에 분해 후 적당하게 희석한 분해액(20 mL 정도)을 깔때기(F)를 통해서 넣고, 소량의 증류수로 용기(깔때기 등)에 묻은 분해액을 씻어 다시 넣는다.

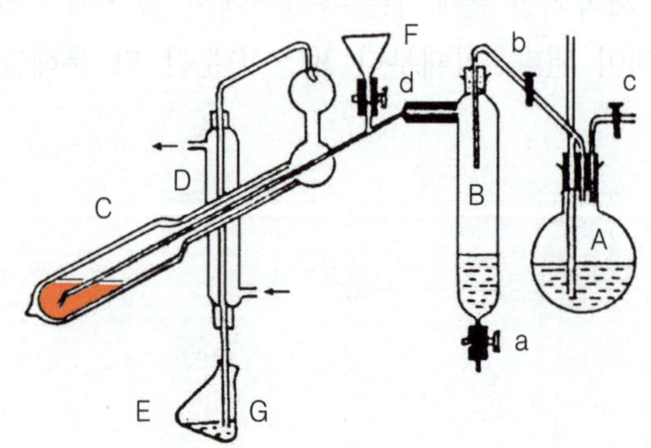

그림 3-12. 단백질 증류장치

A : 수증기 발생 플라스크, B : 역류병, C : 증류 플라스크,
D : 냉각관, E : 수기(삼각플라스크), F : 깔때기,
G : 냉각관의 끝, a, b, c, d : 코크(cock)

③ 플라스크(A)에 증류수와 비등석을 넣고, 처음에는 코크(b)는 닫고, 코크(c)는 열고 가열한다. 플라스크의 물에 진한 황산을 몇 방울 가하여 약산성 상태로 하여야 하는데, 이렇게 하면 물 중에 존재하는 유리 암모니아의 휘발을 막을 수 있어 실험오차를 막을 수 있다.

④ 플라스크(A)에서 코크(c)로 수증기가 밀려나오면 깔때기(F)를 통하여 중화용 NaOH 용액을 적당량 가하여 증류 플라스크(C)의 액이 알칼리가 되도록 하고 (지시약을 소량 넣으면 쉽게 확인 가능), 코크(d)를 닫은 후 코크(b)를 열고, 코크(c)는 닫는다.

⑤ 계속 플라스크(A)를 가열하여 증류 플라스크(C)에 수증기를 공급하면서 약 30~40분간 증류한다. 증류 플라스크(C)에서 발생되는 암모니아는 냉각관(D)를 통하여 수기(E)로 들어가 H_2SO_4와 중화반응을 통하여 $(NH_4)_2SO_4$를 형성한다.

⑥ 증류가 끝나면 냉각관의 끝 부분(G)을 수기(E)의 용액과 분리하고 (G)를 증류수로 잘 씻은 후, 수기(E)를 들어내고 가열을 멈춘다.

⑦ Kjeldahl 증류장치를 세척한다. 수기(E)의 위치에 증류수를 담은 다른 삼각플라스크를 놓고 코크(c)를 열고, 코크(b)를 닫으면 냉각에 의한 감압으로 삼각플라스크의 증류수는 역류되어 냉각관(D)과 증류 플라스크(C)를 세척하고 역류병(B)에 모이게 된다. 이 조작을 반복하면 냉각관(D)과 증류 플라스크(C)를 완전히 세척할 수 있다.

(5) 적 정

수기(E)에 남아 있는 0.05 N H_2SO_4용액의 양을 0.05 N NaOH 용액으로 적정하는데, 혼합지시약의 색이 자색으로부터 녹색으로 변하는 점을 반응종점으로 한다. 반응종점 바로 전에 용액의 색은 회색으로 변한다.

(6) 공시험(blank test)

시료 이외에 실험을 위하여 사용한 시약, 황산지, 증류수 등에 질소가 존재할지도 모르기 때문에 시료만 넣지 않고 모든 과정을 똑같이 실시(blank test)하여 시료 외의 실

▸ **혼합지시약(브런스위크 시액)**

0.1% methyl red alcohol 용액과 0.1% methylene blue alcohol 용액을 1 : 1로 혼합하여 사용하는데, 이 지시약의 변색점은 pH 7.0이며, 산성 쪽에서는 적색, 알칼리성 쪽에서는 녹색을 나타내는데, 녹색으로 변하기 바로 전에는 회색을 나타낸다.

험재료에 들어있는 질소 양을 측정해서 시료 중의 단백질 양을 계산할 때 이를 반영하여야 한다.

(7) 시료 중의 단백질 양 계산

Kjeldahl 법의 중화반응에서 수기 중의 0.05 N H_2SO_4 1 mL와 반응하는 질소 양을 계산하는 다음 식을 이해하도록 하자. 중화반응에서 황산과 암모니아는 다음과 같이 반응한다.

$$H_2SO_4(\text{분자량 } 98) + 2NH_3(\text{분자량 } 17) \longrightarrow (NH_4)_2SO_4$$

H_2SO_4(98 g, 2 g 당량) ≡ $2NH_3$ ≡ 2N

H_2SO_4 : N = 49 g(1 g 당량) : 14 g

N 14 g ≡ 1 N H_2SO_4 1,000 mL(H_2SO_4 49 g 함유)

N 1.4 g ≡ 0.1 N H_2SO_4 1,000 mL(H_2SO_4 4.9 g 함유)

N 0.7 g ≡ 0.05 N H_2SO_4 1,000 mL(H_2SO_4 2.45 g 함유)

N 0.7 mg ≡ 0.05 N H_2SO_4 1 mL

즉, 0.05 N H_2SO_4 용액 1 mL와 반응하는 질소의 양은 0.7 mg이다.

그러므로 시료의 조단백질 함량은 다음과 같이 계산할 수 있다.

$$\text{조단백질 함량(\%)} = \frac{\text{단백질의 양}}{\text{시료의 양}} \times 100$$

$$= \frac{0.0007 \times (V_0 - V_1) \times f \times N \times V \times 100}{S}$$

V_0 : 공시험의 0.05 N NaOH 용액의 소비량(mL)

V_1 : 본실험의 0.05 N NaOH 용액의 소비량(mL)

$V_0 - V_1$: 중화반응에서 시료로부터 유리된 암모니아와 반응한 0.05 N 황산 용액의 양(mL)

f: 0.05 N NaOH 표준용액의 농도계수, N : 시료 단백질의 질소계수

0.0007 : 0.05 N H_2SO_4 용액 1 mL에 상당하는 질소의 g 수

S : 시료의 채취량(g), V : 증류시의 희석배수

3.2 실험목적

(1) Kjeldahl 법에 의한 단백질 정량의 원리를 이해한다.

(2) 역적정의 원리에 대하여 이해한다.
(3) 질소계수의 개념에 대하여 이해한다.
(4) 공시험의 개념에 대하여 이해한다.
(5) Kjeldahl 법을 이용하여 식품 중의 단백질을 정량할 수 있다.

3.3 기 구

(1) 전자저울
(2) 분해장치(그림 3-11)
(3) 증류장치(그림 3-12)
(4) Fume hood(그림 1-3)
(5) 자석교반기(그림 2-6)
(6) 세척병
(7) 뷰렛스탠드
(8) 뷰 렛
(9) 켈달플라스크
(10) 비 커
(11) 메스플라스크
(12) 메스피펫
(13) 피펫필러
(14) 시약스푼
(15) 스포이드
(16) 깔때기
(17) 유 발
(18) Tong

3.4 재료 및 시약

(1) 단백질 양을 측정할 시료
(2) 황산(H_2SO_4, sulfuric acid) 
(3) 황산칼륨(K_2SO_4, potassium sulfate)
(4) 황산구리($CuSO_4 \cdot 5H_2O$, cupric sulfate) 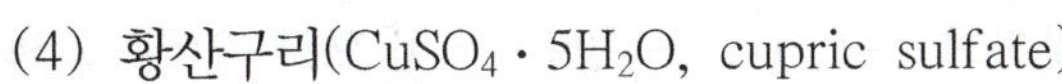 
(5) 수산화나트륨(NaOH, sodium hydroxide) 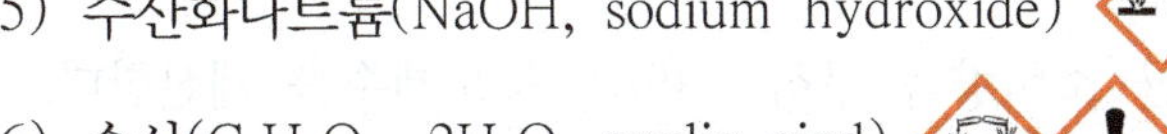
(6) 수산($C_2H_2O_4 \cdot 2H_2O$, oxalic aicd) 
(7) 메틸레드(methyl red) 
(8) 메틸렌블루(methylene blue) 
(9) 페놀프탈레인(phenolphthalein) 
(10) 에틸알코올(C_2H_5OH, ethyl alcohol) 
(11) 비등석
(12) 황산지

3.5 실험내용

1) 시료 및 시약조제

(1) 시료(①) : 유발을 사용하여 곱게 분쇄한다(1.1항, p. 147).

(2) 분해촉매(②) : K_2SO_4와 $CuSO_4 \cdot 5H_2O$를 10 : 1로 혼합, 유발로 분쇄하여 사용한다.

(3) 진한황산(③) : 시판되는 시약을 그대로 사용한다.

(4) 30%(w/v) 수산화나트륨 용액(④)을 조제한다.

(5) 0.05 N 황산 용액(⑤)을 조제한다(3.1항, p. 162).

(6) 0.05 N 수산화나트륨 용액(⑥)을 조제한다(3.1항, p. 162).

(7) 혼합 지시약(⑦) : 0.1% methyl red alcohol 용액과 0.1% methylene blue alcohol 용액을 1 : 1로 혼합하여 조제한다.

(8) 비등석(⑧) : 경석을 직경 1～3 mm 정도로 분쇄시켜 물로 씻고 500℃ 이상에서 가열시킨 것이나 또는 외경 1～1.5 mm 정도의 유리관을 사용한다.

(9) 0.05 N 수산용액(⑨)을 조제하고 농도계수를 계산한다(제 1장 7.1항, p. 69).

(10) 0.1% phenolphthalein 알코올 용액(⑩, 지시약)을 조제한다.

2) 실험방법

(1) ⑥의 농도계수 측정

100 mL 비커 + ⑨ 25 mL(정확하게) + ⑩ 3～5방울 → ⑥으로 연한 홍색이 30초간 유지될 때까지 적정 → ⑥의 소비량 측정

(2) (1)을 반복하여 ⑥의 평균 소비량을 구하고 ⑥의 농도계수를 계산한다.

(3) Kjeldahl flask에 질소 함량이 20～30 mg에 해당하는 양의 시료(무게 기록)를 황산지에 싸서 넣는다.

(4) 분해(3.1항, p. 163).

(3) + ② 1스푼 + ③ 20 mL → 가열(분해) → 냉각 → 적당량의 증류수로 희석(약 10 : 1 정도)

(5) 250 mL 삼각플라스크(수기) + ⑤ 10～20 mL + ⑦ 3～5방울 → 냉각관의 끝이 용액에 잠기도록 냉각관의 끝에 위치

(6) 증류 및 중화(3.1항, p. 164).
증류 플라스크 + (4)의 분해액 20 mL + ④ 25 mL → 증류(약 40분, 수기의 용액 양이 약 100 mL 정도 될 때까지) → 냉각관의 끝 부분을 수기의 용액과 분리하여 증류수로 잘 씻은 후 수기를 들어낸다.

(7) 증류장치의 냉각관과 증류 플라스크 세척(3.1항, p. 165).

(8) 적정(3.1항, p. 165).
(6)의 수기를 ⑥으로 적정(자색에서 녹색으로 변하는 때가 반응종점) → ⑥의 소비량 측정

(9) (3)~(8)과 같은 방법으로 공시험 실시

(10) 시료 중의 단백질 양 계산(3.1항, p. 166).

3.6 질문 및 토론

3.7 주의사항

(1) 실험실에서의 주의사항(안전제일)을 반드시 지킨다.
(2) 분해과정과 증류과정에서는 특히 화상에 주의한다.
(3) 분해과정은 반드시 hood 내에서 실시한다.
(4) 증류하기 전에 반드시 수기의 황산용액이 냉각관의 끝에 잠기게 한다.
(5) Kjeldahl 증류장치의 연결부위를 잘 확인하여 암모니아 기체가 손실되지 않도록 한다.
(6) 분해과정 중 황산의 취급에 주의한다.

4. 개량 Kjeldahl 법에 의한 조단백질 정량

4.1 원 리

3절의 Kjeldahl 법에서는 시료를 분해한 후, 증류과정을 통하여 생성되는 액체 암모니아를 황산용액으로 중화시키고 NaOH 용액으로 적정하여 시료 중의 단백질을 정량하였는데, 이 절에서는 Kjeldahl 법의 증류반응을 통하여 생성되는 액체 암모니아를 붕산(H_3BO_3)을 이용하여 중화하고 염산(HCl) 용액으로 적정하여 단백질을 정량하는 방법을 설명하기로 한다.

이 방법은 3절에서 설명한 Kjeldahl 법을 개량한 것이다. 즉 Kjeldahl 법의 증류과

정에서 생성되는 액체 암모니아가 충분히 냉각된다면 황산과 같은 강산으로 암모니아를 중화시킬 필요가 없다. 그래서 이 방법에서는 증류과정에서 생성되는 액체 암모니아를 충분히 냉각시키고 붕산용액으로 중화시킨 후, 이 반응에 의하여 생성된 붕산암모늄[$(NH_4) \cdot H_2BO_3$]의 양을 염산(황산) 표준용액으로 직접 적정하여 염산(황산) 표준용액의 소비량으로부터 이와 반응한 붕산암모늄의 질소 양을 정량, 이로부터 단백질의 양을 산출한다. 그러므로 역적정 방법인 Kjeldahl 법(3절)과 달리 직접적정에 의하여 시료 중의 단백질의 양을 쉽게 계산할 수 있다는 장점이 있다.

1) 개량 Kjeldahl 법

(1) 분 해

3절의 Kjeldahl 법의 원리와 같다.

시료 중의 질소(N) + $H_2SO_4 \longrightarrow (NH_4)_2SO_4 + SO_2\uparrow + CO_2\uparrow + CO\uparrow + H_2O$

(2) 증 류

3절의 Kjeldahl 법의 원리와 같다.

$(NH_4)_2SO_4 + 2NaOH \longrightarrow 2NH_3 + Na_2SO_4 + 2H_2O$

(3) 중 화

$NH_3 + H_3BO_3 \longrightarrow (NH_4) \cdot H_2BO_3$

증류 후 생성된 액체 암모니아(알칼리성)를 붕산으로 중화하여 붕산암모늄을 생성한다. 붕산암모늄은 알칼리성이다.

(4) 적 정

$(NH_4) \cdot H_2BO_3 + HCl \longrightarrow NH_4Cl + H_3BO_3$

중화반응을 통하여 생성된 붕산암모늄은 증류반응을 통하여 생성되는 암모니아의 양에 비례한다. 그러므로 HCl 표준용액으로 적정하여 붕산암모늄의 양을 측정하고, 이로부터 시료 중의 질소 양을 직접 산출한다.

2) 개량 Kjeldahl 법에 의한 조단백질 정량

(1) 0.05 N HCl 용액 250 mL 조제 및 농도계수 측정

이 용액은 중화반응에서 생성된 붕산암모늄의 양을 측정하는 표준용액이기 때문에 용액을 조제한 후에는 반드시 농도계수를 측정하여 사용하여야 한다.

① 0.05 N HCl 용액 250 mL를 조제하는 데 필요한 HCl(비중 1.18, 순도 35%)의 양을 계산한다. HCl의 1 g당량은 36.5 g이다.

$$36.5 \times 0.05 \times 0.25 = 0.456(\mathrm{g})$$

$$0.456 \times \frac{100}{35} = 1.303(\mathrm{g})$$

$$1.303 \div 1.18 = 1.104(\mathrm{mL})$$

② 피펫으로 HCl 1.104 mL를 채취하여 250 mL 메스플라스크에 옮긴다.

③ 적당량의 증류수를 메스플라스크에 가하여 HCl을 완전히 용해시키고, 세척병을 이용하여 증류수를 메스플라스크의 표시선까지 정확하게 가한다.

④ 메스플라스크에 마개를 하고 '바로' '거꾸로'를 반복하여 잘 섞는다.

⑤ 농도계수를 측정한다(제 1장 6.1항, p. 65).

⑥ 이 용액을 시약병에 옮기고 시약명, 농도계수, 제조일자 등이 기록된 label을 붙인다.

(2) 분 해

원리는 3.1항(p. 161)과 같다. 다만 이 때 사용하는 분해촉매는 산화제 2수은(HgO)과 황산칼륨(K_2SO_4)의 혼합물(1 : 8)을 사용한다. 이 촉매는 황산구리($CuSO_4 \cdot 5H_2O$)를 사용하였을 때에 비하여 분해시간을 ½ ~ ⅓로 단축시키는 효과가 있다. 즉 가열하여 분해액이 투명해지면 약 15분 정도만 더 가열하면 된다. 하지만 HgO는 다음 단계인 증류과정에서 암모니아의 회수를 방해하기 때문에 증류과정에서는 NaOH와 함께 $Na_2S_2O_3 \cdot 5H_2O$를 사용하여 이를 침전시키고 증류하여야 한다. 분해 후 플라스크를 방냉시키고, 증류수 약 200 mL를 소량씩 Kjeldahl flask 벽을 따라 천천히 가하여 분해액을 희석한다.

(3) 증류 및 중화

원리는 3.1항(p. 164)과 거의 같다. 하지만 이때에는 증류과정에 충분한 냉각이 가능한 Kjeldahl 증류장치를 사용하며, 증류 및 중화과정에 사용하는 시약이 다르므로 이에 대하여 설명하기로 한다.

① 먼저 수기(삼각플라스크)에 4% H_3BO_3 용액 75 mL를 취한 후 여기에 혼합지시약 3~5방울을 가하고 냉각관의 끝에 놓는다. 이때 냉각관의 끝 부분이 반드시 붕산 용액에 충분히 잠기도록 하여 증류 시에 냉각관을 통하여 나오는 암모니아가 모두 붕산용액과 반응하게 하여야 한다. 혼합지시약은 bromocresol green 0.5 g과 methyl red 0.1 g을 95% ethanol 30 mL에 녹이고, 이 용액 1 mL를 4% H_3BO_3 용액 250 mL에 녹여 조제한다. 이 지시약의 변색점은 pH 5.1인데, 산성 쪽에서는 적색, 알칼리성 쪽에서는 청록색을 나타낸다.

② 분해 후 냉각 그리고 증류수로 희석된 Kjeldahl 플라스크에 아연 분말 0.5 g과 NaOH와 $Na_2S_2O_3 \cdot 5H_2O$의 혼합 용액 80 mL를 가하고 Kjeldahl 증류장치에 연결하고 가열하여 증류한다. 혼합 용액은 NaOH 500 g을 800 mL의 증류수에 녹이고, $Na_2S_2O_3 \cdot 5H_2O$ 100 g을 100 mL의 증류수에 녹인 후 이 두 용액을 합하여 1L로 만든다. 이 때 사용하는 $Na_2S_2O_3 \cdot 5H_2O$는 분해과정 중에 사용된 HgO를 침전시키기 위하여 사용한다.

③ 계속 증류하여 수기의 총 부피가 200 mL 정도가 되면 시료로부터 모든 암모니아가 유출된 것이다.

④ 증류가 끝나면 냉각관의 끝 부분을 수기의 용액과 분리하고, 증류수로 잘 씻은 후에 수기를 들어내고 가열을 멈춘다.

⑤ Kjeldahl 증류장치를 세척한다. 수기의 위치에 증류수를 담은 다른 삼각플라스크를 놓아두면 냉각에 의한 감압으로 삼각플라스크의 증류수가 역류되어 증류장치의 냉각관을 세척하는데, 이 조작을 반복하면 냉각관을 완전히 세척할 수 있다.

(4) 적 정

수기에 생성된 붕산암모늄의 양을 0.05 N HCl 용액으로 적정하는데, 혼합지시약의 색이 청록색으로부터 적색으로 변하는 점을 반응종점으로 한다. 반응종점 바로 전에 용액의 색은 회색으로 변한다.

(5) 공시험

시료 이외에 실험을 위하여 사용한 시약, 황산지, 증류수 등에 질소가 존재할지도 모르기 때문에 시료만 넣지 않고 모든 과정을 똑같이 실시(blank test)하여 시료 외의 실험재료에 들어 있는 질소 양을 측정해서 시료 중의 단백질 양을 계산할 때 이를 반영하여야 한다.

(6) 시료 중의 단백질 양 계산

중화반응을 통하여 수기 중에 생성된 붕산암모늄과 표준용액인 HCl과의 다음 반응식을 이해하고, 시료 중의 단백질 양을 계산하는 다음 식을 이해하도록 하자. 적정과정에서 붕산암모늄과 HCl은 다음과 같이 반응한다.

$$(NH_4) \cdot H_2BO_3 + HCl \longrightarrow NH_4Cl + H_3BO_3$$

$(NH_4) \cdot H_2BO_3 \equiv HCl$(36.5 g, 1 g 당량)

$N \equiv HCl$(1 g 당량)

N : HCl = 14 g : 36.5 g(1 g 당량)

N 14 g ≡ 1 N HCl 1,000 mL(HCl 36.5 g 함유)

N 1.4 g ≡ 0.1 N HCl 1,000 mL(HCl 3.65 g 함유)

N 0.7 g ≡ 0.05 N HCl 1,000 mL

N 0.7 mg ≡ 0.05 N HCl 1 mL

즉, 0.05 N HCl 용액 1 mL와 반응하는 질소의 양은 0.7 mg이다.

▸ **킬달 자동 증류 및 적정장치**

킬달법에 의한 조단백질의 정량과정에서 증류와 적정 단계를 자동으로 진행하는 기기가 개발되어 현장에서 많이 사용되고 있다. 이 기기는 시료 분해액을 시료 튜브에 넣어 기기에 장착하고 기기를 작동시키면 증류과정에 필요한 32% NaOH 용액, 증류수, 및 4% 붕산 용액이 정해진 양만큼 자동으로 주입되어 증류반응이 진행되며, 그 후에는 내장된 자동 적정장치를 이용하여 자동으로 적정하고, 시험이 끝나면 질소/단백질 함량을 자동으로 계산해 주는 킬달 증류, 적정장치이다.

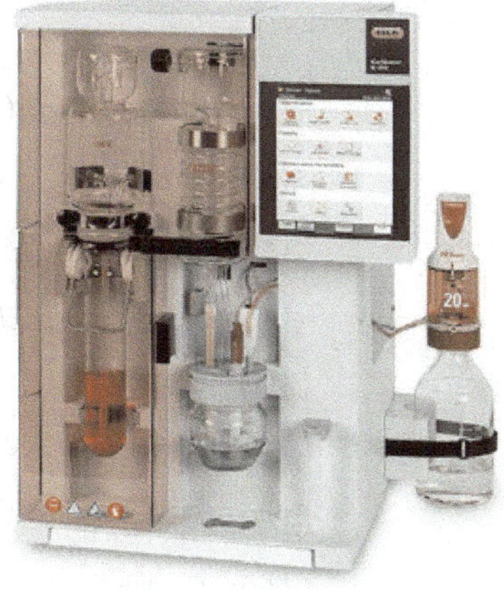

킬달 자동 증류 및 적정장치(Büchi Co.)

그러므로 시료의 조단백질 함량은 다음과 같이 계산할 수 있다.

$$\text{조단백질 함량(\%)} = \frac{\text{단백질의 양}}{\text{시료의 양}} \times 100$$

$$= \frac{0.0007 \times (V_1 - V_0) \times f \times N \times V \times 100}{S}$$

V_0 : 공시험의 0.05 N NaOH 용액의 소비량(mL)

V_1 : 본실험의 0.05 N NaOH 용액의 소비량(mL)

f : 0.05 N HCl 표준용액의 농도계수

N : 시료 단백질의 질소계수

0.0007 : 0.05 N HCl 용액 1 mL에 상당하는 질소의 g 수

S : 시료의 채취량(g)

V : 증류시의 희석배수

4.2 실험목적

(1) 붕산으로 암모니아를 중화하는 Kjeldahl 법에 의한 단백질 정량의 원리를 이해한다.

(2) 역적정과 직접적정의 차이에 대하여 이해한다.

(3) 질소계수의 개념에 대하여 이해한다.

(4) 공시험의 개념에 대하여 이해한다.

(5) Kjeldahl 법을 이용하여 식품 중의 단백질을 정량할 수 있다.

4.3 기 구

(1) 전자저울

(2) Fume hood(그림 1-3)

(3) 증류장치(그림 3-12)

(4) 분해장치(그림 3-11)

(5) 자석교반기(그림 2-6)

(6) Kjeldahl 플라스크

(7) 비 커

(8) 메스플라스크

(9) 메스피펫

(10) 뷰 렛

(11) 뷰렛스탠드

(12) 세척병

(13) 피펫필러

(14) 시약스푼

(15) 스포이드

(16) 유 발

(17) Tong

4.4 재료 및 시약

(1) 단백질 양을 측정할 시료

(2) 황산(H_2SO_4, sulfuric acid) 

(3) 황산칼륨(K_2SO_4, potassium sulfate)

(4) 산화제2수은(HgO, mercuric oxide) 

(5) 수산화나트륨(NaOH, sodium hydroxide)

(6) 치오황산나트륨($Na_2S_2O_3 \cdot 5H_2O$, sodium thiosulfate pentahydrate)

(7) 브로모크레졸그린(bromocresol green) 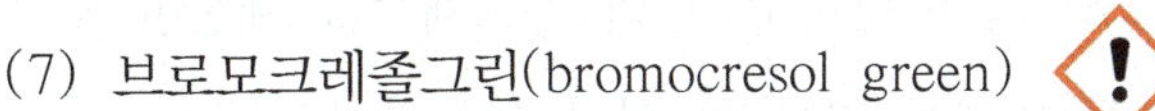

(8) 메틸레드(methyl red)

(9) 붕산(H_3BO_3, boric acid)

(10) 에틸알코올(C_2H_5OH, ethyl alcohol)

(11) 탄산나트륨(Na_2CO_3, sodium carbonate) 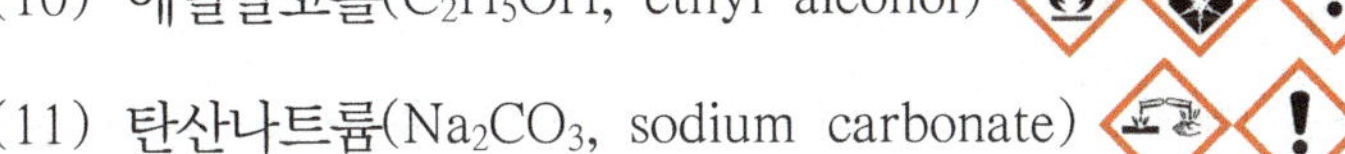

(12) 메틸오렌지(methyl orange)

(13) 분말아연

(14) 황산지

4.5 실험내용

1) 시료 및 시약조제

(1) 시료(①) : 유발을 사용하여 곱게 분쇄한다(1.1항, p. 147).

(2) 분해촉매(②) : K_2SO_4와 HgO를 8 : 1로 혼합, 유발로 분쇄하여 사용한다.

(3) 진한황산(③) : 시판되는 시약을 그대로 사용한다.

(4) 수산화나트륨과 치오황산나트륨의 혼합 용액(④)을 조제한다(4.1항, p. 172).

(5) 4% 붕산 용액(⑤)을 조제한다.

(6) 0.05 N 염산 용액(⑥)을 조제한다(제1장 6.1항, p. 66).

(7) 혼합지시약(⑦) : bromocresol green 0.5 g과 methyl red 0.1 g을 95% ethanol 30 mL에 녹이고, 이 용액 1 mL를 4% H_3BO_3용액 250 mL에 녹여 조제한다.

(8) 분말아연(⑧) : 시판되는 시약을 그대로 사용한다.

(9) 0.05 N 탄산나트륨 용액(⑨)을 조제하고 농도계수를 계산한다(제1장 6.1항, p. 65).

(10) 0.1% methyl orange 수용액(⑩, 지시약)을 조제한다.

2) 실험방법

(1) ⑥의 농도계수 측정
100 mL 비커 + ⑨ 25 mL(정확하게) + ⑩ 3～5방울 → ⑥으로 반응액이 황색에서 오렌지색으로 변할 때까지 적정 → ⑥의 소비량 측정

(2) (1)을 반복하여 ⑥의 평균 소비량을 구하고 ⑥의 농도계수를 계산한다.

(3) Kjeldahl flask에 1～2 g의 시료(무게 기록)를 황산지에 싸서 넣는다.

(4) 분해(4.1항, p. 171).
(3) + ② 1스푼 + ③ 20 mL → 가열(분해) → 냉각 → 증류수를 가하여 250 mL 정도로 희석

(5) 250 mL 삼각플라스크(수기) + ⑤ 75 mL + ⑦ 3～5방울 → 냉각관의 끝이 용액에 잠기도록 냉각관의 끝에 위치

(6) 증류 및 중화(4.1항, p. 171).
(4)의 분해를 마친 Kjeldahl 플라스크 + ④ 80 mL + ⑧ 0.5 g → 증류(수기의 용액 양이 약 200 mL 정도 될 때까지)

(7) 증류 후 냉각관의 끝 부분을 수기의 용액과 분리하여 증류수로 잘 씻은 후 수기를 들어낸다.

(8) Kjeldahl 증류장치의 냉각관 세척(4.1항, p. 172).

(9) (7)의 수기 중의 붕산암모늄의 양을 알기 위하여 ⑥으로 적정(청록색에서 적색으로 변하는 때가 반응종점) → ⑥의 소비량 측정

(10) 시료를 제외하고 (3)～(9)와 같은 방법으로 공시험 실시

(11) 시료 중의 단백질 양 계산(4.1항, p. 174).

4.6 질문 및 토론

4.7 주의사항

(1) 실험실에서의 주의사항(안전제일)을 반드시 지킨다.

(2) 분해과정과 증류과정에서는 특히 화상에 주의한다.
(3) 분해과정은 반드시 hood 내에서 실시한다.
(4) 증류하기 전에 반드시 수기의 붕산용액이 냉각관의 끝에 잠기게 한다.
(5) Kjeldahl 증류장치의 연결부위를 잘 확인하여 암모니아 기체가 손실되지 않도록 한다.
(6) 분해과정 시 황산의 취급에 주의한다.

5. Soxhlet 추출법에 의한 조지방 정량

5.1 원 리

지질(lipid)은 물에 녹지 않고 에틸에테르, 석유 에테르, 클로로포름, 아세톤, 벤젠 및 사염화탄소 등의 유기용매에 녹는 성질을 지닌다. 그러므로 식품을 유기용매에 침지시키거나 유기용매와 연속적으로 접촉시키면 식품 중의 지질이 유기용매에 녹아 나오게 된다. 지질의 이와 같은 성질을 이용하여 유기용매로 식품 중의 지질을 모두 추출한 후, 유기용매와 식품의 잔여물을 제거하고 무게를 측정하면 이 무게가 지질의 양이 된다. 이것이 식품 중의 지질을 정량하는 기본적인 원리이다. 이와 같은 원리를 적용한 지질 정량법에는 Soxhlet 추출법과 Röse-Gottlieb 법 등이 있는데, 식품의 종류나 성상에 따라 다음과 같이 적용한다.

① 곡류와 같이 분말로 하기 쉬운 식품은 Soxhlet 추출법을 그대로 적용한다.
② 육류 등과 같이 수분과 단백질이 많은 식품은 무수황산나트륨(Na_2SO_4)과 정제 규사를 사용하여 탈수, 건조, 분쇄한 후에 Soxhlet 추출법을 적용한다.
③ 젤리 등과 같이 분말로 하기 어려운 점질상의 당분을 많이 함유한 식품은 수산화 구리[$Cu(OH)_2$]로 전처리하여 당분을 지질과 함께 침전시키고, 건조한 후에 Soxhlet 추출법을 적용한다.
④ 우유, 유제품 및 지방함량이 많은 액상 또는 유상의 식품은 Röse-Gottlieb법 (6절, p. 184)을 적용한다.
⑤ 마요네즈 등과 같이 물에는 녹지 않지만 산에 의해 가수분해되어 액상이 되는 식품은 산 분해한 후에 Röse-Gottlieb 법을 적용한다.

식품 중의 지질을 정량할 때에는 유기용매로 에틸에테르를 주로 사용한다. 그러나 실제로 에틸에테르에 의하여 추출되는 것은 순수한 지질만이 아니고 식품 중의 유기산, 알코올류, 정유, 지용성 색소 및 지용성 비타민 등도 있기 때문에 이 방법으로 추출된 지질을 조지방(crude fat)이라고 한다.

지질 정량법은 무게분석법이다. 그러므로 시료로부터 지질을 추출하기 전에 Soxhlet 추출장치(그림 3-13) 중 수기의 항량을 정확하게 측정하는 것과 식품으로부터 지질을 추출하고 유기용매를 제거한 후에 지질이 들어 있는 수기의 항량을 정확하게 측정하는 것이 대단히 중요하다. 이번 실험에서는 Soxhlet 추출법을 이용한 지질 정량법에 대하여 이해하도록 한다.

1) Soxhlet 추출법

(1) Soxhlet 지방추출장치

Soxhlet 추출법에 의하여 식품의 지질 함량을 측정하려면 Soxhlet 지방추출장치가 필요하다. 이 장치는 위에서 설명한 지질 정량의 원리를 쉽게 적용할 수 있도록 고안된 장치인데, 그림 3-13에서 보는 바와 같이 수기, 추출관 그리고 냉각관의 3부분으로 되어 있다. 이 장치에서 시료는 원통여과지(그림 3-14)에 넣어져 추출관에 위치하게 된다.

수기에 에틸에테르를 넣고 수기, 추출관 그리고 냉각관을 연결하여 항온수조에서 가열하면 수기 중의 에틸에테르는 증발되어 측관을 타고 위로 올라가 냉각관에서 응축되어 추출관에 떨어진다. 추출관의 원통여과지 안에 있는 시료는 에테르에 침지되고, 이때부터 시료로부터 지질이 추출된다. 에틸에테르가 추출관에 쌓이는 동안 시료

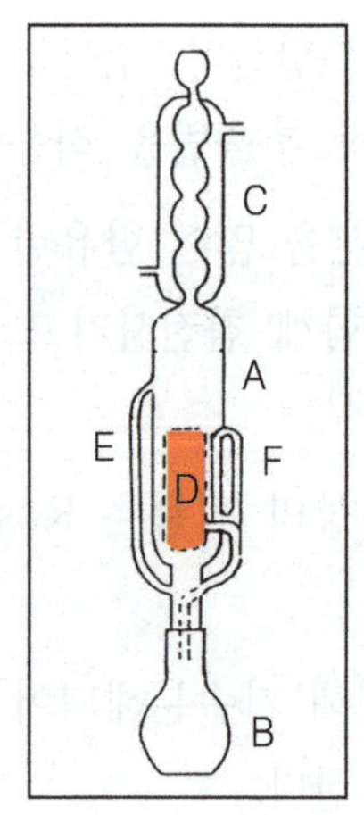

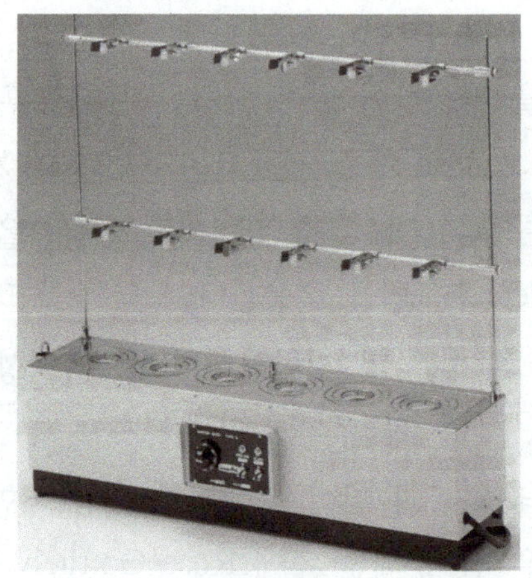

그림 3-13. Soxhlet 추출기와 항온수조

A : 추출관, B : 수기, C : 냉각관,
D : 원통여과지, E : 측관, F : 사이폰관

로부터 지질이 계속 추출되는데, 에틸에테르의 수위가 사이폰관에 이르면 시료로부터 지질을 추출한 에틸에테르는 사이폰관을 통하여 수기로 흘러내린다. 결국 유기용매인 에틸에테르가 추출관의 시료로부터 지질을 추출하여 수기로 옮기는 것이다. 수기 중의 에틸에테르는 다시 증발하여 같은 원리로 이 장치를 순환하면서 연속적으로 지질을 추출하여 수기로 옮긴다.

(2) 곡류 등과 같이 분말로 하기 쉬운 식품의 지질 정량

① 유발을 사용하여 시료를 가루로 만든다.

② 가루로 만든 시료 2~10 g(정확한 양을 실험노트에 기록)을 원통여과지에 넣고 그 위에 탈지면을 가볍게 덮는다.

③ 수분이 많은 시료의 경우 ②를 비커에 넣어 100~105℃의 건조기에서 2시간 정도 건조하여 수분을 건조시키고 데시케이터에서 방냉한 다음 Soxhlet 추출장치의 추출관에 넣는다.

④ Soxhlet 추출장치의 수기의 항량(W_0)을 구한다. 수기를 깨끗이 세척한 후 100~105℃ 건조기에서 1~2시간 가열한 뒤 데시케이터에 옮겨 방냉, 실온에 도달하면 무게를 칭량한다. 다시 수기를 100~105℃ 건조기에 넣어 30분 정도 가열하고 데시케이터에 옮겨 방냉, 실온에 도달하면 무게를 칭량하는데, 수기의 무게가 항량이 될 때까지 이 조작을 반복한다.

⑤ 항량이 된 수기에 에틸에테르를 수기의 약 1/2~1/3 정도 넣고 즉시 냉각관, 추출관 및 수기를 연결하여 50~60℃의 항온수조에서 가열한다. 항온수조의 온도를 에틸에테르가 냉각관으로부터 1분간에 약 80방울 정도 떨어지도록 조절하여 약 8~16시간 정도 추출한다.

⑥ 추출이 끝나면 추출장치의 냉각관과 추출관을 분리하여 추출관 속에 있는 원통여과지를 핀셋으로 꺼낸 다음 추출장치를 다시 연결하고 항온수조에서 가열하

그림 3-14. 원통여과지(thimble filter)

여 수기에 있는 에틸에테르를 추출관에 옮긴다. 이 때 추출관의 에틸에테르의 수위가 사이폰관에 이르기 전에 추출장치를 분리하여 추출관의 에틸에테르를 별도의 회수용기에 옮기고 다시 추출장치를 연결, 반복하여 수기 중의 에틸에테르를 전부 회수용기에 옮긴다. 회수된 에틸에테르는 재증류 후에 지방추출용으로 다시 사용할 수 있다. 에틸에테르 회수는 회전진공농축기를 사용하면 보다 쉽게 할 수 있다(그림 1-20).

⑦ 수기의 에틸에테르가 완전히 회수되었으면 추출장치에서 수기를 분리하고 냄새 등을 통하여 수기에서 에틸에테르가 완전히 증발되었는지 확인한다.

⑧ 수기의 외측을 가제로 깨끗이 닦은 후 100～105℃의 건조기에 넣어 약 1시간 건조시키고 데시케이터에서 방냉, 칭량하고 항량(W_1)이 될 때까지 이 작업을 반복한다. 이 때 너무 오랜 시간 건조하면 지질이 산화되어 무게가 증가하는 경향이 있으므로 가장 적은 값을 항량으로 한다.

▶ **지방 추출장치**

이 장치는 Soxhlet 추출법에 의한 지방 정량법에 광학 센서(추출관에서 용매의 레벨 감지, ⓐ), 강력한 가열기(가열원으로 물을 사용하지 않음, ⓑ), 최적화된 유리기구의 조립 등과 같은 최첨단 요소를 도입하여 안전하고 신속하게 시료 중의 지방함량을 측정하는 기기이다.

이 기기의 가장 큰 특징은 기존 Soxhlet 추출기의 사이폰관 기능을 광학 센서가 대신하는 것이다. 추출관에 시료로부터 지방을 추출하는 용매의 높이가 적당히 높아지면 이 센서는 그 높이를 읽고 아래의 밸브(ⓒ)를 열어 추출관에서 지방을 추출한 용매를 수기로 내려 보낸다. 이 센서의 위치는 조절이 가능하다. 그리고 가열원으로 물을 사용하지 않기 때문에 지방 추출 후 수기의 항량을 구할 때 수기 겉에 묻은 물을 건조시킬 필요가 없기 때문에 분석시간을 크게 단축시킬 수 있다. 참고로 시료로부터 지방 추출이 끝나면 기기의 밸브가 닫히고 수기의 용매는 모두 추출관에 모이게 된다.

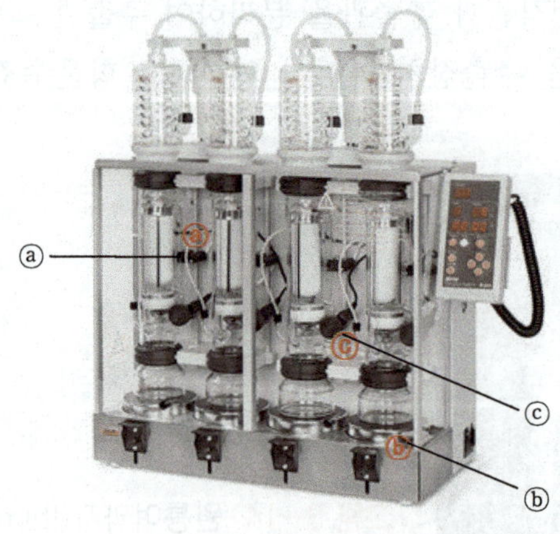

지방 추출장치(Büchi Co.)

⑨ 지질함량(%) 계산

$$조지방(\%) = \frac{조지방의\ 양}{시료의\ 양} \times 100 = \frac{W_1 - W_0}{S} \times 100$$

W_0 : 수기의 항량(g)
W_1 : 조지방을 추출한 후 '조지방 + 수기'의 항량(g)
S : 시료의 채취량(g)

(3) 육류 등과 같이 수분과 단백질이 많은 식품의 지질 정량

이와 같은 식품은 그대로 건조하여 분쇄하기가 어렵기 때문에 시료의 8～10배 정도의 무수황산나트륨(Na_2SO_4)과 정제규사를 건조보조제로 사용하여 탈수, 건조한 후에 분쇄하여 Soxhlet 추출법을 적용한다.

▸ **NMR Analyser(핵자기 공명 분석기)**

시료 중의 지질 함량을 분석하는 방법으로 최근에 개발된 핵자기 공명 분석법이 있다. 이 방법은 아래 그림에서 보는 바와 같이 시료를 그대로 시험관에 넣어 시료 중의 양성자에 의한 핵자기 공명 신호의 크기를 표준물질의 것과 비교하여 지방의 양을 산출한다. 이 방법의 가장 큰 장점은 Soxhlet 법에서와 달리 유기용매를 사용하지 않는다는 것이다. 그 외에도 정확성, 신속성, 편리성, 경제성, 친환경 등의 많은 장점을 지니고 있다.

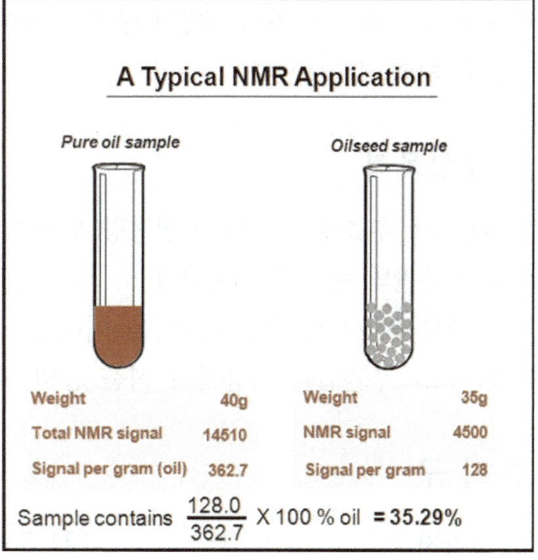

MQC$^+$ benchtop NMR Analyser(Oxford Instruments)

(4) 젤리 등과 같이 점질상이며 당분이나 단백질을 많이 함유한 식품의 지질 정량

이와 같은 식품은 에틸에테르로 지질의 추출이 완전히 되지 않기 때문에 다음과 같이 전처리하여 Soxhlet 추출법을 적용한다.

① 시료 5~10 g을 정밀히 채취하여 비커에 넣고 증류수 약 200 mL를 가하여 잘 혼합한다. 시료에 따라서는 저온 항온수조에서 가온한 후 냉각시킨다.

② ①에 7% 황산구리($CuSO_4 \cdot 5H_2O$) 용액 10 mL를 가하여 혼합한다.

③ ②용액이 중성~미산성(리트머스 시험지로 확인)이 될 때까지 0.25 N NaOH 용액을 가하고 혼합, 방치하여 침전을 침강시킨다.

④ 여과(그림 1-23)하여 침전을 될 수 있는 대로 여과지에 모은다.

⑤ 여과지에 묻어 있는 여액을 잘 제거한 다음 여과지와 침전물을 함께 100℃ 정도의 건조기에서 약 2시간 건조한다.

⑥ ⑤를 원통여과지에 넣고 탈지면을 덮은 후 Soxhlet 추출장치의 추출관에 넣는다.

⑦ 또한 침전이 조금 남아 있는 비커도 ⑤와 같은 방법으로 건조시킨다.

⑧ ⑦에 소량의 에틸에테르를 가하여 내부를 씻어 비커에 묻어 있는 지방질을 완전히 녹이고, 이 에틸에테르 용액을 추출관의 원통여과지에 부어 넣는다.

⑨ ⑧과 같은 방법으로 세척을 반복하여 에틸에테르가 추출관의 사이폰관을 통하여 수기에 들어가서 에틸에테르의 양이 수기의 1/2이 넘으면 Soxhlet 추출법에 따라 실험한다.

5.2 실험목적

(1) Soxhlet 추출법에 의한 지질정량(무게분석)의 원리를 이해한다.
(2) 사이폰관의 원리를 이해한다.
(3) 무게분석에서 항량의 중요성을 이해한다.
(4) Soxhlet 추출법을 이용하여 식품 중의 지질을 정량할 수 있다.

5.3 기 구

(1) 전자저울
(2) Soxhlet 추출장치(그림 3-13)
(3) 항온수조(그림 1-17)
(4) Fume hood(그림 1-3)

(5) 데시케이터(그림 3-10)
(6) 정온건조기(그림 3-8)
(7) 시약스푼
(8) 유 발
(9) Tong
(10) 핀 셋

5.4 재료 및 시약

(1) 지질 양을 측정할 시료(곡류)

(2) 에틸에테르(diethyl ether) 

(3) 원통여과지

(4) 가제(gauze)

(5) 탈지면

(6) 황산지

5.5 실험내용

1) 시료 및 시약조제

(1) 시료(①) : 유발 또는 분쇄기를 사용하여 곱게 분쇄한다(1.1항, p. 147).

(2) 에틸에테르(②) : 시판되는 시약을 그대로 사용한다.

2) 실험방법

(1) 건조기의 온도를 105℃에 맞추고 추출장치의 수기를 깨끗하게 세척한다.

(2) 수기의 항량
수기를 105℃ 건조기에서 1시간 정도 건조 → 데시케이터에 옮겨 방냉 → 무게를 측정하고 기록 → 다시 105℃ 건조기에서 30분 정도 건조 → 데시케이터에 옮겨 방냉 → 무게를 측정하고 기록 → 수기의 무게가 변하지 않을 때까지 반복 → 수기의 항량(수기를 옮길 때에는 tong을 이용한다) → 무게 기록

(3) 원통여과지 + ① 2~10 g(실험노트에 기록) → 탈지면을 가볍게 덮는다.

(4) 수분함량이 많은 시료의 경우
비커 + (3) → 100~105℃에서 2시간 건조 → 데시케이터에서 방냉 → 원통여과지를 Soxhlet 추출장치의 추출관에 넣는다.

(5) 항량이 된 수기 + 수기의 약 1/2~1/3 정도의 에틸에테르(②) → 냉각관, 추출

관 및 수기를 연결하여 50~60℃의 항온수조에서 가열 → 약 8~16시간 정도 추출(항온수조의 온도를 에틸에테르가 냉각관으로부터 1분간에 약 80방울 정도 떨어지도록 조절한다)

(6) 에틸에테르를 완전히 회수(5.1항, p. 179) → 추출장치에서 수기 분리 → 항온수조에서 수기에 남은 에틸에테르를 완전히 제거(냄새로 확인 가능)

(7) 지방 추출 후, 수기와 지질의 항량
수기 외측의 수분을 가제로 깨끗이 제거 → 수기를 100~105℃의 건조기에서 1시간 건조 → 데시케이터에서 방냉 → 무게를 측정하고 기록 → 다시 105℃ 건조기에서 30분 정도 건조 → 데시케이터에 옮겨 방냉 → 무게를 측정하고 기록 → 수기의 무게가 변하지 않을 때까지 반복 → 항량(수기와 지질의 무게) → 무게를 측정하고 기록

(8) 지질함량(%) 계산(5.1항, p. 181)

5.6 질문 및 토론

5.7 주의사항

(1) 실험실에서의 주의사항(안전제일)을 반드시 지킨다.
(2) 무게분석의 원리에 대하여 이해한다.
(3) 지질함량을 계산하는 방법을 이해한다.
(4) 수기의 항량과 지질 추출 후 지질과 수기의 항량을 정확히 측정한다.
(5) 에틸에테르는 인화성이 강하므로 지질 추출 후 지질과 수기의 항량을 구할 때에는 반드시 수기의 에틸에테르를 완전히 제거한 후 건조기에서 건조한다.
(6) 에틸에테르의 냄새는 몸에 해로우므로 주의한다.

6. Röse-Gottlieb 법에 의한 조지방 정량

6.1 원 리

Röse-Gottlieb 법을 이용한 지질 정량의 기본적인 원리는 Soxhlet 추출법을 이용한 지질 정량과 같다. 다만 5절에서도 설명한 바와 같이 Soxhlet 추출법은 곡류 등과 같이 분말로 하기 쉬운 식품에 적용하지만, Röse-Gottlieb 법은 우유, 유제품 및 지방함량이 많은 액상 또는 유상(乳狀)의 식품(수분함량이 많음)에 적용하는 것이 다르다.

액상식품에는 Soxhlet 추출법을 적용할 수 없다. 그 이유로는 여러 가지가 있지만, 특히 중요한 것은 액상 식품에 Soxhlet 추출법을 적용하면 지질을 추출하는 과정 중에 주성분인 수분이 에테르와 함께 수기로 흘러내리는 것이다. 이를 해결하기 위해서 액상식품 중의 많은 수분을 건조시키려면 전처리는 물론 건조 보조제를 사용하여야 할 뿐만 아니라 높은 온도에서 오랜 시간 건조시키다 보면 지질이 산화하여 지질의 양을 정확하게 측정하는 것이 불가능하게 된다.

Röse-Gottlieb 법은 이와 같은 문제점을 해결하면서 액상식품의 지질 함량을 정량하기 위한 방법인데 그 원리를 설명하면 다음과 같다. 액상식품(특히 우유) 중의 지질은 단백질과 결합하여 존재한다. 그러므로 먼저 식품에 암모니아를 가하여 지질을 단백질과 분리시킨 후에 유기용매로 추출하면 유기용매에 녹는 지질은 유기용매층으로 이동한다. 이것을 일정 시간 정치하여 층분리시키고 유기용매층만을 다른 용기(삼각플라스크)에 모은다. 식품 중에 존재하는 모든 지질을 완전히 추출해 내기 위해서는 이 조작을 3～4회 정도 반복한다. 그 후 지질과 유기용매가 들어 있는 삼각플라스크로부터 유기용매를 모두 회수하고 삼각플라스크의 무게를 측정하면 지질의 무게만큼 삼각플라스크의 무게가 증가하게 된다.

Röse-Gottlieb 법 역시 무게분석법이다. 그러므로 시료로부터 지질을 추출하기 전에 삼각플라스크의 항량을 정확하게 측정하고, 식품으로부터 지질을 추출, 유기용매를 제거한 후, 지질이 들어 있는 삼각플라스크의 항량을 정확하게 측정하는 것이 대단히 중요하다. 이번 실험에서는 Röse-Gottlieb 법을 이용한 액상식품의 조지방 정량법에 대하여 이해하도록 한다.

1) Röse-Gottlieb 법에 의한 조지방 정량

(1) 우유, 유제품 및 지방함량이 많은 액상 또는 유상의 식품

① 삼각플라스크의 항량(W_0)을 구한다. 삼각플라스크를 깨끗이 세척한 후 100～105℃ 건조기에서 1시간 정도 가열하고 데시케이터에 옮겨 방냉하여 실온에 도달하면 무게를 칭량한다. 다시 100～105℃ 건조기에 넣어 30분 정도 가열하고 데시케이터에 옮겨 방냉, 실온에 도달하면 무게를 칭량하는데, 삼각플라스크의 무게가 항량이 될 때까지 이 조작을 반복한다.

② 시료 1～10 g(정확한 양을 실험노트에 기록)을 **Mojonnier 관**(그림 3-15)에 취한 후, 증류수를 가하여 총 부피가 11 mL가 되도록 하고 40～50℃로 가온하여 흔들어 완전히 섞는다.

③ ②에 암모니아수 1.5 mL(액이 산성인 경우 2 mL)를 가하여 잘 혼합하고 2분 이상 방치한 후, 에틸알코올 10 mL를 가하여 마개를 닫고 잘 혼합한다.

④ ③에 에틸에테르 25 mL를 가하고 마개를 닫은 후 가볍게 흔들어 혼합한다. 마개를 열어 에틸에테르의 증기를 날려 보내고 다시 마개를 막고 약 1분간 강하게 혼합한다.

⑤ ④에 석유 에테르 25 mL를 가하고 같은 방법으로 1분간 강하게 혼합한다.

⑥ 마개를 열어 증기를 날려 보내고, 위의 유기용매층(에틸에테르와 석유 에테르)이 맑게 될 때까지 정치한다.

⑦ 유기용매층을 지름 7 cm 정도의 여과지로 여과하여 ①의 항량을 구해 놓은 삼각플라스크에 모은다.

⑧ Mojonnier 관 내의 남아 있는 지질을 완전히 추출하기 위하여 ⑦에서 남아 있는 물층에 에틸에테르 및 석유 에테르 각 15 mL씩을 가하여 ④~⑦과 같이 추출, 분리 및 여과조작을 3~4회 반복하고 그 여액을 모두 ⑦의 삼각플라스크에 모은다.

⑨ Mojonnier 관의 마개, 여과지 및 깔때기에 묻어 있는 지질을 모두 회수하기 위하여 에틸에테르와 석유 에테르의 혼합액(1 : 1)으로 이들을 세척하면서 역시 ⑦의 삼각플라스크에 모은다.

⑩ ⑨의 삼각플라스크를 용매회수장치에 연결하여 항온수조에서 유기용매를 완전히 제거한다.

⑪ 삼각플라스크 외측의 수분을 가제로 깨끗이 닦고 100~105℃의 건조기에 넣어 약 1시간 건조, 데시케이터에서 방냉, 칭량하고 항량(W_1)이 될 때까지 이 작업

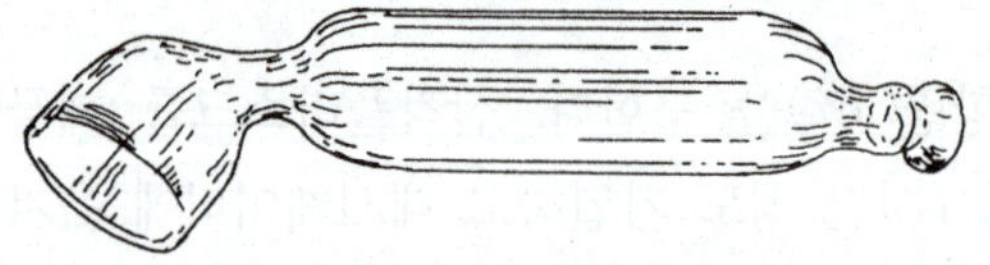

그림 3-15. Mojonnier 관

▸ **Mojonnier 관**

그림 3-15와 같이 특수한 모양을 한 기구이다. 목이 가는 부분부터 아래쪽의 부피가 25mL 정도인데, 이는 Röse-Gottlieb 법을 적용할 경우 목이 가는 부분에서 물층과 유기용매층이 분리되는 것을 의미한다. 즉 Mojonnier 관으로부터 유기용매층을 분리하기 쉽도록 고안된 기구이다.

을 반복한다. 이 때 너무 오랜 시간 건조하면 지질이 산화되어 무게가 증가하는 경향이 있으므로 가장 적은 값을 항량으로 한다.

⑫ 지질함량(%) 계산

$$\text{조지방}(\%) = \frac{\text{조지방의 양}}{\text{시료의 양}} \times 100 = \frac{W_1 - W_0}{S} \times 100$$

W_0 : 삼각플라스크의 항량(g)
W_1 : 지방을 추출한 후 '조지방 + 삼각플라스크'의 항량(g)
S : 시료의 채취량(g)

(2) 마요네즈와 같이 물에는 녹지 않지만 산에 의해 가수분해되어 액상이 되는 식품

마요네즈와 같은 반액체 식품은 다음과 같이 전처리하여 액상으로 만들고 Röse-Gottlieb 법을 적용한다.

① 시료 적당량(마요네즈 약 1 g)을 정확히 채취하여 비커에 넣는다.
② ①에 진한 염산 10 mL를 소량씩 가하면서 잘 섞고 70℃의 항온수조에서 5분마다 흔들어 주면서 약 30분간 가온한다.
③ ②에 증류수 10 mL를 천천히 소량씩 가하고 냉각시킨 다음 내용물을 Mojonnier관으로 옮긴다. 다시 비커를 에틸에테르 25 mL로 씻어 같은 Mojonnier 관에 옮긴다.
④ 다음 조작은 6.1항의 Röse-Gottlieb 법에 따라 실시한다.

6.2 실험목적

(1) Röse-Gottlieb 법에 의한 액상식품의 지질정량(무게분석) 원리를 이해한다.
(2) Mojonnier 관의 모양과 크기를 Röse-Gottlieb 법의 원리와 함께 이해한다.
(3) 무게분석에서 항량의 중요성을 이해한다.
(4) Röse-Gottlieb 법을 이용하여 식품 중의 지질을 정량할 수 있다.

6.3 기 구

(1) 전자저울
(2) 정온건조기(그림 3-8)
(3) 항온수조(그림 1-17)
(4) Fume hood(그림 1-3)
(5) 데시케이터(그림 3-10)
(6) 삼각플라스크

(7) 피 펫
(8) 피펫필러
(9) Mojonnier 관
(10) 유리깔때기
(11) 시약스푼
(12) 여과장치(깔때기 등)
(13) Tong
(14) 용매회수장치

6.4 재료 및 시약

(1) 조지방 함량을 측정할 시료(우유)

(2) 에틸에테르(diethyl ether) 

(3) **석유 에테르**(petroleum ether, 비점 60℃ 이하) 

(4) 암모니아수(NH_4OH, ammonia water) 

(5) 에틸알코올(C_2H_5OH, ethyl alcohol)

(6) 여과지

(7) 가제(gauze)

(8) 황산지

6.5 실험내용

1) 시료 및 시약조제

(1) 시료(①)를 준비한다.

(2) 암모니아수(②) : 시판되는 시약을 그대로 사용한다.

(3) 에틸알코올(③) : 시판되는 시약을 그대로 사용한다.

(4) 에틸에테르(④) : 시판되는 시약을 그대로 사용한다.

(5) 석유 에테르(⑤) : 비점 60℃ 이하의 **유분**을 사용한다. 그리고 시판되는 시약에 Na_2SO_4를 소량 가하여 탈수하고, 분류관(= 분별증류관)을 사용하여 비점 60℃ 이하의 유분을 모은다.

2) 실험방법

(1) 건조기의 온도를 105℃에 맞추고 삼각플라스크(A)를 깨끗하게 세척한다.

(2) 삼각플라스크(A)의 항량

삼각플라스크(A)를 105℃ 건조기에서 1시간 정도 건조 → 데시케이터에 옮겨 방냉 → 무게를 측정하고 기록 → 다시 105℃ 건조기에서 30분 정도 건조 → 데시케이터에 옮겨 방냉 → 무게를 측정하고 기록 → 삼각플라스크의 무게가 변하지 않을 때까지 반복 → 삼각플라스크(A)의 항량 → 무게를 측정하고 기록
삼각플라스크를 옮길 때에는 tong을 이용한다.

(3) Mojonnier 관 + ① 1～10 g(정확한 양을 실험노트에 기록) → 증류수를 가하여 총 부피가 11 mL가 되도록 함 → 40～50℃로 가온 → 완전히 혼합

(4) (3) + ② 1.5～2 mL → 잘 혼합 → 2분 이상 방치

(5) (4) + ③ 10 mL → Mojonnier 관의 마개를 닫고 잘 혼합

(6) (5) + ④ 25 mL → Mojonnier 관의 마개를 닫고 가볍게 흔들어 혼합 → 마개를 열어 탈기 → 다시 마개를 막고 약 1분간 강하게 혼합

(7) (6) + ⑤ 25 mL → Mojonnier 관의 마개를 닫고 1분간 강하게 혼합 → 마개를 열어 탈기 → 유기용매층(에틸에테르와 석유 에테르)이 맑게 될 때까지 정치

(8) (7)의 유기용매층을 (2)의 항량을 구해 놓은 삼각플라스크(A)에 깔때기와 여과지를 사용하여 여과

(9) (8)의 Mojonnier 관에 남아 있는 물층 + ④ 15 mL + ⑤ 15 mL → (6)～(8)과 같이 추출, 분리 및 여과조작을 3～4회 반복 → 여액을 모두 (8)의 삼각플라스크(A)에 모은다.

(10) (9)의 삼각플라스크(A) 위에서 Mojonnier 관의 마개, 여과지 및 깔때기를 ④와 ⑤의 혼합액(1 : 1)으로 세척

(11) (10)의 삼각플라스크(A)를 용매 회수장치에 연결하여 항온수조에서 유기용매를 완전히 제거(냄새로 확인 가능)

▸ **석유 에테르(petroleum ether)**

30～70℃에서 휘발하기 쉬운 석유 유분으로 펜탄(C_5H_{12}), 헥산(C_6H_{14})으로 구성되며, 에틸에테르(diethyl ether)와는 전혀 다른 것이다.

▸ **유 분**

액체 혼합물을 증류할 때 끓는점의 차이에 따라 분별증류되어 얻는 성분을 말한다. 석유를 분별증류하면 끓는점에 따라 여러 가지 성분을 얻을 수 있다.

(12) 삼각플라스크 외측의 수분을 가제로 깨끗이 제거 → 삼각플라스크(A)를 100~105℃의 건조기에서 1시간 건조 → 데시케이터에서 방냉 → 무게를 측정하고 기록 → 다시 105℃ 건조기에서 30분 정도 건조 → 데시케이터에 옮겨 방냉 → 무게를 측정하고 기록 → 삼각플라스크기의 무게가 변하지 않을 때까지 반복 → 항량(삼각플라스크와 지질의 무게) → 무게를 기록

(13) 지질함량(%) 계산(6.1항, p. 187)

6.6 질문 및 토론

6.7 주의사항

(1) 실험실에서의 주의사항(안전제일)을 반드시 지킨다.
(2) 무게분석의 원리에 대하여 이해한다.
(3) 지질함량을 계산하는 방법을 이해한다.
(4) 삼각플라스크의 항량과 지질 추출 후 지질과 삼각플라스크의 항량을 정확히 구한다.
(5) 에틸에테르 및 석유 에테르는 인화성이 강하므로 취급에 주의하고, 지질 추출 후 지질과 삼각플라스크의 항량을 구할 때에는 반드시 삼각플라스크의 유기용매를 완전히 제거한 후 건조기에서 건조한다.
(6) 에틸에테르의 냄새는 몸에 해로우므로 주의한다.

7. 직접 회화법에 의한 조회분 정량

7.1 원 리

회분(ash)이란 식품을 태워서 남은 재를 말하는데, 일반적으로 식품분석에서는 회분 양을 무기질의 양으로 정의하고 있다. 그러나 엄밀히 말하면 회분 양과 무기질의 양은 반드시 일치한다고 할 수 없다. 왜냐하면 식품을 태울 때 무기질의 하나인 염소(Cl)의 일부가 휘발되기 때문이다. 또한 식품을 태우면 유기물 성분인 탄소가 탄산염의 형태로 회분 중에 남아 있는 경우가 있기 때문이다. 그리고 식품의 종류와 회화 조건에 따라서도 회분의 양은 변화한다. 그렇기 때문에 식품 중의 무기물을 정확하게 정량하는 것은 어렵다. 그러므로 회화온도를 550~600℃로 규정하고, 완전히 회화한 후 이때 얻어지는 회분을 조회분(crude ash)이라고 한다.

식품이 완전히 회화되면 재는 보통 회백색을 띠지만 철(Fe)이 많으면 갈색, 망간

(Mn)이 많으면 청녹색, 구리(Cu)가 많으면 미청색을 띠는 경우가 있다.

1) 직접 회화법에 의한 조회분 정량

회분을 정량할 때에는 시료를 회화용기에 넣고 직접 550～600℃ 온도의 회화로(전기로, 그림 3-16)에서 완전히 회화하고 남은 재를 회분 양으로 하는데, 이것을 직접 회화법이라고 한다. 회분 정량을 할 때에는 회화 전의 시료 무게와 회화 후 회분의 무게를 정확히 측정하는 것이 중요하다. 회화시킬 때에는 회화도가니(그림 3-17)를 회화용기로 사용한다. 시료를 회화도가니에 담아 회화한 후 얻어진 회분은 회화도가니와 함께 칭량된다.

즉 회분과 회화도가니의 무게에서 회화도가니의 무게를 뺀 것을 회분의 무게로 한다. 그러므로 회화도가니의 항량을 정확하게 측정하는 것이 중요하다.

직접 회화법에 의한 식품의 회분 정량은 다음과 같이 한다.

(1) 회화도가니의 항량

회화도가니를 회화로에서 550～600℃ 이상의 온도로 여러 시간 가열한 후, 회화

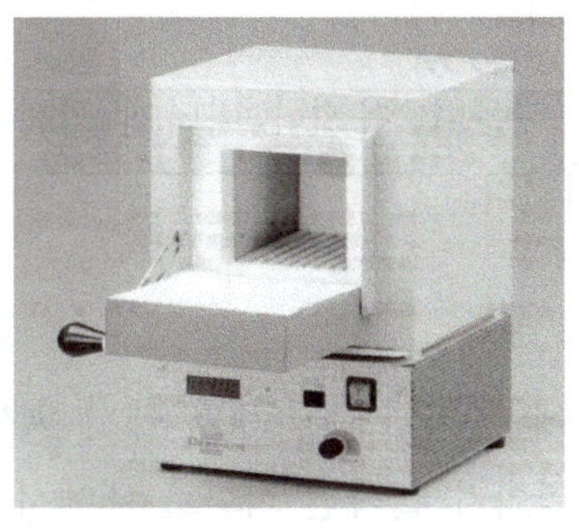

그림 3-16. 회화로(furnace)

그림 3-17. 회화도가니(ceramic pot)

▸ **밀가루의 조회분 정량**

밀가루의 회분 함량은 그 품질을 평가하는 중요한 기준이다. 그러므로 밀가루의 회분 양을 정량할 때에는 신속성과 정확도가 요구된다. 일반적으로 밀가루의 회분 양을 정량할 때에는 밀가루에 초산마그네슘[$Mg(CH_3COO)_2$]을 가하여 신속히 회화시킨다. 이 때에는 초산마그네슘의 산화로 MgO가 생성되기 때문에 공시험을 반드시 실시하여야 한다. 또한 재는 흡습성이 있으므로 회화 후 냉각하고 칭량을 신속하게 하여야 한다.

로 내에서 200℃ 정도까지 냉각시키고, 데시케이터에 옮겨 실온으로 냉각 후에 칭량한다. 다시 1시간 정도 가열하고 같은 방법으로 방냉, 실온에 도달하면 무게를 칭량하는데 회화도가니의 무게가 항량(W_0)이 될 때까지 이 조작을 반복한다.

(2) 시료의 채취

적당한 양의 시료(S)를 회화도가니에 넣고 무게(W_1)를 측정한다.

(3) 전처리

필요할 경우, 회화에 앞서 다음과 같은 전처리를 한다.

① 전처리가 필요하지 않은 시료 : 곡류나 두류

② 미리 건조하여야 하는 시료 : 수분함량이 높은 액상식품은 회화 중에 너무 높은 온도로 인하여 회화 중에 수분이 튈 수가 있기 때문에 건조기 또는 항온수조에서 건조시킨다.

③ 예비 탄화시켜야 할 시료 : 당류 및 당 함량이 많은 식품, 정제 전분, 계란의 흰자위 등은 회화를 할 때 팽창하여 시료가 회화도가니 밖으로 넘칠 수가 있기 때문에 이들은 버너의 약한 불 또는 다른 가열장치를 이용하여 300℃ 이하에서 탄화시킨다.

④ 연소시켜야 할 시료 : 유지와 버터는 미리 태운다. 유지나 버터에 직접 점화하여 불꽃이 자연적으로 꺼질 때까지 연소시킨다.

(4) 회 화

전처리가 끝나면 회화도가니를 그대로 회화로에 옮겨 550~600℃에서 백색 또는 회백색의 회분이 얻어질 때까지 계속 가열한다. 회화가 끝나면 회화로 내에서 그대로 식혀 온도가 약 200℃ 정도 되었을 때 데시케이터에 옮겨 냉각하고 신속하게 칭량(W_2)한다.

(5) 시료의 회분 함량 계산

$$\text{조회분}(\%) = \frac{\text{조회분의 양}}{\text{시료의 양}} \times 100 = \frac{(W_2 - W_0)}{(W_1 - W_0)} \times 100 = \frac{(W_2 - W_0)}{S} \times 100$$

W_0 : 회화도가니의 항량(g)
W_1 : 회화 전, 시료와 회화도가니의 무게(g)
W_2 : 회화 후, 회분과 회화도가니의 항량(g)
S : 시료의 채취량(g)

7.2 실험목적

(1) 조회분 정량(무게분석)의 원리를 이해한다.
(2) 직접 회화법에 대하여 이해한다.
(3) 무게분석에서 항량의 중요성을 이해한다.
(4) 직접 회화법을 이용하여 식품 중의 회분을 정량할 수 있다.

7.3 기 구

(1) 전자저울
(2) 회화로(그림 3-16)
(3) 데시케이터(그림 3-10)
(4) 회화도가니
(5) Vat
(6) Tong
(7) 시약스푼
(8) 유 발

7.4 재료 및 시약

(1) 조회분 양을 측정할 시료
(2) 황산지

7.5 실험내용

그림 3-18. Vats

1) 시료 및 시약조제

(1) 시료(①) : 유발을 사용하여 곱게 분쇄한다(1.1항, p. 147).

2) 실험방법

(1) 회화로의 온도를 550~600℃에 맞추고 회화도가니를 깨끗하게 세척한다.

(2) 회화도가니의 항량

회화도가니를 회화로에서 550~600℃의 온도로 3~4시간 가열 → 회화로 안에서 약 200℃ 정도로 그대로 냉각 → 회화도가니를 데시케이터에 옮겨 방냉 → 무게를 측정하고 기록 → 다시 550~600℃의 온도로 1시간 가열 → 회화로 안에서 약 200℃ 정도로 그대로 냉각 → 데시케이터에 옮겨 방냉 → 무게를 측정하고 기록 → 회화도가니의 무게가 변하지 않을 때까지 반복 → 회화도가니의 항량 → 무게를 기록

이때 회화도가니를 옮길 때에는 vat와 tong을 이용한다.

(3) 항량을 구한 회화도가니에 시료(①)를 2~5 g 정도 채취하고 시료 무게를 정확하게 기록

(4) (3)을 예비 탄화 등 전처리(7.1항, p. 192).

(5) 전처리를 마친 (4)를 회화로에 옮겨 550~600℃에서 백색 또는 회백색의 회분이 얻어질 때까지 가열 → 회화로 안에서 약 200℃ 정도로 그대로 냉각 → 데시케이터에 옮겨 방냉 → 신속하게 칭량(칭량 중에 회화도가니 중의 재가 수분을 흡수할 수 있음) → 무게를 기록

(6) 시료의 회분 함량(%)을 계산한다(7.1항, p. 192).

7.6 질문 및 토론

7.7 주의사항

(1) 실험실에서의 주의사항(안전제일)을 반드시 지킨다.

(2) 무게분석의 원리에 대하여 이해한다.

(3) 조회분 함량을 계산하는 방법을 이해한다.

(4) 회화도가니의 항량과 회화 후 시료와 회화도가니의 항량을 정확히 구한다.

(5) 회화로 내부가 좁기 때문에 회화로 내에서 자재도가니의 취급에 주의한다.

8. Bertrand 법에 의한 환원당 정량

8.1 원 리

탄수화물은 단백질 및 지질과 함께 식품의 품질과 성질에 큰 영향을 미친다. 그러므로 식품의 탄수화물을 정량하는 것은 중요한 의미가 있다. 그러나 탄수화물에는 많은 종류의 단당류, 소당류 및 다당류가 있어 이들을 따로따로 분별 정량하기가 쉽지 않고, 또한 이들의 성질이 각각 다르기 때문에 이들 탄수화물을 모두 하나의 탄수화물로 정량하기도 어렵다.

그러므로 식품성분표나 칼로리 계산을 위한 분석표에서는 탄수화물의 양을 시료의 양(100%)으로부터 수분, 단백질, 지질 및 회분의 양을 뺀 값으로 표시한다. 그리고 식품성분표에서 말하는 당질(유용성 탄수화물)의 양은 탄수화물의 양으로부터 9절(p. 206)에서 설명하는 조섬유의 양을 뺀 값이다. 당질이란 설탕, 전분과 같은 소화성 탄수화물을 의미하며, 조섬유는 난소화성 탄수화물을 의미한다. 그러므로 식품분석표에서 표현하는 당질이나 탄수화물의 의미와 생물화학적 물질로서의 당질이나 탄수화물과 혼동해서는 안 된다.

식품 중에 존재하는 여러 종류의 당질은 화학적으로 크게 환원당과 비환원당으로 나뉘어진다. 환원당(제 5장 1.1항, p. 267)이란 다른 물질을 환원시키는 성질이 있는 당질을 말하는데 포도당(glucose)·과당(fructose)·젖당(lactose)·맥아당(maltose) 등이 이에 해당되며, 비환원당은 다른 물질을 환원시키지 못하는 당질을 말하는데 대표적인 비환원당에는 설탕과 전분 등이 있다.

환원당은 식품의 품질변화나 갈변현상 등과 깊은 관계가 있기 때문에 따로 정량하는 경우가 많다. 환원당은 그의 환원성을 이용하여 직접 정량할 수 있으며, 설탕 등과 같은 비환원당은 가수분해하여 환원당(포도당과 과당)으로 전환시킨 후 환원당 정량과 같은 방법으로 정량할 수 있다. 환원당 정량법에는 Bertrand 법, Somogyi 법, Lane-Eynone 법 등이 있는데, 이 책에서는 가장 많이 이용되고 있는 Bertrand 법에 대하여 설명하기로 한다.

1) Bertrand 법

시료 중에 한 종류의 환원당이 존재하면 Bertrand 법에 의하여 그 양을 정확하게 정량하는 것이 가능하다. 하지만 여러 종류의 환원당이 섞여 있으면 Bertrand 법에 의하여 그들을 분별정량 하기가 어렵고, 그 결과도 정확하지 않다. 그러므로 Bertrand 법에 의하여 식품 중의 환원당을 분석할 때에는 일반적으로 전체의 환원당을 하나의 환원당으로 나타내는 것이 보통이다.

Bertrand 법의 기본적인 원리는 Fehling 용액에 환원당을 가하고 일정한 조건에서 가열하면 아산화구리(Cu_2O) 침전이 생성되는데, 이 침전물의 양은 환원당의 양에 비례한다. 그러므로 침전물의 양(구리의 양)으로부터 환원당을 정량할 수 있다는 것이다.

다음 화학반응식을 참고하여 그 원리를 이해하도록 한다.

(1) Fehling 용액

황산구리($CuSO_4 \cdot 5H_2O$) 용액과 알칼리성 Rochelle 염 용액을 같은 양 혼합하여 조제하는데, Fehling 용액 중의 구리는 $Cu(OH)_2$로 존재한다.

$$CuSO_4 \cdot 5H_2O + 2NaOH \longrightarrow Cu(OH)_2 + Na_2SO_4 + 5H_2O$$

Fehling 용액의 색은 처음에는 청색이지만 다음 반응에서 보는 바와 같이 환원당에 의하여 2가 구리[$Cu(OH)_2$, Cu^{+2}]가 1가 구리(Cu_2O, Cu^{+1})로 환원되어 붉은색의 Cu_2O가 침전되면 그 색은 무색으로 된다.

(2) $Cu(OH)_2$와 환원당(RCHO)의 반응

$$2Cu(OH)_2 + RCHO \longrightarrow Cu_2O + 2H_2O + RCOOH$$

$Cu(OH)_2$에서 Cu의 산화수 : $x + (-2 + 1) \times 2 = 0, \quad x = +2$

Cu_2O에서 Cu의 산화수 : $2x - 2 = 0, \quad x = +1$

Fehling 용액에 환원당을 가하고 가열하면 $Cu(OH)_2$는 환원당에 의하여 환원되어 적색의 Cu_2O로 되어 침전하고, 환원당은 산화되어 RCOOH로 된다. 이 때 생성되는 침전물의 양은 환원당의 양에 비례한다. 하지만 당의 종류에 따라 환원능력이 다르기 때문에 생성되는 침전물의 양은 당의 종류에 따라 다르다.

이 때 생성된 침전물(Cu_2O, 고체)의 양을 정확하게 측정하기에는 많은 문제점이 있으므로 다음 단계에서 설명하는 바와 같이 이 침전물을 용해하여 부피분석으로 그 양을 측정한다.

(3) 침전물의 용해

$$Cu_2O + Fe_2(SO_4)_3 + H_2SO_4 \longrightarrow 2CuSO_4 + 2FeSO_4 + H_2O$$

$Fe_2(SO_4)_3$에서 Fe의 산화수 : $2x + (+6 - 8) \times 3 = 0, \quad x = +3$

$FeSO_4$에서 Fe의 산화수 : $x + 6 - 8 = 0, \quad x = +2$

Cu_2O를 황산제2철[$Fe_2(SO_4)_3$, Fe^{+3}]의 산성용액으로 녹이면 Cu_2O는 산화되어 황산구리가 되고, 황산제2철은 환원되어 황산제1철($FeSO_4$, Fe^{+2})로 된다. 이 때 생성되는 황산제1철의 양은 Cu_2O의 양에 비례한다. 그러므로 생성된 황산제1철의 양을 측정하면 Cu_2O의 양을 측정하는 것이 가능하다.

(4) 황산제1철의 정량

$$10FeSO_4 + 2KMnO_4 + 8H_2SO_4 \longrightarrow 5Fe_2(SO_4)_3 + 2MnSO_4 + K_2SO_4 + 8H_2O$$

$KMnO_4$와 황산제1철은 당량 대 당량으로 반응하기 때문에 $KMnO_4$ 표준용액으로 적정하면 황산제1철의 양을 정량하는 것이 가능하다.

위의 모든 과정을 간단하게 정리하면,

$2KMnO_4$(10 g 당량) ≡ $10FeSO_4$(10 g 당량) ≡ $5Cu_2O$ ≡ 10Cu
$KMnO_4$(1 g 당량, 31.6 g) ≡ Cu(63.5 g)
1 N $KMnO_4$ 1L(1 g 당량) ≡ Cu 63.5 g
0.1 N $KMnO_4$ 1,000 mL(0.1 g 당량) ≡ Cu 6.35 g
0.1 N $KMnO_4$ 1 mL ≡ Cu 6.35 mg

즉, 0.1 N $KMnO_4$ 용액이 1 mL 소비되었다면 환원당에 의하여 구리 6.35 mg이 침전된 것이다.

이와 같이 침전된 구리의 양이 계산되면 경험적인 Bertrand 당류 정량표(표 3-2)를 이용하여 침전된 구리 양에 상당하는 환원당의 양을 계산하는 것이 가능하다.

[예] 어떤 시료에 존재하는 환원당은 모두 포도당이다. 이 시료 1 g으로 위와 같이 실험하였을 때 0.1 N $KMnO_4$ 용액이 5.4 mL 소비되었다면 이 시료의 포도당 함량(%)은 얼마인가?

풀이 0.1 N $KMnO_4$ 용액 1 mL에 상당하는 구리의 양이 6.35 mg이므로

$$5.4 \times 6.35 = 34.29 \text{ mg}$$

Bertrand 당류 정량표의 포도당(glucose) 줄에서 구리 양 34.29 mg을 찾으면 이는 34.2(당의 양 17 mg)와 36.2(당의 양 18 mg) 사이에 있다. 이와 같이 계산된 구리 양이 표에 없을 경우에는 비례배분에 의하여 구리 양 34.29 mg에 해당하는 당의 양을 계산한다.

표 3-2. Bertrand 당류 정량표

당류	각 당류에 상당하는 동의 mg					당류	각 당류에 상당하는 동의 mg				
mg	전화당	Glucose	Galactose	Maltose	Lactose	mg	전화당	Glucose	Galactose	Maltose	Lactose
10	20.6	20.4	19.3	11.2	14.4	56	105.7	105.8	101.5	61.4	76.2
11	22.6	22.4	21.2	12.3	15.8	57	107.4	107.6	103.2	62.5	77.5
12	24.6	24.3	23.0	13.4	17.2	58	109.2	109.3	104.9	63.5	78.8
13	26.5	26.3	24.9	14.5	18.6	59	110.9	111.1	106.6	64.6	80.1
14	28.5	28.3	26.7	15.6	20.0	60	112.6	112.8	108.3	65.7	81.4
15	30.5	30.2	28.6	16.7	21.4	61	114.3	114.5	110.0	66.8	82.7
16	32.5	32.2	30.5	17.8	22.8	62	115.9	116.2	111.6	67.9	83.9
17	34.5	34.2	32.3	18.9	24.2	63	117.6	117.9	113.3	68.9	85.2
18	36.4	36.2	34.2	20.0	25.6	64	119.2	119.6	115.0	70.0	86.5
19	38.4	38.1	36.0	21.1	27.0	65	120.9	121.3	116.6	71.1	87.7
20	40.4	40.1	37.9	22.2	28.4	66	122.6	123.0	118.3	72.2	89.9
21	42.3	42.0	39.7	23.3	29.8	67	124.2	124.7	120.0	73.3	90.3
22	44.2	43.9	41.6	24.4	31.1	68	125.9	126.4	121.7	74.3	91.6
23	46.1	45.8	43.4	25.5	32.5	69	127.5	128.1	123.3	75.4	92.8
24	48.0	47.7	45.2	26.6	33.9	70	129.2	129.8	125.0	76.5	94.1
25	49.8	49.6	47.0	27.7	35.2	71	130.8	131.4	126.6	77.6	95.4
26	51.7	51.5	48.9	28.9	36.6	72	132.4	133.1	128.3	78.6	96.7
27	53.6	53.4	50.7	30.0	38.0	73	134.0	134.7	130.0	79.7	98.0
28	55.5	55.3	52.5	31.1	39.4	74	135.6	136.3	131.5	80.8	99.1
29	57.4	57.2	54.4	32.2	40.7	75	137.2	137.9	133.1	81.8	100.4
30	59.3	59.1	56.2	33.3	42.1	76	138.9	139.6	134.8	82.9	101.7
31	61.1	60.9	58.0	34.4	43.4	77	140.5	141.2	136.4	84.0	102.9
32	63.0	62.8	59.7	35.5	44.8	78	142.1	142.8	138.0	85.1	104.2
33	64.8	64.6	61.5	36.5	46.1	79	143.7	144.5	139.7	86.2	105.4
34	66.7	66.5	63.3	37.6	47.4	80	145.3	146.1	141.3	87.2	106.7
35	68.5	68.3	65.0	38.7	48.7	81	146.9	147.7	142.9	88.3	107.9
36	70.3	70.1	66.8	39.8	50.1	82	148.5	149.3	144.6	89.4	109.2
37	72.2	72.0	68.6	30.9	51.4	83	150.0	150.9	146.2	90.4	110.4
38	74.0	73.8	70.4	31.9	52.7	84	151.6	152.5	147.8	91.5	111.7
39	75.9	75.7	72.1	33.0	54.1	85	153.2	154.0	149.4	92.6	112.9
40	77.7	77.5	73.9	44.1	55.4	86	154.8	155.6	151.1	93.7	114.1
41	79.5	79.3	75.6	45.2	56.7	87	156.4	157.2	152.7	94.8	115.4
42	81.2	81.1	77.4	46.3	58.0	88	157.9	158.8	154.3	95.8	116.6
43	83.0	82.9	79.1	47.4	59.3	89	159.5	160.4	156.0	96.9	117.9
44	84.8	84.7	80.8	48.5	60.6	90	161.1	162.0	157.6	98.0	119.1
45	86.5	86.4	82.5	49.5	61.9	91	162.6	163.6	159.2	99.0	120.3
46	88.3	88.2	84.3	50.6	63.3	92	164.2	165.2	160.8	100.1	121.6
47	90.1	90.0	86.0	51.7	64.6	93	165.7	166.7	162.4	101.1	122.8
48	91.9	91.8	87.7	52.8	65.9	94	167.3	168.3	164.0	102.2	124.0
49	93.6	93.6	89.5	53.9	67.2	95	168.8	169.9	165.6	103.2	125.2
50	95.4	95.4	91.2	55.0	68.5	96	170.3	171.5	167.2	104.2	126.5
51	97.1	97.1	92.9	56.1	69.8	97	171.9	173.1	168.8	105.3	127.7
52	98.8	98.9	94.6	57.1	71.1	98	173.4	174.6	170.4	106.3	128.9
53	100.6	100.6	96.3	58.2	72.4	99	175.0	176.2	172.0	107.4	130.2
54	102.2	102.3	98.0	59.3	73.7	100	176.5	177.8	173.6	108.4	131.4
55	104.0	104.1	99.7	60.3	74.9						

34.2	17 mg
34.29	X
36.2	18 mg

$36.2-34.2=2,\quad 18-17=1$

$34.29-34.2=0.09,\quad X-17=x$

$2:1=0.09:x,\quad x=0.045$

$\therefore\ X=17.045(\text{mg})$

그러므로 이 시료 1 g 중에는 포도당이 17.045 mg 존재한다. 즉 1.705%이다.

2) Bertrand 법에 의한 환원당 정량

(1) 시약의 조제

① 황산구리 용액(A액) : 황산구리($CuSO_4 \cdot 5H_2O$) 17.5 g을 증류수에 녹여 250 mL로 정용한다.

② 알칼리성 Rochelle 염 용액(B액) : Rochelle salt(sodium potassium tartarate) 86 g과 NaOH 25 g을 증류수에 녹여 250 mL로 정용한다. 이 때 NaOH를 먼저 녹인 후 Rochelle 염을 녹이면 잘 녹는다.

③ 황산제2철 용액(C액) : 황산제2철 [$Fe_2(SO_4)_3 \cdot nH_2O$] 50 g을 적당량의 증류수에 녹이고 진한 황산 200 g을 서서히 가한 후, 냉각하고 다시 증류수를 가하여 1 L로 정용한다. 이 액은 $KMnO_4$ 용액(D액)을 환원시키면 안 된다.

④ 과망간산칼륨 표준용액(D액) : 과망간산칼륨($KMnO_4$) 5 g을 증류수에 녹여 1 L로 정용한다. 착색병에 넣어 어두운 곳에 약 1주일간 실온에 방치한 후 glass filter(3G3)로 여과하여 착색병에 보존한다. 앞의 1)항(p. 197)에서 설명한 바와 같이 0.1 N $KMnO_4$ 1 mL은 Cu 6.35 mg에 상당한다. 하지만 여기에서는 과망간산칼륨 표준용액으로부터 이에 상당하는 구리 양을 보다 쉽게 계산하기 위하여 N 농도의 용액으로 조제하지 않고 다음과 같이 조제한다.

$KMnO_4$ 5 g/L $=$ $KMnO_4$ 5 mg/mL

$KMnO_4$: Cu $=$ 31.6 g(1 g 당량) : 63.5 g $=$ 5 mg : x

$x=10$ mg

즉, 이 용액 1mL는 구리 10 mg에 상당한다.

이 용액은 환원당 정량의 표준용액이기 때문에 다음과 같이 농도계수를 정확하게 측정하여 사용한다.

(2) 과망간산칼륨 표준용액의 농도계수 측정

제 2장 3.1항(p. 114)에서 설명한 바와 같이 과망간산칼륨 용액의 농도계수를 측정할 때에는 일반적으로 수산나트륨($Na_2C_2O_4$) 표준용액을 이용한다. 이 절에서는 과망간산칼륨 용액이 N 농도가 아니기 때문에 다음과 같은 방법으로 농도계수를 측정한다.

① $Na_2C_2O_4$ 약 0.2 g을 150～200℃에서 1 시간 정도 건조하여 데시케이터에서 냉각하고 0.15 g을 정확히 칭량하여 비커에 넣고 30 mL 정도의 증류수를 가한다.

② ①에 진한 황산 1 mL를 가하고 가볍게 섞으면서 물 중탕하여 25～30℃ 정도로 가온한다. 이때는 $KMnO_4$ 용액 자체의 색을 지시약으로 이용하기 때문에 지시약을 따로 첨가하지 않는다. $KMnO_4$의 자주색은 $KMnO_4$가 환원되면 없어지기 때문에 이러한 성질을 이용하여 지시약으로 활용한다.

③ 갈색 뷰렛에 앞의 (1)항(p. 199)에서 조제한 $KMnO_4$ 용액을 넣는다. $KMnO_4$ 용액은 착색되어 있어 메니스커스의 하단을 읽기 어려우므로 상단을 읽는다.

④ 천천히 적정하여 30초간 담홍색이 유지되는 점에서 적정을 멈추고 $KMnO_4$ 용액의 소비량을 읽는다.

⑤ ①～④의 과정을 한 번 더 반복하여 $KMnO_4$ 용액 소비량의 평균치를 구한다(평균 소비량을 13.5 mL로 한다).

⑥ $KMnO_4$ 용액의 농도계수 계산

$$5Na_2C_2O_4 + 2KMnO_4 + 8H_2SO_4 \longrightarrow 5Na_2SO_4 + 10CO_2\uparrow + K_2SO_4 + 2MnSO_4 + 8H_2O$$

위 식에서 $Na_2C_2O_4$와 $KMnO_4$는 당량 대 당량으로 반응한다.

$$Na_2C_2O_4 : KMnO_4 = 67\ g : 31.6\ g = 0.15\ g : x, \quad x = 0.070\ g = 70\ mg$$

$Na_2C_2O_4$ 0.15 g과 반응하는 $KMnO_4$의 양은 70 mg인데, 이 양이 $KMnO_4$ 용액 13.5 mL 중에 들어 있으므로 이 용액 1 mL에는 $KMnO_4$가 5.19 mg(= 70÷13.5) 들어 있다.

$KMnO_4$ 31.6 g은 Cu 63.5 g에 상당하므로

$$KMnO_4 : Cu = 31.6\ g : 63.5\ g = 5.19\ mg : x, \quad x = 10.43\ mg$$

즉 여기에서 조제한 $KMnO_4$ 용액 1 mL는 Cu 10.43 mg에 상당하고, 농도계수는 1.043(= 10.43÷10)이다.

(3) 시료 용액의 조제

액체 또는 물에 녹는 시료는 다음과 같이 조제한다.

① 환원당 0.1~1.0 g 정도를 함유하는 시료를 250 mL 메스플라스크에 정확히 취하고 증류수 100 mL 정도를 가하여 잘 혼합한다.

② 시료 중에 단백질이나 아미노산이 존재하면 이들은 환원당 정량을 방해하기 때문에 **중성 초산납포화용액**(약 2 mL 정도)을 침전이 생기지 않을 때까지 가하여 단백질을 제거한 후, 증류수로 250 mL로 정용하고 약 15분 정도 방치하고 여과한다.

③ 여액에 무수 수산나트륨 분말을 침전이 생기지 않을 때까지 소량씩 가하여 납을 침전시킨 후, 여과하여 그 여액을 시료 용액으로 한다. 시료에 dextrin이 많으면 80%(v/v) 에틸알코올로 침전시킨 후 여과하여 시료로 하고, 지질이 많으면 에틸에테르로 탈지한 후에 물 층을 시료로 하며, 산성시료는 K_2CO_3로 중화하여 사용한다.

고체시료는 환원당 0.1~1.0 g 정도를 함유하는 시료를 정확히 칭량, 유발에서 적당량의 증류수를 가하여 죽 상태로 마쇄, 250 mL 메스플라스크에 옮기고, 다음 과정은 액체시료와 같이 조제한다.

(4) 환원당 정량

① 250 mL 삼각플라스크에 위에서 조제한 시료 20 mL(환원당 양은 20~80 mg 정도)를 정확히 취하고 8.1항(p. 199)에서 조제한 황산구리 용액(A액)과 알칼리성 Rochelle 염 용액(B액)을 각각 정확히 20 mL씩 가하고 혼합한다.

② ①을 가열하여 기포가 발생하기 시작한 후 정확히 3분 동안 끓인다. 이 반응은 정량적으로 발생하지 않기 때문에 가열시간과 온도 등의 조건을 균일하게 하여야 한다. 이 때 삼각플라스크에는 A액과 B액의 청색이 남아 있어야 한다. 만약

▸ **중성 초산납포화용액**

초산납[$Pb(CH_3CO_2)_2 \cdot 3H_2O$] 45.6 g을 증류수 100 mL에 녹인다.

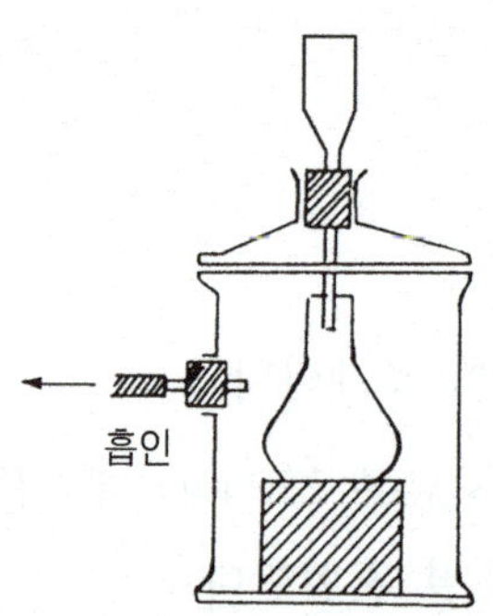

그림 3-19. Witt 여과장치

청색이 남아 있지 않으면 환원당 양이 너무 많은 것이기 때문에 시료를 희석하여 사용하여야 한다.

③ 가열한 후에 삼각플라스크를 흐르는 물에서 냉각시키고 청색을 띤 상징액만을 Witt 여과장치(그림 3-19)의 glass filter(15G4)에 기울여 부으면서 조용히 흡인 여과한다. 증류수 약 50 mL를 삼각플라스크의 내벽에 따라 주입하고 흔들면서 아산화동 침전을 씻어 상징액을 다시 Witt 여과장치에서 흡인 여과한다. 이 조작을 3~4회 반복하여 침전을 완전히 세척한다. 이 때 아산화동이 공기와 접촉하지 않도록 주의한다.

④ 침전이 남아 있는 삼각플라스크를 Witt 여과장치 중의 여액이 담긴 용기와 바꾸고 황산제2철 용액(C액) 약 20 mL를 glass filter에 3~4회 나누어 부어 침전을 녹이면서 흡인 여과한다. 다음에 더운 증류수 약 10 mL로 glass filter를 여러 차례 씻고 세액을 전부 침전이 들어 있는 삼각플라스크에 모은다.

⑤ 삼각플라스크를 Witt 여과장치에서 분리하고 잘 흔들어서 아산화동 침전을 완전히 녹인다. 이때의 액은 녹색이다.

⑥ 과망간산칼륨 표준용액(D액)으로 연한 홍색이 약 30초간 유지될 때까지 적정한다.

(5) 시료 중의 환원당 양 계산

소비된 D 용액($KMnO_4$)의 소비량(mL)으로부터 구리의 양을 산출한다.

$$\mathrm{Cu(mg)} = V \times f \times \text{희석배수} \times 10$$

V : D 용액의 소비량(mL)

f : D 용액의 농도계수

10 : D 용액 1 mL에 상당하는 구리의 mg 수

구리의 양으로부터 Bertrand 당류 정량표에 의하여 당량을 구하고 다시 시료 중의 환원당 양을 계산한다(8.1항, p. 197).

8.2 실험목적

(1) Bertrand 법에 의한 환원당 정량의 원리를 이해한다.
(2) $KMnO_4$ 용액의 농도계수 측정에 대하여 이해한다.
(3) $KMnO_4$ 용액 1 mL에 상당하는 구리의 양이 10 mg인 것을 이해한다.
(4) Bertrand 법을 이용하여 식품 중의 환원당을 정량할 수 있다.

8.3 기 구

(1) 전자저울
(2) Witt 여과장치(그림 3-19)
(3) 자석교반기(그림 2-6)
(4) 데시케이터(그림 3-10)
(5) 항온수조(그림 1-17)
(6) 삼각플라스크
(7) 비 커
(8) 메스플라스크

▸ **설탕(자당, $C_{12}H_{22}O_{11}$)의 정량**

설탕은 환원성을 나타내지 않으므로 보통 염산 용액으로 가수분해하여 전화당(포도당과 과당의 혼합물)으로 변화시킨 후, Bertrand 법이나 Somogyi 법에 의하여 전화당 양을 구하고, 그 값에 0.95를 곱하여 설탕의 양을 산출한다.

$$C_{12}H_{22}O_{11} + H_2O \longrightarrow C_6H_{12}O_6 + C_6H_{12}O_6$$

$$\frac{C_{12}H_{22}O_{11}}{C_6H_{12}O_6 + C_6H_{12}O_6} = \frac{342}{360} = 0.95$$

▸ **전분[$(C_6H_{10}O_5)n$]의 정량**

전분도 환원성이 없기 때문에 산으로 완전히 가수분해하여 구성당인 포도당으로 변화시킨 후, Bertrand 법이나 Somogyi 법에 의하여 포도당 양을 구하고, 그 값에 0.90을 곱하여 전분의 양을 산출한다.

$$(C_6H_{10}O_5)n + nH_2O \longrightarrow n(C_6H_{12}O_6)$$

$$\frac{(C_6H_{10}O_5)n}{n(C_6H_{12}O_6)} = \frac{162.1 \times n}{n \times 180} = 0.90$$

(9) 갈색뷰렛　　(10) 뷰렛스탠드
(11) 유리여과기(15G4, 3G3)　　(12) 시약스푼
(13) 세척병　　(14) 피펫필러
(15) 석면망　　(16) 메스피펫
(17) 가열장치(일정한 조건에서 가열할 수 있는 장치)

8.4 재료 및 시약

(1) 환원당 양을 측정할 시료
(2) 황산(H_2SO_4, sulfuric acid) 
(3) Rochelle salt($C_4H_4KNaO_6$, sodium potassium tartarate) [자료 없음]
(4) 황산구리($CuSO_4 \cdot 5H_2O$, cupric sulfate) 
(5) 수산화나트륨(NaOH, sodium hydroxide)
(6) 초산납[$Pb(CH_3CO_2)_2 \cdot 3H_2O$, lead acetate]
(7) 수산나트륨($Na_2C_2O_4$, sodium oxalate) 
(8) 과망간산칼륨($KMnO_4$, potassium permanganate)
(9) 황산제2철 [$Fe_2(SO_4)_3$, ferric sulfate]
(10) 황산지

8.5 실험내용

1) 시료 및 시약조제

(1) 시료(①)를 조제한다(8.1항, p. 201).
(2) 황산구리 용액(②)을 조제한다(8.1항, p. 199).
(3) 알칼리성 Rochelle 염 용액(③)을 조제한다(8.1항).
(4) 황산제2철 용액(④)을 조제한다(8.1항).
(5) 과망간산칼륨 표준용액(⑤)을 조제한다(8.1항).
(6) 수산나트륨(⑥) : 시판되는 시약을 그대로 사용한다.
(7) 황산(⑦) : 시판되는 시약을 그대로 사용한다.

2) 실험방법

(1) ⑤의 농도계수 측정 : 8.1항(p. 200)를 참조하여 ⑤의 농도계수를 측정한다.

(2) 250 mL 삼각플라스크(A) + ① 20 mL(정확히) + ② 20 mL(정확히) + ③ 20 mL(정확히) → 혼합

(3) (2)를 가열(기포가 발생하기 시작한 후 정확히 3분 동안 일정한 온도로 가열) 이 때 삼각플라스크(A)에 청색이 남아 있지 않으면 시료 중에 환원당 양이 너무 많은 것이기 때문에 시료를 희석하여 사용하여야 한다.

(4) 삼각플라스크(A)를 냉각 → 청색을 띤 상징액만을 Witt 여과장치의 glass filter (B)에서 흡인 여과 → 삼각플라스크(A)에 증류수 약 50 mL를 가하고 혼합 → 침전 세척 → 다시 상등액만을 Witt 여과장치에서 흡인 여과 → 이 조작을 3~4회 반복하여 침전을 완전히 세척
이 때 침전물인 아산화동이 공기와 접촉하지 않도록 주의한다.

(5) Witt 여과장치 중의 여액이 담긴 용기를 침전이 남아 있는 삼각플라스크(A)와 교체

(6) ④ 약 20 mL를 3~4회 나누어 Witt 여과장치의 glass filter(B)에 부어 glass filter (B)에 걸러진 침전을 녹이면서 흡인 여과 → 더운 증류수 약 10 mL로 glass filter (B)를 여러 번 세척 → 모든 여액을 침전이 들어 있는 삼각플라스크(A)에 모은다.

(7) 삼각플라스크(A)를 Witt 여과장치에서 분리 → 잘 흔들어 침전을 완전히 용해 (녹색)

(8) 삼각플라스크(A)에 ⑤로 연한 홍색이 약 30초간 유지될 때까지 적정

(9) 시료 중의 환원당 양(%)을 계산(8.1항, p. 202)

8.6 질문 및 토론

8.7 주의사항

(1) 실험실에서의 주의사항(안전제일)을 반드시 지킨다.

(2) 가열을 할 때에는 특히 화상에 주의한다.

(3) 가열의 정도, 시간 등을 정확하게 실시한다.

9. AOAC법에 의한 조섬유 정량

9.1 원 리

섬유소(cellulose)는 고등식물의 세포막 주성분으로 자연계에 광범위하게 다량으로 분포되어 있는 탄수화물이다. 사람은 섬유소를 분해하는 효소가 없기 때문에 식품에 존재하는 섬유소는 거의 소화되지 않고 체외로 배설된다. 하지만 적당한 양의 섬유소는 장을 튼튼하게 하는 등의 건강증진 효과가 있는 것으로 알려져 있다.

섬유소는 식품 중의 다른 성분과 달리 묽은 산과 묽은 알칼리에 녹지 않으며 또한 에틸알코올 및 에틸에테르에도 녹지 않는 성질을 지닌다. 한편 식품의 일반성분 중 무기물도 이들에 의하여 녹지 않는다. 그러므로 식품을 묽은 산, 묽은 알칼리, 에틸알코올 그리고 에틸에테르로 처리한 후, 남아 있는 물질의 무게를 측정하고 여기에서 무기물의 양을 빼면 이 무게가 섬유소의 양이 된다.

이것은 주로 섬유소이지만 그 외에 소량의 lignin, pentosan 등을 함유하기 때문에 조섬유(crude fiber)라고 한다. 이것이 식품 중의 조섬유를 정량하는 기본적인 원리이다. 즉 식품의 조섬유 함량을 측정하는 과정은 식품을 묽은 산, 묽은 알칼리, 에틸알코올 그리고 에틸에테르로 용해하는 용해과정과 무기물의 양을 측정하기 위한 회화과정으로 구성된다.

현재 사용되는 조섬유의 정량은 어느 것이나 Henneberg-Stohmann 법을 약간 개량한 것인데, 이 중 AOAC법(Henneberg-Stohmann 개량법)이 가장 많이 이용된다.

1) AOAC법

AOAC법에 의한 조섬유 정량 조작은 용해과정과 회화과정의 두 단계로 나누어진다. 용해과정은 식품을 묽은 산(1.25% H_2SO_4)과 묽은 알칼리(1.25% NaOH)로 처리하여 가용성 물질을 모두 제거하는 과정이며, 회화과정(7절, p. 190)은 용해과정에서 용해되지 않은 물질 중에 무기물이 함유되어 있으므로 무기물의 양을 측정하기 위한 과정이다. 즉 묽은 산과 묽은 알칼리에 녹지 않는 조섬유의 양은 시료를 용해시킨 다음 남아 있는 물질의 무게에서 회분의 무게를 빼면 얻어진다.

2) AOAC법에 의한 조섬유 정량

이 책에서는 위에서 설명한 AOAC법의 원리를 쉽게 적용할 수 있도록 만들어진 조섬유 정량장치(그림 3-20)를 사용하여 조섬유를 정량하는 방법을 설명하도록 한다.

(1) 시약의 조제

① 1.25% 황산(H_2SO_4) 용액 : 섬유소란 이 농도의 묽은 산에 용해되지 않는 물질이기 때문에 정확하게 1.25%(0.255 N) 농도의 황산 용액을 조제한다. 조섬유 정량 실험을 1회 하는 데 필요한 양은 150~200 mL이다.

[예] 황산 용액의 농도가 98%라면 이것을 증류수로 희석시켜야 하므로

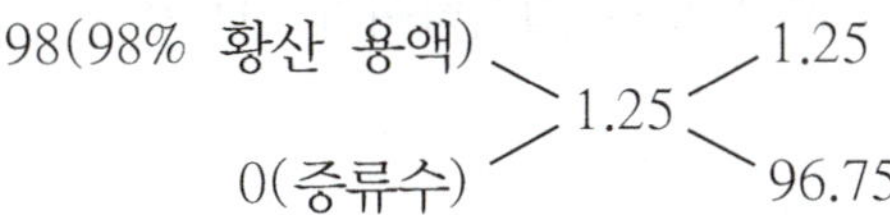

즉, 98% 황산 용액과 증류수를 1.25 : 96.75의 비율로 혼합하여 조제하면 된다.

② 1.25% 수산화나트륨(NaOH) 용액 : 섬유소란 이 농도의 묽은 알칼리에 용해되지 않는 물질이기 때문에 정확하게 1.25%(0.313 N) 농도의 NaOH 용액을 조제한다. 가능한 탄산나트륨(Na_2CO_3)을 함유하지 않도록 하며, 농도를 알고 있는 산 표준용액을 이용하여 정확히 조제한다. 조섬유 정량 실험 1회에 필요한 양은 150~200 mL이다. 시약 NaOH에 포함되어 있는 불순물 때문에 조제된

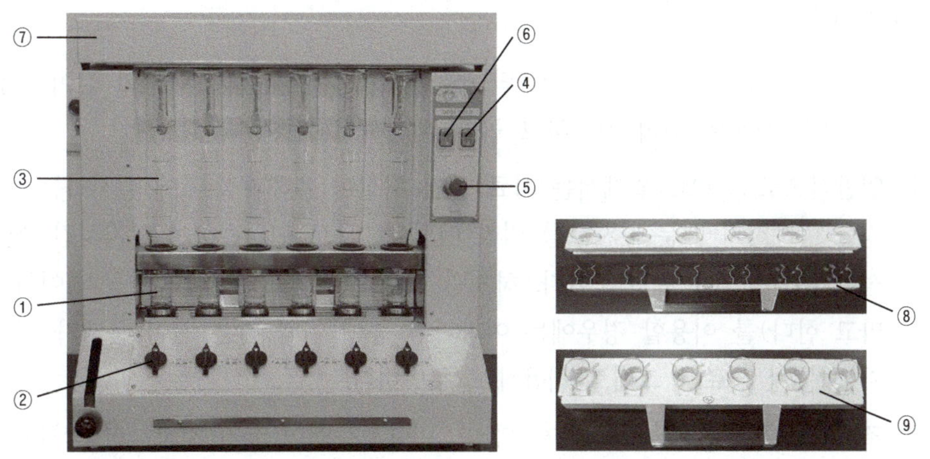

그림 3-20. 조섬유 정량장치

① 유리여과기(crucible), ② valve 스위치, ③ column, ④ pressure 스위치, ⑤ 온도조절 스위치, ⑥ 전원스위치, ⑦ 뚜껑, ⑧ 유리여과기 rack, ⑨ 유리여과기를 rack으로 잡은 모습(시료를 넣은 유리여과기를 rack을 이용하여 장치의 유리여과기 위치에 고정시킨다)

1.25% NaOH 용액의 농도를 확인하고자 하면 다음과 같이 하면 된다.

[예] 1.25%(= 0.313 N) NaOH 용액을 조제한 후 비커에 30 mL를 취하고 1 N HCl(f = 1.010)로 적정하였더니 그 소비량이 9.4 mL이었다면

$N \times V = N' \times V'$

$x \times 30 = 1 \times 9.4 \times 1.010$, x = NaOH 용액의 농도 = 0.316(N)

이것을 증류수와 섞어 0.313 N 농도로 희석하여야 하므로

```
0.316         0.313
      \     /
       0.313
      /     \
0             0.003
```

즉, 이 NaOH 용액과 증류수를 0.313 : 0.003의 비율로 혼합하여 조제하면 된다.

③ 에틸에테르 : 시판되는 시약을 그대로 사용한다.

④ 아세톤 : 시판되는 시약을 그대로 사용한다.

⑤ 이소아밀알코올(*iso*-amyl alcohol) : 소포제이며 시판되는 시약을 그대로 사용한다.

(2) 용해과정

① 섬유소 양이 5~50 mg 정도가 되도록 시료를 채취하는데, 야채와 같이 수분 양이 많은 시료는 미리 건조하고 곱게 분쇄하여 사용한다.

② 일반적으로 AOAC 법에서는 시료 중의 지질이 용해과정 후에 실시하는 여과과정을 방해하기 때문에 시료를 미리 에틸에테르로 전처리하여 탈지시킨 후에 조섬유 분석용 시료로 이용한다. 하지만 그림 3-20의 조섬유 정량장치(이하 장치라고 한다)를 이용할 경우에는 여과과정 중에 이와 같은 점이 문제가 되지 않기 때문에 시료를 그대로 사용해도 무방하다.

③ 조제한 1.25% 황산 용액을 가열한다. 이 때 용액이 끓기 시작하면 장치에서 바로 사용할 수 있도록 가열시간이나 온도를 조절한다. 이는 황산 용액의 농도를 유지하는 것이 중요하기 때문이다.

④ 유리여과기(crucible)에 시료를 넣은 후 장치에 장착하고 ③에서 바로 끓을 수 있도록 예열이 된 황산 용액 약 150 mL를 column에 가하고, 거품의 발생을 방지하기 위하여 *iso*-amyl alcohol 1~2 방울을 가하고 가열하는데, column 내에

서 기포가 왕성하게 발생되기 시작하고 나서 정확히 30분간 가열한다.

⑤ 가열 후 묽은 산 용액에 의한 용해액을 천천히 배출하고 뜨거운 증류수로 column을 2～3회 세척한다.

⑥ 바로 끓을 수 있도록 예열이 된 1.25% NaOH 용액 150 mL를 장치의 column에 가하고, 마찬가지로 *iso*-amyl alcohol 1～2방울을 가하고 가열하는데 column 내에서 기포가 왕성하게 발생되기 시작하고 나서 정확히 30분간 가열한다.

⑦ 가열 후 묽은 알칼리 용액에 의한 용해액을 천천히 배출하고 뜨거운 증류수로 column을 2～3회 세척한다.

⑧ 묽은 산과 묽은 알칼리로 용해되지 않는 잔사가 남아 있는 유리여과기(crucible)를 삼각플라스크 위에 놓고 아세톤으로 잔사에 남아 있을지 모르는 지방 성분을 제거한다(이 때 아스피레이터를 사용하면 여과하기가 쉽다).

⑨ 유리여과기(crucible)를 건조기에 넣어 시료의 수분을 제거(제2절 2.1항, p. 152) 한 후 항량을 측정한다(W_1). 이 무게는 유리여과기와 조섬유 그리고 무기질의 무게이다.

(3) 회화과정

유리여과기(crucible)를 회화로에서 회화(7.1항, p. 190)한 후 항량을 측정한다(W_2). 이 무게는 유리여과기와 무기질의 무게이다.

(4) 시료 중의 조섬유 양 계산

시료 중의 조섬유 함량은 다음 식에 의하여 계산한다.

$$\text{조섬유(\%)} = \frac{\text{조섬유의 양}}{\text{시료의 양}} \times 100 = \frac{W_1 - W_2}{S} \times 100$$

W_1 : 용해과정 후 유리여과기의 항량(g)
W_2 : 회화과정 후 유리여과기의 항량(g)
S : 시료의 채취량(g)

9.2 실험목적

(1) AOAC법에 의한 조섬유 정량의 원리를 이해한다.

그림 3-21. 가열맨틀(heating mantle)

(2) 정확한 1.25% 황산 용액과 NaOH 용액을 조제하는 방법에 대하여 이해한다.
(3) 끓인 1.25% 황산 용액과 NaOH 용액의 농도를 유지하기 위한 방법에 대하여 이해한다.
(4) 무게분석에서 항량의 중요성을 이해한다.
(5) AOAC법을 이용하여 식품 중의 조섬유를 정량할 수 있다.

9.3 기 구

(1) 전자저울
(2) 조섬유 정량장치(그림 3-20)
(3) 건조기(그림 3-8)
(4) 회화로(그림 3-16)
(5) 데시케이터(그림 3-10)
(6) 가열맨틀(산 용액과 알칼리 용액의 가열장치, 그림 3-21)
(7) 비 커
(8) 메스플라스크
(9) 메스실린더
(10) 메스피펫과 피펫 필러
(11) 세척병
(12) 시약스푼
(13) Tong
(14) 유 발
(15) 아스피레이터(aspirator)
(16) 가지 달린 삼각플라스크(용해과정 후 acetone으로 세척할 때 사용, 500 mL)

9.4 재료 및 시약

(1) 조섬유 양을 측정할 시료
(2) 황산(H_2SO_4, sulfuric acid) 
(3) 수산화나트륨(NaOH, sodium hydroxide)
(4) 아세톤(C_3H_6O, acetone) 

(5) 이소아밀알코올($C_5H_{12}O$, *iso*-amyl alcohol) 

9.5 실험내용

1) 시료 및 시약조제

(1) 시료(①)의 조제 : 일반적인 AOAC법에서는 미리 시료를 에틸에테르로 전처리하여 탈지시킨 후에 조섬유 분석용 시료로 이용한다. 하지만 그림 3-20의 조섬유 정량장치를 이용할 경우에는 시료를 그대로 사용해도 무방하다.

(2) 1.25% 황산 용액(②)을 조제한다(9.1항, p. 207).

(3) 1.25% 수산화나트륨 용액(③)을 조제한다(9.1항).

(4) 아세톤(④) : 시판되는 시약을 그대로 사용한다.

(5) 이소아밀알코올(⑤) : 시판되는 시약을 그대로 사용한다.

2) 실험방법

(1) 1.25% 황산 용액(②)을 가열맨틀을 이용하여 가열하는데 용액이 끓기 시작하면 조섬유 정량장치(이하 장치라 한다)에서 바로 사용할 수 있도록 시간이나 온도를 조절하고 용액의 농도가 변하지 않도록 유의한다.

(2) 장치에 냉각수를 공급하고, 정확한 양의 시료를 유리여과기(crucible)에 넣은 후에 유리여과기를 장치에 정확히 장착한다(이 때 장치의 valve 스위치는 off 상태로 있어야 한다).

(3) (1)의 예열한 황산 용액 약 150 mL를 장치의 뚜껑을 열고 column에 가하고 *iso*-amyl alcohol(⑤) 1～2방울을 스포이드로 가한 후 장치의 뚜껑을 닫는다.

(4) 가열한다. 이 때 장치의 pressure 스위치는 off 상태여야 하며, 온도조절 스위치는 최대(100)로 한다. Column 내에서 기포가 왕성하게 발생되기 시작하면 온도 조절 스위치를 70～80 정도로 조절하고 정확히 30분간 가열한다.

(5) 가열 중에 증류수(산 용해와 알칼리 용해 후 column 세척용)와 1.25% 수산화나트륨 용액(③)을 가열한다. 이때에도 용액이 끓기 시작하면 장치에서 바로 사용할 수 있도록 시간이나 온도를 조절한다.

(6) (4)에서 30분 가열 후 장치의 온도조절 스위치를 0, pressure 스위치 on, valve 스위치 on으로 하여 1.25% 황산 용액에 의한 용해액을 천천히 배출한다.

(7) 용해액이 모두 유리여과기(crucible) 밑으로 배출이 되면 (5)에서 예열한 뜨거

운 증류수로 column을 2～3회 세척하고, 이 세척액도 유리여과기의 밑으로 배출시킨 후 장치의 pressure 스위치는 off, valve 스위치는 off로 한다.

(8) (5)에서 예열한 NaOH 용액(③) 150 mL를 column에 가하고 마찬가지로 *iso*-amyl alcohol 1～2방울을 스포이드로 가한 후 장치의 뚜껑을 닫는다.

(9) 가열한다. 이 때 장치의 온도조절 스위치는 최대(100)로 한다. Column 내에서 기포가 왕성하게 발생되기 시작하면 온도 조절 스위치를 70～80 정도로 조절하고 정확히 30분간 가열한다.

(10) 30분 가열 후, 장치의 온도 조절 스위치를 0, pressure 스위치 on, valve 스위치 on으로 하여 1.25% 수산화나트륨 용액에 의한 용해액을 천천히 배출한다.

(11) 용해액이 모두 유리여과기(crucible) 밑으로 배출되면 (5)에서 예열한 뜨거운 증류수로 column을 2～3회 세척하고, 이 세척액도 유리여과기의 밑으로 배출시킨 후, 장치의 pressure 스위치는 off, valve 스위치는 off로 한다.

(12) 묽은 산과 묽은 알칼리로 용해되지 않은 잔사가 남아 있는 유리여과기(crucible)를 가지달린 삼각플라스크 위에 놓고 유리여과기에 아세톤을 가득 부어 잔사에 남아 있을지 모르는 지방 성분을 제거한다(이 때 아스피레이터를 사용하면 여과하기가 쉽다).

(13) 유리여과기(crucible)를 건조(150℃에서 1시간)하여 수분제거 후의 항량을 측정한다(W_1).

(14) 유리여과기(crucible)를 회화로(500℃)에서 3시간 정도 회화하여 항량을 측정한다(W_2).

(15) 시료 중의 조섬유 양(%)을 계산한다(9.1항, p. 209).

9.6 질문 및 토론

9.7 주의사항

(1) 실험실에서의 주의사항(안전제일)을 반드시 지킨다.

(2) 가열을 할 때에는 특히 화상에 주의한다.

(3) 황산 용액과 NaOH 용액을 끓일 때 증발로 인하여 용액의 농도가 높아지지 않도록 주의한다.

(4) 가열된 황산 용액과 NaOH 용액의 취급시 주의한다.

(5) 용해과정과 회화과정 후 유리여과기의 항량을 정확히 구한다.

10. $KMnO_4$ 적정법에 의한 칼슘 정량

10.1 원 리

칼슘(calcium, Ca)은 체내에서 뼈의 형성, 신경의 흥분 억제, 혈액 응고, 효소 활성화 등의 중요한 역할을 하는 필수적인 무기물이다. 식품에 존재하는 칼슘은 약 1/3만 장에서 흡수되고, 나머지는 배설된다. 칼슘의 흡수효율은 체내의 생리상태, 체내 요구도, 섭취량 및 소장내의 상태에 따라 촉진 또는 저해된다. 또 함께 섭취하는 식품에 따라서도 달라지는데 적당량의 단백질, 비타민 D, 유당과 펩타이드 등은 칼슘 흡수를 촉진하는 반면, 과량의 인산, 수산, 피틴산(phytic acid), 섬유소, 지방 등은 흡수를 저해한다. 칼슘 섭취가 부족하면 골격의 석회화가 불충분하여 뼈 조직의 구성과 성장이 부진하게 되는데, 결핍증으로는 구루병, 골연화증, 골다공증 등이 있다. 우유 및 유제품, 멸치 등의 생선류, 해조류, 두류, 곡류, 녹색 채소류 등은 칼슘의 훌륭한 공급원인데, 이 중 우유 및 유제품은 칼슘의 이용 면에서 가장 좋은 식품으로 평가된다. 하루에 우유 3잔을 마시면 성인 일일 권장량인 700 mg을 충족시킬 수 있다. 최근에는 칼슘을 강화한 여러 가지 식품가공품이 생산되고 있다.

식품 중의 칼슘 함량을 측정하는 방법에는 $KMnO_4$ 적정법, EDTA 적정법, 염광분석법 등이 있지만, 이 절에서는 $KMnO_4$ 적정법에 의한 칼슘 정량법에 대하여 설명하기로 한다.

1) $KMnO_4$ 적정법을 이용한 칼슘 정량

시료 중의 칼슘 이온(Ca^{+2})은 미산성(pH 5.6) 상태에서 수산기($C_2O_4^{-2}$)와 반응하여 난용성인 수산칼슘(CaC_2O_4) 침전을 생성한다. 이 침전을 여과하고 황산에 용해시킨 후, 이 용액 중의 수산기 양을 $KMnO_4$ 표준용액으로 적정하면 수산기의 양으로부터 칼슘을 정량할 수 있다. 이것이 $KMnO_4$ 적정법의 기본 원리이다. 다음 화학반응식을 참고하여 그 원리를 이해하도록 한다.

$$Ca^{+2} + C_2O_4^{-2} \longrightarrow CaC_2O_4\downarrow$$

$$5CaC_2O_4 + 8H_2SO_4 + 2KMnO_4 \longrightarrow 2MnSO_4 + K_2SO_4 + 5CaSO_4 + 10CO_2 + 8H_2O$$

하지만 이 방법은 다음과 같은 문제점을 지니고 있다.

(1) 생성된 수산칼슘 침전은 상당히 미세하기 때문에 반응액으로부터 순수한 수산칼슘 침전을 완전히 분리하기가 어렵다.

(2) 시료 용액에 수산염을 가하여 수산칼슘을 침전시킬 때 Ca^{+2} 이외에 반응액에 공존하는 Mg^{+2}, Mn^{+2}, Fe^{+2} 등도 동시에 침전을 생성할 수 있다.

(3) 반응액 중의 Fe^{+2}은 수산칼슘의 완전 침전을 방해하여 반응액 중에 Ca^{+2}이 남아 있게 한다.

(4) 수산칼슘 침전을 생성시킨 후, 여과할 때 수산칼슘 침전에 묻어 있는 수산염 용액을 완전히 제거하기 위하여 충분한 세척을 하여야 하는데, 이 때 약간의 수산칼슘이 물에 씻겨 나갈 수 있다. 그러므로 침전을 세척할 때에는 묽은 암모니아수를 사용하여야 한다.

이와 같은 문제점들은 수산칼슘 침전을 형성할 때에 반응액에 요소를 첨가하는 것에 의하여 대부분 해결될 수 있다. 반응액에 요소[$(NH_2)_2CO$]를 가하고 가열하면 요소는 가수분해되어 암모니아와 탄산가스를 방출하는데, 이 때 발생되는 암모니아는 반응액에 흡수되어 반응액의 pH를 연속적으로 올려 준다. 이 상태에서는 침전의 석출은 늦지만 그 결정은 크고 순수할 뿐 아니라 공존 염류의 방해나 공동 침전도 비교적 적다.

$$(NH_2)_2CO + H_2O \longrightarrow 2NH_3 + CO_2\uparrow$$

2) 시료 용액의 조제

식품의 무기성분을 정량할 때에는 먼저 식품 중의 유기물을 분해시켜 무기질만 남아 있는 시료 용액을 조제하여야 한다. 시료 용액을 조제할 때에는 먼지나 기타 물질이 포함되지 않도록, 균일한 시료를 채취할 수 있도록 주의하여야 한다. 시료를 조제할 때 특히 동물성 식품은 세척과정에서 칼슘이나 인이 많이 손실되므로 주의하여야 하고, 철을 정량할 때에는 시료를 준비하는 기구나 장비로부터 철이 혼입되지 않도록 특히 주의하여야 한다. 예를 들면 철제기구를 사용하여 시료를 마쇄 또는 분쇄하지 말아야 한다.

시료용액을 조제하는 방법은 시료를 고온에서 그대로 회화하여 얻어진 회분을 묽은 염산에 용해시키는 건식법과 강산을 첨가하여 가열 분해하는 습식법으로 나누어진다.

(1) 건식법

주로 식물성 식품, 유제품, 음료 등에 이용되는데, 시료를 그대로 회화로에 넣고 회화시키는 방법이다. 조작이 간단하고 회화 후 무기물의 용해에 사용되는 산의 양을 자유롭게 조절할 수 있는 장점이 있으나 단백질 양이 많은 난류, 육류의 경우는 회화하기가 곤란하고 너무 높은 온도에서는 아연(Zn), 납(Pb), 카드늄(Cd), 염소(Cl), 인(P) 등의 일부가 손실되는 문제가 있어 이 방법은 잘 사용되지 않는다.

① 시료 약 2~10 g(표 3-3)을 정확히 칭량하여 증발접시에 취하여 400~500℃의 회화로에 넣고 회화시킨 후 회화로에서 200℃ 정도까지 냉각시키고 데시케이터로 옮겨 냉각시킨다. 이 때 수분이 많은 시료는 회화하기 전에 100~105℃의 건조기에서 건조시킨 후 회화하는 것이 좋다.

② 증발접시의 회분을 약간의 증류수로 적신 후, 묽은 염산(1 : 1, 진한 염산과 증류수를 1 : 1의 비율로 혼합한 것) 10 mL를 가한다. 이 때 알칼리성 식품의 경우는 염산 용액이 튀어 회분이 손실될 염려가 있으므로 조심스럽게 가한다.

③ Hood 안의 끓는 물에 증발접시를 담가 시료 용액을 완전히 건조시킨다.

④ 묽은 염산(1 : 3, 진한 염산과 증류수를 1 : 3 비율로 혼합한 것) 10 mL를 증발접시에 회분이 손실되지 않도록 조심스럽게 가한 후, 물중탕하면서 고형물을 용해시킨다.

표 3-3. 식품 중의 칼슘, 인, 철 함량과 적당한 시료 채취량

무기성분 / 종 류	칼슘 함량	시료 채취량	인 함량	시료 채취량	철 함량	시료 채취량
쌀(米)류	2~15 mg[a]	20~50 g	5~300 mg[a]	1~10 g	0.1~3.5 mg[a]	함유량이 10 mg 이하인 것은 10 g 이상을 채취
잡 곡 류	4~53	5~30	25~360	1~5	0.3~0.5	
감 자 곤 약 류	5~97	5~30	5~74	2~10	0.3~2.5	
과 자 류	2~200	1~50	0~200	1~20	0.3~4.0	
당 류	1~58	5~50	1~14	5~20	0.1~2.3	
유 지 류	1~10	20~50	0~20	5~20	0.1~0.4	
두 류	15~300	1~20	43~710	1~2	1.1~11.0	
종 실 류	3~282	1~40	15~970	1~5	1.0~16.0	
육 류	2~58	5~50	21~400	1~5	0.9~16.0	
난 류	10~150	2~20	11~570	1~5	0.1~6.3	
유 류	50~150	2~5	25~980	1~5	0.1~1.0	
야 채 류	3~440	1~40	5~240	1~10	0.1~10.0	
과 실 류	2~83	5~50	4~130	1~10	0.1~4.0	
버 섯 류	0~16	20~50	15~240	1~5	0.5~3.9	
해 초 류	115~1700	1~2	8~600	1~5	4.0~140.0	
조 미 류	5~553	1~30	10~340	1~5	1.1~45.0	

[a] 식품 100 g 중에 함유한 mg 수

⑤ 이 용액을 100 mL의 메스플라스크에 직접 여과하는데, 증발접시와 여과지를 충분히 세척하여 모든 시료를 메스플라스크에 모은다.

⑥ 증류수를 가하여 정용하고 잘 흔들어 시료 용액으로 사용한다.

(2) 습식법

시료를 진한 질산, 황산, 과염소산($HClO_4$) 등과 같이 가열하여 유기물을 분해하는 방법으로 단백질 함량이 많아 직접 회화하기에 곤란한 동물성 식품에 이용된다. 시료 중의 단백질을 비교적 쉽게 분해할 수 있고 아연(Zn), 납(Pb), 카드늄(Cd), 염소(Cl), 인(P) 등의 손실도 발생하지 않는 장점이 있으나 당질이나 유지의 양이 많은 시료에는 적용하는 데 어려움이 있다. 분해 시간이 오래 걸리고, 분해 중 유독가스가 발생하기 때문에 반드시 fume hood(그림 1-3)를 이용하여야 하며, 분해 후 시료 용액을 조제할 때 산의 농도를 조절하기가 곤란한 단점이 있다. 습식법에 의하여 시료를 분해할 때에는 질산, 황산, 과염소산 등을 섞어 사용하여 시료가 완전히 분해되도록 한다.

① 질산, 황산 및 과염소산에 의한 분해

가. 시료 적당량을 정확히 칭량하여 Kjeldahl 플라스크(그림 3-11)에 취하고, 진한 질산 10 mL를 가한 후 서서히 가열한다. 초기의 격렬한 반응에 의하여 시료가 넘치지 않도록 불을 조절하면서 갈색의 NO_2 기체가 발생하지 않을 때까지 가열한다. 분해액이 황색의 투명한 액이 되면 플라스크를 불에서 내려 진한 황산 2 mL를 천천히 가하고 다시 가열한다.

나. SO_3의 흰 기체가 발생하기 시작하면 플라스크를 불에서 내려 진한 질산 2 mL를 천천히 가하고 다시 가열한다. 분해액이 진한 갈색을 띠면서 SO_3의 흰 기체가 발생하면 불에서 내려 진한 질산 2 mL를 천천히 가하고 다시 가열한다. 시료의 종류에 따라 다르지만 이 조작을 보통 수회~수십회 반복하는데, SO_3의 흰 기체가 발생하여도 분해액이 흑색을 띠지 않을 때까지 반복한다.

다. 플라스크를 불에서 내려 60% 과염소산 1 mL를 천천히 가하고 과염소산의 흰 연기가 발생할 때까지 가열한다.

라. 이 때 유기물이 남아 있으면 반응액은 점점 탄화되어 검은색을 띤다. 그 색이 너무 진하면 진한 질산 2 mL를 가하고 분해액이 무색으로 될 때까지 가열한다. 이때부터 계속 가열하여 과염소산의 흰 연기가 발생하지 않으면 불에서 내려 방냉한다.

마. 증류수로 Kjeldahl 플라스크를 잘 세척하여 분해액을 모두 100 mL 메스플라스크에 옮겨 정용하고, 잘 흔들어 시료 용액으로 사용한다.

② 질산과 과염소산에 의한 분해

질산, 황산 및 **과염소산**에 의한 분해가 표준 방법이지만, 이 방법은 인의 손실이 있을 뿐만 아니라 칼슘 함량이 높은 시료의 경우 난용성의 황산칼슘($CaSO_4$)이 석출되는 경우가 있다. 질산과 과염소산에 의한 분해는 이와 같은 문제점을 해결해 주기 때문에 최근 많이 사용되고 있지만 폭발의 위험이 있으므로 주의하여야 한다.

가. 시료 적당량을 정확히 칭량하여 Kjeldahl 플라스크에 취하고, 진한 질산 10 mL를 가한 후 서서히 가열한다. 초기의 격렬한 반응에 의하여 시료가 넘치지 않도록 불을 조절하면서 질산이 거의 휘발되어 건고(乾固)할 때까지 가열한다.

나. 묽은 질산(1 : 1) 10 mL와 60% 과염소산 10 mL를 가하고, 불을 조절하면서 가열하여 고형물이 완전히 용해되고 분해액의 색이 무색이거나 담황색이 될 때까지 가열을 계속하여 시료를 완전히 분해한다. 만약 분해액이 착색되어 있으면 60% 과염소산 5 mL를 더 가하고 계속 가열한다.

다. 분해 후, 냉각하고 약간의 증류수로 세척하면서 분해액을 증발접시에 옮기고 가열하여 과잉의 과염소산을 증발시킨다. 과염소산이 완전히 증발되기 직전에 묽은 염산(1 : 3)과 증류수를 각각 10 mL씩 가하고 물중탕하면서 용해한다.

라. 증류수로 잘 세척하여 분해액을 모두 100 mL 메스플라스크에 옮겨 정용하고, 잘 흔들어 시료 용액으로 사용한다.

3) 0.02 N $KMnO_4$ 용액 조제 및 농도계수 측정

(1) 0.02 N $KMnO_4$ 용액 250 mL의 조제

제2장 3.1항(p. 114)에서 설명한 바와 같이 $KMnO_4$ 용액은 조제 후에 반드시 여과하여 이산화망간을 제거하고 농도계수를 측정한 후 사용하여야 한다.

▸ **과염소산을 넣을 경우**

질산이 공존하지 않으면 폭발할 위험이 있으므로 반드시 질산을 먼저 넣어 주어야 하며, 어떠한 경우라도 유기물을 함유한 뜨거운 용액에 과염소산을 넣어서는 안 된다.

① 0.02 N $KMnO_4$ 용액 250 mL를 조제하는 데 필요한 $KMnO_4$의 양을 계산한다. $KMnO_4$의 1 g 당량은 31.6 g이다.

$$31.6 \times 0.02 \times 0.25 = 0.158(g)$$

② $KMnO_4$ 시약 중의 불순물 등을 고려하여 약 0.17 g을 칭량하고, 비커에 증류수 250 mL를 가하여 용해한 후 어두운 곳에 약 1주일 정도 방치한다. 약 15분간 조용히 끓여 2일간 방치하여도 된다.

③ 가볍게 흡인하면서 유리여과기(3G3)로 여과한다. 이 때 여과의 전후에 물로 씻지 않으며, 여과지는 종이 중의 유기물이 $KMnO_4$를 분해하므로 사용하지 않는다.

④ 여과액을 갈색병에 보존하고 농도계수를 측정한다.

(2) 0.02 N $KMnO_4$ 용액의 농도계수 측정

제 2장 3.1항(p. 114)을 참조하여 0.02 N $KMnO_4$ 용액의 농도계수를 측정한다.

4) 칼슘 함량 계산

위에서도 설명한 바와 같이 수산칼슘과 과망간산칼륨은 다음과 같이 반응한다. 이 반응에서 CaC_2O_4와 $KMnO_4$(1 g 당량은 31.6 g)는 당량 대 당량으로 반응하는데, 다음 반응식을 이해하도록 한다.

$$5CaC_2O_4 + 8H_2SO_4 + 2KMnO_4 \longrightarrow 2MnSO_4 + K_2SO_4 + 5CaSO_4 + 10CO_2 + 8H_2O$$

위 반응식으로부터

$2KMnO_4$(10 g 당량) ≡ $5CaC_2O_4$(10 g 당량) ≡ 5Ca(Ca의 원자량 40.08)

$KMnO_4$(31.6 g, 1 g 당량) ≡ 1/2 Ca

1 N $KMnO_4$ 1L(1 g 당량) ≡ Ca 20.04 g

0.02 N $KMnO_4$ 1,000 mL(0.02 g 당량) ≡ Ca 0.4008 g

0.02 N $KMnO_4$ 1 mL ≡ Ca 0.4008 mg

즉 0.02 N $KMnO_4$ 용액이 1 mL 소비되었다면 Ca 0.4008 mg이 침전된 것이다.

그러므로 0.02 N $KMnO_4$ 용액의 소비량을 알면 Ca의 양을 정량하는 것이 가능하다. 시료 중의 칼슘 함량(%)은 다음과 같이 계산할 수 있다.

$$\text{칼슘 함량(mg\%)} = \frac{\text{칼슘의 양(mg)}}{\text{시료의 양(g)}} \times 100 = \frac{V \times f \times 0.4008 \times \text{희석배수} \times 100}{S}$$

V : 0.02 N $KMnO_4$ 용액의 소비량(mL)

f : 0.02 N $KMnO_4$ 용액의 농도계수

0.4008 : 0.02 N $KMnO_4$ 용액 1 mL에 상당하는 Ca의 mg 수

S : 시료의 채취량(g)

10.2 실험목적

(1) 무기물 정량을 위한 시료 용액의 조제법 중 건식법에 대하여 이해한다.
(2) 산화환원적정법의 원리를 이해한다.
(3) $KMnO_4$ 적정법에 의한 칼슘 정량의 원리에 대하여 이해한다.
(4) $KMnO_4$ 용액의 조제법과 농도계수 측정법에 대하여 이해한다.
(5) $KMnO_4$ 용액의 소비량으로 칼슘 함량을 계산하는 방법을 이해한다.
(6) $KMnO_4$ 적정법을 이용하여 식품 중의 칼슘을 정량할 수 있다.

10.3 기 구

(1) 전자저울
(2) 자석교반기(그림 2-6)
(3) 데시케이터(그림 3-10)
(4) 항온수조(그림 1-17)
(5) 건조기(그림 3-8)
(6) Witt 여과장치(그림 3-19)
(7) 회화로(그림 3-16)
(8) Fume hood(그림 1-3)
(9) Aspirator
(10) 비 커
(11) 메스플라스크
(12) 메스피펫
(13) 증발접시
(14) 갈색뷰렛
(15) 뷰렛스탠드
(16) 온도계
(17) 세척병
(18) 피펫필러
(19) 시약스푼
(20) 유리여과기
(21) 여과지

10.4 재료 및 시약

(1) 칼슘 양을 측정할 시료
(2) 수산암모늄 [$(NH_4)_2C_2O_4 \cdot H_2O$, diammonium oxalate] [자료 없음]

(3) 과망간산칼륨($KMnO_4$, potassium permanganate) 

(4) 수산나트륨($Na_2C_2O_4$, sodium oxalate) 

(5) 암모니아수(NH_4OH, ammonia water)

(6) 황산(H_2SO_4, sulfuric acid) 

(7) 염산(HCl, hydrochloric acid)

(8) 요소 [$(NH_2)_2CO$, urea] 

(9) 메틸레드(methyl red) 

(10) 에틸알코올(C_2H_5OH, ethyl alcohol) 

(11) 황산지

10.5 실험내용

1) 시료 및 시약조제

(1) 시료 용액(①)을 건식법에 의하여 조제한다(10.1항, p. 214).

(2) 3% 수산암모늄 용액(②) : 수산칼슘 침전의 생성을 위하여 사용하며, 수산암모늄 30 g을 물 1L에 녹이고 하룻밤 방치 후 여과하여 사용한다.

(3) methyl red 지시약 용액(③) : 침전 생성의 최적 pH(5.6)를 확인하기 위하여 사용하며, 0.1 g의 methyl red를 ethyl alcohol에 녹여 100 mL로 정용한다. 이 지시약의 변색점은 pH 5.6 부근이며 산성 쪽에서는 적색, 알칼리성 쪽에서는 등황색을 나타낸다. 이때 methyl red 지시약의 색 변화를 구분하기 어려우면 bromocresol green 지시약(변색점은 pH 5.6 부근이며 산성 쪽에서는 황색, 알칼리성 쪽에서는 녹색)을 사용하여도 된다.

(4) 요소(④) : 시판되는 시약을 70~80℃에서 건조시켜 사용한다.

(5) 묽은 암모니아수(⑤) : 침전 세척용으로 1 : 49의 비율로 희석하여 사용한다.

(6) 묽은 황산 용액(⑥) : 침전 용해용으로 1 : 25의 비율로 희석하여 사용한다.

(7) 0.02 N 과망간산칼륨 용액(⑦)을 조제한다(10.1항, p. 217).

(8) 0.02 N 수산나트륨 용액(⑧)을 조제하고 농도계수를 계산한다(제 2장 3.1항, p. 114).

2) 실험방법

(1) ⑦의 농도계수 측정

250 mL 비커 + ⑧ 30 mL(정확하게 채취) + 증류수 100 mL + 농황산 10 mL → ⑦로 적정 → ⑦의 소비량(메니스커스의 상단을 읽는다) 측정

⑦용액으로 적정할 때에는 28 mL 정도를 빠르게 적정하고 $KMnO_4$의 자주색이 없어질 때까지 방치한 후 55～60℃로 가온하고, 적정을 계속하여 30초간 담홍색이 유지될 때 적정을 멈춘다.

(2) 위 (1)의 과정을 반복하여 ⑦의 평균 소비량을 구하고 ⑦의 농도계수를 계산한다.

(3) 250 mL 비커(A) + ① 40 mL(정확하게 채취, Ca 양으로 1～2 g 정도) + ② 10 mL + ③ 3～5방울 + ④ 2～3 g → 혼합

시료 용액에 수산암모늄 용액을 가하였을 때 시료 용액은 투명한 상태를 유지하여야 한다. 만약 하얀 침전의 생성이 보이면 이는 시료 중의 칼슘 양이 너무 많은 것이다. 그러므로 이때에는 시료 용액을 0.15 N(시료 용액의 산 농도) HCl 용액으로 희석한 후 40 mL를 채취한다.

(4) (3)의 비커(A)를 뚜껑을 덮고 약한 불로 가열 → 요소의 가수분해 → 반응액의 pH 상승 → 수산칼슘 결정의 석출 → 반응액의 색이 등황색(pH 5.6)으로 변화 → 가열 중지 → 방냉(남은 시료액의 양은 20～30 mL 정도임) → 실온에서 2시간 이상 방치하여 침전 숙성(침전 양이 적을 때는 하룻밤 방치)

(5) (4)의 비커(A)의 수산칼슘 결정을 Witt 여과장치에서 유리여과기에 여과 → ⑤로 수산칼슘 침전과 유리여과기를 여러 차례 세척(이 때 수산암모늄의 수산 이온이 남아 있지 않도록 완전히 세척)

곡류나 두류와 같이 시료 중에 인산과 마그네슘 함량이 많을 경우, 처음부터 암모니아수로 세척하면 $Mg(NH_4)PO_4$ 침전이 생성되고, 이것이 유리여과기의 구멍을 막아 세척하는 데 시간이 많이 걸리게 된다. 그러므로 이 경우에는 처음 한 번은 약간의 증류수로 세척하여 인산과 마그네슘을 제거하고, 다음부터 암모니아수로 세척한다.

(6) Witt 여과장치의 수기를 비커(A)와 교체 → 미리 70℃ 이상으로 가열해 놓은 ⑥을 유리여과기에 가하면서 혼합 → 수산칼슘 침전의 용해, 여과 → 뜨거운 ⑥으로 유리여과기 세척 → 이 조작을 2～3회 반복

(7) (6)의 비커(A)를 55~60℃로 가온 → ⑦로 적정 → ⑦의 소비량 측정
(8) 위 (3)~(7)의 과정을 반복하여 ⑦의 평균 소비량을 구한다.
(9) 위 (8)에서 구한 ⑦의 평균 소비량으로부터 시료 중의 칼슘 함량(%)을 계산한다(10.1항, p. 219).

10.6 질문 및 토론

10.7 주의사항

(1) 실험실에서의 주의사항(안전제일)을 반드시 지킨다.
(2) 각 용액의 조제법과 농도계수 측정법을 이해한다.
(3) 위 실험방법 (4)에서 지시약의 색 변화를 주의하여 관찰한다.
(4) 위 실험방법 (5)에서 침전에 수산암모늄이 남아 있으면 칼슘 양에 큰 영향을 미치기 때문에 완전히 세척한다.
(5) 위 실험방법 (6)에서 유리여과기의 침전을 묽은 황산용액으로 완전히 용해한다.
(6) 시료의 조제시 산 취급에 주의한다.

11. Molybden 청 비색법에 의한 인 정량

11.1 원 리

인(phosphorus, P)은 칼슘과 함께 뼈, 치아의 형성 및 다른 대사에 긴밀하게 관여하고 있다. 특히 인은 핵산, DNA 및 RNA의 생성에 필수적인 물질이다. 그러므로 인은 모든 생세포 내에 존재하며 모든 식품에 존재한다. 인의 성인 일일권장량은 700 mg인데, 인의 결핍증은 정상적인 상태에서는 거의 발생하지 않는다.

식품 중의 인 함량을 정량하는 방법에는 몰리브덴 청 비색법, 몰리브덴산 용량법, 이온교환법 등이 있지만, 이 절에서는 몰리브덴 청 비색법에 대하여 설명하기로 한다. 흡광광도법(비색법)을 이용한 물질 정량에 대한 기본 이론은 제8장 1절(p. 359)을 참조한다.

1) 몰리브덴 청 비색법

시료 중의 인산염을 산성상태에서 몰리브덴산암모늄[$(NH_4)_6Mo(MoO_4)_6 \cdot 4H_2O$]과 반응시키면 인몰리브덴산암모늄[$(NH_4)_3PO_4 \cdot 12MoO_3$]이 생성되는데, 이 인몰리브덴산암모늄을 환원제로 환원시키면 진한 청색의 몰리브덴 청으로 변화한다. 이 때 형성

되는 몰리브덴 청의 양은 인몰리브덴산암모늄의 양에 비례하고, 몰리브덴 청의 청색의 강도도 그 양에 비례하여 달라진다. 그러므로 농도를 알고 있는 인 표준용액을 이와 같이 반응시키고, 인 표준용액에서 생성된 청색의 흡광도를 측정하여 기준이 되는 검량선을 작성하고, 시료 용액에서 생성된 청색의 강도를 인 표준용액의 것과 비교하면 시료 중에 존재하는 인산의 양을 측정하는 것이 가능하다.

$$12(NH_4)_6Mo(MoO_4)_6 + 72H^+ + 7PO_4{}^{-3} \longrightarrow 7(NH_4)_3PO_4 \cdot 12MoO_3 + 51NH_4{}^+ + 36H_2O$$

이 방법은 비교적 조작이 간단하며 미량까지도 정량이 가능하다는 장점이 있지만, 이 때 생성된 몰리브덴 청의 청색은 안정성이 없을 뿐만 아니라 온도에 따라 변화가 심하여 정확하게 그 강도를 측정하는 것이 어렵다는 단점이 있다.

2) 몰리브덴 청 비색법에 의한 인 정량

(1) 시료 용액의 조제

앞의 10.1항(p. 214)을 참조하여 시료 용액을 조제한다. 다만 시료 용액 중의 인 함량이 인 표준용액으로 작성한 검량선의 범위 내에 있어야 하므로 예비실험을 통하여 시료 용액의 농도를 적당하게 조절한다.

(2) 인 표준용액의 조제, 발색, 검량선 작성

① 미리 건조하고 데시케이터에서 방냉한 제1인산칼륨(KH_2PO_4)을 이용하여 인 표준용액 1 mL 중에 0.020～0.025 mg의 인을 함유하도록 조제한다. 예를 들면 제1인산칼륨 0.4394 g을 증류수에 녹여 1 L로 정용하고, 이 용액 50 mL를 증류수 200 mL와 혼합하면 이 용액 1 mL에는 0.020 mg의 인이 존재한다.

② 15개의 큰 시험관(부피 50 mL 이상)에 각각 A, A, A, B, B, B, C, C, C, D, D, D, E, E, E(3 반복)의 표시를 하고, 각 시험관에 **인 표준용액**을 0(A), 0.2(B), 0.4(C), 0.8(D), 1.0(E) mL 가한다.

③ 각 시험관에 증류수 19(A), 18.8(B), 18.6(C), 18.2(D), 18 mL(E)를 각각 가하고 혼합한다.

④ 모든 시험관에 몰리브덴산암모늄 용액 2 mL를 각각 가하고 혼합하여 수분 간 방치한다.

⑤ 모든 시험관에 환원제인 hydroquinone 용액 2 mL와 아황산나트륨(Na_2SO_3) 용

액 2 mL를 가하여 혼합하고 정확하게 30분 후에 분광광도계를 이용하여 650 nm에서 각 용액의 흡광도를 측정한다. A 시험관을 대조구로 한다.

⑥ ⑤의 결과(평균 값)를 이용하여 인 표준용액의 검량선을 작성한다. 참고로 여기에서 얻은 검량선은 시료 용액의 농도범위 내에서 직선이 되어야 한다.

(3) 시료 용액의 발색, 인 정량

① 3개(3 반복)의 큰 시험관(부피 50 mL 이상)에 앞의 (1)항에서 조제한 시료 용액을 각각 1.0 mL 가한다.

② 각 시험관에 증류수 18 mL를 각각 가하고 혼합한다.

③ ①에 몰리브덴산암모늄 용액 2 mL를 각각 가하고 혼합하여 수분 간 방치한다.

④ 각 시험관에 환원제인 hydroquinone 용액 2 mL와 Na_2SO_3 용액 2 mL를 가하여 혼합하고 정확하게 30분 후에 분광광도계를 이용하여 650 nm에서 각 용액의 흡광도를 측정, 평균치를 구한다.

⑤ 앞의 (2)항에서 작성한 인 표준용액의 검량선을 이용하여 시료 용액의 흡광도로부터 인의 양을 정량한다. 인 표준용액의 농도가 0.020 mg/mL이면 (2)항의 각 시험관에는 0 mg(A), 0.004 mg(B), 0.008 mg(C), 0.016 mg(D), 0.020 mg(E)의 인이 존재한다. 만약 시료용액의 흡광도가 D 시험관과 똑같다면 시료 용액의 인 농도는 0.016 mg/mL이다.

⑥ 시료의 인 함량(mg%) =

$$\frac{\text{검량선으로부터 구한 시료용액 1 mL 중의 인의 양(mg)} \times \text{희석배수} \times 100}{\text{시료의 양(g)}}$$

▸ **인 표준용액의 농도 (mg/mL)**

제1인산칼륨(KH_2PO_4)의 분자량 : 136.1(= 39.1+2+31+64)
제1인산칼륨(KH_2PO_4) 중 인의 비율 : 0.228(= 31÷136.1)
제1인산칼륨 0.4394 g 중 인의 양 : 0.1(= 0.4394×0.228) g
처음 용액 1L 중 인의 양 : 0.1 g
처음 용액 50 mL 중 인의 양 : 0.005(= 0.1÷20) g
최종 용액 250 mL 중 인의 양 : 0.005(= 0.1÷20) g
최종 용액 1 mL 중 인의 양 : 0.020(= 5÷250) mg
인 표준용액의 농도 : 0.02 mg/mL = 20 μg/mL

11.2 실험목적

(1) 시료 중의 인 정량 원리에 대하여 이해한다.
(2) 비색법을 이용한 정량법에 대하여 이해한다.
(3) 분광광도계의 사용법을 익힌다.
(4) Molybden 청 비색법을 이용하여 식품 중의 인을 정량할 수 있다.

11.3 기 구

(1) 전자저울
(2) 자석교반기(그림 2-6)
(3) 분광광도계(그림 8-17)
(4) 항온수조(그림 1-17)
(5) 건조기(그림 3-8)
(6) 회화로(그림 3-16)
(7) Fume hood(그림 1-3)
(8) 데시케이터(그림 3-10)
(9) 비 커
(10) 메스플라스크
(11) 메스피펫
(12) 증발접시
(13) 시험관
(14) 여과장치
(15) 여과지
(16) 세척병
(17) 피펫필러
(18) 시약스푼

11.4 재료 및 시약

(1) 인 함량을 측정할 시료

(2) 제1인산칼륨(KH_2PO_4, potassium phosphate, monobasic) 

(3) 몰리브덴산암모늄 [$(NH_4)_6Mo(MoO_4)_6 \cdot 4H_2O$, ammonium molybdate] 

(4) 히드로퀴논($C_6H_6O_2$, hydroquinone) 

(5) 아황산나트륨(Na_2SO_3, sodium sulfite)

(6) 염산(HCl, hydrochloric acid) 

(7) 황산(H_2SO_4, sulfuric acid) 

(8) 황산지

11.5 실험내용

1) 시료 및 시약조제

(1) 시료 용액(①)을 건식법에 의하여 조제하고 농도를 적당하게 조절한다(10.1항, p. 214).

(2) 몰리브덴산암모늄 용액(②) : 몰리브덴산암모늄 25 g을 증류수 300 mL에 녹인다. 여기에 진한 황산 75 mL와 증류수 125 mL를 혼합하고 냉각시킨 용액을 가한다. 침전이 있으면 여과하여 사용한다.

(3) Hydroquinone($C_6H_6O_2$) 용액(③) : hydroquinone 0.5 g을 증류수 100 mL에 녹이고 분해를 방지하기 위하여 진한 황산 1방울을 가하여 둔다. 냉장고에 보관하면 오래 사용할 수 있다. 만약 착색되면 다시 조제하여야 한다.

(4) 10% 아황산나트륨 용액(④) : 아황산나트륨 5 g을 증류수 45 mL에 녹이는데 가능하면 실험 전에 조제하여 사용한다.

(5) 인 표준용액(⑤) : 11.1항(p. 223)을 참조하여 조제한다.

2) 실험방법

(1) 우선 분광광도계를 작동시킨다. 몇몇 분광광도계의 경우 흡광도를 측정하기까지 많은 시간을 필요로 하는 것이 있다.

(2) 큰 시험관(부피 50 mL 이상) 15개(인 표준용액의 검량선 작성용, 3반복)에 각각 A, A, A, B, B, B, C, C, C, D, D, D, E, E, E의 표시를 한다.

(3) 큰 시험관(부피 50 mL 이상) 3개(시료 용액용, 3반복)에 F, F, F를 표시한다.

(4) 각 (2) + ⑤ 0(A), 0.2(B), 0.4(C), 0.8(D), 1.0(E) mL + ② 2 mL → 혼합 → 수분 간 방치

(5) 각 (3) + ① 1 mL + ② 2 mL → 혼합 → 수분 간 방치

(6) 각 (4) + 증류수 19(A), 18.8(B), 18.6(C), 18.2(D), 18 mL(E) → 혼합

(7) 각 (5) + 증류수 18 mL → 혼합

(8) 각 (6)과 (7) + ③ 2 mL + ④ 2 mL → 혼합 → 정확하게 30분 방치 → 650 nm에서 각 용액의 흡광도 측정(대조구 : A 시험관)

(9) (8)의 결과를 이용하여 인 표준용액의 검량선을 작성하고 시료 용액의 인 함량 계산(11.1항, p. 224)

11.6 질문 및 토론

11.7 주의사항

(1) 실험실에서의 주의사항(안전제일)을 반드시 지킨다.
(2) 적당한 농도의 인 표준용액을 정확하게 조제한다.
(3) 각 시험관의 총 부피는 25 mL이다.
(4) 위 실험방법 (8)에서 환원제 첨가 후 즉시 시간을 측정하여 정확하게 30분 방치한다.
(5) 위 실험방법 (9)에서 검량선을 정확하게 작성하고 시료 용액의 인 함량을 계산한다.
(6) 인 표준용액과 시료 용액의 농도를 적당하게 조절하여 시료 용액의 흡광도가 검량선에서 직선부분에 있도록 하여야 한다.

12. Indophenol 적정법에 의한 환원형 비타민 C의 정량

12.1 원 리

식품의 비타민 함량을 정량할 때에는 시료의 조제 및 보존에 주의를 기울여야 한다. 왜냐하면 비타민은 시료의 조제나 보존 중에 손실되거나 변화되기 쉽기 때문이다. 또한 식품의 비타민 양은 개체에 따라, 동일 개체에서도 부위에 따라 차이가 많기 때문에 시료를 조제할 때에는 시료가 전체를 대표할 수 있도록 주의하여야 한다.

비타민 C(ascorbic aicd)는 흰색의 결정성 물질로 수용성이며, 과일과 채소에 많이 함유되어 있다. 비타민 C는 조리하는 동안에 쉽게 파괴되는데, 그 이유는 물에 잘 녹기 때문에 조리 중에 쉽게 용출되어 산화되기 때문이다. 비타민 C는 체내에 축적되지 않으므로 규칙적으로 섭취하여야 하는데, 비타민 C가 부족하면 괴혈병과 빈혈이 나타나고 골격과 치아가 약해진다.

식품 중의 비타민 C는 환원형(ascorbic aicd)과 산화형(dehydroascorbic aicd)의 2가지 형태로 존재한다. 환원형은 강한 비타민 C의 효과를 나타내지만, 산화형은 2,3-diketogluconic acid로 변화하기 때문에 1/2 정도의 효과만 나타낸다. 비타민 C가 쉽게 산화·환원될 수 있다는 것은 생리적으로 큰 의미를 지닌다.

환원형 비타민 C를 정량할 때에는 비타민 C의 강한 환원력을 이용하는데, 산화형 비타민 C는 H_2S로 환원시킨 후 같은 원리로 정량한다. 식품 중의 비타민 C 함량을 정량하는 방법에는 indophenol(2,6-dichlorophenol indophenol) 적정법, DPN(2,4-dinitrophenylhydrazine) 비색법 등이 있지만, 이 절에서는 indophenol 적정법에 대하여 설명하기로 한다.

1) Indophenol 적정법

Indophenol은 산성에서는 적색, 알칼리성에서는 청색을 나타내고, 환원되면 무색을 나타낸다. Indophenol 적정법은 indophenol의 이와 같은 성질과 비타민 C의 환원성을 이용하여 비타민 C의 양을 측정하는 방법이다. 처음에 indophenol 수용액은 청색을 나타내지만, 이 용액에 환원형 비타민 C(산) 용액을 떨어뜨리면 그 부분은 잠시 적색을 띠게 된다. 계속해서 비타민 C 용액을 떨어뜨리면 언젠가는 비타민 C에 의하여 모든 indophenol이 환원되어, 그 이후에는 비타민 C 용액을 떨어뜨려도 적색을 띠지 않게 되는데, 이때를 반응종점으로 한다(그림 3-22). 그러므로 indophenol 수용액에 농도를 알고 있는 비타민 C 표준용액을 반응종점까지 떨어뜨리고, 또 같은 indophenol 수용액에 시료 용액을 반응종점까지 떨어뜨린 후, 두 용액의 소비량을 비교하면 시료 용액의 비타민 C 함량을 측정할 수 있다.

Indophenol 적정법은 실험조작은 비교적 간단하지만, 시료가 착색되어 있으면 반응종점을 판단하기가 어려워 적용할 수가 없다. 또한 시료 중에 비타민 C 이외의 환원성 물질이 존재하면 이들도 비타민 C의 양으로 측정되기 때문에 이 경우에는 효소법을 이용하여 비타민 C의 양을 보정하여야 한다.

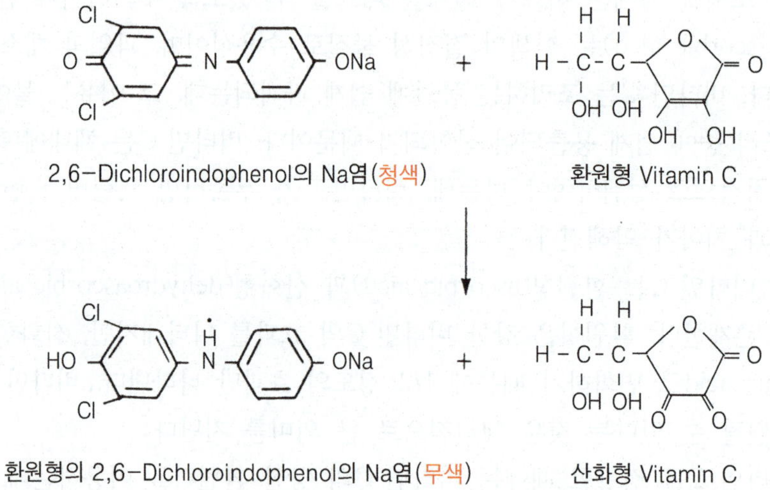

2,6-Dichloroindophenol의 Na염(청색) + 환원형 Vitamin C

↓

환원형의 2,6-Dichloroindophenol의 Na염(무색) + 산화형 Vitamin C

그림 3-22. Indophenol 적정법의 원리

2) Indophenol 적정법에 의한 비타민 C의 정량

(1) 시료의 조제

시료의 비타민 C 함량에 따라 메타인산(HPO_3) 용액과 증류수를 이용하여 희석된 시료 용액을 조제한다. 일반적으로 신선한 과일이나 채소는 **5~10배 희석**하고 건조 과일이나 채소는 50~100배 희석한다. 이 때 모든 시료 용액의 **최종 메타인산 농도**는 2%가 되도록 조절하여야 한다. 5배 희석한 시료 용액은 다음과 같이 조제한다. 시료 적당량을 취하여 자제 유발에 넣고 시료 1 g당 5% 메타인산 용액 2 mL와 소량의 해사를 가하고 마쇄한 후, 증류수를 2 mL 가하고 혼합, 원심분리 하여 상징액을 시료 용액으로 이용한다. 이 때 건조 시료는 충분히 혼합한 후에 원심분리 하여야 하고, 시료 용액이 흐리면 여과하여 사용한다.

(2) 표준 비타민 C 용액 조제

비타민 C(L-ascorbic acid) 4 mg을 2% 메타인산 용액에 녹여 100 mL로 정용하고 갈색병에 넣어 냉장고에 보관한다. 비타민 C는 불안정하여 표준품에도 약간의 산화형이 함유되어 있으므로 항상 그 정확한 농도를 측정한 후 사용하여야 한다.

(3) 표준 비타민 C 용액의 농도 측정

표준 비타민 C 용액의 농도는 0.001 N KIO_3 용액을 표준용액으로 하여 측정된다. 이 때 지시약은 전분 지시약을 사용하며, 반응액이 청색을 나타내기 직전을 반응종점

▸ **5배 희석**

시료 1 g이 5 mL(시료 + 5% 메타인산 용액 + 증류수)로 희석되었기 때문에 5배 희석된 것이다. 10배 희석된 시료 용액을 조제하려면 시료 1 g당 5% 메타인산 용액 4 mL와 증류수 5 mL를 가하여 같은 방법으로 조제하면 된다. 술과 같이 비타민 C 함량이 적은 액체식품은 높은 비율로 희석을 할 수 없기 때문에 식품 9 mL와 20% 메타인산 용액 1 mL를 혼합한다.

▸ **최종 메타인산의 농도**

5배 희석된 시료 용액은 5% 메타인산 용액 2 mL가 5 mL로 희석되었기 때문이 최종 메타인산의 농도는 2%이고, 10배 희석된 시료 용액은 5% 메타인산 용액 4 mL가 10 mL로 희석되었기 때문에 최종 메타인산의 농도는 2%이다. 액체식품의 경우도 20% 메타인산 용액 1 mL가 10 mL로 희석되었기 때문이 최종 메타인산의 농도는 역시 2%이다.

으로 한다. 이 반응에서 비타민 C($C_6H_8O_6$, 분자량 176)와 KIO_3(분자량 214)는 당량 대 당량으로 반응한다.

$$KIO_3 + 5KI + 6HPO_3 \longrightarrow 6KPO_3 + 3H_2O + 3I_2$$

$$3C_6H_8O_6(\text{환원형}) + 3I_2 \longrightarrow 3C_6H_6O_6(\text{산화형}) + 6HI$$

반응식으로부터

KIO_3(6 g 당량) ≡ $3I_2$(6 g 당량)

≡ $3C_6H_8O_6$(6 g 당량, 1몰은 2 g 당량, 분자량 176)

KIO_3(1 g 당량) ≡ $C_6H_8O_6$ 88 g

1 N KIO_3 1 L(1 g 당량) ≡ $C_6H_8O_6$ 88 g(1 g 당량)

0.001 N KIO_3 1 L(0.001 g 당량) ≡ $C_6H_8O_6$ 0.088 g

0.001 N KIO_3 1 mL ≡ $C_6H_8O_6$ 0.088 mg

즉, 0.001 N KIO_3 용액이 1 mL 소비되었다면 비타민 C가 0.088 mg 존재하는 것이다. 그러므로 0.001 N KIO_3 용액의 소비량을 알면 표준 비타민 C 용액의 농도를 측정하는 것이 가능하다. 표준 비타민 C 용액의 농도는 다음과 같이 계산할 수 있다.

$$\text{표준 비타민 C 용액의 농도(mg/mL)} = \frac{(V_1 - V_0) \times f \times 0.088}{\text{표준 비타민 C 용액의 채취량(mL)}}$$

V_1 : 본 실험의 0.001 N KIO_3 용액의 소비량(mL)

V_0 : 공시험의 0.001 N KIO_3 용액의 소비량(mL)

f : 0.001 N KIO_3 용액의 농도계수

0.088 : 0.001 N KIO_3 용액 1 mL에 상당하는 비타민 C의 mg 수

(4) Indophenol 용액의 조제

Indophenol의 Na염 약 1 mg을 증류수에 녹여 200 mL로 정용하고 여과하여 사용한다. 증류수에 CO_2가 함유되어 있으면 indophenol 용액이 적색을 띠기 때문에 증류

▸ 공시험(blank test)

표준 비타민 C 용액을 조제할 때 사용된 2% 메타인산 용액 등에 환원성이 있는 물질이 들어 있을지도 모르기 때문에 표준 비타민 C 용액을 증류수로 대체하여 똑같이 실험해 이를 반영하여야 한다.

수는 새로 만든 것을 사용한다. 이 용액은 실험할 때마다 새로 만들어 사용하여야 한다. Indophenol이 순수하지 않아 반응종점을 찾기 어려우면 indophenol을 에틸에테르로 여러 번 세척하고 건조한 후 사용하면 된다.

(5) Indophenol 용액의 표정

100 mL 삼각플라스크에 위 (4)항에서 조제한 indophenol 용액 5 mL를 정확하게 취하고, 여기에 CO_2를 함유하지 않는 새로 만든 증류수 15 mL를 가한 다음, 마이크로 뷰렛을 이용하여 (2)항에서 조제한 표준 비타민 C 용액으로 적정한다. 표준 비타민 C 용액을 떨어뜨려 적색이 나타나지 않는 점을 반응종점으로 하고 표준 비타민 C 용액의 소비량을 기록해 둔다. 적정에 소요되는 시간은 1~2분 정도가 좋으며, indophenol 용액의 양(5mL)은 표준 비타민 C 용액의 소비량이 0.3~1.5 mL 정도가 되도록 조절하는 것이 좋다.

(6) 시료용액의 적정 및 비타민 C 정량

① 시료 용액의 적정

100 mL 삼각플라스크에 (5)항에서 사용한 것과 같은 indophenol 용액 5 mL를 정확하게 취하고, 여기에 CO_2를 함유하지 않는 새로 만든 증류수 15 mL를 가한 다음, 마이크로 뷰렛을 이용하여 (1)항에서 조제한 시료 용액으로 적정한다. 시료 용액을 떨어뜨려 적색이 나타나지 않는 점을 반응종점으로 하고 시료 용액의 소비량을 기록해 둔다.

② 시료 용액의 비타민 C 농도 계산

만약 같은 indophenol 용액 5 mL와 반응한 시료 용액의 소비량이 표준 비타민 C 용액의 소비량과 같다면 시료 용액의 비타민 C 농도는 표준 비타민 C 용액의 농도와 같다. 또한 시료 용액의 소비량이 표준 비타민 C 용액의 소비량의 1/2 이라면 시료 용액의 비타민 C 농도는 표준 비타민 C 용액 농도의 2배이다. 그러므로 시료 용액의 비타민 C 농도와 시료의 비타민 C 함량은 다음과 같이 계산할 수 있다.

$$\text{시료 용액의 비타민 C 농도(mg/mL)} = \frac{\text{표준 비타민 C 용액의 농도(mg/mL)} \times \text{표준 비타민 C 용액의 소비량(mL)}}{\text{시료용액의 소비량(mL)}}$$

$$\text{시료의 비타민 C 함량(mg\%)} = \frac{\text{시료용액의 비타민 C 농도(mg/mL)} \times \text{시료용액의 전체 양(mL)} \times 100}{\text{시료의 양(g)}}$$

12.2 실험목적

(1) 산화환원반응에 대하여 이해한다.
(2) Indophenol 적정법에 의한 비타민 C 정량법의 원리를 이해한다.
(3) 표준 비타민 C 용액의 농도 측정방법에 대하여 이해한다.
(4) 농도를 알고 있는 표준 비타민 C 용액과 농도를 모르는 시료용액을 같은 indophenol 용액에 적정하여 그 소비량으로 시료의 비타민 C 함량을 계산하는 원리를 이해한다.
(5) Indophenol 적정법을 이용하여 식품 중의 비타민 C를 정량할 수 있다.

12.3 기 구

(1) 전자저울
(2) 자석교반기(그림 2-6)
(3) 건조기(그림 3-8)
(4) 원심분리기
(5) 데시케이터(그림 3-10)
(6) 비 커
(7) 삼각플라스크(100 mL)
(8) 메스플라스크
(9) 메스피펫
(10) 마이크로뷰렛(micro buret)
(11) 뷰렛스탠드
(12) 갈색시약병
(13) 세척병
(14) 피펫필러
(15) 시약스푼
(16) 여과지
(17) 유 발

12.4 재료 및 시약

(1) 비타민 C를 정량할 시료
(2) 비타민 C(ascorbic acid) 
(3) Indophenol sodium salt($C_{12}H_9NO_2Na$) [자료 없음]
(4) 요오드화칼륨(KI, potassium iodide) 
(5) 메타인산(HPO_3, metaphosphoric acid) [자료 없음]
(6) 요오드산칼륨(KIO_3, potassium iodate) 

(7) 가용성 전분(soluble starch) [자료 없음]

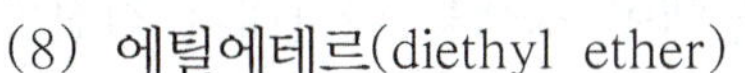
(8) 에틸에테르(diethyl ether) 

(9) 해사(海沙)

(10) 황산지

12.5 실험내용

1) 시료 및 시약조제

(1) 시료 용액(①)을 조제하고 적당하게 희석한다(12.1항, p. 229).

(2) 5%(v/w) 메타인산(HPO_3) 용액(②) : 특급 메타인산 5 g을 증류수에 녹여 100 mL로 하고 냉장고에 보관한다.

(3) 2%(v/w) 메타인산(HPO_3) 용액(③) : 특급 메타인산 2 g을 증류수에 녹여 100 mL로 하고 냉장고에 보관한다.

(4) 0.001 N KIO_3 용액(④) : 정확하게 조제하여야 한다. 0.1 N KIO_3 용액(건조, 방냉한 KIO_3 0.357 g을 증류수에 녹여 100 mL로 정용) 1 mL를 취하여 증류수를 가해 100 mL로 정용하고 갈색병에 보존한다.

(5) 6%(v/w) 요오드화칼륨 용액(⑤) : KI 약 0.6 g을 증류수에 녹여 10 mL로 하고 갈색병에 넣어 보존한다. 이 용액에 전분 지시약을 가하였을 때 청색을 나타내면 이는 I_2가 석출된 것을 뜻하기 때문에 다시 조제하여야 한다. 가능하면 이 용액은 수시로 조제하여 사용하는 것이 좋다.

(6) 전분 지시약(⑥) : 전분 1 g을 증류수 약 10 mL에 섞은 후 이것을 뜨거운 물 200 mL에 저으면서 가한다. 이것을 약 1분간 끓인 후 냉각시키고 여과하여 사용하는데, 사용하기 전에 0.1 N 요오드 용액 한 방울로 청색을 띠는 것을 확인하고 사용한다.

(7) 해사(⑦) : 시료의 마쇄용이며, 시판 해사를 잘 세척하고 건조하여 사용한다.

(8) 표준 비타민 C 용액(⑧)을 조제한다(12.1항, p. 229).

(9) Indophenol 용액(⑨)을 조제한다(12.1항, p. 230).

2) 실험방법

(1) 표준 비타민 C 용액의 농도 측정(12.1항, p. 229)

100 mL 삼각플라스크 + ⑧ 5 mL + 증류수 15 mL + ⑤ 0.5 mL + ⑥ 3~5 방울 → 마이크로 뷰렛을 사용하여 ④로 반응액이 청색을 나타내기 직전까지 적정 → 소비량 측정

(2) 위 (1)의 과정을 반복하여 ④의 평균 소비량 계산

(3) 위 (1)의 과정 중 ⑧ 5 mL 대신 증류수 5 mL를 가하고 공시험

(4) 위 (3)의 과정을 반복하여 ④의 평균 소비량 계산

(5) 위 (2)와 (4)의 결과로부터 표준 비타민 C 용액의 농도 계산

(6) Indophenol 용액의 표정(12.1항, p. 231)
100 mL 삼각플라스크 + ⑨ 5 mL + 새로 만든 증류수 15 mL → 마이크로 뷰렛을 사용하여 ⑧로 적정(⑧을 떨어뜨려 적색이 나타나지 않는 점이 반응종점) → ⑧의 소비량 기록

(7) 위 (6)의 과정을 반복하여 ⑧의 평균 소비량 계산

(8) 시료 용액의 적정(12.1항, p. 231)
100 mL 삼각플라스크 + ⑨ 5 mL + 새로 만든 증류수 15 mL → 마이크로 뷰렛을 사용하여 ①로 적정(①을 떨어뜨려 적색이 나타나지 않는 점이 반응 종점) → ①의 소비량 기록

(9) 위 (8)의 과정을 반복하여 ①의 평균 소비량 계산

(10) 위 (5), (7), (9)의 결과로부터 시료의 비타민 C 함량(mg%) 계산(12.1항, p. 231)

12.6 질문 및 토론

12.7 주의사항

(1) 실험실에서의 주의사항(안전제일)을 반드시 지킨다.

(2) 위 실험방법 (1), (6), (8)에서 반응종점을 정확히 파악한다.

(3) 공시험의 의미를 이해한다.

제 4장

단백질의 분석

1. Ninhydrin 반응

1.1 원 리

닌히드린(ninhydrin) 반응은 **α-amino 기**를 지니는 화합물이 pH 4~8, 100℃에서 닌히드린과 반응하여 적자색 또는 청자색을 띠는 정색반응이다. 아미노산을 닌히드린과 함께 가열하면 아미노산은 산화적 탈탄산, 탈아미노 반응에 의하여 암모니아가 유리되면서 알데히드(aldehyde)로 변화되는데, 이 때 적자색 또는 청자색의 화합물이 생성된다(그림 4-1).

이 반응은 아미노산, peptide, 단백질뿐만 아니라 amine, ammonia 등에서도 양성반응을 나타낸다. 닌히드린 반응에서 나타나는 색깔은 아미노산의 종류에 따라 다르다. 예를 들면 proline과 hydroxyproline의 경우는 황색을 띤다.

▸ **α-Amino기**

아미노산이나 단백질에서 α 위치의 탄소원자(−COOH가 결합한 탄소원자)에 결합된 amino 기($-NH_2$)를 말한다.

$$\begin{array}{c} \quad\quad\quad\quad NH_2 \\ \quad\quad\quad\quad | \\ R-CH_2-CH-COOH \\ \quad\ \beta \quad\quad\ \alpha \end{array}$$

▸ **최소 감응농도**

양성반응을 나타내는 최소농도

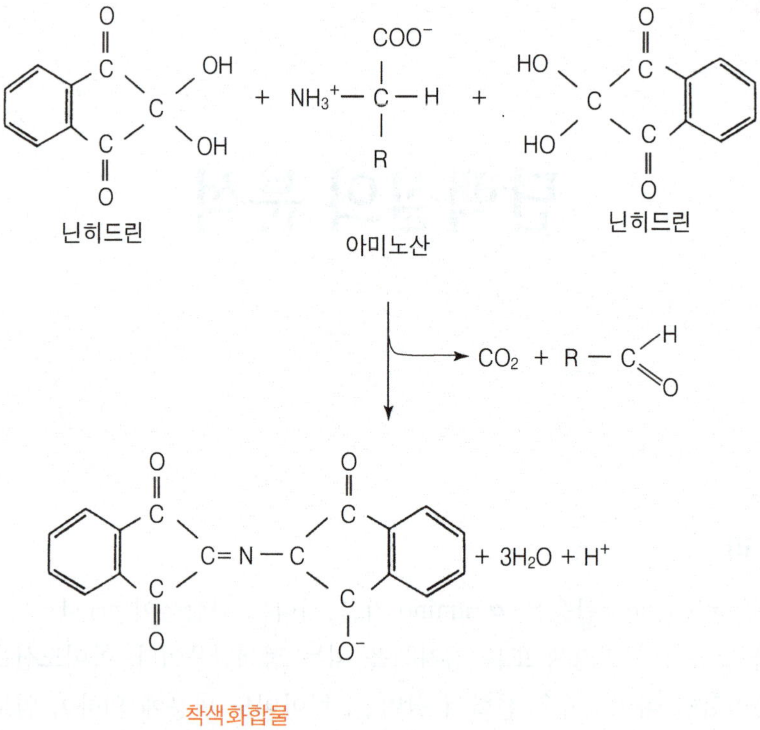

닌히드린 + 아미노산 + 닌히드린

$\rightarrow CO_2 + R-CHO$

착색화합물 $+ 3H_2O + H^+$

그림 4-1. Ninhydrin 반응

닌히드린 반응을 이용하면 어떤 물질이 단백질 관련 물질인지, 아닌지를 확인할 수 있다. 또한 이 반응은 매우 예민하기 때문에 아미노산, peptide 및 단백질의 정량에도 이용된다. 이 절에서는 단백질 관련 물질과 비단백 물질을 닌히드린과 반응시켜 정색 여부를 확인하고, 이 반응에 양성반응을 나타내는 아미노산 용액의 농도를 될 수 있는 한 낮게 희석하여 **최소 감응농도**를 확인해 보기로 한다.

1.2 실험목적

(1) 닌히드린 반응을 이해한다.

(2) 용액의 농도 변경 방법에 대하여 이해한다.

(3) 단백질 화학을 이해한다.

(4) 닌히드린 반응을 이용하여 단백질을 분석할 수 있다.

1.3 기 구

(1) 전자저울
(2) 피펫필러
(3) 비 커
(4) 메스플라스크
(5) 시험관꽂이
(6) 시약스푼
(7) 세척병
(8) 메스피펫
(9) 시험관
(10) 시험관 집게
(11) 가열장치(알코올램프, 석면망, 삼발이 등)

1.4 재료 및 시약

(1) 닌히드린($C_9H_6O_4$, ninhydrin)

(2) 글리신($C_2H_5NO_2$, glycine)

(3) 프로린($C_5H_9NO_2$, proline) [자료 없음]

(4) 알부민(albumin) [자료 없음]

(5) 포도당($C_6H_{12}O_6$, glucose) [자료 없음]

(6) 암모니아수(NH_4OH, ammonia water) 

(7) 황산지

1.5 실험내용

1) 시료 및 시약조제

(1) 0.2%(w/v) 닌히드린 용액(①)을 조제한다.
(2) 0.1%(w/v) glycine 용액(②)을 조제한다.
(3) 0.1%(w/v) proline 용액(③)을 조제한다.

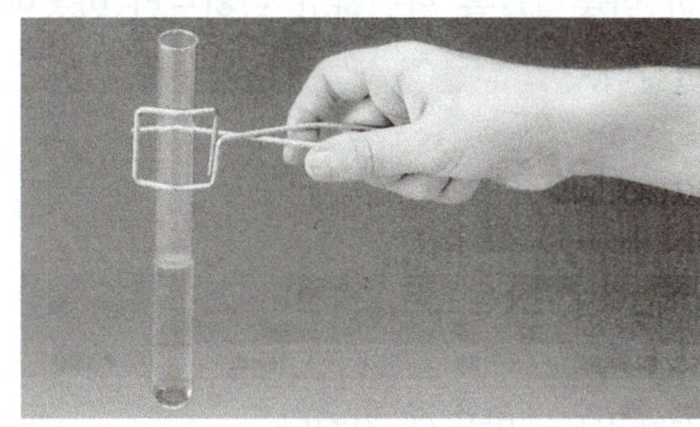

그림 4-2. 시험관 집게

(4) 0.1%(w/v) 알부민 용액(④)을 조제한다.
(5) 0.1%(w/v) 포도당 용액(⑤)을 조제한다.
(6) 0.1%(w/v) 암모니아수 용액(⑥)을 조제한다.
(7) ②용액을 이용하여 0.05% glycine 용액(⑦)을 조제한다.
(8) ⑦용액을 이용하여 0.01% glycine 용액(⑧)을 조제한다.
(9) ⑧용액을 이용하여 0.005% glycine 용액(⑨)을 조제한다.
(10) ⑨용액을 이용하여 0.003% glycine 용액(⑩)을 조제한다.
(11) ⑩용액을 이용하여 0.001% glycine 용액(⑪)을 조제한다.

2) 실험방법

(1) 시험관 11개에 label(A, B, C, D, E, F, G, H, I, J, K)을 붙인다.
(2) (1)의 각 시험관(A～K)으로 다음과 같이 실험한다.

A 시험관 + 증류수 1 mL + ① 5방울
B 시험관 + ② 1 mL + ① 5방울
C 시험관 + ③ 1 mL + ① 5방울
D 시험관 + ④ 1 mL + ① 5방울
E 시험관 + ⑤ 1 mL + ① 5방울
F 시험관 + ⑥ 1 mL + ① 5방울
G 시험관 + ⑦ 1 mL + ① 5방울
H 시험관 + ⑧ 1 mL + ① 5방울
I 시험관 + ⑨ 1 mL + ① 5방울
J 시험관 + ⑩ 1 mL + ① 5방울
K 시험관 + ⑪ 1 mL + ① 5방울

(3) 각 (2)를 가열 → 반응확인(이 때 반응액이 한 번 끓으면 가열을 멈추어 가열 정도를 동일하게 하도록 노력하여야 한다)
(4) 각 시료(증류수～⑪)에 대한 반응결과를 확인하고 닌히드린 반응에 대한 glycine의 최소감응농도를 확인한다.

1.6 질문 및 토론

1.7 주의사항

(1) 실험실에서의 주의사항(안전제일)을 반드시 지킨다.

(2) 가열을 할 때에는 특히 화상에 주의하고, 모든 시험관이 균일하게 가열되도록 한다.
(3) 용액의 농도를 변경할 때 정확하게 한다.

2. Biuret 반응

2.1 원 리

Biuret(NH_2-CO-NH-CO-NH_2)은 알칼리성 황산구리($CuSO_4$)와 반응하여 보라색의 착화합물을 만드는 성질이 있는데(그림 4-3), biuret과 비슷한 구조를 지니는 **tripeptide** 이상의 단백질 관련 물질도 알칼리성 황산구리와 반응하여 보라색의 착화합물을 만든다.

Biuret 반응이란 이와 같은 성질을 이용하여 어떤 물질이 tripeptide 이상의 단백질 관련 물질인지 아닌지를 확인하는 정성실험 방법이다. 이 반응은 2개 이상의 peptide 결합을 지니는 **polypeptide, peptone, proteose**와 같은 단백질 분해물과 단백질에서는 양성반응을 나타내지만 아미노산, dipeptide, 비단백질계 물질에서는 음성반응을 나타낸다. 그러므로 biuret 반응을 이용하면 어떤 물질이 tripeptide 이상의 단백질 관련 물질인지, 아닌지를 확인할 수 있다.

이 절에서는 아미노산, peptone, 단백질 그리고 당을 알칼리성 황산구리와 반응시켜 정색여부를 확인하여 biuret 반응에 대하여 이해하기로 한다.

2.2 실험목적

(1) Biuret 반응을 이해한다.
(2) 단백질 화학을 이해한다.
(3) Biuret 반응을 이용하여 단백질을 분석할 수 있다.

▸ **Tripeptide(dipeptide)**

3(2)개의 아미노산이 peptide 결합을 한 화합물

▸ **Proteose, peptone, polypeptide**

단백질을 산이나 효소로 가수분해하면 proteose, peptone, polypeptide를 거쳐 아미노산으로 분해된다.

2 Biuret 또는 2 펩티드 사슬 $\xrightarrow[+OH^-]{+Cu^{+2}}$ 착화합물

그림 4-3. Biuret 반응

2.3 기 구

(1) 전자저울
(2) 시험관 혼합기(그림 4-4)
(3) 비 커
(4) 메스플라스크
(5) 메스실린더
(6) 메스피펫
(7) 시험관
(8) 시험관꽂이
(9) 세척병
(10) 피펫필러
(11) 시약스푼

2.4 재료 및 시약

(1) 황산구리($CuSO_4 \cdot 5H_2O$, cupric sulfate)

(2) 수산화나트륨(NaOH, sodium hydroxide)

(3) 알부민(albumin) [자료 없음]

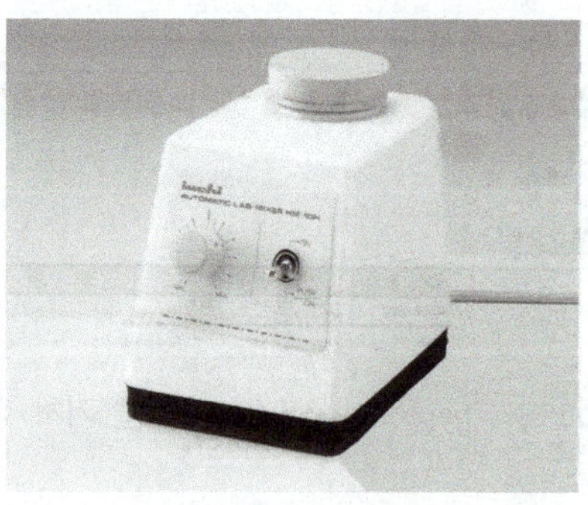

그림 4-4. 시험관 혼합기 (tube mixer)

(4) 펩톤(peptone) [자료 없음]

(5) 글리신($C_2H_5NO_2$, glycine) 

(6) 프로린($C_5H_9NO_2$, proline) [자료 없음]

(7) 포도당($C_6H_{12}O_6$, glucose) [자료 없음]

(8) 과당($C_6H_{12}O_6$, fructose) [자료 없음]

(9) 황산지

2.5 실험내용

1) 시료 및 시약조제

(1) 1% 황산구리 용액(①)을 조제한다.
(2) 30% 수산화나트륨 용액(②)을 조제한다.
(3) 1% 알부민 용액(③)을 조제한다.
(4) 1% peptone 용액(④)을 조제한다.
(5) 1% glycine 용액(⑤)을 조제한다.
(6) 1% proline 용액(⑥)을 조제한다.
(7) 1% 포도당 용액(⑦)을 조제한다.
(8) 1% 과당 용액(⑧)을 조제한다.

2) 실험방법

(1) 시험관 7개에 label(A, B, C, D, E, F, G)을 붙인다.
(2) (1)의 각 시험관(A~G)으로 다음과 같이 실험한다.

A 시험관 + 증류수 2 mL + ① 3방울 + ② 2 mL → 혼합 → 색 확인
B 시험관 + ③ 2 mL + ① 3방울 + ② 2 mL → 혼합 → 색 확인
C 시험관 + ④ 2 mL + ① 3방울 + ② 2 mL → 혼합 → 색 확인
D 시험관 + ⑤ 2 mL + ① 3방울 + ② 2 mL → 혼합 → 색 확인
E 시험관 + ⑥ 2 mL + ① 3방울 + ② 2 mL → 혼합 → 색 확인
F 시험관 + ⑦ 2 mL + ① 3방울 + ② 2 mL → 혼합 → 색 확인
G 시험관 + ⑧ 2 mL + ① 3방울 + ② 2 mL → 혼합 → 색 확인

(3) 각 시료(증류수, ③~⑧)에 대한 반응 결과를 확인한다.

2.6 질문 및 토론

2.7 주의사항

(1) 실험실에서의 주의사항(안전제일)을 반드시 지킨다.
(2) Biuret 반응의 원리에 대하여 이해한다.

3. 크산토프로테인 반응

3.1 원 리

크산토프로테인(xanthoprotein) 반응은 방향족 아미노산이 진한 질산과 반응하여 황색을 띠는 정색반응이다. **방향족 아미노산**을 진한 질산과 반응시키면 아미노산이 **나이트로화**되면서 황색의 화합물로 변화되고, 이 화합물이 **알칼리 금속**과 반응하면 짙은 주황색을 나타낸다. 이 반응은 방향족 아미노산을 함유하는 단백질에서도 양성 반응을 나타낸다.

$RCHNH_2COOH$(방향족 아미노산) + $HNO_3 \longrightarrow RC(NO_2)NH_2COOH + H_2O$
황색의 화합물

그러므로 크산토프로테인 반응을 이용하면 어떤 아미노산이 방향족 아미노산인지, 아닌지 그리고 방향족 아미노산을 함유한 단백질인지, 아닌지를 확인할 수 있다. 즉 어떤 물질에 대하여 닌히드린 반응(1절)과 biuret 반응(2절)을 실험하였는데 닌히드린 반응에서는 양성, biuret 반응에서는 음성의 결과가 나왔다면 이 물질은 아미노산이다. 이제 이 아미노산이 어떤 아미노산인지를 알아보기 위하여 크산토프로테인 반

▸ **방향족 아미노산**
Benzene 핵을 지니는 아미노산으로 tyrosine, phenylalanine, tryptophan이 있다.

▸ **나이트로(nitro)화**
유기화합물 분자 중의 수소원자를 $-NO_2$로 치환하는 반응을 말한다.

▸ **알칼리 금속**
가전자 1개를 지니는 Li, Na, K, Rb(루비듐), Cs(세슘), Fr(프란슘)을 말한다.

응실험을 하였는데 양성반응이 나왔다면 이는 방향족 아미노산이고, 음성반응이 나왔다면 방향족 아미노산이 아니다.

이 절에서는 방향족 아미노산과 그 이외의 물질을 진한 질산과 반응시켜 정색 여부를 확인한 후, 양성반응을 나타낸 시험관에 NaOH 용액을 가하여 짙은 주황색을 나타내는지를 확인한다.

3.2 실험목적

(1) 크산토프로테인 반응을 이해한다.
(2) 단백질 화학을 이해한다.
(3) 크산토프로테인 반응을 이용하여 단백질을 분석할 수 있다.

3.3 기 구

(1) 전자저울
(2) 시험관 혼합기(그림 4-4)
(3) 비 커
(4) 메스실린더
(5) 메스피펫
(6) 시험관
(7) 시험관꽂이
(8) 세척병
(9) 피펫필러
(10) 시약스푼

3.4 재료 및 시약

(1) 질산(HNO_3, nitric acid) 
(2) 포도당($C_6H_{12}O_6$, glucose) [자료 없음]
(3) 글리신($C_2H_5NO_2$, glycine) 
(4) 프로린($C_5H_9NO_2$, proline) [자료 없음]
(5) 알부민(albumin) [자료 없음]
(6) 티로신($C_9H_{11}NO_3$, tyrosine) [자료 없음]
(7) 트립토판($C_{11}H_{12}N_2O_2$, tryptophan) 
(8) 페놀(C_6H_6O, phenol) 
(9) 수산화나트륨(NaOH, sodium hydroxide) 
(10) 황산지

3.5 실험내용

1) 시료 및 시약조제

(1) 질산(①) : 시판되는 시약을 그대로 이용한다.
(2) 0.1%(w/v) 포도당 용액(②)을 조제한다.
(3) 0.1%(w/v) glycine 용액(③)을 조제한다.
(4) 0.1%(w/v) proline 용액(④)을 조제한다.
(5) 0.1%(w/v) 알부민 용액(⑤)을 조제한다.
(6) 0.1%(w/v) tyrosine 용액(⑥)을 조제한다.
(7) 0.1%(w/v) tryptophan 용액(⑦)을 조제한다.
(8) 0.1%(w/v) phenol 용액(⑧)을 조제한다.
(9) 40%(w/v) 수산화나트륨 용액(⑨)을 조제한다.

2) 실험방법

(1) 시험관 8개에 label(A, B, C, D, E, F, G, H)을 붙인다.
(2) (1)의 각 시험관(A~H)으로 다음과 같이 실험한다.

A 시험관 + 증류수 1 mL + ① 1 mL → 혼합
B 시험관 + ② 1 mL + ① 1 mL → 혼합
C 시험관 + ③ 1 mL + ① 1 mL → 혼합
D 시험관 + ④ 1 mL + ① 1 mL → 혼합
E 시험관 + ⑤ 1 mL + ① 1 mL → 혼합
F 시험관 + ⑥ 1 mL + ① 1 mL → 혼합
G 시험관 + ⑦ 1 mL + ① 1 mL → 혼합
H 시험관 + ⑧ 1 mL + ① 1 mL → 혼합

(3) 각 (2)의 반응을 확인한다.
(4) (2)의 F, G, H 시험관에 ⑨ 5 mL를 각각 가하고 색의 변화를 확인한다.

3.6 질문 및 토론

3.7 주의사항

(1) 실험실에서의 주의사항(안전제일)을 반드시 지킨다.

(2) 질산을 취급할 때에는 주의한다.
(3) 크산토프로테인 반응의 원리와 목적에 대하여 이해한다.

4. 단백질의 등전점 침전

4.1 원 리

단백질(protein)은 다수의 아미노산이 peptide 결합을 한 화합물이다. 그러므로 단백질 구조와 성질은 구성 아미노산에 따라 달라지게 된다. 아미노산($RCHNH_2COOH$)은 분자 내에 아미노기($-NH_2$)와 카르복실기($-COOH$)를 지니는 화합물인데, 용액의 pH에 따라 아미노기는 $-NH_3^+$로, 카르복실기는 $-COO^-$로 존재하게 된다. 즉, 아미노산은 용액의 pH에 따라서 분자구조 중에 양이온과 음이온을 동시에 가질 수 있기 때문에 양성이온을 형성한다. 그러므로 아미노산을 양성전해질이라고 부른다(그림 4-5).

아미노산의 구조에서 pH 변화에 따라 양(+)이온을 띨 수 있는 것에는 아미노기 이외에 곁사슬에 존재하는 구아니디노기(guanidino group), 이미다졸기(imidazole group), 산아미드기(amide group) 등이 있고, 음(−)이온을 띨 수 있는 것에는 카르복실기 이외에 곁사슬에 존재하는 티올기(thiol group), 페놀기(phenol group) 등이 있다. 그러므로 어떤 정해진 pH에서 아미노산 분자 내에 양이온의 숫자와 음이온의 숫자가 똑같게 되는데, 이때의 pH를 아미노산의 **등전점**(isoelectric point)이라고 한다. 아미노산은 등전점에서 침전하는 성질이 있다. 그러므로 여러 아미노산이 혼합되어 있는 용액에서 어느 특정한 아미노산을 침전, 분리시키고자 한다면 이 용액의 pH를 이 아미노산의 pH로 조절하면 된다.

단백질은 여러 가지 아미노산이 peptide 결합 등에 의하여 이루어진 것인데, 단백질의 분자 구조 내에는 이와 같은 결합에 관여하지 않고 유리상태로 존재하는 양이온

▶ 여러 가지 아미노산의 등전점

Glycine(6.1), Alanine(6.1), Tyrosine(5.7), Aspartic acid(3.0), Glutamic acid(3.2), Arginine(10.8), Lysine(9.7)

▶ 여러 가지 단백질의 등전점

Egg albumin(4.5), Lactalbumin(5.1), Casein(4.6), Myogen(6.3), Myosin(5.4), Glutenin (5.3), Gliadin(6.5), Zein(5.8), Glycinin(4∼5)

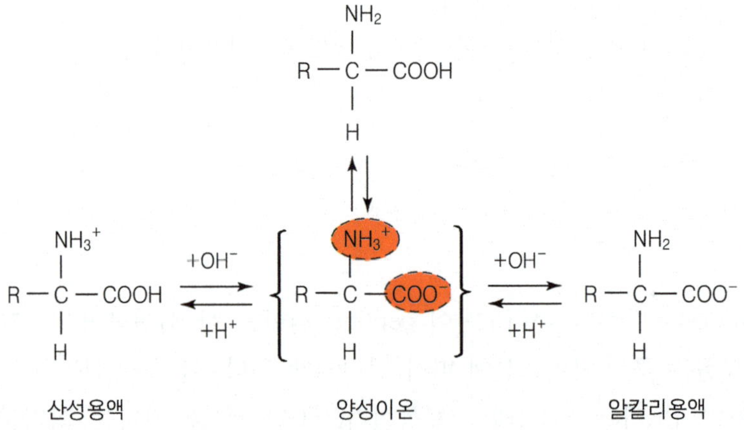

NH_2 — R — C — COOH — H

NH_3^+ R — C — COOH H $\underset{+H^+}{\overset{+OH^-}{\rightleftharpoons}}$ { NH_3^+ R — C — COO^- H } $\underset{+H^+}{\overset{+OH^-}{\rightleftharpoons}}$ NH_2 R — C — COO^- H

산성용액 양성이온 알칼리용액

그림 4-5. 아미노산의 양쪽성

을 띨 수 있는 아미노기 등과 음이온을 띨 수 있는 카르복실기 등이 다수 존재한다. 이 유리상태의 아미노기 등이나 카르복실기 등은 단백질 용액의 pH에 따라 (+)나 (−)로 하전된다. 아미노산과 마찬가지로 단백질 용액의 pH를 어느 정해진 pH로 조절하면 단백질 분자 내에 (+) 이온의 숫자와 (−) 이온의 숫자가 똑같게 되는데, 이때의 pH를 단백질의 등전점이라고 한다. 단백질도 등전점에서 침전하는 성질이 있기 때문에 여러 단백질이 혼합되어 있는 용액에서 어느 특정한 단백질을 침전, 분리시키고자 한다면 이 용액의 pH를 이 단백질의 pH로 조절하면 된다.

이 절에서는 알칼리 용액에 단백질을 용해시키고, 산 용액을 이용하여 단백질 용액의 pH를 조절하여 단백질의 등전점에서 단백질이 침전하는 것을 확인하고, 계속 산 용액을 가하여 단백질 용액의 pH가 등전점으로부터 멀어지면 침전되었던 단백질이 다시 용해되는 것을 확인함으로써 등전점에서 단백질이 침전되는 원리를 이해하도록 한다.

4.2 실험목적

(1) 아미노산과 단백질이 양성물질인 것을 이해한다.

(2) 아미노산과 단백질의 등전점에 대하여 이해한다.

(3) 단백질 화학을 이해한다.

(4) 단백질의 등전점 침전을 이용하여 단백질을 분석할 수 있다.

4.3 기 구

(1) 전자저울
(2) pH 미터(그림 1-35)
(3) 자석교반기(그림 2-6)
(4) 비 커
(5) 메스플라스크
(6) 메스피펫
(7) 뷰 렛
(8) 뷰렛스탠드
(9) 세척병
(10) 피펫필러
(11) 시약스푼

4.4 재료 및 시약

(1) 카제인(casein) 

(2) 수산화나트륨(NaOH, sodium hydroxide) 

(3) 염산(HCl, hydrochloric acid) 

(4) 완충용액(buffer solution, pH 4와 pH 7)

(5) 황산지

4.5 실험내용

1) 시료 및 시약조제

(1) 0.5% casein in 0.01 N 수산화나트륨 용액(①) : 0.01 N 수산화나트륨 용액을 조제한 후 이 용액에 casein을 용해한다.

(2) 0.01 N 염산 용액(②)을 조제한다.

2) 실험방법

(1) pH 미터 보정(제1장 8.1항, p. 90)
pH 4와 pH 7의 완충용액을 이용하여 pH 미터를 보정한다.

(2) 100 mL 비커 + ① 30 mL → ①의 pH 측정 → ①의 pH 기록

(3) 뷰렛 + 적당한 양의 ②

(4) (2)를 계속 교반하면서 뷰렛의 ②를 천천히 가한다. → (2)의 용액이 흐려지기 시작하면 ②의 소비량을 기록 → pH 측정 → pH 기록

(5) (4)를 계속 교반하면서 (4)에 ②를 1방울씩 가한다. ②를 1방울 가할 때마다 교반하고 침전을 확인하면서 침전이 생길 때까지 ②를 1방울씩 가한다. → 침

전이 생기면 ②의 소비량을 기록 → pH 측정(casein의 등전점) → pH 기록

(6) (5)를 계속 교반하면서 (5)의 침전물이 다시 용해되어 용액이 맑아질 때까지 ②를 천천히 가한다. → (5)의 용액이 맑아지면 ②의 소비량을 기록 → pH 측정 → pH 기록

4.6 질문 및 토론

4.7 주의사항

(1) 실험실에서의 주의사항(안전제일)을 반드시 지킨다.

(2) pH 미터를 사용할 때에는 반드시 pH 미터를 보정한 후 사용한다.

(3) 위 실험방법 (4)와 (5)에서 ②를 너무 빨리 가하면 용액의 pH가 등전점을 지나 버리므로 천천히 가한다.

(4) 위 실험방법 (5)에서는 1방울의 ②로 침전이 생성되기 시작하면 pH를 측정하고, 다시 1방울의 ②를 가하고 침전 확인, pH 측정을 반복하여 침전물이 가장 많이 형성되는 때를 casein의 등전점으로 한다.

5. Biuret 법에 의한 단백질 정량

5.1 원 리

효소 반응과 같은 실험을 하게 되면 시료 중의 아주 작은 양의 효소 양을 측정하여야 하는데, 이와 같은 미량의 단백질 정량은 제 3장 3절(p. 160)의 "Kjeldahl 법에 의한 단백질 정량" 방법에 의해서는 불가능하다. 쉽게 설명하면 Kjeldahl 법에 의해서 얻어진 단백질 양의 단위는 %이다.

미량의 단백질을 함유하는 시료 용액의 단백질을 정량하는 방법에는 여러 가지가 있는데, 이 장에서는 흡광광도법(비색법)의 원리를 이용한 Biuret 법에 대하여 설명하기로 한다. 흡광광도법을 이용한 물질 정량에 대한 기본 이론은 제 8장 1절(p. 359)을 참조한다.

Biuret 법은 단백질 정성분석 방법의 하나인 Biuret 반응(2절, p. 239)의 원리를 이용한 것으로 신속하게 미량의 단백질을 정량하고자 할 때 많이 이용되는 방법이다. 일반적으로 Biuret은 알칼리성 황산구리와 반응하여 보라색의 착화합물을 만드는데, 이와 구조가 비슷한 두 개 이상의 펩티드결합을 가진 화합물도 유사한 착화합물을 만들며, 단백질의 경우에는 청자색 또는 적자색의 착화합물을 만든다. 그런데 이때 형

성되는 착화합물의 양은 단백질의 농도에 비례하고, 그 색의 강도 또한 단백질의 농도에 비례한다. 그러므로 여러 가지 서로 다른 농도를 지니는 표준 단백질 용액을 알칼리성 황산구리와 반응시킨 후 흡광도를 측정하여 기준이 되는 검량선을 작성하고, 시료도 같은 방법으로 처리하면 검량선으로부터 시료의 단백질 양을 계산할 수 있다. 보통 이 방법으로는 약 1～20 mg의 단백질을 정량할 수 있으며, 착화합물의 색은 1～2시간 동안은 안정하지만, 그 이상의 시간이 경과하면 점점 색도가 증가한다.

1) Biuret 법에 의한 단백질 정량

(1) 시료 용액의 조제

Bovine serum albumin을 증류수에 녹여 적당한 농도의 시료 용액을 만든다. 다만 시료 용액 중의 단백질 함량은 아래에서 단백질 표준용액으로 작성한 검량선의 직선 범위 내에 있어야 하므로 예비실험을 통하여 시료 용액의 농도를 적당하게 조절하거나 사용량을 결정한다. 이 시료 용액의 정확한 농도는 다음 실험을 통하여 측정하게 된다.

(2) 단백질 표준용액의 조제, 발색, 검량선 작성

① Biuret 시약을 조제한다. 즉 $CuSO_4 \cdot 5H_2O$ 1.5 g과 타르타르산 나트륨칼륨(Rochelle salt) 6.0 g을 500 mL의 증류수에 녹이고, 여기에 10% NaOH 300mL를 가한 후 증류수를 가하여 1 L로 정용한다. 이 시약을 플라스틱 병에 넣어 보존하는데, 검은색의 침전이 생기지 않으면 계속 사용할 수 있다.

② 단백질 표준용액을 조제한다. Bovine serum albumin은 물에 천천히 용해되어 안정한 상태를 유지하기 때문에 일반적으로 많이 이용되는데, bovine serum albumin(소의 혈청 알부민) 10 mg을 증류수 1 mL에 녹인다. 이 용액의 단백질 농도는 10 mg/mL이다.

③ 여러 가지 농도를 지니는 단백질 표준용액을 조제한다. 시험관 18개(단백질 표준용액의 검량선 작성용, 3반복)에 각각 A, A, A, B, B, B, C, C, C, D, D, D, E, E, E, F, F, F의 표시를 한 후, 각 시험관에 위 ②에서 조제한 단백질 표준용액을 0(A), 0.2(B), 0.4(C), 0,6(D), 0.8(E), 1.0 mL(F)를 가한다.

④ ③의 각 시험관에 증류수를 가하여 각 시험관의 총 부피를 1 mL로 한다.

⑤ ④의 각 시험관에 위 ①의 Biuret 시약 4 mL를 가하여 각 시험관의 최종 부피를 5 mL가 되게 하고 혼합한다.

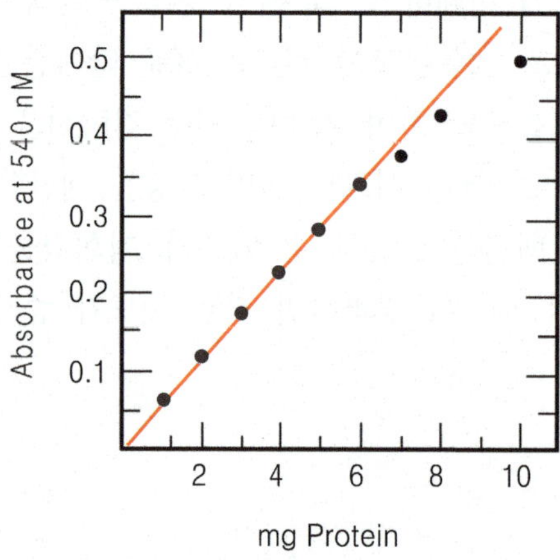

그림 4-6. Biuret 법에 의하여 작성된 검량선

⑥ ⑤를 37℃의 배양기(incubator)에서 20분간 방치한다.

⑦ 분광광도계를 이용하여 540 nm에서 각 시험관의 흡광도를 측정한다. 0시험관을 대조구로 한다.

⑧ ⑦의 결과를 이용하여 그림 4-6과 같이 단백질 표준용액의 검량선을 작성한다. 여기에서 얻은 검량선은 시료용액의 농도범위 내에서 직선이 되어야 한다.

(3) 시료 용액의 발색, 단백질 농도 측정

위에서 조제한 시료 용액을 위와 같은 방법으로 실험하고, 검량선으로부터 시료 용액의 단백질 농도를 계산한다.

5.2. 실험목적

(1) 단백질의 Biuret 반응에 대하여 이해한다.
(2) Biuret 법을 이용한 단백질 용액의 농도 측정법에 대하여 이해한다.
(3) 분광광도계의 사용법을 익힌다.
(4) 단백질 화학에 대하여 이해한다.
(5) Biuret 법을 이용하여 미량의 단백질을 정량할 수 있다.

5.3. 기 구

(1) 전자저울
(2) 자석교반기(그림 2-6)
(3) 분광광도계(그림 8-17)
(4) 배양기(그림 4-7)
(5) 시험관 혼합기(그림 4-4)
(6) 비 커

그림 4-7. 배양기(incubator)

(7) 메스플라스크
(8) 메스피펫
(9) pipettors, tips
(10) 시험관
(11) 시험관 꽂이
(12) 세척병
(13) 피펫필러
(14) 시약스푼
(15) 스포이드

5.4. 재료 및 시약

(1) 수산화나트륨(NaOH, sodium hydroxide)

(2) 황산구리($CuSO_4 \cdot 5H_2O$, cupric sulfate)

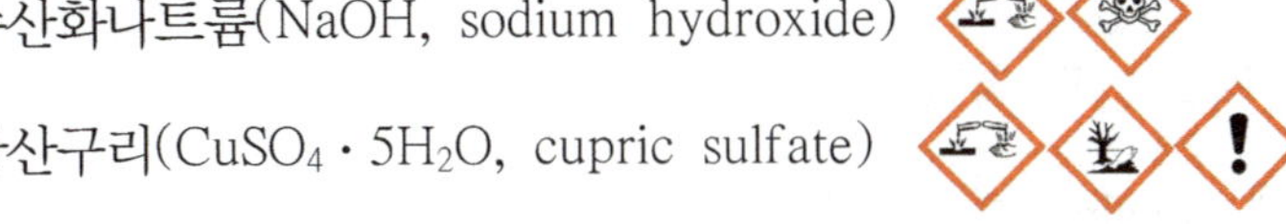

(3) Rochell salt($C_4H_4KNaO_6 \cdot 4HO$, sodium potassium tartarate) [자료 없음]

(4) Bovine serum albumin [자료 없음]

(5) 황산지

5.5. 실험내용

1) 시료 및 시약조제

(1) 시료 용액(①)을 조제한다(5.1항, p. 249).
(2) 단백질 표준용액(②)을 조제한다(5.1항).
(3) Biuret 시약(③)을 조제한다(5.1항).

2) 실험방법

(1) 단백질 표준용액의 검량선 작성

① 18 개의 시험관에 labelling(3반복, A, A, A, B, B, B, C, C, C, D, D, D, E, E, E, F, F, F)

② ①의 각 시험관으로 다음과 같이 실험한다.
(각 시험관의 최종 부피는 5 mL)

A 시험관 + ② 0 mL + 증류수 1.0 mL + ③ 4 mL → vortex
B 시험관 + ② 0.2 mL + 증류수 0.8 mL + ③ 4 mL → vortex
C 시험관 + ② 0.4 mL + 증류수 0.6 mL + ③ 4 mL → vortex
D 시험관 + ② 0.6 mL + 증류수 0.4 mL +③ 4 mL → vortex
E 시험관 + ② 0.8 mL + 증류수 0.2 mL + ③ 4 mL → vortex
F 시험관 + ② 1.0 mL + 증류수 0 mL + ③ 4 mL → vortex

③ 각 ②를 37℃의 배양기(incubator)에서 20분간 방치한다.

④ 분광광도계를 이용하여 540 nm에서 각 시험관의 흡광도를 측정하는데, A시험관을 대조구로 한다(분광광도계는 미리 켜 놓아 필요한 만큼 warming up 시킨다).

⑤ ④의 결과(평균값)를 이용하여 단백질 표준용액의 검량선을 작성한다.

(2) 시료 용액의 단백질 농도 측정

① 3개의 시험관에 labelling(S, S, S)

② ①의 각 S시험관으로 다음과 같이 실험한다.
(각 시험관의 최종 부피는 5 mL)

S 시험관 + ① 0.4 mL + 증류수 0.6 mL + ③ 4 mL → vortex

③ 각 ②를 37℃의 배양기(incubator)에서 20분간 방치한다.

④ 분광광도계를 이용하여 540 nm에서 각 시험관의 흡광도를 측정하고 평균값과 위에서 작성한 검량선을 이용하여 시료 용액의 단백질 농도를 계산한다.

5.6. 질문 및 토론

5.7. 주의사항

(1) 실험실에서의 주의사항(안전제일)을 반드시 지킨다.

(2) 이 실험에서는 정확한 피펫팅이 매우 중요하다.
(3) 시료 용액 중의 단백질 함량은 아래에서 단백질 표준용액으로 작성한 검량선의 직선 범위 내에 있어야 한다.
(4) 단백질 표준용액을 이용하여 검량선을 작성할 때 정확히 작성하여야 시료 용액의 단백질 농도를 정확히 계산할 수 있다. 이것은 Excel 프로그램을 사용할 때에도 마찬가지이다.

6. 투 석

6.1 원 리

단백질이 탄수화물이나 지질과 다른 점은 고분자화합물이라는 것이다. 즉 단백질 분자의 크기는 보통 약 10～70 μm, 분자량은 수만～수백만에 이르는데, 단백질의 분자량은 그 종류에 따라 크게 다르다.

단백질은 용액상태에서 교질(colloid)의 성질을 나타내기 때문에 반투막을 통과하지 못한다. 단백질의 이와 같은 성질은 단백질 용액 중에 같이 존재하는 분자량이 작은 무기염 등을 제거하여 단백질을 정제하는 데 이용된다. 이와 같이 혼합 교질용액과 순수한 용매 사이에 반투막을 두고 분자나 이온을 삼출(滲出)시켜 교질용액을 정제하는 방법을 투석(dialysis)이라고 한다.

실험재료(세포)로부터 특정한 단백질(효소 등)을 분리, 추출하는 과정에서 최종적으로 얻어진 단백질 용액에는 단백질의 추출을 위하여 사용된 단백질 이외의 물질들이 많이 함유되어 있다. 또한 염석 등의 방법을 이용하여 단백질을 분별 침전시켰을 때에는 단백질은 많은 양의 무기염과 혼합되어 있다. 그러므로 최종적으로 순수한 단백질을 얻기 위해서는 분자량이 작은 물질들을 제거하여야 하는데, 이를 위해서는 투석을 하여야 한다. 즉 분자량이 작은 물질들이 통과할 수 있는 미세한 구멍을 지니는 투석막 안에 이 단백질 혼합 용액을 넣고 밀봉한 후, 적당한 용매에 대하여 투석하면 삼투현상에 의하여 단백질이 아닌 분자량이 작은 물질들이 **투석막** 밖으로 제거되기 때문에 투석막 내부에는 분자량이 큰 단백질만 존재하게 된다(그림 4-8, 그림 4-9).

이 절에서는 단백질과 탄수화물의 혼합용액을 증류수에 대하여 투석한 후, ninhydrin 반응(1.1항, p. 235)과 Fehling 반응(제 5장 1.1항, p. 268)을 이용하여 투석액 중에 탄수화물은 존재하고 단백질은 존재하지 않는 것을 확인함으로써 투석의 원리를 이해하도록 한다.

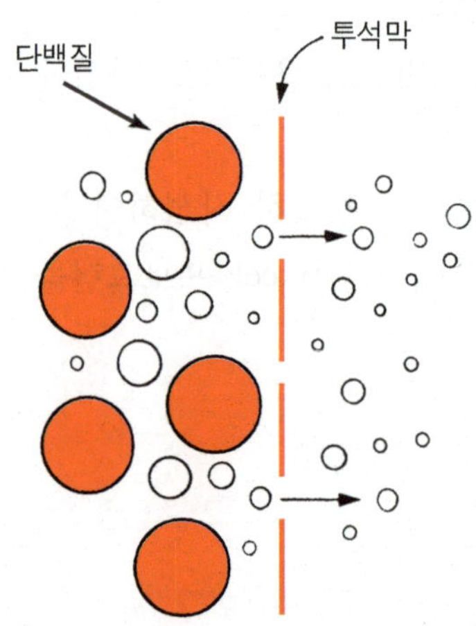

그림 4-8. 투석막을 통한 저분자 화합물의 제거

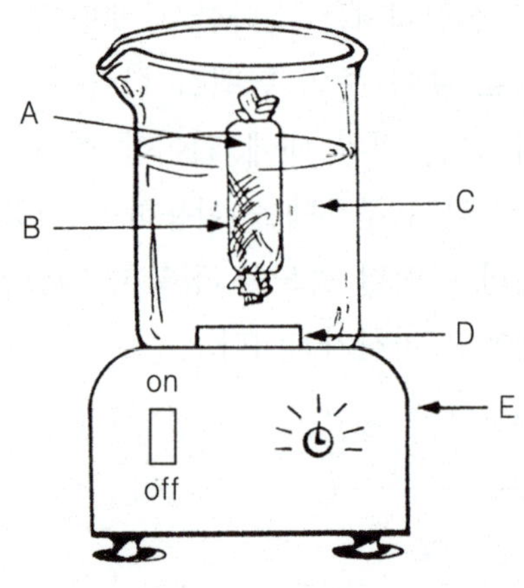

그림 4-9. 투 석

A : 투석막 내의 공기, B : 투석막과 시료, C : 투석액, D : Stir bar, E : 자석교반기

6.2 실험목적

(1) 투석의 원리에 대하여 이해한다.

(2) 닌히드린 반응과 Fehling 반응에 대하여 이해한다.

(3) 단백질 화학을 이해한다.

(4) 투석을 이용하여 단백질을 분석할 수 있다.

6.3 기 구

(1) 전자저울

(2) 자석교반기(그림 2-6)

(3) 피펫필러

(4) 시험관

▸ **투석막**

여러 가지가 사용되고 있지만, 일반적으로 가장 많이 사용되는 것은 cellophane이다. 하지만 이것은 염류의 투과성이 좋지 않고, 시간이 많이 걸리는 단점이 있다. 사용하기 전에 증류수를 사용하여 상처 유무를 확인하는 것이 좋다.

▸ **여러 가지 단백질의 분자량**

Myoglobin(16,900), Lactalbumin(17,500), Gliadin(27,000), Zein(35,000), Pepsin(35,700), β-Lactoglobulin(35,400), Insulin(36,000), Hemoglobin(68,000), Urease(473,000)

(5) 비 커
(6) 메스플라스크
(7) 메스피펫
(8) 시험관꽂이
(9) 시험관집게
(10) 세척병
(11) 시약스푼
(12) 가열장치(알코올 램프, 석면망, 삼발이 등)

6.4 재료 및 시약

(1) 닌히드린($C_9H_6O_4$, ninhydrin) 

(2) 포도당($C_6H_{12}O_6$, glucose) [자료 없음]

(3) Rochelle salt($C_4H_4KNaO_6$, sodium potassium tartarate) [자료 없음]

(4) 황산구리($CuSO_4 \cdot 5H_2O$, cupric sulfate) 

(5) 수산화나트륨(NaOH, sodium hydroxide)

(6) Bovine serum albumin [자료 없음]

(7) 투석막

(8) 황산지

6.5 실험내용

1) 시료 및 시약조제

(1) 2% Bovine serum albumin 용액(①)을 조제한다.

(2) 2% 포도당 용액(②)을 조제한다.

(3) Fehling Solution A 용액(③) : 황산구리 17.5 g을 증류수에 녹여 250 mL로 정용한다.

(4) Fehling Solution B 용액(④) : Rochelle salt 86 g과 수산화나트륨 25 g을 증류수에 녹여 250 mL로 정용한다.

(5) 0.2% Ninhydrin 수용액(⑤)을 조제한다.

2) 실험방법

(1) 시험관 8개에 label(A, B, C, D, E, F, G, H)을 붙인다.

(2) 투석막 준비(미리 적당한 크기로 잘라 증류수에 담근 후 한쪽 끝을 단단히 맨다)

(3) (2)의 투석막 + ① 2 mL + ② 2 mL → 투석막의 다른 끝을 단단히 맨다(이때 투석막이 손상되지 않도록 주의하여야 하고, 내용물이 밖으로 나오지 않도록 단단히 맨다. 또한 투석막의 양쪽 끝을 맨 후, 내부 위쪽에 공기가 있어야 투석 중에 투석막이 가라앉지 않는다).

(4) 250 mL 비커 + 증류수 적당량 + (3)의 투석막 → 투석(자석교반기에 비커를 올려놓고 계속 저어 준다)

(5) ①에 대한 Ninhydrin 반응
시험관 A + ① 1 mL + ⑤ 5방울 → 가열 → 반응 확인
②에 대한 Fehling 반응
시험관 B + ③ 2 mL + ④ 2 mL + ② 5방울 → 가열 → 반응 확인

(6) 투석 30분 후, 투석액(증류수)에 대하여 Ninhydrin 반응과 Fehling 반응을 한다(투석액에 탄수화물과 단백질이 있는지를 확인).
Ninhydrin 반응 : 시험관 C + 투석액 1 mL + ⑤ 5방울 → 가열 → 반응 확인
Fehling 반응 : 시험관 D + ③ 2 mL + ④ 2 mL + 투석액 5방울 → 가열 → 반응 확인

(7) 투석 60분 후, 투석액(증류수)에 대하여 Ninhydrin 반응과 Fehling 반응을 한다(투석액에 탄수화물과 단백질이 있는지를 확인).
Ninhydrin 반응 : 시험관 E + 투석액 1 mL + ⑤ 5방울 → 가열 → 반응 확인
Fehling 반응 : 시험관 F + ③ 2 mL + ④ 2 mL + 투석액 5방울 → 가열 → 반응 확인

(8) 증류수에 대하여 Ninhydrin 반응과 Fehling 반응을 한다(증류수에 탄수화물과 단백질이 있는지를 확인).
Ninhydrin 반응 : 시험관 G + 증류수 1 mL + ⑤ 5방울 → 가열 → 반응 확인
Fehling 반응 : 시험관 H + ③ 2 mL + ④ 2 mL + 증류수 5방울 → 가열 → 반응 확인

6.6 질문 및 토론

6.7 주의사항

(1) 실험실에서의 주의사항(안전제일)을 반드시 지킨다.
(2) 단백질을 정제하기 위한 투석과정은 보통 장시간(하룻밤)을 필요로 하며, 투석 기간 중 수시로 투석액을 새로운 것으로 교환해 주어야 한다.
(3) 위 실험방법 (2)와 (3)에서 투석막의 끝을 매는 것은 미리 연습을 해 본다.
(4) 투석 중 투석막이 stirring bar의 회전력에 의하여 가라앉으면 투석막의 위 끝을 비커의 윗부분에 테이프 등으로 고정시킨다.
(5) 위 실험방법 (7)에서 양성반응이 나타나지 않으면 실험방법 (4)의 증류수 양을 줄이거나, 투석시간을 더 길게 하거나, ①과 ②의 농도를 높여 실험한다.

7. 종이 크로마토그래피에 의한 아미노산의 분리

7.1 원 리

1906년 러시아의 생화학자 Michael Tsvet에 의하여 개발된 크로마토그래피는 그동안 많은 발전을 이루어 의약학, 생화학, 분석화학, 식품화학에서 가장 많이 사용되는 분석방법이 되었다. 크로마토그래피(chromatography)는 여러 가지 물질이 들어 있는 혼합물로부터 각 성분들을 분리, 확인, 정량하는 분석법이다.

크로마토그래피에서 물질의 분리는 그림 4-10에서 보는 바와 같이 시료가 이동상(mobile phase)에 의하여 고정상(stationary phase)이 들어 있는 칼럼(column)을 계속적으로 이동하면서 진행된다. 이 때 시료 중의 고정상과 친화도가 높은 성분은 느리게 이동하고 친화도가 낮은 성분은 빠르게 이동하며, 또한 이동상과 친화도가 높은 성분은 빠르게 이동하고 친화도가 낮은 성분은 늦게 이동하기 때문에 그 결과 각각의 성분은 분리되게 된다.

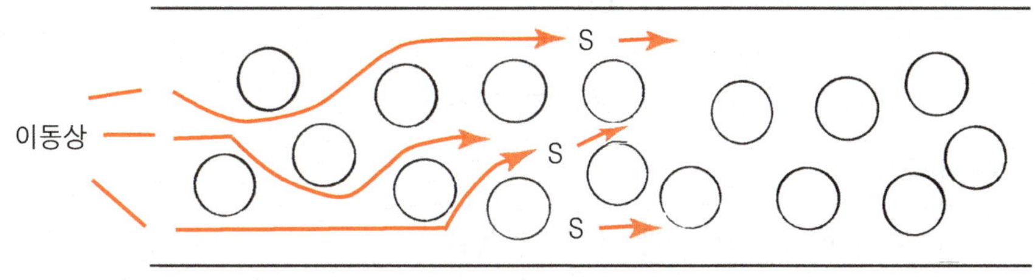

그림 4-10. 크로마토그래피의 원리

S : 시료 성분, ○ : 고정상

크로마토그래피에서 혼합물로부터 각 성분을 분리하는 기본 원리는 각 성분의 이동상과 고정상에 대한 분배계수 차이를 이용하는 것이다. 하지만 크로마토그래피에서는 여러 가지 고정상을 사용하기 때문에 분배(partition) 이외에 흡착(adsorption), 크기배제(size exclusion), 이온교환(ion exchange), 그리고 친화(affinity) 등과 같은 다양한 분리기구가 적용된다.

크로마토그래피는 크게 기체 크로마토그래피와 액체 크로마토그래피로 나뉘는데, 기체 크로마토그래피는 기체 이동상을, 액체 크로마토그래피는 액체 이동상을 사용한다. 기체 크로마토그래피에서 시료는 기화된 후, 이동상 기체에 의하여 고정상이 존재하는 칼럼을 통과하면서 주로 분배에 의하여 각 성분이 분리되는데, 이 책에서는 제 8장 2절(p. 376)에 기체 크로마토그래피에 대하여 자세히 설명하였다. 이동상으로 액체를 사용하는 액체 크로마토그래피는 기체 크로마토그래피에서 분석이 불가능한 분자량이 큰 비휘발성 물질의 분석이 가능하며, 다양한 이동상과 고정상의 사용으로 위에서 열거한 분리기구를 다양하게 적용할 수 있다. 그 동안 액체 크로마토그래피는 긴 분석시간이 가장 큰 단점이었는데, 최근에는 펌프와 같은 기기를 이용하여 이동상인 액체를 빠른 속도로 이동시켜 분석시간을 크게 단축시킨 고성능 액체 크로마토그래피(high performance liquid chromatography, HPLC)가 개발되어 많이 이용되고 있다. 이 책에서는 제 8장 3절(p. 395)에 HPLC에 대하여 자세히 설명하였다.

이 절에서는 분배의 원리를 적용한 분배 크로마토그래피의 일종인 종이 크로마토그래피를 이용하여 아미노산을 분리하는 실험을 하기로 한다.

1) 분배 크로마토그래피

일정한 온도에서 서로 섞이지 않는 용매 A와 B가 층을 이루고 있는 곳에 이 두 용매에 녹는(두 용매에 대한 용해도는 다름) 물질 C를 가하여 잘 교반하면 이 두 용매 중에 녹아 있는 물질 C의 농도의 비는 일정하게 된다. 이것을 분배의 법칙이라고 하며, 다음 식과 같이 분배계수로 나타낸다.

$$K_D = C_B / C_A$$

여기에서

C_B : 용액 B에 녹아 있는 C의 몰농도

C_A : 용액 A에 녹아 있는 C의 몰농도

K_D : 분배계수

각 물질들의 분배계수(distribution coefficient)는 서로 다른 용매에 대하여 고유한 값을 가지며 각 물질의 특성이다. 이것을 크로마토그래피에서의 이동상(A)과 고정상(B)에 대한 어떤 성분 C의 분배로 표시하면 각 물질은 이 분배계수가 다르기 때문에 칼럼 내에 머무름시간이 서로 다르게 되고 혼합물로부터 분리되는 것이다.

분배는 크로마토그래피에서 가장 일반적인 분리기구이다. 시료의 각 성분들은 칼럼 내의 고체 지지체에 화학적으로 결합되어 있는 고정상과 이동상에 대한 분배의 차이에 의하여 분리되게 된다. 비극성 고정상의 경우, 비극성 성분들은 비극성 고정상에 대한 용해도가 크기 때문에 비극성 고정상에 오래 머물게 되어 머무름시간이 길어지게 되고, 반대로 극성을 지닌 성분들은 머무름시간이 짧아지게 된다.

종이 크로마토그래피는 고정상의 지지체로 종이를 사용한 것을 말한다.

(1) 종이 크로마토그래피

① 원 리

종이 크로마토그래피(paper chromatography)는 고정상의 지지체로 여과지를 사용하는 분배 크로마토그래피의 일종이다. 전개용매 중 여과지에 흡착된 용매(물)는 고정상의 역할을 하고, 물과 잘 섞이지 않는 유기용매는 이동상의 역할을 한다. 종이 크로마토그래피는 극미량(5 μg 이하)의 물질을 분리, 확인하는 데 매우 편리한 방법이다. 혼합물인 시료 용액을 여과지 위에 점적하고 말린 다음 물로 포화된 유기용매(전개용매)에 여과지의 한쪽 끝을 담가 두면 용매는 모세관 현상에 의하여 여과지의 위쪽으로 퍼져 올라가거나(상승식 전개법, 그림 4-11) 또는 중력에 의하여 아래쪽 방향으로 이동하게 된다(하강식 전개법). 이 때 시료의 성분들도 전개용매와 함께 이동하게 되는데, 그 이동속도는 각 성분의 물과 유기용매에 대한 용해도(분배계수)의 차이에 따라 달라지게 된다. 즉 시료 용액 중 유기용매에 잘 녹는 성분은 잘 녹지 않는 성분보다 멀리 이동하게 되므로 시료의 각 성분들은 여과지 위에서 따로따로 분리되게 된다(그림 4-12). 종이 위에서 분리된 각 성분들의 위치는 적당한 발색시약으로 확인되며, 각 성분의 이동거리는 R_f(relative flow)로 표시된다. 어떤 물질의 R_f 값(value)은 종이 크로마토그래피의 조건이 동일하면 일정하지만 온도, 전개용매의 pH, 여과지 및 전개용매의 종류에 따라 달라지게 된다.

$$R_f = \frac{\text{시료의 이동거리}}{\text{전개용매의 이동거리}}$$

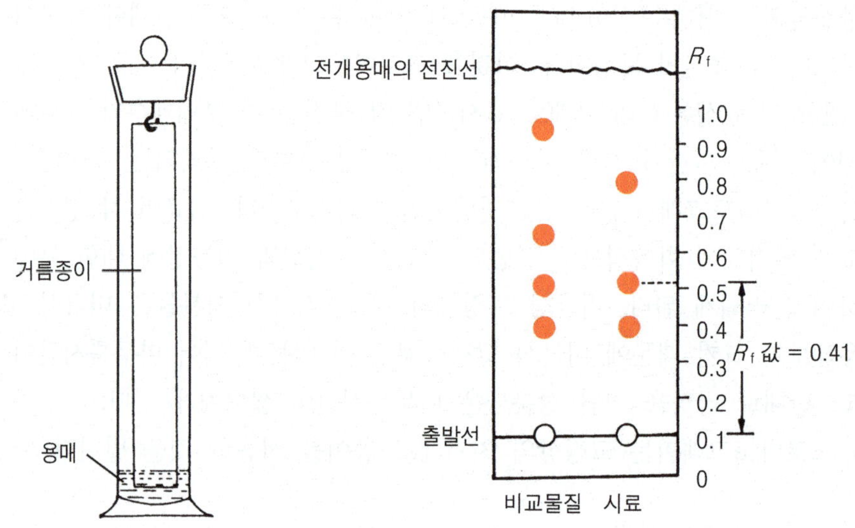

그림 4-11. 종이 크로마토그래피 (상승식 전개법)

그림 4-12. R_f 값 (1차원 종이 크로마토그래피)

종이 크로마토그래피에는 세로로 긴 여과지를 써서 한쪽 방향으로 전개시키는 1차원법과, 정사각형 여과지를 사용하여 두 번 전개시키는 2차원법이 있다. 2차원법에서는 시료를 첫 번째 전개용매로 분리하고 말린 후, 이 여과지를 90도 각도로 회전하여 두 번째 전개용매로 다시 전개시키는데(그림 4-13), 1차원법에 비하여 분리효과가 크다.

② 장 치

종이 크로마토그래피를 위하여 만든 각종 편리한 전개장치(그림 4-14)들이 있지만 지름 4~5 cm 정도의 시험관이나 1 L의 메스실린더를 사용하면 1차원 상승식 전개법에 의한 실험을 할 수 있다. 장치 내에 항상 전개용매의 증기가 포화되어 있도록 고무마개 등으로 입구를 막아 두어야 하며, 메스실린더를 사용할 때에는 입구에 은박지를 덮고 고무줄로 고정시키면 같은 효과를 볼 수 있다.

③ 시 료

시료 중에 무기염이나 단백질 등이 존재하면 R_f 값이 달라질 뿐만 아니라 분리가 잘 되지 않으며, 반점의 경계가 분명하지 않아서 그 위치를 확실하게 결정하기 어렵다. 그러므로 시료 중의 분리를 방해하는 이와 같은 불순물은 미리 제거하여야 한다.

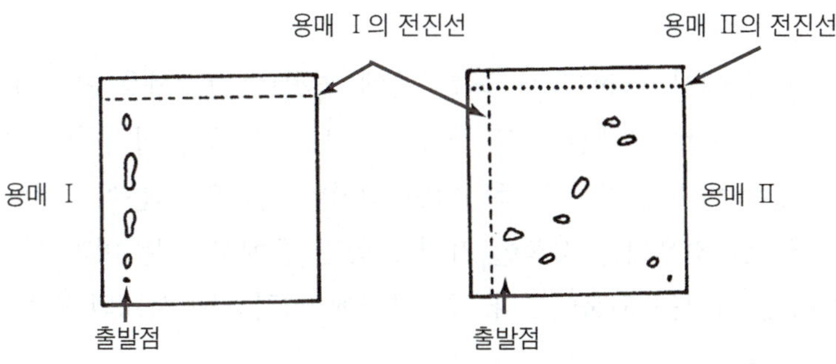

그림 4-13. 2차원 종이 크로마토그래피

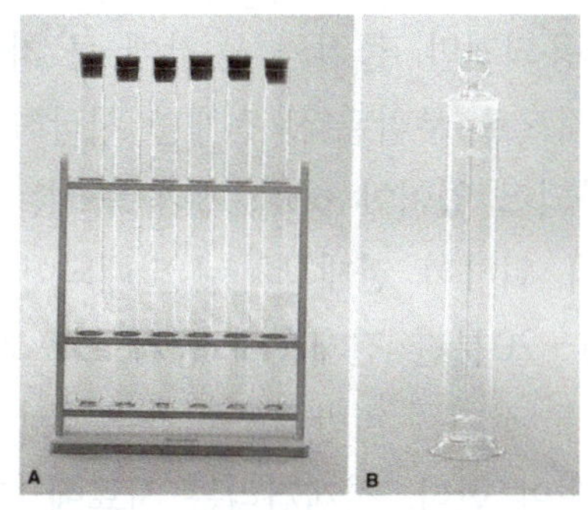

그림 4-14. 종이 크로마토그래피 전개장치

④ 여과지의 선택

여과지는 Whatman No. 1 또는 Toyo No. 1과 No. 51이 적당하다. 크로마토그래피용 여과지의 포장지에는 용매의 이동속도가 더 빠른 방향을 나타내는 화살표와 함께 “machine direction”이란 글자가 쓰여져 있는데, 1차원 종이 크로마토그래피에서는 이 방향으로 전개시킨다.

⑤ 전개용매의 선택

용매에 불순물이 존재하면 전개 중에 여러 가지 문제가 발생하기 때문에 반드시 순수한 용매를 사용하여야 한다. 일반적으로 전개용매는 지금까지의 실험결과를 참조하여 선택한다. 예를 들면, 어떤 화합물이 전개용매의 전진선 가까이까지 이동했다면 전개용매에 대한 그 물질의 용해도가 너무 크기 때문이고, 출발선 근처에 머물러 있었다면 이 물질의 용해도가 너무 작기 때문이다. 실제로 종이 크로마토그래피에서는 여러 가지 혼합용매를 전개용매로 많이 사용한다. 또 초산과 같은 산성 용매나 암모니아수를 첨가한 염기성 용매 또는 pH를 일정하게 유지하기 위한 완충용액을 섞어 사용하기도 한다.

⑥ 점 적

여과지의 한쪽 끝에서 3 cm 정도 되는 곳에 연필로 출발선을 표시하고 그 위에 1 cm 정도의 간격으로 모세관 등을 사용하여 시료 용액을 점적한다. 이때 점적한 시료 용액이 넓게 번지지 않도록 주의하여 점적한 자리의 지름이 5 mm 이하가 되도록 한다. 필요한 경우에는 점적한 자리를 공기 중에서 또는 머리 건조기로 말린 후 같은 자리에 점적을 되풀이한다. 한 자리에 점적하는 시료의 양은 10～20 ㎍ 정도가 적당하다.

⑦ 전 개

일반적으로 상승식 전개법이 많이 사용되지만, 물질의 R_f 값에 큰 차이가 없을 때에는 하강식 전개법을 쓰면 더 효과적으로 분리된다. 전개를 시작하기 전에 전개장치 내부는 전개용매의 증기로 포화되어 있어야 하며, 전개 중에는 종이 표면으로부터 용매가 증발되지 않도록 하기 위하여 전개장치는 밀폐되어 있어야 한다. 또한 시료 용액을 점적한 종이는 10～20분간 전개용매 증기로 포화된 전개장치 내에 매달아 둔 다음 전개시켜야 한다. 전개는 일반적으로 상온에서 실시하며, 온도의 급격한 변화가 있는 곳은 피하여야 한다. 전개거리는 시료에 따라 일정하지 않으나 보통 30～35 cm 정도가 적당한데 상승식 전개법에 있어서 이에 소요되는 시간은 약 10～20시간 정도이다.

⑧ 물질의 확인 및 R_f 값 계산

전개가 끝나면 여과지를 장치에서 꺼내어 전개용매의 전진선을 연필로 표시하고, 상온 또는 건조기에서 건조시킨다. 이때 머리 건조기 같은 것을 쓰면 편리하다. 착색 시료는 눈으로 곧 물질의 위치를 확인할 수 있으며, 형광성 시료는 암실에서 자외선 등으로 비춰 보면 물질의 위치를 확인할 수 있다. 무색의 시료는 분무기로 특수한 발색시약을 뿌려서 반점이 나타나게 만든다. 물질의 위치가 확인되면 물질의 중심선과 출발선 사이의 거리를 측정하여 R_f 값을 계산한다. R_f 값은 전개온도, 용매의 pH, 불순물 및 다른 여러 가지 조건에 따라 변화하기 때문에 참고문헌만으로 미지 시료를 확인하는 것은 불가능하다. 미지 시료를 확인하기 위해서는 반드시 이미 확인된 같은 계열의 화합물을 동시에 전개시키는 대조실험을 하여야 한다(표 4-1).

표 4-1. 아미노산의 R_f 값과 ninhydrin에 의한 최소 검출량

(전개시간 15시간, 25℃, 상승법)

용매 / Amino acid	phenol : 증류수 (7 : 3)	*n*-butanol : 초산 : 증류수 (4 : 1 : 2)	*n*-butanol : 증류수 (포 화)	반점의 색깔 (최소검출량, μg)
Glycine	0.40	0.32	0.05	적자색 (0.1)
Alanine	0.60	0.39	0.08	자 색 (0.2)
Valine	0.74	0.53	0.20	자 색 (0.2)
Leucine	0.86	0.73	0.38	자 색 (0.5)
Isoleucine	0.87	0.70	0.37	자 색 (0.5)
Phenylalanine	0.90	0.65	0.43	자 색 (5)
Proline	0.89	0.42	0.12	황 색 (1)
Serine	0.35	0.28	0.05	자 색 (0.3)
Threonine	0.47	0.35	0.07	적자색 (2)
Hydroxyproline	0.66	0.42	0.08	주황색 (1)
Aspartic acid	0.12	0.26	0.00	청자색 (0.4)
Glutamic acid	0.20	0.32	0.26	자 색 (1)
Cystine	0.13	0.11	0.00	적자색 (−)
Methionine	0.83	0.56	0.26	자 색 (1)
Histidine	0.50	0.25	0.04	적자색 (25)
Arginine	0.48	0.14	0.01	자 색 (4)
Lysine	0.43	0.12	0.00	자 색 (3)
Tyrosine	0.66	0.56	0.28	녹자색 (3)

7.2 실험목적

(1) 분배 크로마토그래피의 원리를 이해한다.

(2) 종이 크로마토그래피의 원리 및 방법을 이해한다.

(3) 단백질 정성실험법의 하나인 닌히드린 반응을 복습한다.

(4) 종이 크로마토그래피를 이용하여 아미노산을 분석할 수 있다.

7.3 기 구

(1) 전자저울 (2) 건조기(그림 3-8)

(3) 머리건조기 (4) 전개장치(종이 크로마토그래피용)(그림 4-14)

(5) 시약스푼 (6) 비 커

(7) 분무기
(8) 분액깔때기(separate funnel)
(9) 메스실린더
(10) Whatman No. 1 여과지
(11) 세척병
(12) 모세관(점적용)

7.4 재료 및 시약

(1) 닌히드린($C_9H_6O_4$, ninhydrin)

(2) 글리신($C_2H_5NO_2$, glycine)

(3) 프로린($C_5H_9NO_2$, proline) [자료 없음]

(4) *n*-Butanol($C_4H_{10}O$, butyl alcohol) 

(5) 초산(CH_3COOH, acetic acid)

(6) 아세톤(C_3H_6O, acetone)

(7) 황산지

7.5 실험내용

1) 시료 및 시약조제

(1) 0.2%(w/v) ninhydrin in acetone 용액(①, 발색시약)을 조제한다.

(2) 전개용매(②) : n-butanol, acetic acid, 증류수를 4 : 2 : 1의 비율로 혼합하여 잘 흔든 후 유기용매층(상층액)을 사용한다.

(3) 0.2%(w/v) glycine 용액(③)을 조제한다.

(4) 0.2%(w/v) proline 용액(④)을 조제한다.

(5) ③과 ④의 1 : 1 혼합액(⑤)을 조제한다.

2) 실험방법

(1) 종이 크로마토그래피 전개장치의 크기를 참고하여 Whatman No. 1 여과지를 적당한 크기(폭 : 3～5 cm)로 자른다.

(2) 적당하게 자른 여과지의 한쪽 끝으로부터 3 cm 정도 되는 곳에 연필로 출발선을 긋고 반대쪽 끝에는 적당한 간격으로 ③, ④, ⑤를 표기한다.

(3) 전개장치 + 적당량의 ② → 뚜껑을 막고 세게 흔든다. → 방치

이 때 전개용매의 양은 전개장치의 뚜껑으로 여과지의 한쪽 끝을 잡고 늘어뜨렸을 때 여과지의 반대쪽 끝이 전개용매에 약간 잠길 정도면 된다. 절대로 여과지에 그려 놓은 출발선이 전개용매에 닿아서는 안 된다.

(4) (2)의 여과지 출발선에 적당한 간격을 두고 모세관을 이용하여 같은 위치에 시료 ③, ④, ⑤를 각각 같은 위치에 5번 이상 점적한다. 이 때 시료의 반점이 너무 커지지 않도록 머리 건조기를 사용하여 말리면서 점적(직경 5 mm 이하)하는데 ③, ④, ⑤의 용액이 서로 겹쳐지지 않도록 주의한다.

(5) (3)의 전개장치에 (4)의 점적을 마친 여과지를 약 15분 정도 매달아 평형화시킨다. 이때는 여과지의 아래 쪽 끝이 전개용매에 닿으면 안 된다.

(6) 여과지의 아래 쪽 끝을 전개용매에 담근다. 이 때 시료를 점적한 부분이 전개용매에 닿으면 안 된다.

(7) 전개용매의 전진선이 여과지의 위쪽 끝 가까이 이르면 여과지를 꺼내어 용매의 전진선을 연필로 표시하고 건조시킨다.

(8) 발색시약(①)을 분무하고 100℃의 건조기에서 가열하여 여과지 위에 반점이 나타나면 R_f 값을 계산하고 ③, ④, ⑤ 시료의 아미노산을 확인한다.

7.6 질문 및 토론

7.7 주의사항

(1) 실험실에서의 주의사항(안전제일)을 반드시 지킨다.

(2) 위 실험방법 (1)에서 여과지의 크기를 정할 때에는 실험방법을 숙지한 후 전개장치에 적당한 크기로 자른다.

(3) 위 실험방법 (2)와 (7)에서는 반드시 연필을 사용하여야 한다.

(4) 위 실험방법 (8)에서 발색시약은 반드시 hood 내에서 분무한다.

(5) 만약 시료의 전개가 원활하지 않으면 용매의 종류, 시료의 농도 등을 조절하여 실험한다.

제 5장

탄수화물의 분석

1. 당의 환원성

1.1 원 리

당(sugar)은 여러 개의 알코올기(−OH)와 알데히드기(−CHO) 또는 여러 개의 알코올기와 케톤기(=CO)를 지니는 물질을 말한다. 그러므로 당은 알코올(alcohol), 알데히드(aldehyde), 케톤(ketone)의 반응 특성을 나타낸다(알코올, 알데히드, 케톤 화합물의 특징은 유기화학 책 참조).

알코올은 알데히드나 케톤과 반응하여 hemiacetal 화합물이나 hemiketal 화합물을 만드는데, 당과 같이 같은 분자 내에 알코올기와 알데히드기나 케톤기가 함께 존재하면 환상구조의 hemiacetal 화합물이나 hemiketal 화합물을 형성하게 된다(그림 5-1). 당이 환상구조를 형성하면 당의 −CHO나 =CO의 1번 탄소 위치에 새로운 −OH

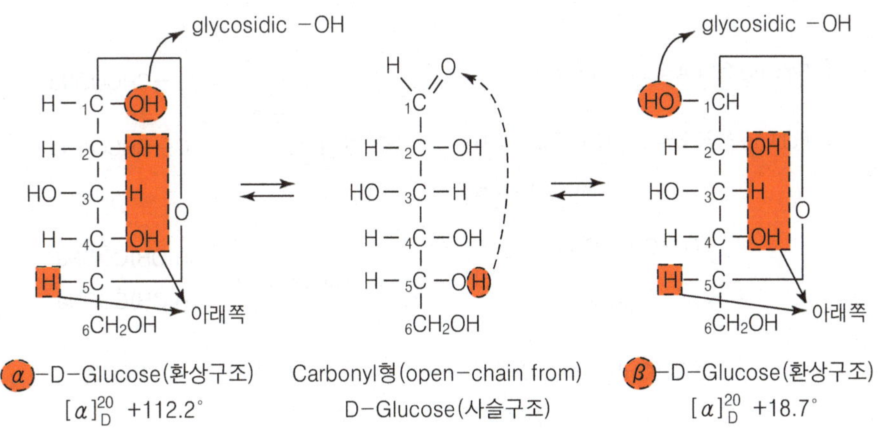

그림 5-1. α−포도당과 β−포도당의 환상구조

가 생성되는데, 이 −OH는 다른 −OH와 달리 반응성이 매우 크므로 당과 관련한 거의 모든 화학반응에 관여한다. 그래서 이 −OH를 glycoside 성 −OH라고 한다. 설탕이나 전분을 제외한 거의 모든 당이 지니는 환원성도 이 glycoside 성 −OH에 기인한다. 그러므로 실험 중 어떤 미지의 물질을 얻었을 때 이 물질이 당인지, 아닌지를 확인하는 가장 기본적인 방법은 이 물질이 환원성을 지니는지를 확인해 보면 된다.

환원성이란 다른 물질을 환원시키고 자신은 산화되는 성질을 말한다. 환원성을 측정하는 방법에는 Fehling's test, Tollen's test, Benedict's test 등이 있지만, 이 절에서는 Fehling 반응에 대하여 설명하기로 한다.

1) Fehling 반응

Fehling 반응은 알칼리성 황산구리 용액(Fehling 용액)을 이용하여 어떤 물질의 환원성을 측정하는 실험이다. 즉 Fehling 용액 중의 구리는 Cu^{+2}(2가의 구리)로 존재하는데, 환원성이 있는 물질에 의하여 환원되면 Cu^{+1}(1가의 구리)로 변화하게 된다. 이 때 Cu^{+1}는 아산화구리(Cu_2O)의 상태로 존재하고, 이 Cu_2O는 적색의 침전물이다. 그러므로 Fehling 용액에 어떤 물질을 첨가하고 가열하였을 때 적색의 침전물이 생성되면 이 물질은 환원성이 있는 물질이고, 적색의 침전물이 생성되지 않으면 이 물질은 환원성이 없는 것이다. 마찬가지로 당을 첨가하고 가열하였을 때 적색의 침전물이 생성되면 이 당은 환원당이고, 적색의 침전물이 생성되지 않으면 이 당은 비환원당이다. 이것이 Fehling 반응의 원리(그림 5-2)이다.

(1) Fehling 용액의 조제

Fehling 반응을 이용하여 어떤 물질의 환원성을 측정하는 실험을 하기 위해서는

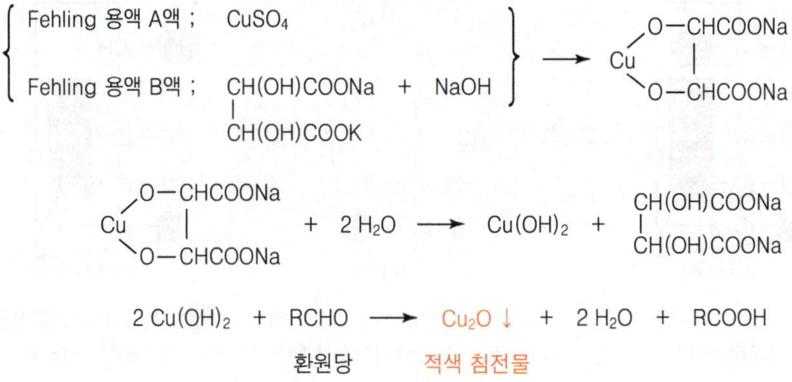

Fehling 용액 A액 ; $CuSO_4$
Fehling 용액 B액 ; CH(OH)COONa | CH(OH)COOK + NaOH
→ Cu(O−CHCOONa)(O−CHCOONa)

Cu(O−CHCOONa)(O−CHCOONa) + $2\,H_2O$ → $Cu(OH)_2$ + CH(OH)COONa | CH(OH)COONa

$2\,Cu(OH)_2$ + RCHO (환원당) → $Cu_2O\downarrow$ (적색 침전물) + $2\,H_2O$ + RCOOH

그림 5-2. Fehling 반응

Fehling 용액이 필요한데, 이 용액은 다음의 2가지 용액을 같은 비율로 혼합하여 사용한다.

① 황산구리 용액(Fehling A액) : 황산구리($CuSO_4 \cdot 5H_2O$) 17.5 g을 증류수에 녹여 250 mL로 정용한다.

② 알칼리성 Rochelle 염 용액(Fehling B액) : Rochelle 염(sodium potassium tartarate) 86 g과 NaOH 25 g을 증류수에 녹여 250 mL로 정용한다. 이 때 NaOH를 먼저 녹인 후 Rochelle 염을 녹이면 잘 녹는다.

1.2 실험목적

(1) 산화, 환원반응을 이해한다.
(2) Fehling 반응의 원리를 이해한다.
(3) 환원당과 비환원당을 구별하는 방법과 원리에 대하여 이해한다.
(4) 탄수화물 화학을 이해한다.
(5) 당의 환원성을 이용하여 탄수화물을 분석할 수 있다.

1.3 기 구

(1) 전자저울
(2) 시험관
(3) 비 커
(4) 메스플라스크
(5) 메스피펫
(6) 세척병
(7) 피펫필러
(8) 시약스푼
(9) 스포이드
(10) 시험관꽂이
(11) 가열장치(알코올 램프, 석면망, 삼발이 등) 또는 가열판(hot plate)

1.4 재료 및 시약

(1) 황산(H_2SO_4, sulfuric acid) 

(2) Rochelle salt($C_4H_4KNaO_6$, sodium potassium tartarate) [자료 없음]

(3) 황산구리($CuSO_4 \cdot 5H_2O$, cupric sulfate) 

(4) 수산화나트륨(NaOH, sodium hydroxide)

(5) 포도당($C_6H_{12}O_6$, glucose) [자료 없음]

(6) 과당($C_6H_{12}O_6$, fructose) [자료 없음]

(7) 맥아당($C_6H_{12}O_6$, maltose) [자료 없음]

(8) 설탕($C_{12}H_{22}O_{11}$, sucrose) [자료 없음]

(9) 전분(starch) [자료 없음]

(10) 황산지

1.5 실험내용

1) 시료 및 시약조제

(1) Fehling A 용액(①)을 조제한다(1.1항, p. 268).
(2) Fehling B 용액(②)을 조제한다(1.1항, p. 268).
(3) 1%(w/v) 설탕 용액(③)을 조제한다.
(4) 1%(w/v) 전분 용액(④)을 조제한다.
(5) 1%(w/v) 맥아당 용액(⑤)을 조제한다.
(6) 1%(w/v) 포도당 용액(⑥)을 조제한다.
(7) 1%(w/v) 과당 용액(⑦)을 조제한다.
(8) 5 N 황산 용액(⑧)을 조제한다(제 1장 5.1항, p. 58).

2) 실험방법

(1) 시험관 2개에 label(설탕, 전분)을 붙인다.

(2) 또 다른 시험관 8개에 label(A, B, C, D, E, F, G, H)을 붙인다.

(3) 500 mL 비커 + 증류수 적당량(250 mL 정도) → 알코올 램프(또는 가열판)로 끓을 때까지 가열

(4) Sucrose의 가수분해

(1)의 설탕 시험관 + ③ 2 mL + ⑧ 2 mL → (3)의 증류수가 끓고 있는 비커에서 정확히 10분간 가열(분해) → 이 sucrose의 분해액을 ⑨번 시약으로 한다.

(5) Starch의 가수분해

(1)의 전분 시험관 + ④ 2 mL + ⑧ 2 mL → (3)의 증류수가 끓고 있는 비커에서 정확히 10분간 가열(분해) → 이 starch의 분해액을 ⑩번 시약으로 한다.

(6) (2)의 각 시험관(A～H)으로 다음과 같이 실험한다. G와 H 시험관의 경우 반응액의 색이 청색이 아니면 ②를 몇 방울 더 떨어뜨린다.

A 시험관 + 증류수 5방울 + ① 2 mL + ② 2 mL
B 시험관 + ③ 5방울 + ① 2 mL + ② 2 mL
C 시험관 + ④ 5방울 + ① 2 mL + ② 2 mL
D 시험관 + ⑤ 5방울 + ① 2 mL + ② 2 mL
E 시험관 + ⑥ 5방울 + ① 2 mL + ② 2 mL
F 시험관 + ⑦ 5방울 + ① 2 mL + ② 2 mL
G 시험관 + ⑨(sucrose의 분해액) 5방울 + ① 2 mL + ② 2 mL
H 시험관 + ⑩(전분의 분해액) 5방울 + ① 2 mL + ② 2 mL

(7) (6)의 모든 시험관→(3)의 증류수가 끓고 있는 비커에서 정확히 10분간 가열 →시험관꽂이에서 냉각→붉은색의 침전물 확인→각 당 용액의 환원성 확인, 이 때 모든 시험관에서 붉은색의 침전물이 보이지 않으면 가열시간을 조금 길게 한다.

1.6 질문 및 토론

1.7 주의사항

(1) 실험실에서의 주의사항(안전제일)을 반드시 지킨다.
(2) 가열을 할 때에는 특히 화상에 주의하고, 모든 시험관이 균일하게 가열되도록 한다.
(3) 각 시험관에서 적색의 침전물(Cu_2O)을 확인하고, 특히 B, C 시험관과 G, H 시험관의 차이를 이해하도록 한다.
(4) 위 실험방법 (3)의 증류수 첨가량은 실험방법 (6)를 마친 후 시험관을 비커에 넣었을 때 시험관의 내용물이 증류수에 잠길 정도이어야 한다.
(5) 황산 용액의 취급에 주의한다.

2. Aldose와 Ketose의 구별

2.1 원 리

단당류는 분자 내에 1개 이상의 알코올기(−OH)와 1개의 알데히드기(−CHO)를 지니는 알도스(aldose)와 그리고 1개 이상의 알코올기와 1개의 케톤기(=CO)를 지니는 케토스(ketose)로 나뉘어지는데, 대표적인 알도스에는 포도당(glucose)이 있고, 대표적인 케토스에는 과당(fructose)이 있다.

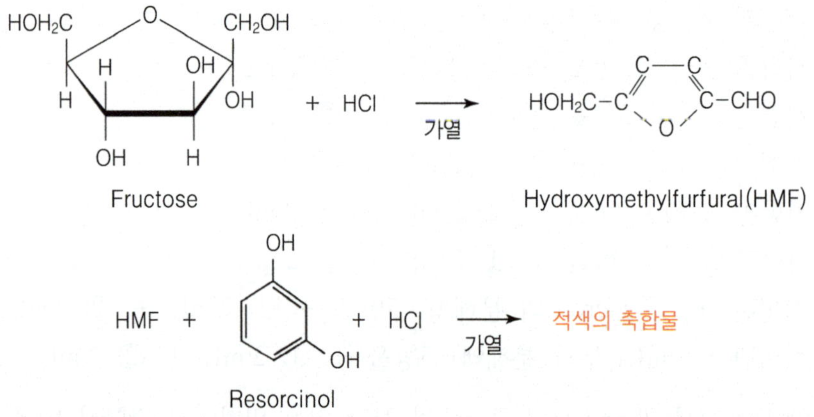

그림 5-3. Seliwanoff's test

알도스와 케토스는 같은 탄수화물이지만 화학적인 성질에 약간의 차이가 있다. 즉 알도스는 알데히드(aldehyde) 화합물의 반응 특성을 나타내고, 케토스는 케톤(ketone) 화합물의 반응 특성을 나타낸다. 일반적으로 케토스는 알도스에 비하여 산에 의하여 보다 빨리 탈수되어 그림 5-3에서 보는 바와 같이 hydroxymethylfurfural 및 그 유도체로 빨리 변화한다. 그러므로 이러한 화학적 성질을 이용하면 어떤 미지(未知)의 당이 알도스인지, 케토스인지를 확인하는 것이 가능하다.

1) Seliwanoff 's test

Seliwanoff's test는 이와 같은 원리를 이용하여 알도스와 케토스를 구별하는 실험이다. 이 실험에서는 반응액에 당으로부터 생성된 hydroxymethylfurfural 및 그 유도체를 보다 쉽게 확인하기 위하여 resorcinol을 사용한다. Resorcinol은 hydroxymethylfurfural 및 그 유도체와 반응하여 적색의 축합물을 만든다(그림 5-3). 그러므로 당 용액에 Seliwanoff 시약(산과 resorcinol의 혼합물)을 가하고 가열하였을 때 적색이 나타나면 hydroxymethylfurfural 및 그 유도체가 생성된 것이다.

위에서 설명한 바와 같이 케토스는 알도스에 비하여 산에 의하여 보다 빨리 탈수되기 때문에 적색이 빠르게 나타난다. 그러므로 이 실험에서는 가열시간을 주의 깊게 관찰하여야 한다. Seliwanoff's test에서 생성되는 적색의 축합물은 케토스의 농도에 따라 달라지기 때문에 이 반응은 케토스의 비색정량에 이용되기도 한다.

2) Seliwanoff 시약

3 N HCl 용액을 사용하여 0.5%(w/v) resorcinol 용액을 조제한다.

2.2 실험목적

(1) 알도스와 케토스의 반응특성을 이해한다.
(2) Seliwanoff's test의 원리를 이해한다.
(3) 탄수화물 화학을 이해한다.
(4) Seliwanoff's test를 이용하여 탄수화물을 분석할 수 있다.

2.3 기 구

(1) 전자저울
(2) 시험관꽂이
(3) 비 커
(4) 메스플라스크
(5) 시험관
(6) 세척병
(7) 피펫필러
(8) 시약스푼
(9) 메스피펫
(10) 가열장치(알코올 램프, 석면망, 삼발이 등) 또는 가열판(hot plate)

2.4 재료 및 시약

(1) 포도당($C_6H_{12}O_6$, glucose) [자료 없음]
(2) 과당($C_6H_{12}O_6$, fructose) [자료 없음]
(3) 레졸시놀($C_6H_6O_2$, resorcinol)
(4) 염산(HCl, hydrochloric acid)

(5) 황산지

2.5 실험내용

1) 시료 및 시약조제

(1) 3%(w/v) 과당 용액(①)을 조제한다.
(2) 3%(w/v) 포도당 용액(②)을 조제한다.
(3) ①을 이용하여 1% 과당 용액(③) 10 mL를 조제한다.
(4) ①을 이용하여 0.5% 과당 용액(④) 10 mL를 조제한다.
(5) ①을 이용하여 0.2% 과당 용액(⑤) 10 mL를 조제한다.
(6) ②를 이용하여 1% 포도당 용액(⑥) 10 mL를 조제한다.

(7) ②를 이용하여 0.5% 포도당 용액(⑦) 10 mL를 조제한다.
(8) ②를 이용하여 0.2% 포도당 용액(⑧) 10 mL를 조제한다.
(9) Seliwanoff 시약(⑨)을 조제한다(2.1항, p. 272)

2) 실험방법

(1) 시험관 9개에 label(A, B, C, D, E, F, G, H, I)을 붙인다.
(2) 500 mL 비커 + 증류수 적당량(250 mL 정도) → 알코올 램프(또는 가열판)로 끓을 때까지 가열
(3) (1)의 각 시험관(A~I)으로 다음과 같이 실험한다.

A 시험관 + 증류수 1 mL + ⑨ 5 mL → 혼합
B 시험관 + ① 1 mL + ⑨ 5 mL → 혼합
C 시험관 + ② 1 mL + ⑨ 5 mL → 혼합
D 시험관 + ③ 1 mL + ⑨ 5 mL → 혼합
E 시험관 + ④ 1 mL + ⑨ 5 mL → 혼합
F 시험관 + ⑤ 1 mL + ⑨ 5 mL → 혼합
G 시험관 + ⑥ 1 mL + ⑨ 5 mL → 혼합
H 시험관 + ⑦ 1 mL + ⑨ 5 mL → 혼합
I 시험관 + ⑧ 1 mL + ⑨ 5 mL → 혼합

(4) 모든 (3)를 (2)의 증류수가 끓고 있는 비커에 한꺼번에 넣고 가열하면서 각 시험관이 붉은색으로 변화하는 데 소요되는 시간을 기록한다.

2.6 질문 및 토론

2.7 주의사항

(1) 실험실에서의 주의사항(안전제일)을 반드시 지킨다.
(2) 가열을 할 때에는 특히 화상에 주의하고, 모든 시험관이 균일하게 가열되도록 한다.
(3) 케토스의 경우 왜 알도스보다 반응이 빨리 일어나는지를 반드시 이해한다.
(4) 농도희석법에 대하여 반드시 이해한다.
(5) 위 실험방법 (2)의 증류수 첨가량은 실험방법 (3)를 마친 후 시험관을 비커에 넣었을 때 시험관의 내용물이 증류수에 잠길 정도이어야 한다.
(6) 염산의 취급시 주의한다.

3. 요오드 전분반응

3.1 원 리

요오드(I_2, iodine)는 흑자색 광택이 있는 승화성 고체이며 물에는 잘 녹지 않으나 KI 용액, 알코올, 클로로포름($CHCl_3$, chloroform), 이황화탄소(CS_2) 등에 녹는다. 요오드가 KI 용액에 녹는 이유는 다음과 같은 반응에 의한 것이라고 알려져 있다.

$$I_2 + KI \rightleftharpoons KI_3$$

전분(starch)은 포도당(glucose)이 수백~수천 개 결합한 **amylose**와 **amylopectin**으로 구성되어 있다. Amylose의 포도당 긴사슬은 포도당 6개마다 1회전의 비율로 나선모양으로 회전하고 있으며, amylopectin도 같은 구조를 하고 있다. 전분의 이와 같은 구조상의 특징은 전분이 요오드와 반응하였을 때 청색을 띠게 하는 원인이 된다. 요오드는 전분과 반응하면 청색으로 변화하는데, 이 반응을 요오드 전분반응이라고 한다. 이 청색은 가열하면 무색으로 되고 냉각하면 다시 나타나지만, 가열을 오래하였을 때에는 요오드의 대부분이 휘발하여 그 색이 흐려지게 된다.

전분은 산, 알칼리, 효소 등에 의하여 쉽게 가수분해된다. 가수분해 정도에 따라 여러 중합도를 가진 화합물이 생성되는데, 전분의 가수분해 최종 생성물인 포도당과 맥아당을 제외한 모든 가수분해 생성물을 호정(dextrin)이라고 한다.

Dextrin은 분자 크기에 따라 가용성 전분(soluble starch), amylodextrin(분자량 10,000 이상), erythrodextrin(분자량 6,000~7,000), achromodextrin(분자량 3,000~4,000), maltodextrin으로 나누어진다. Dextrin을 요오드와 반응시키면 구성 포도당 분자수가 점점 작아짐에 따라 청색에서 무색을 나타내게 된다. 즉 amylodextrin은

▸ **Amylose**

전분의 종류에 따라 다르지만 20~1000개의 포도당이 α-1,4 결합을 되풀이하여 나선상의 사슬모양을 이루고 있는 물질이다.

▸ **Amylopectin**

Amylose의 사슬 군데군데에 다른 amylose 사슬이 α-1,6 결합에 의하여 분지(分枝)된 물질이다. 분지 사이의 포도당 분자수는 전분의 종류에 따라 다르지만 평균 17~27개 정도이고, amylopectin 전체를 이루는 포도당 분자의 수는 6000~37,000개 정도라고 한다.

청색, erythrodextrin은 적색, achromodextrin과 maltodextrin은 무색을 나타내게 된다. 이 절에서는 전분과 dextrin의 요오드 반응에 대하여 이해하기로 한다.

1) 요오드 전분반응

오래 전부터 전분의 정성반응으로 이용되고 있는 실험방법으로 전분이 요오드와 반응하여 청색을 띠는 반응이다. 또한 이 반응은 요오드 적정법의 반응종점을 나타내는 방법으로 사용되기도 한다. 이 반응은 전분의 나선모양 구조에서 나선의 내면을 향하고 있는 포도당의 −OH가 전자공여체로, 요오드 분자가 전자수용체로 되어 내포화합물을 형성하여 특유한 청색을 나타내는 것이다(그림 5-4). 이 화합물의 청색은 amylose 사슬의 길이가 길수록 짙어진다. 일반적으로 glucose의 평균 중합도 20 정도에서는 적색, 60 이상에서는 청색을 나타낸다.

2) 요오드 용액

요오드 전분반응에 사용되는 요오드 용액은 요오드 2.5 g과 요오드화칼륨(KI) 5 g을 증류수 100 mL에 녹여 사용한다.

3.2 실험목적

(1) 전분의 구조와 요오드와의 반응 특성을 이해한다.
(2) 요오드 전분반응의 원리를 이해한다.
(3) 탄수화물 화학을 이해한다.
(4) 요오드 전분 반응을 이용하여 탄수화물을 분석할 수 있다.

3.3 기 구

(1) 전자저울
(2) 시험관꽂이
(3) 비 커
(4) 메스플라스크

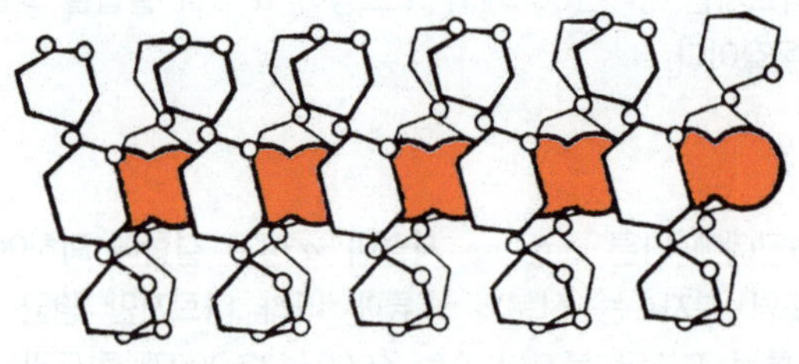

그림 5-4. Amylose의 나선구조에 끼어 든 요오드 분자(붉은색 부분)

(5) 메스피펫
(6) 시험관
(7) 흰종이
(8) 세척병
(9) 피펫필러
(10) 시약스푼
(11) 스포이드
(12) 슬라이드 글라스
(13) 가열장치(알코올 램프, 석면망, 삼발이 등) 또는 가열판(hot plate)

3.4 재료 및 시약

(1) 전분(starch) [자료 없음]

(2) 황산(H_2SO_4, sulfuric acid) 

(3) 요오드(I_2, iodine) 

(4) 요오드화칼륨(KI, potassium iodide) 

(5) 황산지

3.5 실험내용

1) 시료 및 시약조제

(1) 요오드 용액(①)을 조제한다(3.1항, p. 276).
(2) 5 N 황산 용액(②)을 조제한다(제1장 5.1항, p. 58).
(3) 전분(③) : 시판되는 시약을 그대로 사용한다.

2) 실험방법

(1) 500 mL 비커 + 증류수 적당량(250 mL 정도) → 알코올 램프(또는 가열판)로 끓을 때까지 가열

(2) 시험관 4개에 label(A, B, C, D)을 붙인다.

(3) (2)의 각 시험관 + ③ ⅓ 시약스푼 + 증류수 적당량(5 mL) → 혼합

(4) (3)의 A 시험관 + ①용액 1방울 → 혼합 → 반응 확인

(5) (3)의 B~D 시험관을 (1)의 물이 끓고 있는 비커에서 가열 → 호화

(6) 호화가 된 (5)의 B → 혼합 → 냉각시킨 후 ① 1방울을 가한다. → 반응 확인

(7) 호화가 된 (5)의 C → 혼합 → 냉각시킨 후 ① 1방울을 가한다. → 반응 확인 →비커에서 다시 가열 → 청색이 없어지는 것을 확인

(8) 흰 종이 위의 슬라이드 글라스 + 증류수 1방울 + ① 1방울 → 반응 확인

(9) 호화가 된 (5)의 D → 혼합 → 냉각 → 소량을 (8)의 흰 종이 위의 슬라이드 글라스에 떨어뜨리고 그 위에 ① 1방울을 떨어뜨린다. → 반응 확인

(10) 호화가 된 (5)의 D + ② 5 mL → (1)의 물이 끓고 있는 비커에서 가열 → 전분의 분해

(11) (10)의 D 시험관을 가열 2분 후, 비커에서 꺼내어 혼합 → 소량을 (8)의 흰 종이 위의 슬라이드 글라스에 소량 떨어뜨리고 그 위에 ① 1방울을 떨어뜨린다. → 반응 확인

(12) 1분마다 (11)의 과정을 반복하여 색의 변화를 관찰한다.

3.6 질문 및 토론

3.7 주의사항

(1) 실험실에서의 주의사항(안전제일)을 반드시 지킨다.

(2) 가열을 할 때에는 특히 화상에 주의하고, 모든 시험관이 균일하게 가열되도록 한다.

(3) 위 실험방법 (3)에서 전분(③)을 가한 후, 충분히 혼합해 주어야 한다. 전분량이 너무 많으면 정성적인 실험을 하는 데 어려움이 있으므로 조절한다.

(4) 위 실험방법 (4), (6), (7)의 차이를 이해하고 반응 결과를 서로 비교한다.

(5) 위 실험방법 (8)~(12)는 한 장의 흰 종이 위에서 계속 실험하여 전분의 가수분해에 따른 요오드 전분 반응색의 변화를 볼 수 있어야 한다.

(6) 위 실험방법 (12)는 가수분해물의 반응색이 실험방법 (8)의 증류수의 색과 비슷해질 때까지 한다.

(7) 황산의 취급 시 주의한다.

4. 다당류의 화학적 성질

4.1 원 리

친수 **콜로이드**(hydrocolloid)는 물에 용해 또는 분산되어 점도가 증가하거나 gel 상태로 변화하는 물질을 말하는데, 식품 중에 존재하는 친수 콜로이드의 대부분은 다당류이다.

표 5-1. 친수 콜로이드의 여러 가지 기능성

기능성	적용 식품
지방 대체물질	저칼로리 아이스크림, 저지방 치즈, 저지방 마요네즈
첨가물	저지방 음료
당 결정 형성 방지	아이스크림, syrup
Clarification	맥주, wine
Clouding	과일 음료
식이섬유	Cereals
유화제	Salad dressings
겔형성제	Puddings
안정제	Salad dressings, 아이스크림
농후화	Jam, sauce

친수 콜로이드는 여러 가지 기능을 지니기 때문에 식품첨가물로 널리 이용된다(표 5-1). 이와 같은 여러 가지 기능은 친수 콜로이드가 점도를 증가시키며, 낮은 온도에서도 gel을 형성할 수 있기 때문이다. 친수 콜로이드는 각각 분자량, 곁사슬, 이온 수 그리고 수소결합 능력 등이 다르기 때문에 친수 콜로이드에 의하여 식품에 부여되는 기능은 친수 콜로이드의 종류와 식품에 따라 달라진다. 그러므로 식품가공을 할 때에는 원하는 기능을 지닌 친수 콜로이드를 찾아야 한다.

다당류 친수 콜로이드는 직선상이며 많은 곁사슬을 지니고 있다. 일반적으로 농후력은 이들의 분자량이 클수록 증가하고 곁사슬이 많을수록 감소한다. 즉 분자량이 크고 직선상의 다당류는, 분자량이 작고 곁사슬을 지닌 것보다 물과 보다 많이 접촉할 수 있기 때문에 용액의 흐름이 억제되고 점도가 증가하게 된다. 대부분의 친수 콜로

▸ **콜로이드(colloid)**

용액이 용매와 용질로 구성되는 것과 같이 콜로이드 용액은 분산매와 분산질로 구성된다.

▸ **Gel**

다량의 분산질 입자들 사이에 소량의 분산매가 있어 입자가 서로 접촉하고, 전체로는 유동성을 잃은 상태를 말한다.

▸ **Sol**

분산매가 액체이고, 분산질이 고체이거나 액체인 콜로이드 입자로 전체로는 액상을 이루고 있는 것을 말한다.

이드는 물에 분산되면 덩어리를 형성하는 경향이 있다. 그러므로 친수 콜로이드를 물에 첨가할 때에는 적당한 혼합방법을 선택하여야 한다. 예를 들면 강하게 저으면서 물에 친수 콜로이드를 조금씩 첨가하거나, 친수 콜로이드를 먼저 식물성 기름, corn syrup, 알코올 등과 섞은 후에 물과 혼합하면 덩어리를 형성하는 것을 방지할 수 있다. Alginate, carrageenan 그리고 xanthan gum은 식품에 넓게 사용되는 친수 콜로이드이다.

1) Alginate

Alginate는 칼슘, 마그네슘, 나트륨 그리고 칼륨염의 상태로 갈조류의 세포벽 성분으로 존재한다. Alginate는 alginic acid의 염이며, 주로 mannuronic acid와 glucuronic acid가 1,4 결합을 한 분자량 30,000~200,000의 물질이다(그림 5-5). Alginic acid의 나트륨과 칼륨염은 수용성이다. 그러므로 alginate는 농도가 낮은 알칼리 용액을 이용하여 갈조류로부터 추출된다.

Alginate 용액의 점도는 용액 중에 존재하는 양이온의 형태에 영향을 받는다. Na^+나 K^+와 같이 1가 양이온이 존재하면 비교적 점도가 낮으며, 2가 또는 3가 양이온이 존재하면 점도가 높아진다. 가장 특이한 것은 alginate 용액이 냉수 중에서 Ca과 비가역적인 gel을 형성한다는 것이다. Alginate는 gel화 또는 농후화 성질이 우수하며, 유화 안정성이 높고 수분분리현상(syneresis)을 방지해 준다. Alginate는 salad dress-

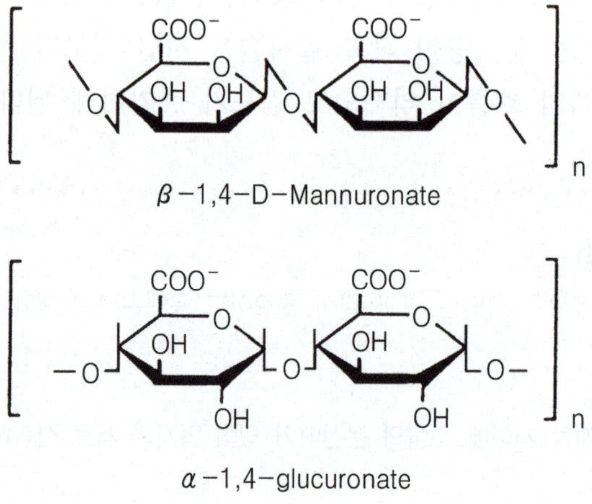

그림 5-5. Alginate를 구성하는 mannuronate와 glucuronate의 구조

이들이 지니는 카르복실기($-COO^-$) 때문에 Ca^{+2}과 같은 2가 이상의 양이온에 의하여 쉽게 결합한다.

ing이나 pie filling, 재구성 과일, 제과, 제빵 그리고 낙농제품에 사용된다.

2) Alginate gels

Alginate는 gel을 형성하기 위한 목적으로 여러 가지 종류의 식품에 사용된다. Alginate는 넓은 범위의 pH에서 gel을 형성할 수 있으며, 가열하지 않아도 gel을 형성할 수 있다. Gel을 형성하기 위해서는 Ca이 필요하다. 그러므로 gel 형성을 위해서는 적당한 유리 칼슘 농도를 조절하는 것이 무엇보다도 중요하다. 만약 alginate 용액에 염화칼슘($CaCl_2$)과 같은 수용성 칼슘염을 너무 빠르게 첨가한다면 gel이 형성되기보다는 침전이 형성될 것이다. 유리 칼슘 농도는 온도를 높이거나 pH를 낮추는 것에 의해서 조절이 가능하다. 온도가 증가함에 따라 유리 칼슘 농도는 증가하며, 낮은 pH에서는 칼슘염으로부터 Ca이 분리, 침전하기 때문에 보다 자유롭게 alginate와 접촉하게 된다.

3) Carrageenan

Carrageenan은 홍조류 중에 존재하는 황산기를 함유한 직선상의 다당류로 galactose와 3,6-anhydro-D-galactose가 결합한 것을 기본 단위로 하는 중합체이다. Carrageenan은 중합도, 황산기의 위치, galactose와 3,6-anhydro-D-galactose의 상대적인 비율에 따라 여러 종류로 나누어지는데, 크게 κ(kappa)-carrageenan(gelling), ι(iota)-carrageenan(gelling) 그리고 λ(lambda)-carrageenan(nongelling)으로 분류된다(그림 5-6).

Carrageenan의 칼륨염은 나트륨염에 비하여 단단한 gel을 형성하므로 carrageenan 수용액에 칼륨(K)을 첨가함으로써 gel 형성능을 증가시킬 수 있다. Carrageenan은 gel 형성제, 점착제, 안정제 등으로 식품가공에 사용된다.

4) Xanthan gum

Xanthan gum은 세균 *Xanthomonas campestris*에 의해서 생산되는 세포외 다당류이다. Xanthan gum은 Rutabaga(순무의 일종)라는 식물에서 *X. campestris*를 분리, 배양하여 대량으로 생산되고 있다.

Xanthan gum은 cellulose와 같이 β-D-glucose가 β-1,4 결합을 한 주된 사슬에서 매 2번째 β-D-glucose의 C_3에 mannose-glucuronic acid-mannose의 3당류가 결합하고 있다(그림 5-7). Xanthan gum은 다른 gum류에 비하여 여러 가지 특징(표 5-2)을 지니는데, 이것은 곁사슬의 음이온에 기인하는 것이다.

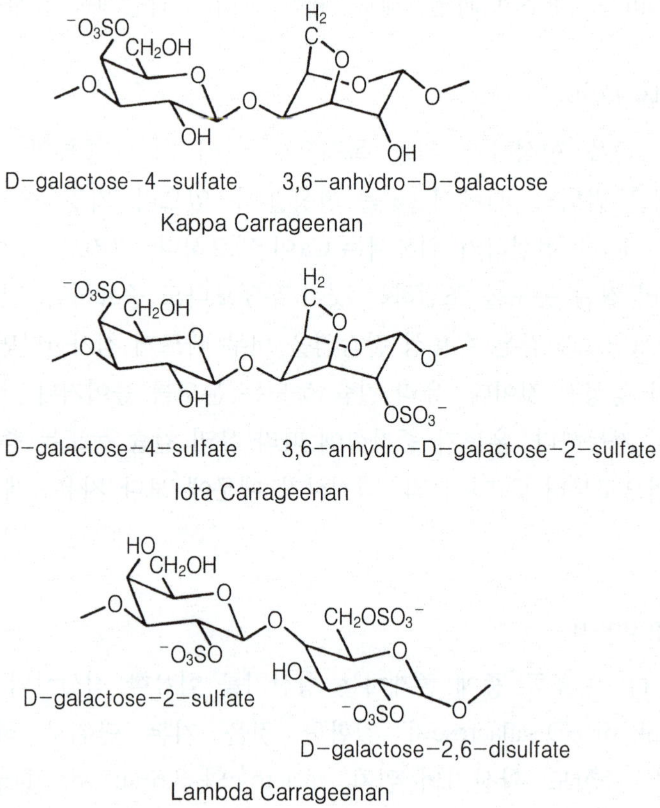

D-galactose-4-sulfate 3,6-anhydro-D-galactose

Kappa Carrageenan

D-galactose-4-sulfate 3,6-anhydro-D-galactose-2-sulfate

Iota Carrageenan

D-galactose-2-sulfate

D-galactose-2,6-disulfate

Lambda Carrageenan

그림 5-6. Carrageenan의 구조

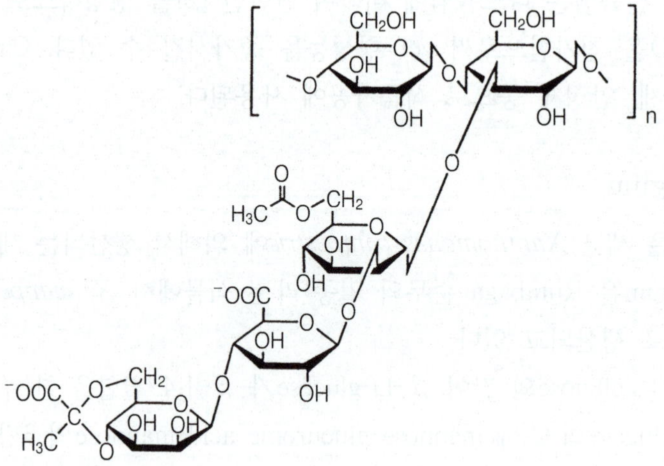

그림 5-7. Xanthan gum의 구조

표 5-2. Xanthan gum의 기능성

- 온수나 냉수에서의 높은 용해성
- 넓은 pH 범위에서의 용해성과 안정성
- 열에 대한 안정성
- 낮은 농도에서도 높은 점도를 부과
- 0~100℃의 온도 범위에서 일정한 점도 유지
- 칼슘의 존재하에서도 안정성 유지(비응고성)

4.2 실험목적

(1) 식품에 사용되는 친수 콜로이드의 기능적 성질에 대하여 이해한다.
(2) Alginate와 xanthan gum의 성질을 비교하고 이해한다.
(3) 점도계의 사용법을 익힌다.
(4) 식품가공에서 다당류의 화학적 성질을 이용할 수 있다.

4.3 기 구

(1) 전자저울
(2) 점도계(그림 5-8)
(3) 자석교반기(그림 2-6)
(4) 전기믹서
(5) 시험관 혼합기(그림 4-4)
(6) 시약스푼
(7) 시험관
(8) 메스피펫
(9) 시험관꽂이
(10) 피펫필러
(11) 비 커

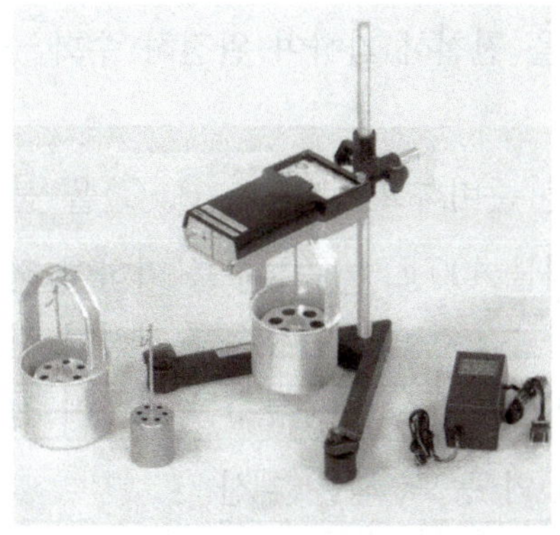

그림 5-8. 점도계(viscosity meter)

4.4 재료 및 시약

(1) Sodium calcium alginate [자료 없음]

(2) Xanthan gum [자료 없음]

(3) Sodium hexametaphosphate[$(NaPO_3)_6$] 

(4) 식물성유

(5) 황산지

4.5 실험내용

1) 시료 및 시약조제

(1) Sodium calcium alginate(①) : 시판되는 시약을 그대로 사용한다.
(2) Xanthan gum(②) : 시판되는 시약을 그대로 사용한다.
(3) Sodium hexametaphosphate(③) : 시판되는 시약을 그대로 사용한다.
(4) 0.5% sodium calcium alginate 용액(④)을 조제한다.
(5) 0.5% xanthan gum 용액(⑤)을 조제한다.
(6) 식물성유(⑥) : 시판되는 기름을 그대로 사용한다.

2) 실험방법

■ 친수성 콜로이드의 농도에 따른 gel 점도의 변화

(1) 황산지에 ① 12 g을 칭량해 놓는다.

(2) 전기믹서 + 증류수 800 mL → 낮은 속도로 전기믹서를 작동 → 믹서의 중앙에 (1)에서 칭량한 ①을 천천히 가하여 완전히 수화 → 1,000 mL 비커에 옮긴다 (①의 수화물).

(3) 500 mL 비커 3개를 준비하고 label(A, B, C)을 붙인다.

(4) 비커 A + ①의 수화물 400 g → 증류수를 가하여 전체 부피를 400 mL로 정용
비커 B + ①의 수화물 266 g → 증류수를 가하여 전체 부피를 400 mL로 정용
비커 C + ①의 수화물 133 g → 증류수를 가하여 전체 부피를 400 mL로 정용

(5) (4)의 각 용액의 ①의 농도(%)를 계산

(6) (4)의 각 용액의 점도를 측정

(7) (4)의 각 용액 + ③ 4 g → 혼합 → 점도 측정

(8) ②를 사용하여 (1)~(7)까지 반복

(9) ①과 ②의 농도에 따른 점도 변화를 비교

■ 친수 콜로이드의 유화안정성

(1) 같은 크기의 3개 시험관에 label(1, 2, 3)을 붙인다.

(2) 1 시험관 + 증류수 5 mL

2 시험관 + ④ 5 mL

3 시험관 + ⑤ 5 mL

(3) (2)의 각 시험관 + ⑥ 5 mL → 각 시험 간을 30초 정도 격렬하게 vortex

(4) 시험관 꽂이에서 각 (3)을 방치하면서 물과 기름층이 분리되는 데 걸리는 시간을 기록하고 비교

4.6 질문 및 토론

4.7 주의사항

(1) 실험실에서의 주의사항(안전제일)을 반드시 지킨다.

(2) 시약 중 sodium hexametaphosphate는 칼슘을 유리시키는 목적으로 사용한다.

(3) 점도를 측정할 때에는 일반적으로 시료의 점도에 맞는 spindle을 선택하여 사용한다.

(4) 위 실험방법 "친수성 콜로이드의 농도에 따른 gel 점도의 변화"의 (2)에서 필요하면 속도를 더 빠르게 해도 된다.

(5) 위 실험방법 "친수성 콜로이드의 농도에 따른 gel 점도의 변화"의 (4)에서 총 부피를 400 mL로 맞추는 것은 먼저 증류수를 사용하여 비커 표면에 400 mL 선을 표시한 후 그 선에 맞추어 증류수를 가하면 된다.

제 6장

지질의 분석

1. 유지의 용해도 측정

1.1 원 리

유지(lipid)는 글리세롤(glycerol)의 알코올기(−OH)와 지방산의 카르복실기(−COOH)가 에스테르(ester) 결합을 하고 있는 물질이다. 그러므로 유지 분자 내에는 친수성기가 거의 존재하지 않기 때문에 유지는 일반적으로 물에 녹지 않고 유기용매에 잘 녹는다.

유지의 이와 같은 성질(유지의 용해도)은 동일한 유기용매에 대해서도 각각의 유지가 지니는 소수성기의 양이나 성질에 따라 달라진다. 즉 유지를 구성하는 지방산의 탄소수가 많을수록, 불포화도가 낮을수록 유지의 용해도는 감소한다. 예를 들면, 일반적으로 유지는 알코올에 잘 녹지 않지만 피마자유는 잘 녹고, butyric acid(C_4)와 caproic acid(C_6)는 부분적으로 물에 녹는다.

유기용매 역시 소수성기의 양이나 성질에 따라 유지를 용해시키는 성질이 각각 다르다. 또한 유지의 용해도는 유기용매의 온도에 따라서도 달라지게 된다. 이 절에서는 여러 가지 유지의 용해도와 여러 가지 유기용매의 용해성을 실험하여 그 차이를 이해하도록 한다.

▸ **유기용매**

탄소를 함유하는 용매를 말하며, 일반적으로 그 성질이 물(극성)과 다르기 때문에 비극성 용매라고도 한다. 대표적인 유기용매에는 ether, chloroform, acetone, benzene, 이황화탄소(CS_2), 사염화탄소(CCl_4) 등이 있다.

1.2 실험목적

(1) 여러 가지 유지의 용해도 차이를 이해한다.

(2) 여러 종류의 유기용매에 따른 유지의 용해도 차이를 이해한다.

(3) 유지의 화학을 이해한다.

(4) 식품가공에서 유지의 용해도 차이를 이용할 수 있다.

1.3 기 구

(1) Fume hood(그림 1-3)

(2) 비 커

(3) 메스피펫

(4) 시험관

(5) 시험관꽂이

(6) 피펫필러

(7) 시약스푼

(8) 스포이드

1.4 재료 및 시약

(1) 증류수

(2) 초산(CH_3COOH, acetic acid) 

(3) 클로로포름($CHCl_3$, chloroform)

(4) 에틸에테르(diethyl ether)

(5) 에틸알코올(C_2H_5OH, ethyl alcohol) 

(6) 헥산(C_6H_{14}, hexane) 

(7) 식용유

(8) 피마자유 [자료 없음]

(9) 올레산($C_{18}H_{34}O_2$, oleic acid) [자료 없음]

(10) Caproic acid($C_6H_{12}O_2$) 

(11) 팔미틴산($C_{16}H_{40}O_2$, palmitic acid)

(12) 스테아린산($C_{18}H_{36}O_2$, stearic acid) [자료 없음]

(13) 낙산($C_4H_8O_2$, butyric acid) 

1.5 실험내용

1) 시료 및 시약조제

(1) 식용유(①) : 시판되는 유지를 그대로 사용한다.
(2) 피마자유(②) : 시판되는 유지를 그대로 사용한다.
(3) 올레산(③) : 시판되는 시약을 그대로 사용한다.
(4) Caproic acid(④) : 시판되는 시약을 그대로 사용한다.
(5) 팔미틴산(⑤) : 시판되는 시약을 그대로 사용한다.
(6) 스테아르산(⑥) : 시판되는 시약을 그대로 사용한다.
(7) 낙산(⑦) : 시판되는 시약을 그대로 사용한다.
(8) 증류수(⑧)
(9) 초산(⑨) : 시판되는 시약을 그대로 사용한다.
(10) 클로로포름(⑩) : 시판되는 시약을 그대로 사용한다.
(11) 에틸에테르(⑪) : 시판되는 시약을 그대로 사용한다.
(12) 에틸알코올(⑫) : 시판되는 시약을 그대로 사용한다.
(13) 헥산(⑬) : 시판되는 시약을 그대로 사용한다.

2) 실험방법

(1) 시험관 42개에 다음과 같이 label을 붙인다.

증1, 증2, 증3, 증4, 증5, 증6, 증7
초1, 초2, 초3, 초4, 초5, 초6, 초7
클1, 클2, 클3, 클4, 클5, 클6, 클7
에1, 에2, 에3, 에4, 에5, 에6, 에7
알1, 알2, 알3, 알4, 알5, 알6, 알7
헥1, 헥2, 헥3, 헥4, 헥5, 헥6, 헥7

(2) 증1, 증2, 증3, 증4, 증5, 증6, 증7의 각 시험관 + ⑧ 1 mL
(3) 초1, 초2, 초3, 초4, 초5, 초6, 초7의 각 시험관 + ⑨ 1 mL
(4) 클1, 클2, 클3, 클4, 클5, 클6, 클7의 각 시험관 + ⑩ 1 mL
(5) 에1, 에2, 에3, 에4, 에5, 에6, 에7의 각 시험관 + ⑪ 1 mL
(6) 알1, 알2, 알3, 알4, 알5, 알6, 알7의 각 시험관 + ⑫ 1 mL
(7) 헥1, 헥2, 헥3, 헥4, 헥5, 헥6, 헥7의 각 시험관 + ⑬ 1 mL

(8) 증1, 초1, 클1, 에1, 알1, 헥1의 각 시험관 + ① 3～5방울 → 흔들어 혼합 → ①의 용해성을 표시(안 녹음 ×, 조금 녹음 △, 녹음 ○, 아주 잘 녹음 ○○)

(9) 증2, 초2, 클2, 에2, 알2, 헥2의 각 시험관 + ② 3～5방울 → 흔들어 혼합 → ②의 용해성을 위 (8)과 같이 표시

(10) 증3, 초3, 클3, 에3, 알3, 헥3의 각 시험관 + ③ 3～5방울 → 흔들어 혼합 → ③의 용해성을 위 (8)과 같이 표시

(11) 증4, 초4, 클4, 에4, 알4, 헥4의 각 시험관 + ④ 소량 → 흔들어 혼합 → ④의 용해성을 위 (8)과 같이 표시

(12) 증5, 초5, 클5, 에5, 알5, 헥5의 각 시험관 + ⑤ 소량 → 흔들어 혼합 → ⑤의 용해성을 위 (8)과 같이 표시

(13) 증6, 초6, 클6, 에6, 알6, 헥6의 각 시험관 + ⑥ 소량 → 흔들어 혼합 → ⑥의 용해성을 위 (8)과 같이 표시

(14) 증7, 초7, 클7, 에7, 알7, 헥7의 각 시험관 + ⑦ 소량 → 흔들어 혼합 → ⑦의 용해성을 위 (8)과 같이 표시

1.6 질문 및 토론

1.7 주의사항

(1) 실험실에서의 주의사항(안전제일)을 반드시 지킨다.
(2) 유기용매와 유지의 종류는 실험실 사정에 맞추어 조절한다.
(3) 유기용매는 fume hood 안에서 취급한다.
(4) 동일용매에 대한 각 유지의 용해도 차이에 대하여 이해한다.
(5) 여러 종류의 유기용매에 따른 유지의 용해도 차이를 이해한다.

2. 액체 유지의 비중 측정

2.1 원 리

비중이란 같은 온도에서 일정한 부피의 물의 무게에 대한 같은 부피의 물질의 무게 비를 말한다. 비중은 D 또는 d로 표시하고 소수점 이하 3자리까지 나타내는데, 온도에 따라 변화하기 때문에 측정온도를 반드시 기록하여야 한다. 유지의 비중은 보통 25℃에서 측정한다.

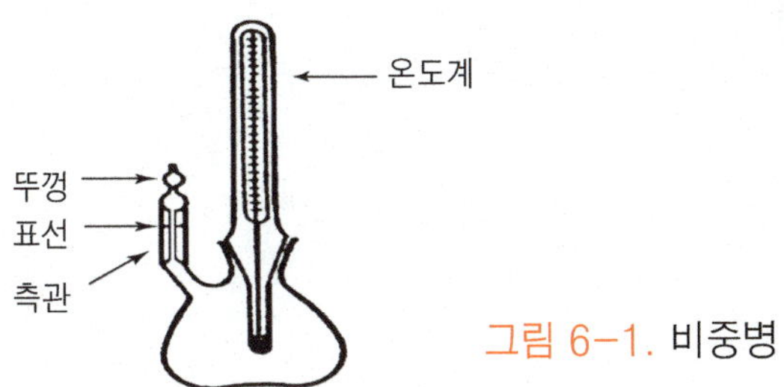

그림 6-1. 비중병

유지의 비중을 측정할 때에는 비중병을 사용한다. 비중병은 표선이 있는 측관이 붙어 있는 용량 10～100 mL의 병, 온도계가 붙어 있는 마개 그리고 측관의 뚜껑으로 구성되어 있다(그림 6-1).

유지의 비중을 측정하고자 하면 먼저 비중병을 깨끗이 세척하고 건조하여 비중병의 항량(W_0)을 구한다. 다음에 증류수를 비중병 측관의 표선까지 넣고 온도를 맞춘 후 그 무게(W_1)를 측정하고, 같은 비중병을 사용하여 비중을 측정하고자 하는 유지를 비중병 측관의 표선까지 넣고 온도를 맞춘 후 그 무게(W_2)를 측정하여 다음과 같이 계산한다.

$$\text{유지의 비중} = \frac{W_2 - W_0}{W_1 - W_0}$$

유지의 비중은 0.92～0.94 정도이다. 유지의 비중은 구성 지방산에 저급 지방산의 함량이 많을수록, 불포화도가 높을수록 커진다. 유지의 비중은 유지의 순도 및 점도 측정에 필요한 유지의 성질이다.

2.2 실험목적

(1) 유지의 비중 측정 원리에 대하여 이해한다.

(2) 유지의 비중을 측정할 수 있다.

2.3 기 구

(1) 전자저울

(2) 항온수조(그림 1-17)

(3) 건조기(그림 3-8)

(4) 비중병

(5) 스포이드

2.4 재료 및 시약

(1) 증류수

(2) 참기름

(3) 대두유

(4) 옥배유

(5) 에틸에테르(diethyl ether) 

(6) 가제(gauze)

2.5 실험내용

1) 시료 및 시약조제

(1) 참기름(①) : 시판되는 유지를 그대로 사용한다.
(2) 대두유(②) : 시판되는 유지를 그대로 사용한다.
(3) 옥배유(③) : 시판되는 유지를 그대로 사용한다.
(4) 에틸에테르(④) : 시판되는 시약을 그대로 사용한다.

2) 실험방법

(1) 비중병을 깨끗이 세척한 후 건조하여 항량을 구한다(제 3장 2.1항, p. 154).

(2) 증류수를 끓인 후 냉각하여 온도를 23℃ 정도로 냉각한다.

(3) (2)의 증류수를 비중병에 가득 채운다.

(4) 비중병에 거품이 남지 않도록 하고 온도계가 달린 마개를 주의하여 꽂는다.

(5) 30℃ 정도의 항온수조에 옮겨 비중병 안에 있는 증류수의 온도를 25 ± 0.2℃에 맞추고, 비중병을 항온수조에서 꺼낸다.

(6) 비중병 측관의 표선보다 위에 있는 증류수를 측관으로부터 제거한 후 측관의 뚜껑을 닫는다.

(7) 비중병의 표면을 깨끗한 가제로 완전히 닦고 무게를 측정한다.

(8) 비중병으로부터 증류수를 제거하고 비중병을 완전히 건조시킨다.

(9) 같은 비중병을 사용하여 위 (3)~(7)에서 증류수 대신 참기름(①)을 사용하여 실험한다. 비중병 안에 거품이 남아 있지 않도록 주의하고, 비중병 표면의 참기름은 에틸에테르(④)를 사용하여 닦아낸다.

(10) 대두유(②)를 사용하여 (9)와 같이 실험한다.

(11) 옥배유(③)를 사용하여 (9)와 같이 실험한다.

(12) 참기름, 대두유, 옥배유의 비중을 계산하고 비교한다(2.1항, p. 291).

2.6 질문 및 토론

2.7 주의사항

(1) 실험실에서의 주의사항(안전제일)을 반드시 지킨다.

(2) 비중병의 항량을 측정할 때 온도계가 파손되지 않도록 주의한다.

(3) 비중병 표면의 증류수나 식용유를 닦아낼 때에는 완전하게 닦아낸다.

(4) 유지의 비중 측정 원리에 대하여 이해한다.

3. 유지의 산가 측정 I

3.1 원 리

유지(lipid)는 가공, 저장, 이용 중에 공기, 빛, 열, 효소 등의 작용을 받아 맛, 냄새, 색 등이 나빠지고 인체에 해로운 물질도 생성된다. 이와 같은 유지의 품질 저하 현상을 산패(rancidity)라고 하는데, 유지가 산패되면 식용이 불가능하다. 유지의 산패는 비록 유지의 함량이 낮더라도 일정한 조건이 갖추어지면 대부분의 식품에서 발생한다. 유지의 산패에 영향을 주는 요인에는 지방산의 종류, 온도, 산소 분압, 광선, 금속, 수분, heme 화합물, 항산화제 등이 있다.

식용유지의 산패 정도를 측정하는 방법에는 산가(acid value), 과산화물가(peroxide value, 5절, p. 303), TBA 가(thiobarbituric acid value, 8절, p. 319), carbonyl 가(carbonyl value) 등이 있는데, 산가를 측정하는 것이 일반적이다. 산가는 유지 1 g 중에 존재하는 유리지방산을 중화하는 데 필요한 KOH의 mg 수로 나타낸다. 즉 산가는 실제적으로는 유지 중에 존재하는 유리지방산의 양을 나타내는 것이지만, 이를 KOH의 mg 수로 간접적으로 표현하는 것이다. 왜냐하면 동일한 유지라고 하여도 유지를 구성하는 지방산이 여러 종류이기 때문에 이 방법에 의해서는 유지 중의 유리지방산의 양을 표현하는 것이 불가능하기 때문이다.

1) 0.1 N KOH 용액의 조제 및 농도계수 측정

유지의 산가를 측정할 때에는 여러 가지 알칼리 중에 반드시 KOH를 이용한다. 이

때 KOH는 유지와 반응하여야 하기 때문에 에틸알코올에 용해시키는데, 먼저 약간의 증류수에 KOH를 완전히 용해시킨 후 에틸알코올로 정용하면 KOH의 침전을 막을 수 있다. KOH 용액은 2~3일간 방치한 후 여과하여 반드시 농도계수를 구한 후 사용한다. KOH 용액의 조제 및 농도계수 측정에 대해서는 제1장 7.1항(p. 71)을 참조한다.

2) 본 실험

비커에 정확한 양의 유지, 에틸알코올과 에틸에테르의 혼합액 그리고 지시약을 가한 후, 0.1 N KOH 용액으로 적정하여 그 소비량을 측정한다.

3) 공시험

시료 이외에 실험을 위하여 사용한 시약, 증류수 등에 산이 들어 있다면 실험 결과에 영향을 주기 때문에 시료만 넣지 않고 모든 과정을 본 실험과 똑 같이 실시(blank test)하여 실험재료에 들어 있는 산을 중화하는 데 소비된 KOH의 mg 수를 산가를 계산할 때에 반영하여야 한다.

4) 유지의 산가

KOH와 유리지방산은 다음과 같이 반응한다.

$$\text{RCOOH(유리지방산)} + \text{KOH} \longrightarrow \text{RCOOK} + H_2O$$

이 때 0.1 N KOH 용액을 사용하면 이 용액 1 mL에는 KOH가 5.61 mg 들어 있다. 다음 내용을 이해하도록 한다.

KOH의 분자량은 56.1이고, 1 g 당량은 56.1 g이다.

1 N KOH 1L : KOH 56.1 g 함유
0.1 N KOH 1L : KOH 5.61 g 함유
0.1 N KOH 1 mL : KOH 5.61 mg 함유

즉, 유지 1 g 중의 유리지방산과 반응한 0.1 N KOH 용액이 1 mL이면 이 유지의 산가는 5.61이 된다.

그러므로 유지의 산가는 다음 공식에 의하여 계산된다.

$$\text{유지의 산가} = \frac{(A - B) \times 5.61 \times f}{S}$$

A : 본실험의 0.1 N KOH 용액의 소비량(mL)
B : 공시험의 0.1 N KOH 용액의 소비량(mL)
f : 0.1 N KOH 용액의 농도계수
5.61 : 0.1 N KOH 용액 1 mL 중에 존재하는 KOH의 mg 수
S : 시료의 채취량(g)

3.2 실험목적

(1) 유지의 산패와 관련한 화학을 이해한다.
(2) 유지의 산가 측정 원리를 이해한다.
(3) 유지의 산가를 계산하는 방법을 이해한다.
(4) 유지의 산가를 측정할 수 있다.

3.3 기 구

(1) 전자저울
(2) 자석교반기(그림 2-6)
(3) 비 커
(4) 메스플라스크
(5) 메스피펫
(6) 뷰 렛
(7) 뷰렛스탠드
(8) 세척병
(9) 피펫필러
(10) 시약스푼
(11) 스포이드

3.4 재료 및 시약

(1) 식용유(신선한 것과 튀김 등에 사용한 것)
(2) 페놀프탈레인(phenolphthalein) 
(3) 수산화칼륨(KOH, potassium hydroxide)
(4) 에틸알코올(C_2H_5OH, ethyl alcohol)
(5) 수산($C_2H_2O_4 \cdot 2H_2O$, oxalic aicd) 
(6) 에틸에테르(diethyl ether)
(7) 황산지

3.5 실험내용

1) 시료 및 시약조제

(1) 시료 : 시판되고 있는 신선한 식용유(①)와 튀김 등에 사용한 식용유(②)를 그대로 사용한다.

(2) 0.1 N 수산화칼륨 알코올 용액(③)을 조제한다(제 1장 7.1항, p. 71).

(3) 0.1% phenolphthalein 알코올 용액(④)을 조제한다.

(4) 에틸알코올과 에틸에테르의 1 : 2 혼합액(⑤)를 조제한다.

(5) 0.1 N 수산 용액(⑥)을 조제하고 농도계수를 계산한다(제 1장 7.1항, p. 69).

2) 실험방법

(1) ③의 농도계수 측정
100 mL 비커 + ⑥ 25 mL(정확하게) + ④ 3～5방울 → ③으로 연한 홍색이 30초간 지속될 때까지 적정 → ③의 소비량 측정

(2) (1)의 과정을 반복하여 ③의 평균 소비량을 구하고 농도계수를 계산한다.

(3) 250 mL 비커 + ① 5～10 g 정도(정확하게 채취) + ⑤ 100 mL + ④ 3～5방울 → ③으로 연한 홍색이 30초간 지속될 때까지 적정 → ③의 소비량 측정

(4) (3)의 과정을 반복하여 ③의 평균 소비량을 구한다.

(5) 250 mL 비커 + ② 5～10 g 정도(정확하게 채취) + ⑤ 100 mL + ④ 3～5방울 → ③으로 연한 홍색이 30초간 지속될 때까지 적정 → ③의 소비량 측정

(6) (5)의 과정을 반복하여 ③의 평균 소비량을 구한다.

(7) 공시험
250 mL 비커 + ⑤ 100 mL + ④ 3～5방울 → ③으로 연한 홍색이 30초간 지속될 때까지 적정 → ③의 소비량 측정

(8) (7)의 과정을 반복하여 ③의 평균 소비량을 구한다.

(9) 신선한 식용유와 사용한 식용유의 산가를 계산한다(3.1항, p. 294).

3.6. 질문 및 토론

3.7 주의사항

(1) 실험실에서의 주의사항(안전제일)을 반드시 지킨다.
(2) KOH 용액은 조제 후 2~3일 방치하고 여과하여 사용하며, 농도계수를 정확하게 측정한다.
(3) KOH 용액의 조제시 순도가 85% 정도라는 것을 기억하여야 한다.
(4) 공시험의 의미를 이해한다.
(5) 산가 측정의 원리를 이해한다.

4. 유지의 산가 측정 II

4.1 원 리

3절에서도 설명한 바와 같이 유지(lipid)는 가공, 저장, 이용 중에 공기, 빛, 열, 효소 등의 작용을 받아 산패(rancidity) 되는데, 식용유지의 산패 정도를 확인하고자 할 때에는 일반적으로 산가(acid value)를 측정하며, 산가는 유지 1 g 중에 존재하는 유리지방산을 중화하는데 필요한 KOH의 mg 수로 나타낸다.

식품 중에 존재하는 지질은 식용유지와 같이 거의 100% 지질로 존재하는 것도 있지만, 라면, 고춧가루 등에서와 같이 다른 여러 가지 성분과 혼합된 상태로 존재하기도 한다. 지질의 산패 정도를 알아보기 위하여 산가를 측정하고자 할 때, 식용유지의 경우는 앞의 3절에서 설명한 바와 같이 그 자체를 시료로 하여 측정하면 되지만, 다른 여러 가지 성분과 혼합된 상태로 존재하는 지질의 경우는 ether 등의 유기용매를 이용하여 식품 중에 존재하는 지질을 따로 추출한 후에 이 지질의 산가를 측정해야만 한다.

이 장에서는 라면 중에 존재하는 지질을 추출하여 산가를 측정하는데 있어 별도로 공시험을 시행하지 않는 방법을 설명하기로 한다.

1) 라면으로부터 유지의 추출

(1) 적당한 양의 라면을 유발을 이용하여 미세하게 분쇄한다. 이 경우 라면의 지방함량 등을 미리 조사하여 산가를 측정할 수 있는 충분한 양의 지질을 추출할 수 있도록 라면의 양을 계산한다.
(2) 삼각플라스크에 분쇄한 라면을 넣고 라면이 잠길 정도로 에틸에테르를 가한다. 삼각플라스크의 마개를 막고 10~15분간 흔든 후에 2시간 정도 방치한다. 이 때 사용하는 에틸에테르는 유기산 등의 불순물을 함유하지 않은 것을 사용하

여야 한다. 왜냐하면 이러한 유기산은 시료의 산가에 영향을 주기 때문이다. 그리고 이 경우는 라면의 지질 함량을 측정하는 것이 아니라 산가를 측정하기 위한 지질을 추출하는 것이기 때문에 오랜 시간 또는 반복적으로 추출하지 않아도 된다.

(3) 깔때기 위에 여과지를 넣고 에틸에테르 층을 여과한다.

(4) 여과하여 얻은 에틸에테르 층을 분액깔때기에 넣고 에틸에테르와 같은 양 또는 그 이상의 증류수를 가하고 살살 흔들고 정치시킨 후에 증류수 층을 배출시킨다. 이 과정은 에틸에테르에 들어 있을지 모르는 수용성 물질을 제거하기 위한 것이며, 증류수를 가하고 너무 세게 흔들면 유화현상이 발생하여 수용성 물질을 제거하는 데 어려움이 있을 수 있다.

(5) 위 (4)를 3～4번 정도 반복하여 에틸에테르 층에 함유되어 있는 수용성 물질을 완전히 제거한다.

(6) 깔때기 위에 여과지를 넣고, 이 여과지 위에 무수 황산나트륨을 채운 후, (5)에서 얻은 에틸에테르 층을 여과한다. 이 과정은 무수 황산나트륨을 이용하여 아직도 에틸에테르 층에 함유되어 있을지 모르는 수용성 물질을 완전히 제거하기 위한 과정이다. 황산나트륨은 탈수작용이 있다.

(7) 회전진공농축기(그림 1-20)를 이용하여 40℃ 이하의 온도에서 에틸에테르를 완전히 날려 보내고 유지를 취한다.

2) 0.1 N KOH 용액의 조제 및 농도계수 측정

제 1장 7.1항(p. 71)을 참조한다.

3) 산가 측정

(1) 추출한 유지 5～10 g 정도를 정밀히 달아 삼각플라스크에 취한다.

(2) 에틸알코올과 에틸에테르 혼합 용액(에탄올 : 에테르 = 1 : 2) 100 mL를 가하고 유지를 녹인다. 이 때 에탄올과 에테르 혼합 용액에 먼저 페놀프탈레인 지시약을 가하고 0.1 N KOH 용액을 떨어뜨려 연한 분홍색이 나타날 때까지 중화시키고, 여기에 유지를 가하여 산가측정 실험을 하면 공시험을 따로 할 필요가 없다.

(3) 0.1 N 수산화칼륨 에탄올용액으로 엷은 분홍색이 30초간 지속될 때까지 적정한다.

(4) 유지의 산가 계산은 3.1항(p. 294) 참조한다.

4.2 실험목적

(1) 유지의 산패와 관련한 화학을 이해한다.
(2) 유지의 산가 측정 원리를 이해한다.
(3) 유지의 산가를 계산하는 방법을 이해한다.
(4) 유지의 산가를 측정할 수 있다.

4.3 기 구

(1) 전자저울
(2) Fume hood(그림 1-3)
(3) 항온수조(그림 1-17)
(4) 회전진공농축기(그림 1-20)
(5) 자석교반기(그림 2-6)
(6) 비 커
(7) 메스플라스크
(8) 분액깔때기
(9) 삼각플라스크
(10) 메스피펫
(11) 깔때기
(12) 뷰 렛
(13) 뷰렛스탠드
(14) 세척병
(15) 피펫필러
(16) 시약스푼
(17) 스포이드
(18) 유 발

4.4 재료 및 시약

(1) 라 면
(2) 페놀프탈레인(phenolphthalein) 
(3) 수산화칼륨(KOH, potassium hydroxide)
(4) 에틸알코올(C_2H_5OH, ethyl alcohol)  
(5) 수산($C_2H_2O_4 \cdot 2H_2O$, oxalic aicd)
(6) 에틸에테르(diethyl ether)
(7) 황산나트륨(Na_2SO_4, sodium sulfate) [자료 없음]
(8) 황산지
(9) 여과지

4.5 실험내용

1) 시료 및 시약조제

(1) 시 료 : 시판 라면 적당량을 유발에 취하고 분쇄(①)한다.

(2) 0.1 N 수산화칼륨 알코올 용액(②)을 조제한다(제 1장 7.1항, p. 71).

(3) 0.1% phenolphthalein 알코올 용액(③)을 조제한다.

(4) 에틸알코올과 에틸에테르의 1 : 2 혼합액(④)을 조제한다.

(5) 0.1 N 수산 용액(⑤)을 조제하고 농도계수를 계산한다(제 1장 7.1항, p. 69).

(6) 황산나트륨(⑥) : 시판되는 시약을 그대로 사용한다.

(7) 에틸에테르(⑦) : 시판되는 시약을 그대로 사용한다.

2) 실험방법

(1) ②의 농도계수 측정
100 mL 비커 + ⑤ 25 mL(정확하게) + ③ 3～5방울 → 연한 홍색이 30초간 지속될 때까지 ②로 적정 → ②의 소비량 측정

(2) 위 1)의 과정을 반복하여 ②의 평균 소비량을 구하고 ②의 농도계수를 계산한다.

(3) 250 mL 삼각플라스크 + ① 30 ～50 g 정도 → 라면이 잠길 정도로 ⑦을 가한다. → 삼각플라스크의 마개를 하고 10～15분간 흔든 후, 2시간 정도 방치 → 분액깔때기로 에틸에테르 층을 여과

(4) 분액깔때기 + 여과한 에틸에테르 층 + 에틸에테르와 같은 양의 증류수 → 약하게 흔들고 정치시킨 후에 증류수 층을 배출

(5) 위 (4)를 3～4번 정도 반복하고 에틸에테르 층을 얻는다.

(6) 회전진공농축기의 농축 플라스크 위에 깔때기 + 여과지 + 무수 황산나트륨 → (5)에서 얻은 에틸에테르 층을 여과

(7) 회전진공농축기를 이용하여 40℃ 이하의 온도에서 에틸에테르를 완전히 날려 보내고 유지를 취한다.

(8) 250 mL 삼각플라스크 + ④ 100 mL + ③ 3～5방울 → 연한 분홍색이 나타날 때까지 ②를 가하여 중화 → 이 삼각플라스크에 (7)에서 얻은 유지 5～10 g(정확히 칭량) → ②를 이용하여 연한 분홍색이 30초간 지속될 때까지 적정

(9) 위 (8)의 과정을 반복하여 → ②의 평균 소비량 → 라면 유지의 산가를 계산 (3.1항, p. 294).

4.6 질문 및 토론

4.7 주의사항

(1) 실험실에서의 주의사항(안전제일)을 반드시 지킨다.
(2) 0.1 N 알코올성 KOH 용액은 조제 후 2~3일 방치하고 여과하여 사용하며, 농도계수를 정확하게 측정한다.
(3) KOH 용액을 조제할 때에는 순도가 85% 정도라는 것을 기억하여야 한다.
(4) 이 실험의 경우 공시험을 하지 않아도 되는 이유와 공시험의 의미를 이해한다.
(5) 산가 측정의 원리를 이해한다.
(6) 라면으로부터 유지를 추출하는 원리를 이해한다.

5. 유지의 과산화물가 측정

5.1 원 리

3절(p. 293)에서도 설명한 바와 같이 유지(lipid)는 가공, 저장, 이용 중에 공기, 빛, 열, 효소 등의 작용을 받아 맛, 냄새, 색 등이 나빠지고 인체에 해로운 물질도 생성된다. 이와 같은 유지의 품질 저하 현상을 산패(rancidity)라고 하는데, 과산화물가(peroxide value)는 유지의 산패 정도를 측정하는 방법 중의 하나이다. 유지가 산패되면 유지 중에 우리 건강에 매우 좋지 않은 과산화물(peroxide compounds)이 생성되는데, 유지의 과산화물가(peroxide value)를 측정하는 것은 유지 중의 과산화물의 양을 측정하는 것이다. 과산화물은 산패가 진행됨에 따라 증가하다가 carbonyl 화합물로 분해되기 때문에 결국은 그 양이 감소하게 된다. 그러므로 유지의 과산화물가는 초기단계에 있어서 유지의 산패정도를 나타내는 기준이 된다. 일반적으로 식물성 유지의 경우는 60~100 meq/kg, 동물성 유지의 경우는 20~40 meq/kg에 도달하면 산패가 발생한 것으로 판단한다.

과산화물가는 유지 1 kg에 함유된 과산화물의 mg 당량수(meq/kg)를 말하는데, 이것은 일반적으로 산화환원 적정법(요오드 적정법, 제2장 5절, p. 122)에 의하여 측정된다. 구체적으로 설명하면 유지를 유기용매에 용해시킨 후 KI를 가하면 KI로부터 형성된 요오드 이온(I^-)이 유지 중의 과산화물과 반응하여 I_2를 생성하게 되는데, 이

I_2의 양을 치오황산나트륨($Na_2S_2O_3$) 표준용액으로 적정하여 과산화물의 양을 측정하는 것이다. 즉 생성되는 I_2의 양은 유지 중에 존재하는 과산화물의 양에 비례하게 된다. 요오드 적정법에서는 전분용액을 지시약으로 사용한다. 전분은 요오드와 반응하여 진한 청색을 띠지만, 반응종점에서 I_2가 $Na_2S_2O_3$와 반응하여 완전히 I^-로 변화하면 청색이 없어지기 때문에 이때를 당량점으로 한다.

I_2와 $Na_2S_2O_3$은 다음과 같이 반응한다.

$$I_2 + 2Na_2S_2O_3 \rightarrow 2NaI + Na_2S_4O_6$$
$$I_2 + 2e^- \rightarrow 2I^-$$
$$2S_2O_3 \rightarrow S_4O_6^{-2} + 2e^-$$

I_2는 다른 물질에서 전자 2개를 뺏으므로 I_2 1몰은 2 g 당량이고, $Na_2S_2O_3$ 2몰로부터 전자 2개가 방출되기 때문에 $Na_2S_2O_3$ 1몰은 1 g 당량(158.10 g)이다.

1) 0.01 N 치오황산나트륨 용액의 조제 및 농도계수 측정

위에서도 설명한 바와 같이 유지의 과산화물가를 측정할 때에는 0.01 N $Na_2S_2O_3$ (치오황산나트륨) 용액을 조제하고 농도계수를 측정한 후에 표준용액으로 사용한다. 이 용액의 농도계수는 쉽게 변화하기 때문에 사용하기 직전에 농도계수를 측정하여 사용한다. 이 용액의 조제 및 농도계수 측정에 대해서는 산화환원적정(요오드적정법, 제 2장 5.1항, p. 122)을 참조한다.

2) 포화요오드칼륨 용액의 조제

요오드칼륨(KI) 70 g을 증류수 50 mL에 녹여서 조제한다. 포화상태를 유지하기 위하여 조금 더 많은 양의 요오드칼륨을 용해시킨 후에, 요오드칼륨 결정이 용액 중에 가라앉은 것을 확인하고 어두운 곳에 보관한다. 이 용액은 실험할 때마다 새로 만들어 사용한다.

3) 전분 지시약의 조제

제 2장 5.1항(p. 122)을 참조한다.

4) 본 실험

비커에 정확한 양의 유지를 초산 : 클로로포름(3 : 2) 혼합 용액에 용해시킨 후, 포화요오드칼륨용액 1 mL를 넣고 잘 섞은 후 어두운 곳에 10분간 방치하고 증류수

30 mL와 전분지시약 1 mL를 가한 다음 0.01 N $Na_2S_2O_3$ 용액으로 무색이 될 때까지 적정한다. 이때의 0.01 N $Na_2S_2O_3$ 용액의 소비량을 V_1이라고 한다. 시료 유지의 채취량은 예상되는 과산화물가가 10 이하이면 5 g 정도, 10~50이면 1~5 g 정도, 그리고 50 이상이면 1~0.5 g 정도를 채취한다.

5) 공시험

시료 이외에 실험을 위하여 사용한 시약, 증류수 등에 과산화물이 들어 있다면 실험 결과에 영향을 주기 때문에 시료만 넣지 않고 모든 과정을 본 실험과 똑같이 실시(blank test)하여 실험재료에 들어 있는 과산화물과 반응하는 데 소비된 0.01 N $Na_2S_2O_3$ 용액의 양을 과산화물가를 계산할 때에 반영하여야 한다. 공시험의 0.01 N $Na_2S_2O_3$ 용액의 소비량을 V_0라고 한다.

6) 유지의 과산화물가

위 5.1항(p. 301)에서도 설명한 바와 같이 과산화물가는 유지를 유기용매에 용해시킨 후 KI를 가하면 KI로부터 형성된 요오드 이온(I^-)이 유지 중의 과산화물과 반응하여 I_2를 생성하게 되는데, 이 I_2의 양을 치오황산나트륨($Na_2S_2O_3$) 표준용액으로 적정하여 과산화물의 양을 측정하는 것이다.

이 실험에서의 화학반응식은 다음과 같다.

$$ROOH(\text{과산화물}) + 2CH_3COOH + 2KI \rightarrow ROH + I_2 + 2CH_3COOK + H_2O$$

$$I_2 + 2Na_2S_2O_3 \rightarrow Na_2S_4O_6 + 2NaI$$

$$Na_2S_2O_3 \equiv I \equiv \text{과산화물 1 g 당량}$$

$$0.01\ N\ Na_2S_2O_3\ \text{용액 1 mL} \equiv \text{과산화물 0.01 밀리(mili) g당량}$$

즉, 이 반응을 통하여 0.01 N $Na_2S_2O_3$ 용액이 1 mL가 소비되었다면 반응액 중에는 과산화물이 0.01 밀리 g당량 존재하는 것이다. 그러므로

$$\text{과산화물가} = \frac{(V_1 - V_0) \times f \times 0.01 \times 1{,}000}{S} = \frac{(V_1 - V_0) \times f \times 10}{S}$$

V_1 : 본실험의 0.01 N 치오황산나트륨($Na_2S_2O_3$) 용액의 소비량(mL)
V_0 : 공시험의 0.01 N 치오황산나트륨 용액의 소비량(mL)
f : 0.01 N 치오황산나트륨 용액의 농도계수
0.01 : 0.01 N $Na_2S_2O_3$ 용액 1 mL에 상당하는 과산화물의 밀리 g 당량

1,000 : 과산화물가는 시료 1 kg 중의 과산화물의 양

S : 시료의 채취량(g)

5.2 실험목적

(1) 유지의 산패와 관련한 화학을 이해한다.
(2) 유지의 과산화물가 측정 원리를 이해한다.
(3) 유지의 과산화물가를 계산하는 방법을 이해한다.
(4) 유지의 과산화물가를 측정할 수 있다.

5.3 기 구

(1) 전자저울
(2) 자석교반기(그림 2-6)
(3) 삼각플라스크
(4) 메스플라스크
(5) 메스피펫
(6) 뷰 렛
(7) 뷰렛스탠드
(8) 세척병
(9) 피펫필러
(10) 시약스푼
(11) 스포이드

5.4 재료 및 시약

(1) 식용유(신선한 것과 튀김 등에 사용한 것)

(2) 중크롬산칼륨($K_2Cr_2O_7$, potassium dichromate)

(3) 치오황산나트륨($Na_2S_2O_3$, sodium thiosulfate) 

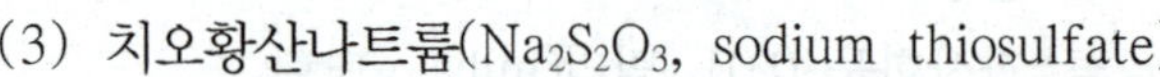

(4) 요오드화칼륨(KI, potassium iodide) 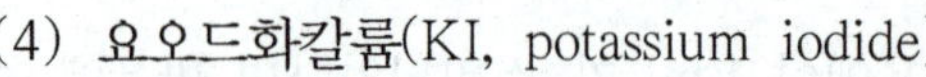

(5) 초산(CH_3COOH, acetic acid)  

(6) 클로로포름($CHCl_3$, chloroform) 

(7) 가용성 전분(soluble starch) [자료 없음]

(8) 염산(HCl, hydrochloric acid) 

(9) 황산지

5.5 실험내용

1) 시료 및 시약조제

(1) 시료 : 시판 신선한 식용유나 튀김 등에 사용한 식용유(①)를 그대로 사용한다.

(2) 초산 : 클로로포름(3 : 2) 혼합 용액(②)을 조제한다.

(3) 포화요오드칼륨 용액(③)을 조제한다(5.1항, p. 302).

(4) 전분 지시약(④)을 조제한다(제2장 5.1항, p. 122).

(5) 0.01 N $Na_2S_2O_3$ 용액(⑤)을 조제한다(제2장 5.1항, p. 123).

(6) 0.01 N $K_2Cr_2O_7$ 표준용액(⑥)을 조제하고 농도계수를 계산한다(제2장 4.1항, p. 119).

(7) 염산(⑦) : 시판되는 시약을 그대로 사용한다.

2) 실험방법

(1) 0.01 N $Na_2S_2O_3$ 용액(⑤)의 농도계수 측정(실험과정 중에 반응물을 방치하거나 혼합할 때에는 삼각플라스크에 마개를 하여 공기 중의 산소에 의한 산화를 방지하여야 한다.)

500 mL 삼각플라스크 + ⑥ 25 mL(정확하게) + ③ 1 mL + ⑦ 5 mL → 혼합 후, 어두운 곳에 10분간 방치 → 증류수 100 mL를 가하고 혼합 → 당량점 직전까지(23 mL 정도) ⑤로 적정 → ④를 1 mL 가하고 → ⑤용액으로 물(증류수) 층의 청색이 없어질 때까지 적정 → ⑤의 소비량 측정

(2) 위 (1)의 과정을 반복하여 ⑤의 평균 소비량을 구하고 농도계수를 계산한다.

(3) 200 mL 삼각플라스크 + ① 1～5 g 정도(정확하게 채취) + ② 30 mL → 유지를 용해

(4) (3) + ③ 1 mL → 잘 섞은 후 어두운 곳에 10분 정도 방치

(5) (4) + 증류수 70 mL → 혼합 → ④를 1 mL 가하고 → ⑤용액으로 물(증류수) 층의 청색이 없어질 때까지 적정

(6) 위의 과정을 반복하여 ⑤의 평균 소비량을 구한다.

(7) 공시험

200 mL 삼각플라스크 + ② 30 mL + ③ 1 mL → 잘 섞은 후 어두운 곳에

10분 정도 방치 → 증류수 70 mL를 가하고 혼합 → ④ 1 mL를 가하고 → ⑤ 용액으로 물(증류수) 층의 청색이 없어질 때까지 적정 → 이 과정을 반복하여 ⑤의 평균 소비량을 구한다.

(8) 식용유의 과산화물가를 계산한다(5.1항, p. 303).

5.6 질문 및 토론

5.7 주의사항

(1) 실험실에서의 주의사항(안전제일)을 반드시 지킨다.
(2) $Na_2S_2O_3$ 용액은 어두운 곳에 방치하며 농도계수를 정확하게 측정한다.
(3) 공시험의 의미를 이해한다.
(4) 과산화물가 측정의 원리를 이해한다.

6. 유지의 검화가 측정

6.1 원 리

글리세롤(glycerol)의 알코올기(−OH)와 지방산의 카르복실기(−COOH)가 에스테르(ester) 결합을 하고 있는 유지를 알칼리 용액에서 가열하면 이 유지는 글리세롤과 지방산의 알칼리염(비누)로 분해된다.

이와 같이 유지가 알칼리에 의하여 분해되는 반응을 검화(비누화)라고 하는데, 검화가(saponification value)란 유지 1 g을 검화하는 데 필요한 수산화칼륨(KOH)의 mg 수를 말한다.

$$\begin{array}{l} CH_2O-OCR \\ | \\ CHO-OCR_1 \\ | \\ CH_2O-OCR_2 \end{array} + 3KOH \xrightarrow{\text{검 화}} \begin{array}{l} CH_2OH \\ | \\ CHOH \\ | \\ CH_2OH \end{array} + RCOOK + R_1COOK + R_2COOK$$

유 지 글리세롤 지방산의 알칼리염

유지의 검화가를 측정하는 목적은 유지를 구성하는 지방산의 분자량을 개략적으로 측정하기 위한 것이고, 이것은 바로 유지의 성질을 파악하기 위한 것이다. 일반적으로 유지의 여러 가지 성질은 유지를 구성하는 지방산의 종류와 분자량에 따라 달라진다. 예를 들면 유지를 구성하는 지방산의 분자량이 클수록 유지는 소수성이 증가하고, 융점이 높아지며, 비점이 상승하게 된다.

검화가와 유지를 구성하는 지방산의 평균 분자량은 반비례한다. 즉 검화가가 크면 유지를 구성하는 지방산의 평균 분자량은 작고, 검화가가 작으면 평균 분자량이 크다. 위 반응식에서 보는 바와 같이 유지(triglyceride) 1몰을 검화시키기 위해서는 KOH (분자량 56.1) 3몰이 필요하다.

$$\text{유지 1 g 분자량} : 56.1 \times 3 \times 1{,}000\ \text{mg} = 1\ \text{g} : x(\text{검화가})$$

$$x(\text{검화가}) = \frac{56.1 \times 3 \times 1{,}000}{\text{유지 1 g 분자량}}$$

위 식에서 분자인 56.1 × 3 × 1,000은 항상 일정한 수이므로 유지 1 g 분자량이 크면 검화가는 작고, 유지 1 g 분자량이 작으면 검화가는 크게 된다. 즉 유지 1 g 분자량과 검화가는 반비례 한다.

검화가는 역적정 방법에 의하여 산출된다. 유지의 검화가를 측정할 때에는 반응액에 먼저 과량의 KOH를 첨가(유지가 검화될 때 얼마만큼의 KOH를 필요로 하는지 모르기 때문에)하여 유지를 검화시킨 후, 산(HCl 등)을 이용하여 반응액에 남아 있는 KOH의 양을 측정하여 검화가를 계산하게 된다.

1) 0.5 N KOH 용액의 조제

유지의 검화가를 측정할 때에는 여러 가지 알칼리 중에 반드시 KOH를 이용한다. 이 때 KOH는 유지와 반응하여야 하기 때문에 에틸알코올에 용해시키는데, 먼저 약간의 증류수에 KOH를 완전히 용해시킨 후 에틸알코올로 정용하면 KOH의 침전을 막을 수 있다. KOH 용액은 2~3일간 방치한 후 여과하여 사용한다. KOH 용액의 조제에 대해서는 제1장 7.1항(p. 71)을 참조한다.

2) 0.5 N HCl 용액의 조제 및 농도계수 측정

0.5 N HCl 용액은 검화 후 반응액에 남아 있는 KOH의 양을 측정하기 위해서 필요한 용액이며 반드시 농도계수를 측정하여 사용하여야 한다. KOH와 HCl은 당량 대 당량으로 반응하기 때문에 HCl의 소비량은 반응액 중에 남아 있는 KOH의 양을 뜻한다. HCl 용액의 조제 및 농도계수 측정에 대해서는 제1장 6.1항, p. 65)을 참조한다.

3) 본 실험

비커에 정확한 양의 유지와 과량의 0.5 N KOH 용액을 가하고 검화한 후, 0.5 N

HCl 용액으로 반응액에 남아 있는 0.5 N KOH 용액의 양을 측정하여 유지 1 g의 검화에 필요한 KOH의 mg 수를 계산한다(6.1항, p. 309).

4) 공시험

시료 이외에 실험을 위하여 사용한 시약이나 증류수 등에 KOH와 반응하는 물질이 존재한다면 이것은 실험 결과에 영향을 주게 된다. 그러므로 시료만 넣지 않고 모든 과정을 본 실험과 똑같이 실시(blank test)하여 실험재료에 의하여 소비된 KOH의 mg수를 검화가를 계산할 때에 반영하여야 한다.

5) 유지의 검화가

위에서 설명한 바와 같이 검화가는 역적정 방법에 의하여 산출된다. 비커에 정확한 양의 유지와 과량의 0.5 N KOH 용액을 가하고 검화한 후, 0.5 N HCl 용액으로 반응액에 남아 있는 0.5 N KOH 용액의 양을 측정하여 유지 1 g의 검화에 필요한 KOH의 mg 수를 계산한다.

공시험에서 소비된 0.5 N HCl 용액의 소비량이 V_0 mL이고, 본 실험에서 소비된 0.5 N HCl 용액의 소비량이 V_1 mL이면 0.5 N HCl 용액 ($V_0 - V_1$) mL와 반응하는 양만큼의 KOH가 유지의 검화에 사용된 것이 된다. 공시험에서는 시료가 첨가되지 않았기 때문에 KOH가 거의 첨가한 양 그대로 남아 있다.

HCl과 KOH는 다음과 같이 반응한다. 즉 HCl(1 g 당량은 36.5 g)과 KOH(1 g 당량은 56.1 g)는 당량 대 당량으로 반응하는데, 다음 식을 참조하여 0.5 N HCl 용액의 소비량으로부터 이에 상당하는 KOH의 mg 수, 즉 검화가를 계산하는 것에 대하여 이해하도록 한다.

$$HCl + KOH \longrightarrow KCl + H_2O$$

HCl : KOH = 36.5 g(1 g 당량) : 56.1 g(1 g 당량)

1 N HCl 1000 mL(HCl 36.5 g 함유) ≡ KOH 56.1 g

0.5 N HCl 1000 mL ≡ KOH 28.05 g

0.5 N HCl 1 mL ≡ KOH 28.05 mg

즉, 0.5 N HCl 용액 1 mL는 KOH 28.05 mg에 상당한다.

그러므로 유지의 검화가는 다음과 같이 계산할 수 있다.

$$검화가 = \frac{(V_0 - V_1) \times f \times 28.05}{S}$$

V_0 : 공시험의 0.5 N HCl 용액의 소비량(mL)
V_1 : 본실험의 0.5 N HCl 용액의 소비량(mL)
$V_0 - V_1$: 검화에 사용된 0.5 N KOH의 소비량(mL)
f : 0.5 N HCl 용액의 농도계수
28.05 : 0.5 N HCl 용액 1 mL에 상당하는 KOH의 mg 수
S : 시료의 채취량(g)

6.2 실험목적

(1) 유지의 화학에 대하여 이해한다.
(2) 유지의 검화가 측정 원리 및 검화가를 계산하는 방법을 이해한다.
(3) 적정법 중 역적정에 대하여 이해한다.
(4) 유지의 검화가를 측정할 수 있다.

6.3 기 구

(1) 전자저울
(2) 자석교반기(그림 2-6)
(3) 항온수조(그림 1-17)
(4) 환류냉각기(그림 6-2)
(5) 메스플라스크
(6) 메스피펫

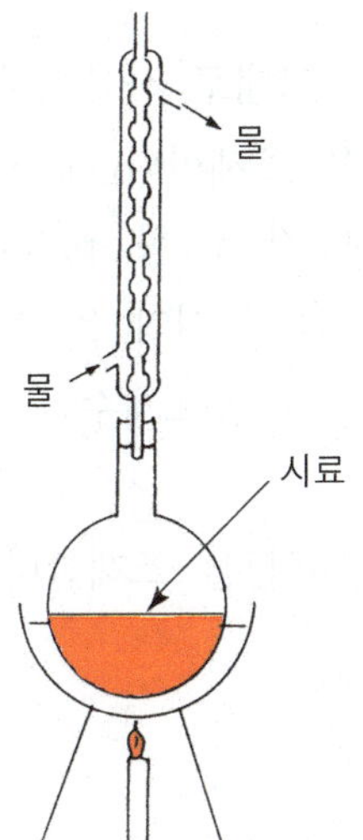

그림 6-2. 환류 냉각장치

(7) 시약스푼

(8) 세척병

(9) 스탠드(환류냉각기 설치용)

(10) 검화용 플라스크(200 mL 정도)

(11) 피펫필러

(12) 스포이드

(13) 뷰 렛

(14) 비 커

(15) 뷰렛스탠드

6.4 재료 및 시약

(1) 페놀프탈레인(phenolphthalein) 

(2) 메틸오렌지(methyl orange) 

(3) 에틸알코올(C_2H_5OH, ethyl alcohol)

(4) 염산(HCl, hydrochloric acid) 

(5) 탄산나트륨(Na_2CO_3, sodium carbonate)

(6) 수산화칼륨(KOH, potassium hydroxide)

(7) 유 지

(8) 황산지

6.5 실험내용

1) 시료 및 시약조제

(1) 시료 : 검화가를 측정할 유지(①)를 그대로 사용한다.

(2) 0.5 N 수산화칼륨 알코올 용액(②)을 조제한다(제 1장 7.1항, p. 71).

(3) 0.5 N 염산 용액(③)을 조제한다(제 1장 6.1항, p. 66).

(4) 0.1% phenolphthalein 알코올 용액(④, 지시약)을 조제한다.

(5) 0.5 N 탄산나트륨 용액(⑤)을 조제하고 농도계수를 계산한다(제 1장 6.1항, p. 65).

(6) 0.1% methyl orange 수용액(⑥, 지시약)을 조제한다.

2) 실험방법

(1) ③의 농도계수 측정

100 mL 비커 + ⑤ 25 mL(정확하게) + ⑥ 3～5방울 → ③으로 반응액이 황색에서 오렌지색(적색)으로 변할 때까지 적정 → ③의 소비량 측정

(2) (1)의 과정을 반복하여 ③의 평균 소비량을 구하고 농도계수를 계산한다.

(3) 환류 냉각장치(그림 6-2)를 설치한다.

(4) 공시험

검화용 플라스크 + ② 30 mL → 환류 냉각장치에 연결 → 검화(때때로 흔들어 주면서 60～70℃의 항온수조에서 30분 가열) → 검화용 플라스크를 분리하고 ④를 3～5 방울 가하고, ③으로 홍색이 없어질 때까지 적정 →③의 소비량 측정

(5) (4)의 과정을 반복하여 ③의 평균 소비량을 구한다.

(6) 본 실험

검화용 플라스크 + 시료(①) 1～2 g 정도(정확하게 칭량하고 기록) + ② 30 mL → 환류 냉각장치에 연결 → 검화(때때로 흔들어 주면서 60～70℃ 항온수조에서 30분 가열) → 검화용 플라스크를 분리하고, ④를 3～5방울 가하고, ③으로 홍색이 없어질 때까지 적정 → ③의 소비량 측정

(7) (6)의 과정을 반복하여 ③의 평균 소비량을 구한다.

(8) (5)와 (7)의 결과로부터 유지의 검화가를 계산한다(6.1항, p. 308).

6.6 질문 및 토론

6.7 주의사항

(1) 실험실에서의 주의사항(안전제일)을 반드시 지킨다.

(2) 환류냉각을 이용, 검화 중에 KOH 용액이 완전히 건조되지 않도록 하여야 한다.

(3) HCl 용액은 반드시 농도계수를 측정하여 사용한다.

(4) KOH 용액의 조제시 순도가 85% 정도라는 것을 기억하여야 한다.

(5) 공시험의 의미를 이해한다.

(6) 검화가 측정의 원리를 이해한다.

7. 유지의 요오드가 측정

7.1 원 리

유지(lipid)를 구성하는 지방산(fatty acid)은 크게 **포화지방산**과 **불포화지방산**으로 나뉘어진다. 유지는 구성 지방산이 포화지방산인지, 불포화지방산인지에 따라 그 성질이 크게 달라진다. 예를 들면 유지의 구성 지방산이 포화지방산이면 이 유지는 고체상태이지만, 불포화지방산이면 액체상태이다. 또한 액체 유지를 구성하는 지방산이 같은 불포화지방산이라도 지방산의 분자 내에 존재하는 이중결합의 수에 따라 **불건성유**, **반건성유**, **건성유**로 나뉘어진다.

불포화지방산의 이중결합에는 수소나 요오드 등이 쉽게 결합할 수 있다. 그러므로 유지를 구성하는 불포화지방산에 이중결합이 많으면 요오드가 많이 결합하고, 적으면 적게 결합한다. 요오드가(iodine value)는 유지 100 g에 부가되는 요오드의 g수를 말한다. 요오드가는 유지 분자 내의 이중결합 수, 즉 불포화도를 나타내는 것이다.

요오드가는 흔히 Wijs 법에 의하여 측정된다. 이 방법에서는 유지에 일염화요오드(ICl)를 부가(附加)시킨다. 일염화요오드는 유지의 이중결합 부위에 다음과 같이 결합한다.

$$\underset{\text{유지}}{-CH=CH-} + ICl \longrightarrow -\underset{\displaystyle I}{\underset{|}{CH}}-\underset{\displaystyle Cl}{\underset{|}{CH}}-$$

그러므로 유지에 과잉(얼마만큼 반응할지 모르기 때문에)의 일염화요오드를 가하여 반응시킨 후 남아 있는 일염화요오드의 양을 측정하면 유지에 결합한 요오드의 양, 즉 요오드가를 측정할 수 있다. 일염화요오드는 KI와 반응하여 요오드(I_2)를 생성하며, 이 요오드의 양은 $Na_2S_2O_3$ 표준용액으로 적정하면 측정할 수 있다.

▸ **용어 설명**

ⓐ 포화지방산(saturated fatty acid) : 분자 구조 내에 이중결합이 없는 지방산
ⓑ 불포화지방산(unsaturated fatty acid) : 분자 구조 내에 이중결합이 있는 지방산
ⓒ 불건성유 : 건조되지 않는 유지로 요오드가가 100 이하인 유지를 말한다.
ⓓ 반건성유 : 반 정도만 건조되는 유지로 요오드가가 100~130인 유지를 말한다.
ⓔ 건성유 : 쉽게 건조되는 유지로 요오드가가 130 이상인 유지를 말한다.

$$ICl + KI \longrightarrow I_2 + KCl$$

$$I_2 + 2Na_2S_2O_3 \longrightarrow 2NaI + Na_2S_4O_6$$

1) Wijs 시약의 조제

삼염화요오드(ICl_3) 7.9 g과 요오드(I_2) 8.7 g을 서로 다른 비커에 채취하고 적당량의 따뜻한 빙초산을 가하여 각각을 용해시킨 후, 이 두 용액을 혼합하고 빙초산을 가하여 전량을 1 L로 만든다. 이것을 갈색 시약병에 넣어 밀봉하고 사용할 때까지 어두운 곳에 보존한다. 이 용액은 30일 정도 사용이 가능하다.

Wijs 시약 중의 삼염화요오드와 요오드는 다음과 같은 반응에 의하여 일염화요오드(ICl)를 생성한다.

$$ICl_3 \rightleftharpoons ICl + Cl_2$$
$$I_2 + Cl_2 \longrightarrow 2\,ICl$$

2) 0.1 N $Na_2S_2O_3$ 용액의 조제 및 농도계수 측정

반응 후 반응액에 남아 있는 일염화요오드와 KI로부터 발생한 요오드의 양을 정량하기 위해서 필요한 용액이며 반드시 농도계수를 측정하여 사용하여야 한다. $Na_2S_2O_3$ 용액의 조제 및 농도계수 측정에 대해서는 제2장 5.1항(p. 123)을 참조한다.

3) 본 실험

(1) 250 mL 삼각플라스크에 정확한 양의 유지(고체 지방은 1 g, 불건성유는 0.3 g, 반건성유는 0.2 g, 건성유는 0.1 g 정도)를 채취한다.

(2) (1)에 클로로포름 약 10 mL를 가하여 유지를 완전히 용해시키고 Wijs 시약 25mL를 가한 후에 마개를 하고 가볍게 저어 섞은 후 암소에 방치한다. 방치 시간은 불건성유는 30분, 반건성유는 1시간, 건성유는 2시간을 표준으로 한다.

(3) (2)에 10% KI 용액 20 mL와 증류수 100 mL를 가하여 혼합한다.

(4) 1% 전분 용액을 지시약으로 하여 유리된 요오드의 양을 0.1 N $Na_2S_2O_3$ 용액으로 적정한다.

4) 공시험

시료 이외에 실험을 위하여 사용한 실험재료에 요오드와 반응하는 물질이 존재한다면 이것은 실험 결과에 영향을 주기 때문에 시료만 넣지 않고 모든 과정을 본 실험과 똑같이 실시(blank test)하여 실험재료에 의하여 소비된 요오드의 g수를 요오드가를 계산할 때에 반영하여야 한다.

5) 유지의 요오드가

위에서 설명한 바와 같이 Wijs 법에 의한 요오드가 측정은 역적정 방법을 이용한다. 삼각플라스크에 정확한 양의 유지와 과량의 Wijs 용액을 가하고 반응시킨 후, 10% KI 용액을 가하고 남아 있는 일염화요오드와 KI로부터 생성된 요오드의 양을 0.1 N $Na_2S_2O_3$ 용액으로 측정하여 요오드가를 계산한다.

공시험에서 소비된 0.1 N $Na_2S_2O_3$ 용액의 소비량이 V_0 mL이고, 본 실험에서 소비된 0.1 N $Na_2S_2O_3$ 용액의 소비량이 V_1 mL이면 0.1 N $Na_2S_2O_3$ 용액 $(V_0 - V_1)$ mL에 상당하는 요오드가 유지에 부가된 것이다. 공시험에서는 시료가 첨가되지 않았기 때문에 요오드가 거의 첨가한 양 그대로 남아 있다.

$Na_2S_2O_3$와 I_2는 다음과 같이 반응한다. $Na_2S_2O_3$(1 g 당량은 158.10 g)과 I_2(1 g 당량은 126.9 g)는 당량 대 당량으로 반응하는데, 다음 식을 참조하여 0.1 N $Na_2S_2O_3$ 용액의 소비량으로부터 요오드가를 계산하는 것에 대하여 이해하도록 한다.

$$I_2 + 2Na_2S_2O_3 \longrightarrow 2NaI + Na_2S_4O_6$$

$Na_2S_2O_3$: I_2 = 158.10 g(1 g 당량) : 126.9 g(1 g 당량)

1 N $Na_2S_2O_3$ 1,000 mL($Na_2S_2O_3$ 158.10 g 함유) ≡ I_2 126.9 g(1 g 당량)

0.1 N $Na_2S_2O_3$ 1,000 mL ≡ I_2 12.69 g

0.1 N $Na_2S_2O_3$ 1 mL ≡ I_2 12.69 mg(= 0.01269 g)

즉, 0.1 N $Na_2S_2O_3$ 1 mL는 I_2 0.01269 g에 상당한다.

그러므로 유지의 요오드가는 다음과 같이 계산할 수 있다.

$$\text{요오드가} = \frac{(V_0 - V_1) \times f \times 0.01269 \times 100}{S}$$

V_0 : 공시험의 0.1 N $Na_2S_2O_3$ 용액의 소비량(mL)

V_1 : 본실험의 0.1 N $Na_2S_2O_3$ 용액의 소비량(mL)

f : 0.1 N $Na_2S_2O_3$ 용액의 농도계수

0.01269 : 0.1 N $Na_2S_2O_3$ 용액 1 mL에 상당하는 요오드의 g 수

100 : 요오드가는 시료 100 g에 부가되는 요오드의 g 수
S : 시료의 채취량(g)

7.2 실험목적

(1) 유지의 화학에 대하여 이해한다.
(2) 유지의 요오드가 측정 원리 및 요오드가를 계산하는 방법을 이해한다.
(3) 적정법 중 역적정에 대하여 이해한다.
(4) 유지의 요오드가를 측정할 수 있다.

7.3 기 구

(1) 전자저울
(2) 자석교반기(그림 2-6)
(3) 삼각플라스크(250 mL 정도)
(4) 뷰 렛
(5) 비 커
(6) 메스플라스크
(7) 메스피펫
(8) 뷰렛스탠드
(9) 세척병
(10) 피펫필러
(11) 시약스푼
(12) 스포이드

7.4 재료 및 시약

(1) 요오드가를 측정할 유지
(2) 중크롬산칼륨($K_2Cr_2O_7$, potassium dichromate) 
(3) 치오황산나트륨($Na_2S_2O_3$, sodium thiosulfate)
(4) 요오드화칼륨(KI, potassium iodide) 
(5) 초산(CH_3COOH, acetic acid) 
(6) 클로로포름($CHCl_3$, chloroform)
(7) 가용성 전분(soluble starch, 전분 지시약 조제용) [자료 없음]
(8) 삼염화요오드(ICl_3, iodine trichloride) [자료 없음]
(9) 요오드(I_2, iodine) 

(10) 염산(HCl, hydrochloric acid)

(11) 황산구리($CuSO_4 \cdot 5H_2O$, cupric sulfate)

(12) 황산지

7.5 실험내용

1) 시료 및 시약조제

(1) 시 료 : 요오드가를 측정할 유지(①)를 그대로 사용한다.

(2) Wijs 시약(②)을 조제한다(7.1항, p. 313).

(3) 0.1 N 중크롬산칼륨 용액(③)을 조제하고 농도계수를 계산한다(제 2장 4.1항, p. 119).

(4) 0.1 N 치오황산나트륨 용액(④)을 조제한다(제 2장 5.1항, p. 123).

(5) 전분 지시약 (⑤)을 조제한다(제 2장 5.1항, p. 122).

(6) 초산(⑥) : 시판되는 시약을 그대로 사용한다.

(7) 클로로포름(⑦) : 시판되는 시약을 그대로 사용한다.

(8) 10% 요오드화칼륨 용액(⑧)을 조제한다.

(9) 염산(⑨) : 시판되는 시약을 그대로 사용한다.

2) 실험방법

(1) ④의 농도계수 측정

250 mL 삼각플라스크 + ③ 30 mL + ⑨ 약 5 mL + ⑧ 약 20 mL → 마개를 막고 잘 혼합 → 어두운 곳에 약 10분간 방치하고 증류수 100 mL를 가하여 희석 → 요오드의 색이 거의 없어질(약 28 mL 정도) 때까지 ④로 적정 → 여기에 ⑤ 1 mL를 가하고 → 물(증류수)층의 청색이 없어질 때까지 ④로 적정 → ④의 소비량 측정

(2) (1)의 과정을 한 번 더 반복하여 ④의 평균 소비량을 구하고 ④의 농도계수를 계산한다.

(3) 공시험

250 mL 삼각플라스크 + ⑦ 약 10 mL + ② 25 mL → 마개를 하고 가볍게 저

어 섞은 후 암소에 방치 → ⑧ 20 mL와 증류수 100 mL를 첨가, 혼합 → 반응액에서 요오드의 색이 거의 없어질 때(미황색)까지 ④로 적정 → ⑤ 1 mL를 가하고 물(증류수)층의 청색이 없어질 때까지 ④로 적정 → ④의 소비량 측정

(4) (3)의 과정을 반복하여 ④의 평균 소비량을 구한다.

(5) 본 실험
250 mL 삼각플라스크 + 시료(①) 적당량(고체 지방은 1 g, 불건성유는 0.3 g, 반건성유는 0.2 g, 건성유는 0.1 g 정도) + ⑦ 약 10 mL → 유지를 완전히 용해시키고 ② 25 mL 첨가 → 마개를 하고 가볍게 저어 섞은 후 암소에 방치(불건성유는 30분, 반건성유는 1시간, 건성유는 2시간) → ⑧ 20 mL와 증류수 100mL를 첨가, 혼합 → 반응액에서 요오드의 색이 거의 없어질 때(미황색)까지 ④로 적정 → ⑤ 1 mL를 가하고 물(증류수)층의 청색이 없어질 때까지 ④로 적정 → ④의 소비량 측정

(6) (5)의 과정을 반복하여 ④의 평균 소비량을 구한다.

(7) (4)과 (6)의 결과로부터 유지의 요오드가를 계산한다(7.1항, p. 314).

7.6 질문 및 토론

7.7 주의사항

(1) 실험실에서의 주의사항(안전제일)을 반드시 지킨다.
(2) 0.1 N $Na_2S_2O_3$ 용액은 반드시 농도계수를 측정하여 사용한다.
(3) 위 실험방법 (3)과 (5)에서 반응종점을 정확하게 확인한다.
(4) 공시험의 의미를 이해한다.
(5) 요오드가 측정의 원리를 이해한다.

8. 유지 산패에 영향을 주는 요인

8.1 원 리

3절(p. 293)에서도 설명한 바와 같이 유지의 산패에 영향을 주는 요인에는 지방산의 종류, 온도, 산소 분압, 광선, 금속, 수분, heme 화합물, 항산화제 등이 있다. 그러므로 식품가공 중에 발생하는 유지의 산패를 억제하기 위해서는 위에 열거된 여러 가지 요인들의 영향을 최소화하도록 하여야 한다. 이와 같은 원리는 식품가공에 널리

이용되고 있다.

이 절에서는 linoleic acid 용액에 식품가공에서 자주 이용되는 항산화제를 첨가하여 가열한 후, TBA test를 통하여 이들이 linoleic acid의 산패에 어떻게 영향을 미치는지를 실험해 보기로 한다.

1) 식품가공에서 흔히 사용되는 유지의 산패를 억제하기 위한 방법

지질의 산패는 반드시 산소를 필요로 하기 때문에 지질의 산패를 억제하기 위해서는 산소를 제거하는 것이 필수적이다(그림 6-3). 그러므로 여러 가지 상품에서는 포장시에 공기 중의 산소를 질소가스로 대체하여 밀봉하고 있다.

지질의 산패는 자유기(free radical)의 발생에 의하여 진행되기 때문에 자유기를 제거하면 산패를 방지할 수 있다. 인공 항산화제의 대부분은 페놀(phenol) 화합물인데, 페놀 화합물의 알코올기(−OH)의 수소는 비교적 쉽게 떨어져 나와 자유기에 수소를 공여하고 자유기를 제거한다. 이 때 생성되는 자유기 PhO·는 화학적으로 상당히 안정하다(그림 6-4).

전이금속이온은 자유기의 형성을 촉매한다. 그러므로 금속이온을 제거하면 지질의 산패를 억제할 수 있다. 그러나 이들 금속을 식품에서 제거하는 것은 불가능하다. 왜냐하면 철이나 구리는 모두 필수영양소이고, 특히 철의 결핍은 영양적으로 많은 문제점을 야기한다. 실제 식품가공시에 철은 자주 식품에 첨가된다. 그러므로 금속에 의

$$\underset{\text{phenol 화합물}}{Ph-OH} + \underset{\text{자유기}}{R\cdot} \longrightarrow PhO\cdot + \underset{\text{유지}}{RH}$$

초기단계 $\underset{\text{유지}}{RH} + \cdot OH \longrightarrow \underset{\text{자유기}}{R\cdot} + H_2O$

진행단계 $R\cdot + {}^3O_2 \longrightarrow ROO\cdot$

$ROO\cdot + \underset{\text{유지}}{RH} \longrightarrow ROOH + R\cdot$

분해단계 $ROOH \longrightarrow RO\cdot + \cdot OH$

$ROOH \longrightarrow RO_2\cdot + RO\cdot + H_2O$

정지단계 $R\cdot + R\cdot \longrightarrow R-R$

그림 6-3. 유지의 자동산화 과정

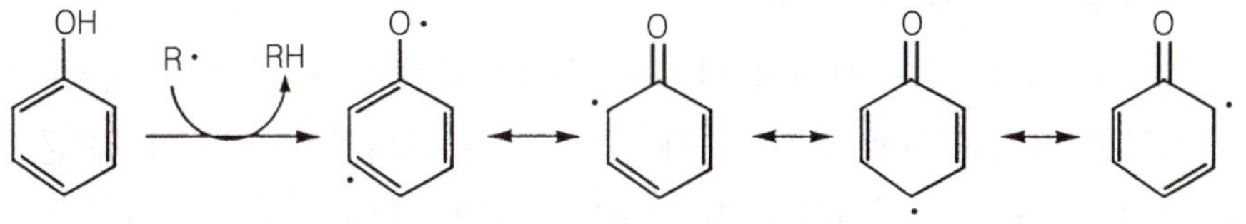

그림 6-4. 페놀 화합물의 항산화작용

한 지질의 산패를 억제하기 위하여 금속과 결합하는 chelate 화합물이 가끔 식품에 첨가된다. EDTA와 구연산은 식품에 첨가되는 대표적인 chelate 화합물이다.

2) 지질의 산패 측정 방법

지질의 산패를 측정하는 방법은 관능검사가 가장 효과적인 방법이라고 하지만, 이것은 오랜 시간과 숙련된 사람을 필요로 하고 그 결과에 변화가 많다(주관적). 반면에 화학적인 방법은 방해물질이나 낮은 재현성 등이 문제가 되지만, 관능검사법에 비하여 객관성을 지니고 있다. 지질의 산패를 측정하는 물리화학적 방법은 과산화물(hydroperoxide)이나 그들의 분해물을 측정하는 것에 기초를 두고 있다. 다음에 이와 관련한 지질의 산패 측정 방법을 설명하기로 한다.

(1) TBA test

Malondialdehyde(MDA, $CHOCH_2CHO$)는 과산화물이 분해될 때 나타나는 물질이다. 이것은 TBA(thiobarbituric acid)와 반응하여 530 nm에서 흡수되는 핑크빛의 색소를 형성한다. TBA와 MDA의 반응은 그림 6-5에 나타나 있다. MDA 외의 다른 알데히드(aldehyde)도 TBA와 반응하여 핑크색을 생성하기 때문에 이 실험에서 얻어진 수치는 thiobarbituric acid substances 또는 MDA equivalents로 표현된다.

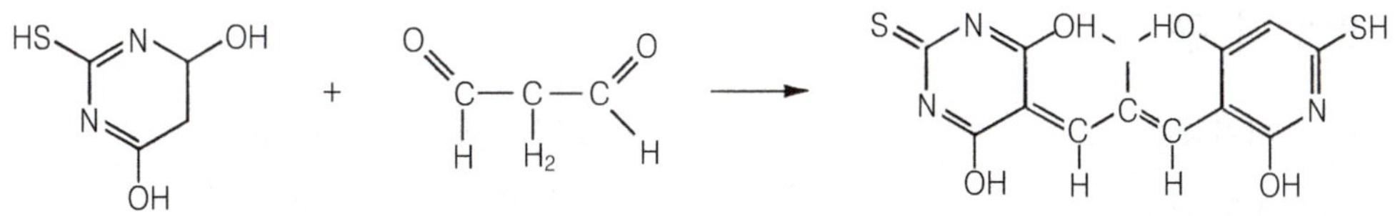

TBA

MDA

핑크색 화합물

그림 6-5. TBA(thiobarbituric acid)와 MDA(malondialdehyde)의 반응

(2) 과산화물가(peroxide value)

과산화물가는 유지 중의 산패에 의하여 생성된 과산화물의 농도를 측정하는 것이다. 과산화물은 지질의 산패 과정 중 다른 물질로 분해되기 때문에 과산화물가(peroxide value)를 측정하여 지질의 산패 정도를 평가할 때에는 주의를 요한다.

(3) Conjugated diene methods

고도불포화지방산은 1,4-pentadiene 구조($R-CH=CHCH_2-CH=CH-R$)의 이중결합을 지니는데, 이로부터 자유기가 생성되면 이중결합이 다시 정렬되어 공액이중결합($R-CH_2-CH=CH-CH=CH-R$)을 형성한다. 공액이중결합(conjugated dienes)은 234 nm에서 높은 흡광도를 나타낸다. 그러므로 지질 산패의 초기단계에서는 자외선 흡수가 증가하게 되고, 나중에는 공액이중결합을 지니는 과산화물이 분해됨에 따라 감소하게 된다.

(4) Oxygen bomb test

이 실험은 지질 산패의 반응계로부터 산소가 소비되는 양을 측정하는 것이다.

(5) Total and volatile carbonyl compounds

이 방법은 지질 산패시 발생하는 이상한 냄새의 원인이 되는 카보닐 화합물의 양을 측정하는 것이다.

8.2 실험목적

(1) 유지의 산패와 관련한 화학을 이해한다.
(2) TBA test를 이용한 지질의 산패도를 측정하는 원리에 대하여 이해한다.
(3) 지질의 산패를 방지하기 위한 여러 가지 방법에 대하여 이해한다.
(4) 유지의 TBA가를 측정할 수 있다.

8.3 기 구

(1) 전자저울
(2) 분광광도계(그림 8-17)
(3) Sonicator
(4) 진탕항온수조(그림 6-6)
(5) 원심분리기
(6) pH 미터(그림 1-35)
(7) 메스피펫
(8) 메스플라스크
(9) 비 커
(10) 시험관

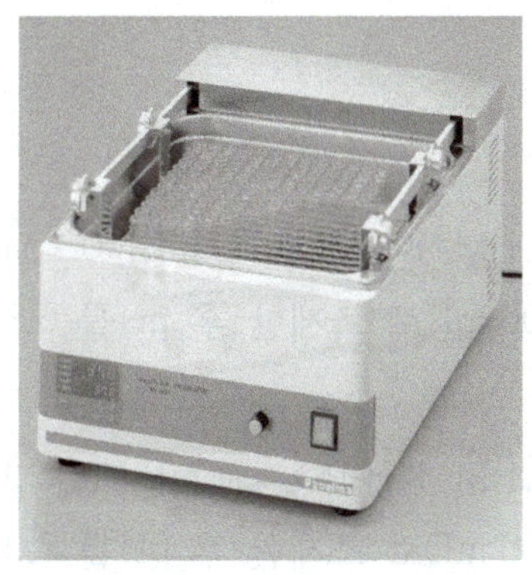

그림 6-6. 진탕항온수조(water bath shaker)

(11) Pipettors와 tip

(12) 세척병

(13) 피펫필러

(14) 시약스푼

8.4 재료 및 시약

(1) 리놀레산($C_{18}H_{32}O_2$, linoleic acid) 

(2) Tween 20(monolaurate) [자료 없음]

(3) 제1인산칼륨(KH_2PO_4, potassium phosphate, monobasic) 

(4) 수산화나트륨(NaOH, sodium hydroxide)

(5) 에틸알코올(C_2H_5OH, ethyl alcohol)

(6) 비타민 C(ascorbic acid) 

(7) 황산구리($CuSO_4 \cdot 5H_2O$, cupric sulfate) 

(8) EDTA · 2Na($C_{10}H_{14}O_8N_2Na_2 \cdot 2H_2O$, ethylenediaminetetraacetic acid) [자료 없음]

(9) 염산(HCl, hydrochloric acid) 

(10) TBA($C_4H_4O_2N_2S$, thiobarbituric acid) [자료 없음]

(11) BHA($C_{11}H_{16}O_2$, butylated hydroxyanisole) 

(12) 황산지

8.5 실험내용

1) 시료 및 시약조제

(1) 0.05 M, pH 6.8 인산완충용액(①) : 0.1 M KH_2PO_4 50 mL, 0.1 M NaOH 22.4 mL, 증류수 27.6 mL를 혼합하여 100 mL로 조제한 후 pH를 6.8로 조절한다.

(2) 0.05 M, pH 7.0 인산완충용액(②) : 0.1 M KH_2PO_4 50 mL, 0.1 M NaOH 29.1 mL, 증류수 20.9 mL를 혼합하여 100 mL로 조제한 후 pH를 7.0으로 조절한다.

(3) 0.0276 M ascorbic acid 용액(③)을 조제한다.

(4) 0.0276 M 황산구리 용액(④)을 조제한다.

(5) 0.0276 M EDTA 용액(⑤)을 조제한다.

(6) 2.76% BHA 에틸알코올 용액(⑥)을 조제한다.

(7) Linoleic acid 유화액(⑦) : 25 mL 메스플라스크에 linoleic acid 0.774 g과 tween 20 0.5 mL를 가한 후 ①을 사용하여 25 mL로 정용하고, 유화가 형성될 때까지 20분간 sonication 한다.

(8) Linoleic acid 용액(⑧) : ⑦ 2.5 mL과 ② 25.1 mL를 혼합하여 총 27.6 mL로 한다.

(9) Linoleic acid - ascorbic acid - 황산구리 용액(⑨) : ⑦ 2.5 mL, ③ 0.1 mL, ④ 0.1 mL 그리고 ② 24.9 mL를 혼합하여 총 27.6 mL로 한다.

(10) Linoleic acid - ascorbic acid - 황산구리 - EDTA 용액(⑩) : ⑦ 2.5 mL, ③ 0.1 mL, ④ 0.1 mL, ⑤ 0.1 mL 그리고 ② 24.8 mL를 혼합하여 총 27.6 mL로 한다.

(11) Linoleic acid - ascorbic acid - 황산구리 - BHA 용액(⑪) : ⑦ 2.5 mL, ③ 0.1 mL, ④ 0.1 mL, ⑥ 0.1 mL 그리고 ② 24.8 mL를 혼합하여 총 27.6 mL로 한다.

(12) Linoleic acid - ascorbic acid 용액(⑫) : ⑦ 2.5 mL, ③ 0.1 mL 그리고 ② 25.0 mL를 혼합하여 총 27.6 mL로 한다.

(13) Linoleic acid - 황산구리 용액(⑬) : ⑦ 2.5 mL, ④ 0.1 mL 그리고 ② 25.0 mL를 혼합하여 총 27.6 mL로 한다.

(14) 5%(w/w) EDTA 용액(⑭)을 조제한다.

(15) 1%(w/v) 염산 용액(⑮)을 조제한다.

(16) 95%(w/v) 에틸알코올 용액(⑯)을 조제한다.

(17) 0.3%(w/v) TBA 에틸알코올 용액(⑰)을 조제한다.

(18) 62%(v/v) 에틸알코올 용액(⑱)을 조제한다.

2) 실험방법

(1) 큰 시험관 6개에 label(A, B, C, D, E, F)을 붙인다.

(2) (1)의 각 시험관에 ⑧~⑬의 용액을 다음과 같이 넣는다.

A 시험관 + ⑧ 10 mL
B 시험관 + ⑨ 10 mL
C 시험관 + ⑩ 10 mL
D 시험관 + ⑪ 10 mL
E 시험관 + ⑫ 10 mL
F 시험관 + ⑬ 10 mL

(3) (2)의 모든 시험관을 어두운 곳에 설치된 25℃의 진탕항온수조에서 20시간 (100℃에서는 1시간) 동안 진탕

(4) 12개의 시험관(2반복)에 label(1, 1, 2, 2, 3, 3, 4, 4, 5, 5, 6, 6)을 붙인다.

(5) (4)의 각 시험관에 (3)을 마친 각 시험관의 내용물을 다음과 같이 넣는다.

2개의 1 시험관 + (3)의 A 시험관 내용물 1 mL
2개의 2 시험관 + (3)의 B 시험관 내용물 1 mL
2개의 3 시험관 + (3)의 C 시험관 내용물 1 mL
2개의 4 시험관 + (3)의 D 시험관 내용물 1 mL
2개의 5 시험관 + (3)의 E 시험관 내용물 1 mL
2개의 6 시험관 + (3)의 F 시험관 내용물 1 mL

(6) (5)의 모든 시험관 + ⑭ 0.3 mL + ⑮ 0.2 mL + ⑯ 0.5 mL + ⑰ 2.0 mL

(7) (6)의 모든 시험관의 뚜껑을 막고 혼합 → 60℃의 항온수조에 1시간 방치

(8) (7)의 모든 시험관 + ⑱ 10 mL → 혼합 → 원심분리

(9) 각 상등액을 분광광도계의 530 nm에서 흡광도 측정

(10) 막대그래프를 그려 각 처리구의 흡광도 차이를 비교

8.6 질문 및 토론

8.7 주의사항

(1) 실험실에서의 주의사항(안전제일)을 반드시 지킨다.
(2) 실험 중에 미량 금속에 의한 오염을 최대한 방지하여야 한다.
(3) ⑥번 용액과 ⑰번 용액은 BHA와 TBA를 에틸알코올에 용해시킨다.
(4) 위 실험방법 (7)을 하기 전에 미리 분광광도계를 켜 놓는다.
(5) TBA 시약을 취급할 때에는 주의를 요한다.
(6) 이 실험은 TBA 가를 측정하는 것이 아니고 그 원리를 실험에 응용한 것이다.

9. 얇은 막 크로마토그래피에 의한 지질의 분리

9.1 원 리

크로마토그래피(chromatography)에 대한 일반적인 원리는 제 4장 7.1항(p. 257)을 참조한다.

1) 분배 크로마토그래피

분배 크로마토그래피에 대한 일반적인 원리는 제 4장 7.1항(p. 258)을 참조한다.

(1) 얇은 막 크로마토그래피

① 원 리

얇은 막 크로마토그래피(thin layer chromatography, TLC)는 제 4장 7절의 종이 크로마토그래피의 원리와 거의 같으나, 다만 유리판이나 알루미늄판 등에 실리카겔, 셀루로오스 또는 산화 알루미늄 등의 얇은 막을 입혀 고정상의 지지체로 사용하는 점이 다르다. TLC는 일반적으로 전개시간이 약 30분~1시간 정도이기 때문에 종이 크로마토그래피에 비하여 시간이 훨씬 절약될 뿐만 아니라 물질의 전개가 효과적으로 이루어지기 때문에 상당히 낮은 농도의 화합물까지도 분리, 검출이 가능하다. TLC의 지지체는 종이 크로마토그래피의 여과지와는 달리 매우 안정하여 열이나 강산에 잘 견딘다. 그러므로 발색시약으로 황산 등과 같은 강산을 거의 모든 시료에 대하여 이용할 수 있는데, 형광색소가 혼합된 지지체를 사용하면 반점을 확인하는 데 큰 도움이 된다. 또한 시료에 따라 적당한 지지체를 선택할 수 있고, 경우에 따라서는 이온교환성을 지닌 물질을 지지체로 사용할 수 있다.

② 장 치

TLC를 위한 전개장치는 그림 6-7의 A와 같은 장치가 주로 사용된다. 하지만 지지체의 크기에 따라 적당한 크기의 시험관이나 메스실린더를 사용하는 것도 가능하다. 또한 얇은 막을 만들기 위한 장치도 사용된다.

③ 얇은 막 만들기

유리나 알루미늄 판에 지지체를 얇게 입힌 각종 TLC용 얇은 막이 판매되고 있으나 그림 6-7의 C와 같은 장치를 이용하면 실험실에서도 쉽게 원하는 두께의 얇은 막을 조제할 수 있다. 먼저 에틸알코올로 깨끗이 닦은 유리판(20×20 cm 등)을 잘 정렬한 후 그 위에 적당한 농도로 증류수에 섞은 실리카겔(TLC용 실리카겔 30 g/증류수 60 mL)을 붓고 고르게 밀어 250 μm 정도의 두께로 얇게 막을 입힌다. 얇은 막의 두께가 200 μm 이하이면 R_f 치에 큰 영향을 미치므로 부적당하다. 막이 굳어질 때까지 공기 중에 방치한 후 얇은 막을 건조기(100~105℃)에서 30분~1시간 동안 건조, 냉각시킨 후에 사용한다.

④ 점 적

점적은 종이 크로마토그래피와 같이 하면 된다. 즉 그림 6-8의 A와 같이 TLC판

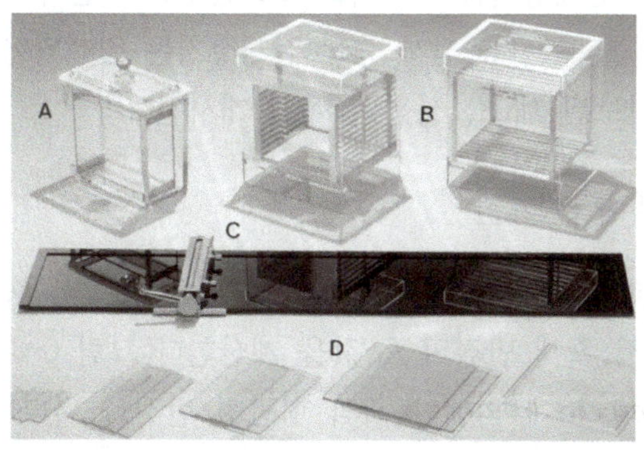

그림 6-7. 얇은 막 크로마토그래피 시스템

A : 전개장치, B : 얇은 막 보관함, C : 얇은 막 조제장치, D : 유리판

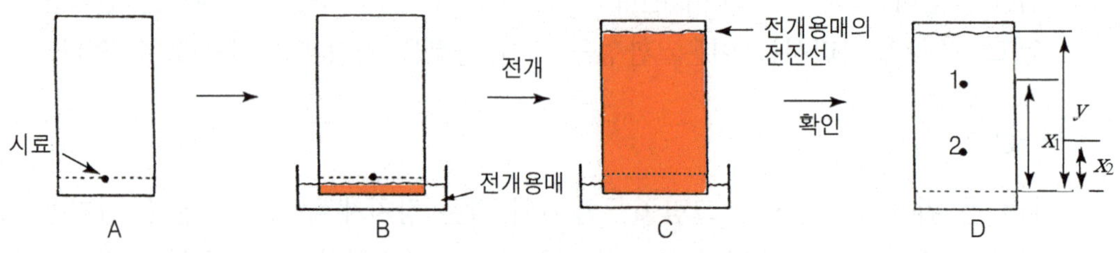

그림 6-8. 얇은 막 크로마토그래피 방법

A : TLC판에 시료를 점적한다.

B : 전개용매에 TLC판을 담근다. 이 때 시료의 점적 부위가 전개용매에 닿지 않도록 한다.

C : 전개 후, 전개용매의 전진선을 표시한다.

D : R_f 값(x_1/y, x_2/y)을 계산한다.

의 한쪽 끝에서 3 cm 정도 되는 곳 옆에 출발선을 표시하고, 그 위에 1 cm 정도의 간격으로 시료 용액을 점적한다. 종이 크로마토그래피에서와 같이 연필로 출발선을 그으면 얇은 막이 벗겨져 실험에 실패할 수 있기 때문에 출발선을 간단히 표시하며, 점적을 할 때에는 종이 크로마토그래피에 비하여 시료 용액이 얇은 막에 빨리 번지므로 특히 주의하여야 한다.

⑤ 전 개

TLC에서는 상승식 전개법을 사용한다. 즉 점적한 TLC판을 전개장치 내에 거의 수직방향으로 세워 둔다. 전개장치의 내부가 전개용매의 증기로 포화되게 하기 위하여 되도록 작은 전개장치를 사용하고, 또 전개장치 안쪽 3면에 전개용매를 충분히 흡수한 여과지를 두른다. 전개 중에 전개장치는 밀폐되어 있어야 한다. TLC의 경우에도 이미 확보된 대조물질을 함께 전개시킨다.

⑥ 물질의 확인 및 R_f 값 계산

종이 크로마토그래피와 같이 무색의 시료에 대해서는 적당한 발색시약(50% 황산 용액 등)을 뿌려서 흑색 반점의 R_f 값을 계산한다(그림 6-8의 D). 참고로 지방질은 dichlorofluorescein에 의해 녹색의 형광성 반점을 나타낸다.

$$R_f = \frac{\text{시료 성분의 이동거리}}{\text{전개용매의 이동거리}}$$

9.2 실험목적

(1) 분배 크로마토그래피의 원리를 이해한다.

(2) 얇은 막 크로마토그래피의 원리 및 방법을 이해한다.

(3) 얇은 막 크로마토그래피를 이용하여 유지를 분석할 수 있다.

9.3 기 구

(1) 전자저울
(2) 건조기(그림 3-8)
(3) 머리건조기
(4) 시약스푼
(5) 전개장치(얇은 막 크로마토그래피용)
(6) 분무기
(7) 유리칼(적당한 크기의 유리판 제조용)
(8) 비 커
(9) 메스실린더
(10) 분액깔때기
(11) 세척병
(12) 얇은 막(silicagel)

9.4 재료 및 시약

(1) 황산(H_2SO_4, sulfuric acid) 

(2) 석유에테르(petroleum ether, 비점 60～70℃) 

(3) 에틸에테르(diethyl ether)

(4) 초산(CH_3COOH, acetic acid)

(5) 스테아린산($C_{18}H_{36}O_2$, stearic acid) [자료 없음]

(6) 콜레스테롤($C_{27}H_{46}O$, cholesterol) [자료 없음]

(7) 황산지

9.5 실험내용

1) 시료 및 시약조제

(1) 50%(v/v) 황산 용액(①, 발색시약)을 조제한다.

(2) 전개용매(②) : 석유에테르, 에테르, 초산(80 : 20 : 1)을 혼합하여 사용한다.

(3) 1%(w/v) stearic acid in ether 용액(③)을 조제한다.

(4) 1%(w/v) cholesterol in ether 용액(④)을 조제한다.

(5) ③과 ④의 1 : 1 혼합액(⑤)을 조제한다.

2) 실험방법

(1) 시료의 수, 전개장치의 크기를 참고하여 실리카겔 얇은 막이 입혀진 유리판(알루미늄판)을 적당한 크기로 자른다.

(2) 적당하게 자른 유리판의 한쪽 끝으로부터 3 cm 정도 되는 곳에 출발선을 표시하고, 반대쪽 끝에는 적당한 간격으로 ③, ④, ⑤를 표기한다.

(3) 전개장치에 적당량의 전개용매(②)를 가하고 여과지에 전개용매를 적셔 전개장치의 3면에 두른다. → 뚜껑을 닫고 방치한다.
이 때 전개용매의 양은 출발선을 표시한 유리판의 한쪽이 약간 잠길 정도면 된다. 절대로 유리판에 표시해 놓은 출발선이 전개용매에 닿아서는 안 된다.

(4) 유리판의 출발선에 적당한 간격을 두고 모세관을 이용하여 시료 ③, ④, ⑤를 머리 건조기를 사용하여 말리면서 각각 같은 위치에 5번 이상 점적한다. 이 때 시료의 반점이 너무 커지지 않도록 주의한다(직경 5 mm 이하). 또한 ③, ④, ⑤의 용액이 서로 겹쳐지지 않도록 주의한다.

(5) (3)의 전개장치에 (4)의 점적을 마친 유리판을 세운다. 이 때 시료를 점적한 부분이 전개용매에 닿으면 안 된다.

(6) 전개용매가 전진선이 유리판 위쪽 끝 가까이 이르면 유리판을 전개장치에서 꺼내어 용매의 전진선을 표시하고 건조시킨다.

(7) 발색시약(①)을 분무하고 100℃의 건조기에서 가열하여 반점이 나타나면 R_f 값을 계산하고 ③, ④, ⑤ 시료의 지질을 확인한다.

9.6 질문 및 토론

9.7 주의사항

(1) 실험실에서의 주의사항(안전제일)을 반드시 지킨다.

(2) 위 실험방법 (1)에서 유리판을 자를 때에는 장갑을 착용하고 상처를 입지 않도록 주의한다. 알루미늄판의 경우는 일반 칼로도 절단이 가능하다.

(3) 위 실험방법 (2)와 (6)에서는 출발선과 전진선을 TLC판의 옆에 표시만 해둔다.

(4) 위 실험방법 (7)에서 발색시약은 반드시 hood 내에서 분무한다.

(5) 만약 시료의 전개가 원활하지 않으면 용매의 종류, 시료의 농도 등을 조절하여 실험한다.

(6) 50% 황산 용액의 취급 시 주의한다.

제 7장

특수 성분의 분석

1. 비효소적 갈변반응

1.1 원 리

식품의 색은 가공, 저장 그리고 조리 중에 갈색으로 변화하는 경우가 있는데, 이와 같은 현상을 식품의 갈변이라고 한다. 식품의 갈변은 식품의 냄새, 맛, 품질에 큰 영향을 준다.

식품의 갈변에는 여러 가지 종류가 있으나 크게 효소적 갈변(enzymatic browning)과 비효소적 갈변(non-enzymatic browning)으로 나뉘어진다. 예를 들면 사과를 깎은 후 색이 갈색으로 변화하는 것은 효소적 갈변이고, 빵을 구우면 밀가루의 흰색이 갈색으로 변화하는 것은 비효소적 갈변이다. 주요한 효소적 갈변반응에는 polyphenol-oxidase에 의한 갈변반응과 tyrosinase에 의한 갈변반응이 있고, 비효소적 갈변반응에는 Maillard 반응, 캬라멜화 반응(caramelization)이 있다.

이 절에서는 당의 종류가 Maillard 반응에 미치는 영향에 대하여 실험하고 이를 이해하도록 한다.

1) Maillard 반응

Maillard 반응은 당의 carbonyl 기와 단백질이나 아미노산의 amino 기 사이의 반응으로 알려져 있다. 그러므로 이 반응은 amino-carbonyl 반응이라고도 한다. Maillard 반응에서는 갈색 색소인 melanoidine이 생성된다(그림 7-1). 이 반응은 식품에서 초콜릿의 갈색과 같이 바람직한 경우도 있고, potato chip의 갈색과 같이 그렇지 않은 경우도 있다.

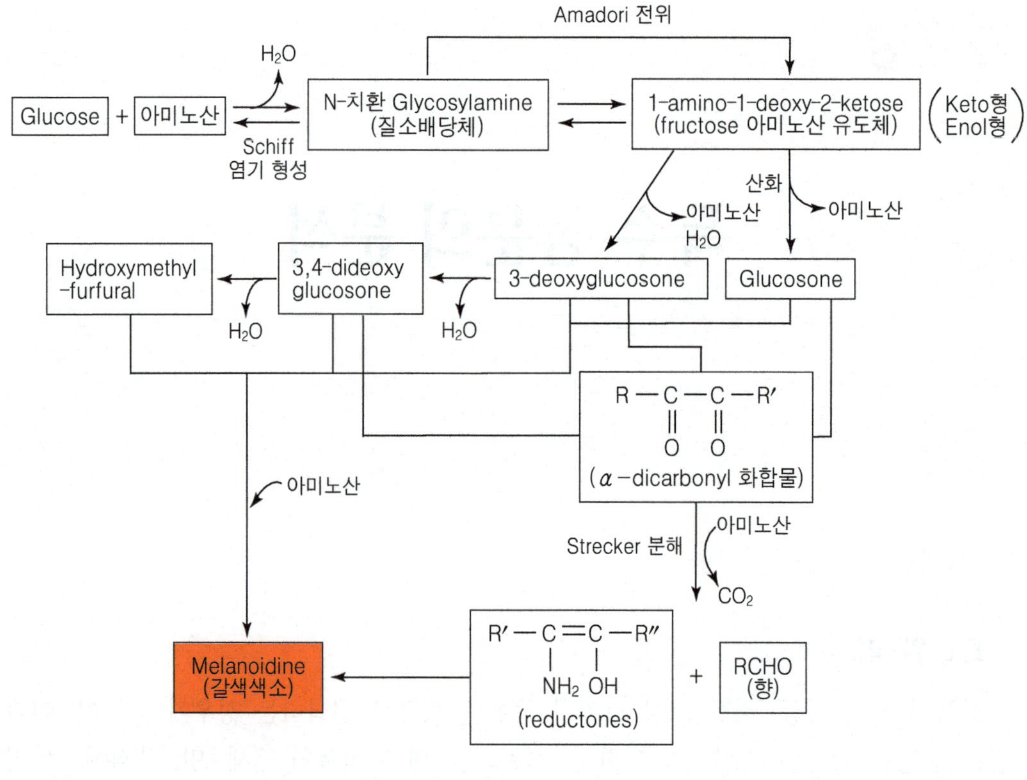

그림 7-1. Maillard 반응

식품에서 발생하는 Maillard 반응에는 여러 가지 요인들이 영향을 미친다. 우선 Maillard 반응이 발생하기 위해서는 carbonyl 기와 amino 기가 반드시 존재하여야 한다. 또한 다른 요인으로는 온도, 반응물질의 농도, pH, 당의 종류 등이 영향을 미친다.

(1) 온 도

이 반응은 37℃에서도 오랜 기간이 경과하면 발생하며 온도가 높을수록 빨리 일어난다. 그러므로 많은 양의 lactose(유당)와 단백질을 함유하는 탈지분유는 그 저장조건에 따라 그 품질이 크게 달라질 수 있다.

(2) 농 도

건조식품과 당이나 단백질의 농도가 낮은 식품에서는 Maillard 반응은 매우 늦게 발생한다. 그리고 이 반응은 약간의 수분을 반응 매개물로 필요로 하기 때문에 수분 함량 10~15%에서 최대 반응률을 나타낸다. 하지만 수분의 양이 너무 많으면 반응에 관계하는 carbonyl 기나 amino 기의 농도가 상대적으로 낮아지기 때문에 반응이 늦게 발생한다. 수분은 또한 이 반응의 방해물로 작용하기도 한다. 왜냐하면 이 반응의 여러 단계가 탈수반응이기 때문이다.

(3) pH

반응계의 pH가 낮으면 amino 기가 양이온을 띠게 되고, 이는 Maillard 반응을 억제한다.

(4) 당

당 분자의 크기와 종류는 Maillard 반응에 영향을 미친다. 일반적으로 작은 분자는 큰 것에 비하여 빨리 움직여 반응에 영향을 미치므로 5탄당은 6탄당보다, 6탄당은 2당류보다 이 반응을 촉진시킨다. 6탄당의 경우 반응속도가 모두 똑같은 것은 아니다. 일반적으로 galactose가 가장 빠르게 반응하며, fructose는 초기단계에서는 glucose보다 빠르게 반응하지만 반응이 진행됨에 따라 느려지게 된다.

1.2 실험목적

(1) 완충용액의 조제법을 익힌다.
(2) Maillard 반응에 영향을 주는 요인들에 대하여 이해한다.
(3) 식품가공 시 Maillard 반응을 응용할 수 있다.

1.3 기 구

(1) 전자저울
(2) 항온수조(그림 1-17)
(3) 가열판(그림 1-33)
(4) 분광광도계(그림 8-17)
(5) 시험관 혼합기(그림 4-4)
(6) pH 미터(그림 1-35)
(7) 메스플라스크
(8) 메스피펫
(9) 시험관
(10) 비 커
(11) 피펫필러
(12) 시약스푼
(13) 메스실린더

1.4 재료 및 시약

(1) 제1인산칼륨(KH_2PO_4, potassium phosphate, monobasic)
(2) 제2인산나트륨(Na_2HPO_4, sodium phosphate, dibasic) [자료 없음]

(3) 글리신($C_2H_5NO_2$, glycine)

(4) 포도당($C_6H_{12}O_6$, glucose) [자료 없음]

(5) 과당($C_6H_{12}O_6$, fructose) [자료 없음]

(6) 설탕($C_{12}H_{22}O_{11}$, sucrose) [자료 없음]

(7) 유당($C_{12}H_{22}O_{11}$, lactose) 

(8) Sorbitol($C_6H_{14}O_6$) [자료 없음]

(9) 황산지

1.5 실험내용

1) 시료 및 시약조제

(1) $^{1}/_{15}$ M pH 8.0 인산칼륨-인산나트륨 완충용액(①) : $^{1}/_{15}$ M 제1인산칼륨 3.7 mL와 $^{1}/_{15}$ M 제2인산나트륨 96.3 mL를 혼합하여 100 mL로 조제한 후 pH를 8.0으로 조절한다.

(2) 0.5 M glycine 용액(②) : 위 ①을 용매로 사용하여 조제한다.

(3) 0.5 M 포도당 용액(③) : 위 ①을 용매로 사용하여 조제한다.

(4) 0.5 M 과당 용액(④) : 위 ①을 용매로 사용하여 조제한다.

(5) 0.5 M 설탕 용액(⑤) : 위 ①을 용매로 사용하여 조제한다.

(6) 0.5 M 유당 용액(⑥) : 위 ①을 용매로 사용하여 조제한다.

(7) 0.5 M sorbitol 용액(⑦) : 위 ①을 용매로 사용하여 조제한다.

(8) 0.25 M 포도당-0.25 M glycine 용액(⑧) : ②와 ③을 같은 비율로 혼합하여 조제한다.

(9) 0.25 M 과당-0.25 M glycine 용액(⑨) : ②와 ④를 같은 비율로 혼합하여 조제한다.

(10) 0.25 M 설탕-0.25 M glycine 용액(⑩) : ②와 ⑤를 같은 비율로 혼합하여 조제한다.

(11) 0.25 M 유당-0.25 M glycine 용액(⑪) : ②와 ⑥을 같은 비율로 혼합하여 조제한다.

(12) 0.25M sorbitol－0.25M glycine 용액(⑫) : ②와 ⑦을 같은 비율로 혼합하여 조제한다.

(13) 0.25 M 포도당 용액(⑬) : ①과 ③를 같은 비율로 혼합하여 조제한다.

(14) 0.25 M 과당 용액(⑭) : ①과 ④를 같은 비율로 혼합하여 조제한다.

(15) 0.25 M 설탕 용액(⑮) : ①과 ⑤를 같은 비율로 혼합하여 조제한다.

(16) 0.25 M 유당 용액(⑯) : ①과 ⑥을 같은 비율로 혼합하여 조제한다.

(17) 0.25 M sorbitol 용액(⑰) : ①과 ⑦을 같은 비율로 혼합하여 조제한다.

(18) 0.25 M glycine 용액(⑱) : ①과 ②를 같은 비율로 혼합하여 조제한다.

2) 실험방법

(1) 시험관 12개에 label(A, B, C, D, E, F, G, H, I, J, K, L)을 붙인다.

(2) (1)의 각 시험관에 다음과 같이 각 용액을 넣고 마개를 느슨하게 막는다.

A 시험관 + ① 10 mL	G 시험관 + ⑬ 10 mL
B 시험관 + ⑧ 10 mL	H 시험관 + ⑭ 10 mL
C 시험관 + ⑨ 10 mL	I 시험관 + ⑮ 10 mL
D 시험관 + ⑩ 10 mL	J 시험관 + ⑯ 10 mL
E 시험관 + ⑪ 10 mL	K 시험관 + ⑰ 10 mL
F 시험관 + ⑫ 10 mL	L 시험관 + ⑱ 10 mL

(3) 물이 끓는 항온수조 중의 비커 + (2)의 모든 시험관 → 30분간 가열 → 시험관을 냉각

(4) (3)에서 가열이 시작되면 분광광도계를 켜고 warming up 시킨다.

(5) 420 nm에서 위 (3)의 모든 시험관의 흡광도를 측정한다. 색이 짙은 시험관의 경우 희석시켜 흡광도를 측정한 후 희석배수를 곱하여 비교한다.

1.6 질문 및 토론

1.7 주의사항

(1) 실험실에서의 주의사항(안전제일)을 반드시 지킨다.

(2) $^{1}/_{15}$ M pH 8.0 인산칼륨-인산나트륨 완충용액의 조제법을 이해한다.

(3) 분광광도계는 기기에 따라 20분~60분 정도의 warming up을 필요로 한다.
(4) Maillard 반응에 의하여 생성된 갈색색소는 420 nm에서 최대의 흡광도를 나타낸다.
(5) 각 시험관의 흡광도를 비교 분석한다.

2. 효소적 갈변반응

2.1 원 리

과일, 야채, 조개 등이 공기에 노출되면 갈변이 발생하는데, 이 반응에는 효소가 관여하기 때문에 이를 효소적 갈변반응이라고 한다. 이 반응에는 polyphenoloxidase, phenoloxidase, phenolase, catecholase, tyrosinase 등의 산화효소가 관여하는데, 이들은 동물이나 식물에 존재한다. Tyrosinase는 주로 동물에 존재하며, tyrosine을 기질로 사용한다. Tyrosinase의 중요한 기능은 피부, 머리, 눈의 갈색소인 melanin 색소를 형성하는 것이다. 식물에 존재하는 주된 산화효소는 polyphenoloxidase(PPO)이며, polyphenol 화합물을 기질로 사용한다.

식물 내에서 PPO의 기능은 아직 잘 알려져 있지 않지만 많은 식물성 식품의 갈변에 직접 관여하는 것으로 알려져 있다. 원래의 식물성 식품에서는 PPO와 기질이 서로 분리되어 있기 때문에 갈변이 발생하지 않지만, 자르기나 상처 등에 의하여 식물조직이 손상되면 PPO와 기질이 반응하여 갈변이 발생하게 된다.

식물조직에 존재하는 PPO의 기질은 아미노산인 tyrosine이나 catechin, caffeic acid, chlorogenic acid와 같은 polyphenol 화합물이다(그림 7-2). Tyrosine은 PPO에 의하여 3,4-dihydroxy-phenylalanine(DOPA)으로 산화되고, DOPA는 효소적 갈변반응의 중간물질인 quinone로 산화된다(그림 7-3). 효소적 갈변반응의 개략적인 과정은 그림 7-4에 나타나 있다.

1) Enzymatic kinetics

효소에 의하여 촉매되는 효소의 반응율을 효소의 활성(enzyme activity)이라고 한다. 효소의 활성은 효소가 촉매하는 반응의 속도로 표시되는데, 이는 ① 반응시간의 경과에 따른 기질의 감소량, ② 생성물의 증가량 또는 ③ 조효소의 소비량을 측정하여 나타낸다. 그러므로 PPO의 활성은 산소의 소비량, phenol 화합물의 소비량, 반응에 의하여 형성된 갈색도 그리고 dihydroxyphenylalanine(특정한 파장에서 방해물질 없이 빛을 흡수한다)과 같은 PPO에 의한 산화 생성물의 양 등으로 측정된다.

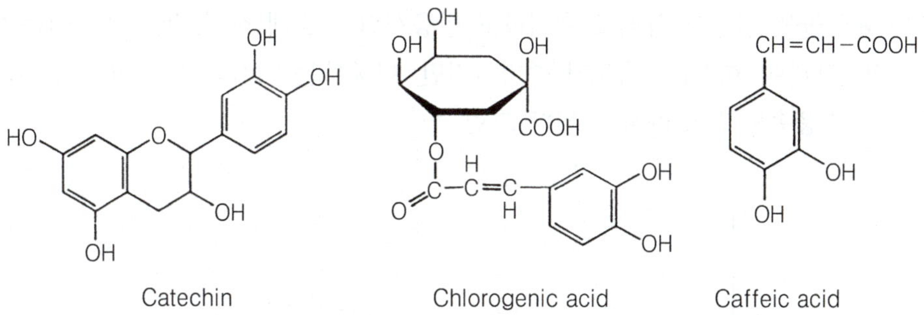

Catechin　　Chlorogenic acid　　Caffeic acid

그림 7-2. 식품 중에 존재하는 polyphenol 화합물

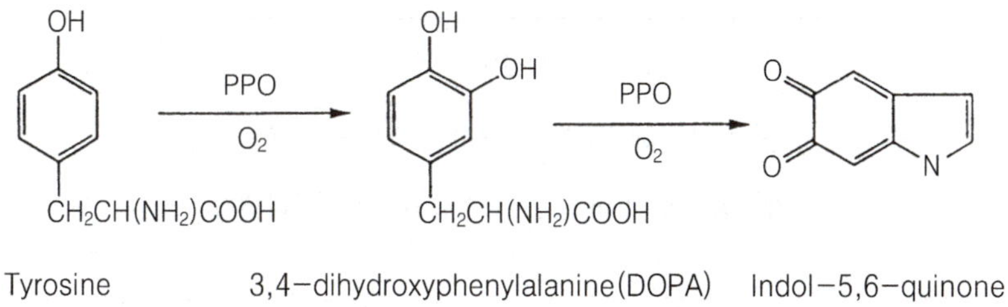

Tyrosine $\xrightarrow[O_2]{PPO}$ 3,4-dihydroxyphenylalanine(DOPA) $\xrightarrow[O_2]{PPO}$ Indol-5,6-quinone

그림 7-3. Polyphenoloxidase(PPO)에 의한 tyrosine의 변화

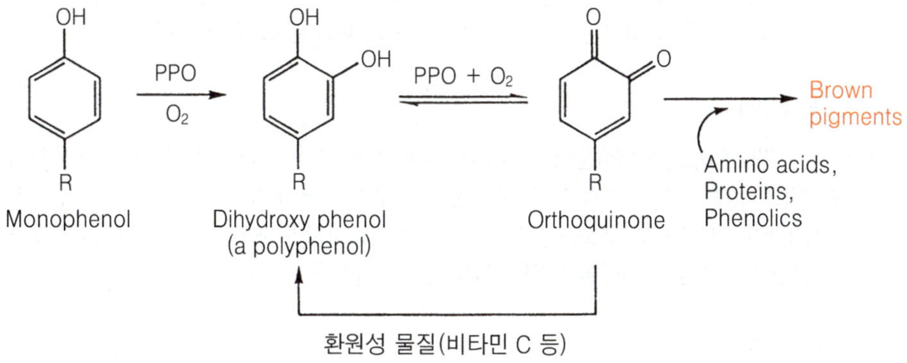

Monophenol $\xrightarrow[O_2]{PPO}$ Dihydroxy phenol (a polyphenol) $\rightleftharpoons$ (PPO + O_2) Orthoquinone → Brown pigments (Amino acids, Proteins, Phenolics)

Orthoquinone → Dihydroxy phenol: 환원성 물질(비타민 C 등)

그림 7-4. Polyphenoloxidase(PPO)에 의한 갈변반응

효소의 활성에 영향을 주는 요인에는 pH, 온도, 기질의 양 등이 있다. 일반적으로 이와 같은 요인들을 일정한 상태로 유지하고 반응시간을 길게 하면 반응 초기에는 반응시간에 정비례하여 효소반응속도가 증가하지만, 나중에는 기질의 부족 또는 효소활성의 저하로 반응속도가 달라지게 된다(그림 7-5).

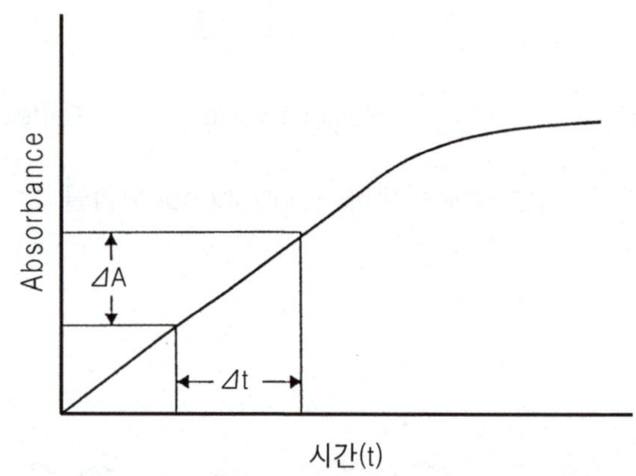

그림 7-5. 반응시간에 따른 효소반응속도의 변화

세로축(absorbance)은 생성물의 양을 나타낸다.

▸ **효소의 활성에 영향을 주는 요인**

ⓐ 효소반응과 온도

일반적인 화학반응의 속도는 온도가 높을수록 빨라지지만, 효소반응은 효소가 단백질이기 때문에 적정한 온도 이상으로 온도가 높아지면 단백질의 변성 등이 원인이 되어 오히려 반응속도가 늦어진다. 모든 효소는 반응의 최적온도(효소활성이 최대일 때의 온도)를 지닌다.

ⓑ 효소반응과 pH

효소의 본체는 단백질이고 단백질은 양성물질(이온을 띠는 물질)이기 때문에 효소 반응액의 pH는 효소분자의 이온에 영향을 미치고, 즉 효소분자의 구조가 변화되기 때문에 효소반응은 pH에 따라 달라지게 된다. 대부분의 효소는 pH 7 정도에서 안정하지만 예외의 효소들도 있다. 효소반응의 최적 pH란 효소활성이 최대를 나타낼 때의 반응액 pH를 말한다.

ⓒ 효소반응과 기질농도

효소반응에 있어서 기질의 농도를 어느 정도까지 점차적으로 상승시키면 효소활성이 기질농도에 비례하여 증가하지만(1차 반응), 기질농도가 충분히 높아지면 기질농도를 증가시켜도 효소활성은 더 이상 증가하지 않는다(0차 반응).

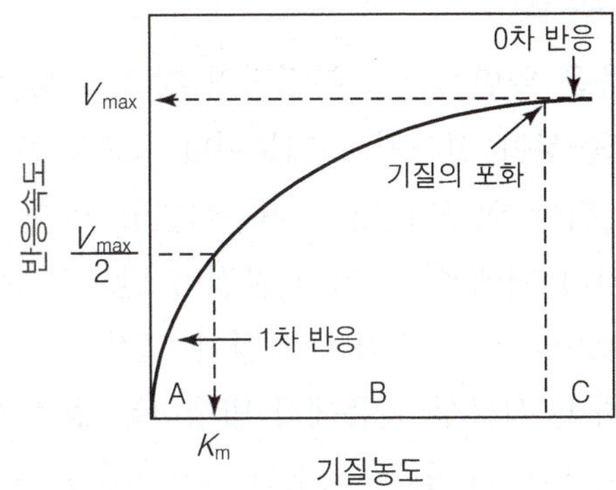

그림 7-6. 기질농도([S])에 대한 효소반응속도(V)의 변화

그리고 같은 조건(특히 기질의 양이 충분한 상태)에서는 효소의 양을 증가시키면 효소 양의 증가에 비례하여 효소반응속도가 증가한다. 또한 효소반응의 초기에는 기질농도가 높아지면 이에 비례하여 효소반응속도도 증가하지만(1차 반응), 어느 정도 이상의 기질 농도에서는 기질농도를 증가시켜도 효소반응속도는 더 이상 증가하지 않는다(0차 반응). 일반적으로 효소의 활성을 측정할 때에는 이와 같은 조건(기질농도가 충분한 상태)에서 행한다.

그림 7-6에서 V_{max}는 기질의 농도가 충분히 높아 모든 효소의 활성 부위가 기질로 포화되었을 때의 반응속도이며, K_m은 반응속도가 $\frac{V_{max}}{2}$일 때의 기질농도를 뜻한다. K_m은 효소에 대한 기질의 친화도를 나타낸다. 효소반응에 있어서 서로 다른 기질 농도에서 효소반응속도를 측정하면 K_m과 V_{max}는 쉽게 측정될 수 있다. 이에 대한 자세한 설명은 생화학 책에서 효소에 대한 설명을 참고한다.

2) PPO의 활성 분석

이 절에서는 감자로부터 PPO를 추출한 후 기질인 3,4-dihydroxyphenylalanine (DOPA)의 농도를 다르게 첨가하여 효소반응속도를 측정한다. 즉 PPO에 의한 산화 초기 단계의 생성물인 IQ(indole-5,6-quinone)의 생성량을 측정하여 효소활성을 분석하는데, IQ는 475 nm에서 최대의 흡광도를 나타낸다. 이 실험을 통하여 우리는 PPO의 V_{max}와 K_m의 계산할 수 있고, 또한 저해제를 첨가하였을 때와 효소농도를 다르게 하였을 때의 효소반응속도를 분석할 것이다.

3) 효소적 갈변반응의 조절

식품에서 효소적 갈변반응은 일반적으로 부정적인 것으로 생각된다. 왜냐하면 갈변반응이 발생하면 식품의 효용성이 떨어지기 때문이다. 그러므로 식물성 식품에서 효소적 갈변반응을 억제하기 위한 연구가 많이 이루어지고 있다.

효소적 갈변반응이 진행되기 위해서는 3가지 물질이 반드시 존재하여야 하는데, 즉 활성이 있는 polyphenoloxidase, 산소 그리고 기질이 그것이다. 그러므로 이들 중 어느 것이나 한 가지를 제거하면 식물성 식품에서 발생하는 효소적 갈변반응을 억제할 수 있다. 다음은 일반적으로 알려져 있는 효소적 갈변반응을 억제하는 방법이다.

(1) 열에 의한 PPO의 불활성화

이 방법은 야채 등에 사용된다. PPO를 불활성화시키는 데 필요로 하는 열처리는 과일 등에는 바람직하지 않을 수도 있다. 왜냐하면 열처리에 의하여 나쁜 냄새가 발생하거나 조직이 연해질 수 있기 때문이다.

(2) PPO의 화학적 저해

아황산염(sulfite)은 PPO의 강력한 저해제이다. 하지만 아황산염은 일부 사람들에게 알레르기를 일으키기 때문에 그 사용량은 규제를 받는다. 구연산 등의 산도 pH를 떨어뜨리는 것에 의하여 효소를 불활성화시킬 수 있다. EDTA는 PPO의 조효소인 구리를 제거하기 때문에 효소를 불활성화시킬 수 있다.

(3) 환원제

o-Quinone을 phenol 화합물로 환원시키는 환원제도 효과적으로 효소적 갈변반응을 억제할 수 있다. 비타민 C는 신선한 과일의 갈변을 억제하기 위하여 오래 전부터 사용되어 왔다. 위에서 설명한 아황산염은 PPO를 직접 불활성화시키는 외에 매우 유용한 환원제이다.

(4) 산소의 제거

과일 조각을 산소가 투과되지 않는 가식성 포장재로 포장하면 효소적 갈변반응을 억제할 수 있고, 시럽도 산소의 접촉을 차단하기 위하여 사용된다.

(5) 단백질 가수분해효소

단백질 가수분해효소는 PPO를 분해하여 불활성화시킨다.

(6) 꿀

꿀에는 PPO의 저해제가 들어 있기 때문에 효소적 갈변반응을 억제하는 매우 효과적인 방법으로 넓게 이용된다.

2.2 실험목적

(1) 효소 kinetics에 대하여 이해한다.
(2) 조효소 추출법을 습득하고 이해한다.
(3) 효소활성의 측정법과 반응속도의 측정에 대하여 이해한다.
(4) PPO에 대하여 이해한다.
(5) 여러 가지 효소의 활성을 측정할 수 있다.

2.3 기 구

(1) 분광광도계(그림 8-17)
(2) Homogenizer(그림 3-5)
(3) 진탕항온수조(그림 6-6)
(4) 시험관 혼합기(그림 4-4)
(5) pH 미터(그림 1-35)
(6) 메스피펫
(7) 삼각플라스크
(8) 핀 셋
(9) 비 커
(10) 실린더
(11) 칼
(12) 황산지
(13) 얼음통
(14) Paper towels
(15) Parafilm
(16) Pipettors(250~1,000 μL)와 tips
(17) 여과지(Whatman No. 1)

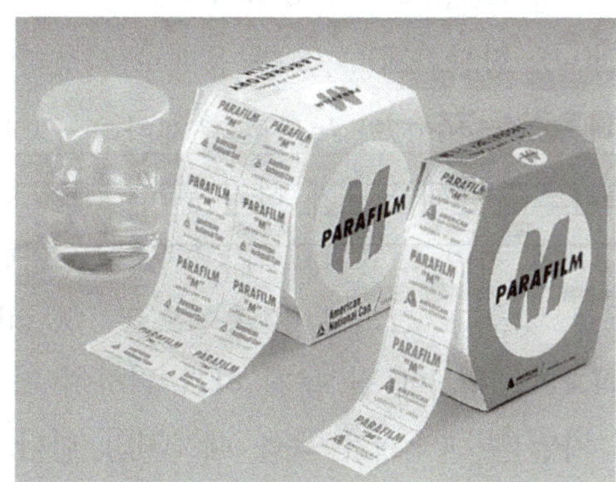

그림 7-7. Parafilms

2.4 재료 및 시약

(1) 작은 감자

(2) 얼 음

(3) 불화나트륨(NaF, sodium fluoride) 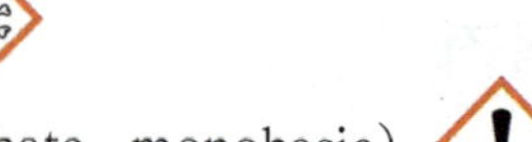

(4) 제1인산칼륨(KH_2PO_4, potassium phosphate, monobasic)

(5) 제2인산나트륨(Na_2HPO_4, sodium phosphate, dibasic) [자료 없음]

(6) 아황산수소나트륨($NaHSO_3$, sodium bisulfite) [자료 없음]

(7) DOPA(3,4-dihydroxyphenylalanine)

(8) 염산(HCl, hydrochloric acid)

(9) 수산화칼륨(KOH, potassium hydroxide)

(10) 황산지

2.5 실험내용

1) 시료 및 시약조제

(1) 작은 감자(①) : 냉동실에 하룻밤 방치한 후 사용한다.

(2) 0.1 M, pH 6.8 인산나트륨완충용액(②) : 0.1 M 제1인산칼륨 용액 50 mL와 0.1 M 제2인산나트륨 용액 50 mL를 혼합하여 100 mL로 조제한 후 pH를 6.8로 조절한다.

(3) 0.1 M 불화나트륨 용액(③) : ②를 용매로 사용하여 조제한다.

(4) 0.5% 아황산수소나트륨 용액(④, 항산화제) : ②를 용매로 사용하여 조제한다.

(5) DOPA 용액(⑤) : ②를 용매로 4 mg/mL의 농도로 조제한다. DOPA는 위 용액 ②에 잘 녹지 않는다. 그러므로 용해를 쉽게 하기 위하여 400 mg의 DOPA를 먼저 10 mL의 0.1 N HCl에 녹이고, 80 mL의 ② 용액을 가한 후 0.1 N KOH를 사용하여 pH를 6.8로 맞춘다. 그리고 ② 용액으로 100 mL로 정용하여 조제한다. DOPA가 0.1 N HCl 용액에 잘 녹게 하기 위하여 저으면서 가열하는 것도 필요하다. 이 때 가열은 DOPA가 녹을 때까지만 한다.

(6) 0.1 N 염산 용액(⑥)을 조제한다(⑤ 용액 조제용).

(7) 0.1 N 수산화칼륨 용액(⑦)을 조제한다(⑤ 용액 조제용).

2) 실험방법

■ 조효소 추출

(1) 비커 외부에 얼음을 채운다.

(2) 하룻밤 냉동시킨 날감자의 껍질을 벗기고 작게 조각을 낸 후 (1)의 비커에 넣는다.

(3) Homogenizer의 cup 외측에 얼음을 채운다.

(4) Homogenizer의 cup(소) + (2)의 감자 약 10 g 정도(빠르게 칭량) + 차가운 ③ 50 mL → 10,000 rpm에서 1분간 homogenization → 1분간 방치 → 다시 10,000 rpm에서 1분간 homogenation 반복

(5) 얼음 중의 삼각플라스크에 여과지(Whatman No.1)를 이용하여 (4)를 여과

(6) 그 여액을 조효소(⑧)로 사용(삼각플라스크를 계속 얼음 중에 놓아둔다)

■ 효소 분석

(1) 시험관 16개에 label(1, 2, 3, 4, 5, 6, 7, 8, 9, 10, 11, 12, 13, 14, 15, 16)을 붙인다.

(2) 진탕항온수조의 온도를 37℃로 맞춘다.

(3) 분광광도계의 파장을 475 nm로 맞추고 warming up

(4) (1)의 1~8의 시험관에 다음과 같이 각 용액을 정확하게 넣는다.

1 시험관 + ② 3.7 mL + ⑤ 0.0 mL
2 시험관 + ② 3.4 mL + ⑤ 0.3 mL
3 시험관 + ② 3.1 mL + ⑤ 0.6 mL
4 시험관 + ② 2.8 mL + ⑤ 0.9 mL
5 시험관 + ② 2.5 mL + ⑤ 1.2 mL
6 시험관 + ② 2.2 mL + ⑤ 1.5 mL
7 시험관 + ② 1.9 mL + ⑤ 1.8 mL
8 시험관 + ② 1.6 mL + ⑤ 2.1 mL

(5) (4)의 각 시험관에 ⑧(조효소액) 0.3 mL씩을 가하고 잘 혼합(vortex)한 후 각 시험관을 37℃의 진탕항온수조에서 정확히 10분간 진탕한다. 이를 위하여 각

시험관에 ⑧(조효소액)을 가할 때에는 일정한 간격을 두고 가하는 것이 좋다.

(6) 10분간의 반응이 끝나면 각 시험관을 얼음에 꽂아 반응을 정지시킨다(가능하면 얼음에 방치하는 시간을 시험관마다 동일하게 한다).

(7) 475 nm에서 반응이 정지된 (6)의 각 시험관을 잘 혼합한 후 15초 이내에 흡광도를 측정한다(1 시험관의 흡광도를 0으로 한다).

(8) 기질 양에 대한 효소반응속도(흡광도로 대신)를 그래프로 작성하고 K_m과 V_{max}를 구한다. 만약 실험결과가 그림 7-6과 같은 전형적인 효소반응 그래프를 나타내지 않으면 그 이유를 토론한 후 조효소 양이나 반응시간 등을 변경하여 실험한다.

(9) (1)의 9～12 시험관에 다음과 같이 각 용액을 정확하게 넣는다. ⑧(조효소액)을 가한 후에는 (5)와 같이 각 시험관을 37℃의 항온수조에서 정확히 10분간 진탕한다.

9 시험관 + ② 1.9 mL + ⑤ 2.1 mL + ⑧(조효소액) 0.0 mL
10 시험관 + ② 1.7 mL + ⑤ 2.1 mL + ⑧(조효소액) 0.2 mL
11 시험관 + ② 1.5 mL + ⑤ 2.1 mL + ⑧(조효소액) 0.4 mL
12 시험관 + ② 1.3 mL + ⑤ 2.1 mL + ⑧(조효소액) 0.6 mL

(10) 10분간의 반응이 끝나면 각 시험관을 얼음에 꽂아 반응을 정지시킨다(가능하면 얼음에 방치하는 시간을 시험관마다 동일하게 한다).

(11) 475 nm에서 반응이 정지된 (10)의 각 시험관을 잘 혼합한 후 15초 이내에 흡광도를 측정한다(9 시험관의 흡광도를 0으로 한다).

(12) 조효소 양에 대한 효소반응속도(흡광도로 대신)를 그래프로 작성하고 그래프가 직선을 나타내는지를 확인한다. 직선을 나타내지 않으면 그 이유를 토론한다.

(13) (1)의 13～16 시험관에 다음과 같이 각 용액을 정확하게 넣는다. ⑧(조효소액)을 가한 후에는 위 (5)와 같이 각 시험관을 37℃의 항온수조에서 정확히 10분간 진탕한다.

13 시험관 + ② 2.5 mL + ④ 0 mL + ⑤ 1.2 mL + ⑧(조효소액) 0.3 mL
14 시험관 + ② 2.0 mL + ④ 0.5 mL + ⑤ 1.2 mL + ⑧(조효소액) 0.3 mL
15 시험관 + ② 1.5 mL + ④ 1.0 mL + ⑤ 1.2 mL + ⑧(조효소액) 0.3 mL
16 시험관 + ② 1.0 mL + ④ 1.5 mL + ⑤ 1.2 mL + ⑧(조효소액) 0.3 mL

(14) 10분간의 반응이 끝나면 각 시험관을 얼음에 꽂아 반응을 정지시킨다(가능하

면 얼음에 방치하는 시간을 시험관마다 동일하게 한다).

(15) 475 nm에서 증류수의 흡광도를 0으로 맞추고 반응이 정지된 (14)의 각 시험관을 잘 혼합한 후 15초 이내에 흡광도를 측정한다.

(16) 1~8, 9~12, 13~16 시험관의 결과를 비교한다.

2.6 질문 및 토론

2.7 주의사항

(1) 실험실에서의 주의사항(안전제일)을 반드시 지킨다.

(2) 위 실험방법에서 조효소액을 가한 후 반응시간을 똑같게 하여야 한다.

(3) 일반적으로 효소활성을 정확하게 표시하기 위해서는 조효소액 중의 효소량, 반응 결과 생성된 생성물의 양을 정확하게 측정하여야 한다. 예를 들면 효소활성을 나타내는 방법의 하나인 비활성(specific activity)은 효소 1 mg에 해당하는 효소 단위를 말하는데, 즉 효소 1 mg이 1분 동안 변화시키는 기질의 양을 말한다.

(4) 효소는 단백질이므로 변성되지 않도록 취급에 세심한 주의를 필요로 한다.

3. 식품의 산도, 알칼리도

3.1 원 리

식품의 중요한 성분인 무기질은 체내에서 산·염기 평형(acid-base balance)에 관여하며 모든 식품은 그 식품 중에 존재하는 무기물의 종류에 따라 산성 식품과 알칼리성 식품으로 나뉘어진다. 산성 식품과 알칼리성 식품의 구별은 식품을 연소시켜 얻은 재에 어떤 무기물(알칼리 생성원소와 산 생성원소)이 더 많이 존재하는가에 따라 달라진다. 즉 칼륨(K^+), 칼슘(Ca^{+2}), 나트륨(Na^+), 마그네슘(Mg^{+2}) 등의 염기성(알칼리성) 원소가 염소(Cl^-), 황(S^{-2}) 등과 같은 산성 원소보다 더 많이 존재하면 알칼리성 식품이고, 그 반대의 경우는 산성 식품이다.

예를 들면 대부분의 채소와 과일은 연소되면 알칼리 생성원소가 더 많이 존재하기 때문에 알칼리성 식품이고, 육류 및 생선은 연소되면 산 생성원소가 더 많이 존재하기 때문에 산성 식품이다. 흔히 감귤류는 신맛을 내므로 산성 식품이라고 생각하기 쉬운데 감귤류의 주성분인 구연산과 구연산 칼륨은 인체 내에서 완전히 대사되면 K^+를 남기기 때문에 감귤류는 알칼리성 식품이다. 그러나 서양자두(plum), 말린 자두

(prune), 크랜베리(cranberry) 등에 존재하는 유기산은 인체 내에서 분해되지 않고 산성으로 작용하기 때문에 이들 식품은 산성 식품이다. 산성 식품과 알칼리성 식품의 예는 표 7-1에 나타나 있다.

식품의 산도, 알칼리도는 식품성분 중에서 알칼리를 형성할 수 있는 칼륨, 칼슘, 나트륨, 마그네슘 등의 금속 원소(알칼리 생성원소)와 산을 형성할 수 있는 인, 황, 염소 등과 같은 원소(산 생성원소)의 상대적인 양을 나타내는 척도로서 식품의 산-알칼리 평형(acid-base balance)을 측정하는 기초가 된다.

식품의 산도(알칼리도)는 식품 100 g을 회화하여 얻은 회분을 중화하는 데 소비되는 1 N NaOH(HCl)의 mL수를 말하는데, 이것을 측정하기 위해서는 식품의 일정량을 회화시켜 얻은 회분을 일정 농도의 염산 용액에 용해시키고 알칼리 표준용액으로 중화시켜 이 때 소비된 알칼리 용액의 양으로부터 산도(알칼리도)를 계산한다. 이 과정에서 무엇보다 중요한 것은 회화 중에 알칼리 생성원소나 산 생성원소의 손실이 없어야 한다. 회화 중에 식품 중의 무기물이 날아가게 되면 오차가 발생하기 때문이다. 다음 6)항(p. 348)에서 계산 결과가 (+)이면 이것은 식품의 알칼리도(알칼리성 식품), (−)이면 산도(산성 식품)를 나타낸다.

1) 1 N Na_2CO_3 용액의 조제 및 농도계수 측정

식품의 회화 중 무기물의 손실을 막기 위하여 사용하며 반드시 농도계수를 측정하여야 한다. Na_2CO_3 용액의 조제 및 농도계수 측정에 대해서는 제 1장 6.1항(p. 65)을 참조한다.

표 7-1. 산성 식품과 알칼리성 식품

산성 식품	알칼리성 식품	중성 식품
빵, 크래커, 케이크, 쿠키 스파게티, 국수류 치 즈 계 란 생 선 육류, 땅콩, 호두 닭고기 자두, 말린자두 크랜베리 옥수수	과일(자두, 말린자두, 크랜베리 제외) 야 채 잼, 젤리 꿀 견과류	버터, 마가린 조리용 기름 전 분 설탕, 시럽

2) 1 N HCl 용액의 조제 및 농도계수 측정

회화 후 얻어진 재(회분)를 용해시키기 위하여 사용하며 반드시 농도계수를 측정하여야 한다. HCl 용액의 조제 및 농도계수 측정에 대해서는 제 1장 6.1항(p. 66)을 참조한다.

3) 0.1 N NaOH 용액의 조제 및 농도계수 측정

1 N HCl 용액에 용해되어 있는 무기물을 중화시키기 위하여 사용하며, 보다 정확한 실험을 위하여 0.1 N 농도의 용액을 조제하는 데 반드시 농도계수를 측정하여야 한다. NaOH 용액의 조제 및 농도계수 측정에 대해서는 제 2장 1.1항(p. 99)을 참조한다.

4) 시료의 회화

회화도가니(그림 3-17)에 시료 5～10 g 정도를 정확히 칭량하고 시료 1 g당 1 N 탄산나트륨(Na_2CO_3) 용액을 0.1 mL 정도 넣어 시료 전체를 축축하게 적신다. 시료가 산성이 강한 식품일 경우에는 2배 정도의 탄산나트륨 용액을 가한다. 회화 중에 대부분의 염화물(염소화합물)은 손실될 가능성이 있지만, 이와 같이 시료에 탄산나트륨 용액을 가하면 염화물 중의 칼슘과 마그네슘 등은 탄산화합물이 되고, 염화물 중의 염소는 염화나트륨이 되기 때문에 회화 중에 염화물의 손실을 막을 수 있다.

$$\underset{\text{염화물}}{CaCl_2} + \underset{\text{탄산나트륨}}{Na_2CO_3} \longrightarrow \underset{\text{탄산칼슘}}{CaCO_3} + \underset{\text{염화나트륨}}{2NaCl}$$

이것을 건조기 속에서 충분히 건조한 후, 처음에는 가볍게 연기가 날 정도로 약하게 280～300℃의 온도에서 가열하고, 연기의 발생이 끝나면 450℃ 이하의 전기로(그림 3-16)에서 시료가 회화 될 때까지 가열한다.

5) 산도(알칼리도)의 측정

회화가 끝난 후에 얻은 재를 소량의 증류수로 씻어 삼각플라스크로 옮긴다. 여기에 시료 1 g 당 1 N 염산(HCl) 용액을 1 mL 정도 가하고 약 15분간 가열하여 탄산가스를 날려 보낸다. 냉각 후에 페놀프탈레인 지시약을 첨가하고 연한 분홍색이 될 때까지 0.1 N 수산화나트륨(NaOH) 용액을 적정한다.

6) 식품의 산도(알칼리도) 계산

앞에서도 설명한 바와 같이 식품의 산도(알칼리도)는 식품 중에 존재하는 알칼리 생성원소와 산 생성원소의 상대적인 양을 나타내는 것이므로 식품의 산도(알칼리도)는 다음과 같이 계산한다. 계산 결과가 (+)이면 이것은 식품의 알칼리도(알칼리성 식품), (−)이면 이것은 식품의 산도(산성 식품)를 나타낸다.

$$\text{식품의 산도(알칼리도)} = \frac{A \times F_0 - (B \times F_1 + 0.1 \times V \times F_2)}{S} \times 100$$

A : 회화 후 재의 용해에 사용한 1 N HCl 용액의 양(mL)
F_0 : 1 N HCl 용액의 농도계수
B : 회화 전에 사용한 1 N Na_2CO_3 용액의 양(mL)
F_1 : 1 N Na_2CO_3 용액의 농도계수
V : 적정에 사용한 0.1 N NaOH 용액의 양(mL)
F_2 : 0.1 N NaOH 용액의 농도계수
S : 시료 채취량(g)

3.2 실험목적

(1) 식품의 산도, 알칼리도의 정의를 이해한다.
(2) 용액의 조제 및 농도계수 측정 방법에 대하여 이해한다.
(3) 식품의 산도(알칼리도)를 측정할 수 있다.

3.3 기 구

(1) 전자저울
(2) 자석교반기(그림 2-6)
(3) 데시케이터(그림 3-10)
(4) 전기로(그림 3-16)
(5) 환류냉각기(그림 6-2)
(6) 항온수조(그림 1-17)
(7) 회화도가니
(8) 비 커
(9) 메스플라스크
(10) 삼각플라스크
(11) 메스피펫
(12) 뷰 렛
(13) 뷰렛스탠드
(14) 세척병
(15) 피펫필러
(16) 시약스푼
(17) 바트(vat)
(18) 스포이드

3.4 재료 및 시약

(1) 산도(알칼리도)를 측정하기 위한 시료

(2) 수산화나트륨(NaOH, sodium hydroxide)

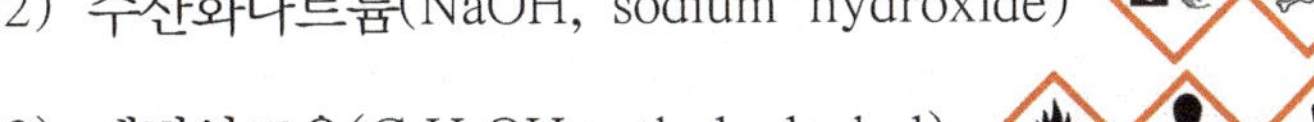

(3) 에틸알코올(C_2H_5OH, ethyl alcohol)

(4) 탄산나트륨(Na_2CO_3, sodium carbonate)

(5) 염산(HCl, hydrochloric acid)

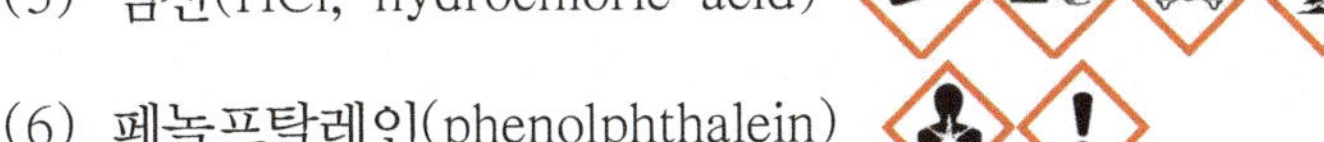

(6) 페놀프탈레인(phenolphthalein)

(7) 황산지

3.5 실험내용

1) 시료 및 시약조제

(1) 시료(①) : 그대로 사용한다.

(2) 1 N 탄산나트륨 용액(②)을 조제하고 농도계수를 계산한다(제1장 6.1항, p. 65).

(3) 1 N 염산 용액(③)을 조제하고 농도계수를 측정한다(제1장 6.1항, p. 66).

(4) 0.1 N 수산화나트륨 용액(④)을 조제하고 농도계수를 측정한다(제2장 1.1항, p. 99).

(5) 0.1% phenolphthalein 알코올 용액(⑤)을 조제한다.

2) 실험방법

(1) 회화 도가니 + 약 0.1 g 정도의 회분을 가진 시료를 정확히 칭량(무게 기록) + 시료 1 g 당 ② 0.1 mL(정확한 부피 기록) → 건조기에서 증발 건고(乾固)

(2) (1)을 회분 정량(제3장 7.1항, p. 190)을 참조하여 처음에는 280～300℃의 약한 불로, 연기의 발생이 끝나면 450℃ 이하의 온도에서 회화 → 방냉

(3) (2)의 재를 소량의 증류수를 사용하여 삼각플라스크로 옮긴다.

(4) (3) + 시료 1 g 당 ③ 1.0 mL(정확한 부피 기록) → 용해

(5) 환류냉각기(그림 6-2)를 부착하여 수욕상에서 15분 동안 끓인 후 냉각한다.

(6) (5) + ⑤ 3～5방울 → 미홍색이 될 때까지 ④로 적정

(7) 산도(알칼리도) 계산(4.1항, p.348)

3.6 질문 및 토론

3.7 주의사항

(1) 실험실에서의 주의사항(안전제일)을 반드시 지킨다.

(2) 회분 정량 시의 주의사항을 참조한다.

4. 잔류농약 간이신속분석

4.1 원 리

농(임)산물의 안정적 생산과 공급은 생산자나 소비자 모두에게 매우 중요한 과제이다. 이를 위해서는 끊임없는 품종개량은 물론 재배기술을 발전시켜야 하고, 병해충과 잡초로부터 농작물을 보호하여야 한다. **농약**은 병해충이나 잡초 등을 효과적으로 제거함으로써 노동력을 절감하고, 작물의 생산성을 증가시킬 뿐만 아니라, 품질을 향상시키는 등의 중요한 역할을 한다. 그러므로 현대 농업에서는 농약이 광범위하게 사용되고 있다. 하지만 이와 같은 농약의 광범위한 사용은 여러 가지 나쁜 결과를 초래한다. 예를 들면 농약에 의한 중독, 환경의 오염, 자연 생태계의 파괴, 농약에 대한 저항성이 강한 해충의 발생 등이 그것이다.

또한 사용된 농약은 식품에 잔류하여 인체에 섭취될 수 있기 때문에 잔류농약에 대한 안전성 평가는 중요한 연구과제 중의 하나이다. 잔류농약이란 의도적인 살포, 흩날림 또는 물대기 등에 의하여 작물에 부착된 농약 중에 일정 기간이 지난 후에도 계속 남아 있는 농약을 말한다. 잔류농약은 그 자체가 발암성 등과 같은 독성을 지닐 뿐만 아니라, 그 분해산물도 독성을 지니며 먹이사슬 등을 통하여 생체 내에 농축되는 등, 위험성을 지니고 있다. 때문에 세계 각국은 농약의 오남용 방지를 위해 많은 노력을 기울이고 있다.

기본적으로 농약의 사용기준과 각 농약별 해당 농(임)산물에 대한 최대 잔류 허용기준 등을 설정하고, 이를 근거로 농산물에 잔류되는 농약에 대한 지속적인 모니터링을 실시하여 잔류농약 오염실태 및 그 추이변화를 파악하고 있다. 그리고 잔류농약의 양이 **최대 잔류 허용기준**보다 많은 농산물은 폐기시킴으로써 유통되는 농산물의 안전성을 보장하고 있다.

우리나라는 1968년부터 농약에 대한 모니터링을 실시하였으며 1988년 9월 처음으로 식품에 17종 농약에 대한 잔류허용기준을 설정한 이후, 수 십 차례에 걸쳐 농약의 잔류허용기준을 신설, 개정함으로써 현재 수백 여 종의 농약성분에 대하여 식품의 농약별 잔류허용기준을 설정하여 관리하고 있다.

농산물 중의 잔류농약을 분석하는 방법에는 잔류하는 농약의 종류 및 농도까지 분석하는 정밀분석법과 농약 잔류의 여부 및 그 정도를 분석하는 간이신속분석법이 있는데 이 책에서는 간이신속분석법에 대하여 설명하고자 한다.

1) 잔류농약 간이신속분석법

잔류농약의 정밀분석법은 많은 비용, 특히 많은 시간을 필요로 한다. 그러므로 대부분의 경우에 그 분석결과는 농산물이 소비자들에게까지 유통된 후에 또는 이미 소비자들이 농산물을 섭취한 후에 얻어지게 된다. 이러한 문제점을 보완하기 위한 것이 잔류농약 간이신속분석법이다. 이 방법은 저렴한 비용으로 빠른 시간(약 1 시간) 안에 대략적인 잔류농약의 유무와 그 정도를 확인할 수 있다. 이 방법을 통하여 빠른 시간 안에 어떤 농산물에 기준치 이상의 농약이 잔류한다고 판단되면 그 농산물의 출하를 연기하고 재검사나 정밀분석을 실시할 수 있다. 그러므로 소비자들에게 안전한 농산물을 공급할 수 있다. 이와 같은 장점 때문에 현재 많은 유통업체에서는 이 방법을 사용하고 있다.

잔류농약 간이신속분석법은 유기인계 및 카바메이트(carbamate)계 살충제가 신경전달효소인 **아세틸콜린에스테라아제**(acetylcholinesterase)의 활성을 저해시켜 병해충을 죽이는 원리를 이용한 분석방법이다. 잔류농약 간이신속분석법에서의 핵심은 아세틸콜린에스테라아제 효소이다. 이 효소를 시료(농산물)의 잔류농약 추출액과 반응시켰을 때 이 효소의 활성이 많이 저해되면 시료에는 농약(유기인계 및 카바메이트계 살충제)이 많이 잔류하고 있다고 판단한다. 일반적으로 유통업체에서는 효소에 대한 저해율이 50% 이상이면 그 농산물의 출하를 연기하고 정밀검사를 실시하고 있다.

그러나 이 방법은 유기인계 및 카바메이트계 농약 31종에 대한 잔류유무를 확인하는 방법이기 때문에 실험결과 잔류농약이 없는 것으로 판단되었을지라도 유기인계 및 카바메이트계 이외의 농약이 존재할 가능성이 있으며 파, 고추 및 부추 등과 같이 매운 맛을 내는 채소의 경우 효소에 대한 저해율이 높게 나오는 것이 이 방법의 한계점으로 지적되고 있다. 하지만 신속성 때문에 그 이용이 증가하고 있는 추세이다.

다음에 잔류 농약 간이신속분석법에 대하여 구체적으로 설명하고자 한다. 이 분석법은 대만농업연구소(TARI, Taiwan Agriculture Research Institute)의 Cheng 등

▶ 농 약

농약은 용도에 따라 살충제, 살균제, 살비제((殺蜱劑), 살선충제(殺線蟲劑), 제초제, 살서제(殺鼠劑), 식물생장조절제 등으로 구분되고, 화학조성 및 구조에 따라 무기농약과 유기농약(유기인계, 유기염소계, 카바메이트계, pyrethroid계 등) 등으로 구분된다.

▶ 농약의 최대 잔류 허용기준(maximum residue limit, MRL)

잔류 허용기준에 의한 위해성 평가는 농산물 중에 잔류농약의 조사결과를 각 농산물별로 설정된 농약의 잔류 허용기준과 비교하여 농산물의 안정성을 평가하는 방법을 말한다. 즉, 농산물 중에서 검출된 잔류농약의 양이 허용기준 미만인 경우에는 안전한 농산물로 평가된다. 농산물 중 농약잔류허용기준은 보건복지부 장관이 농림부 장관과 협의하여 설정하는 것으로, 이 기준 이하의 농산물은 사람이 일생을 통하여 식용으로 섭취하더라도 건강에 아무런 영향이 없다는 것을 과학적으로나 법적으로 인정하는 양이다.

▶ 건강에 이상이 없는 수준

어떠한 농약이 사람의 일생을 통하여 매일 섭취하여도 아무런 영향을 주지 않는 약량(藥量)을 말한다. 먼저 실험동물(개, 원숭이 등)이 일생동안 먹어도 아무런 해가 없는 최대무작용량을 산출하고, 이 양에 안전계수(1/100～1/1000)를 곱하여 사람의 일일 섭취허용량을 산출하게 된다. 여기에 각 나라 국민들의 식습관에 맞도록 해당 식품의 국민 1인당 섭취량을 감안하여 농산물 별로 잔류허용기준을 설정하게 된다. 그러므로 농산물 중에 잔류하는 농약의 양이 최대잔류허용기준 이하로 검출되는 농산물은 안전한 식품으로 안심하고 먹을 수 있는 것이다.

▶ 아세틸콜린에스테라아제(EC 3.1.1.7, acetylcholinesterase)

Acetylcholin을 acetic acid와 choline으로 가수분해 하는 효소이다. 유기인계 및 카바메이트계 살충제는 아세틸콜린에스테라아제의 활성부위에 있는 어떤 특이적인 세린(serine) 잔기에 결합하여 이 효소를 저해하는 것으로 알려져 있다. 그런데 아세틸콜린은 신경의 자극전달에 관여하기 때문에 살충제에 의하여 이 효소가 저해되면 병해충의 신경 전달 정보가 정상적으로 전파되지 못하여 근육이 마비되고 위축되어 결국 병해충은 죽게 된다.

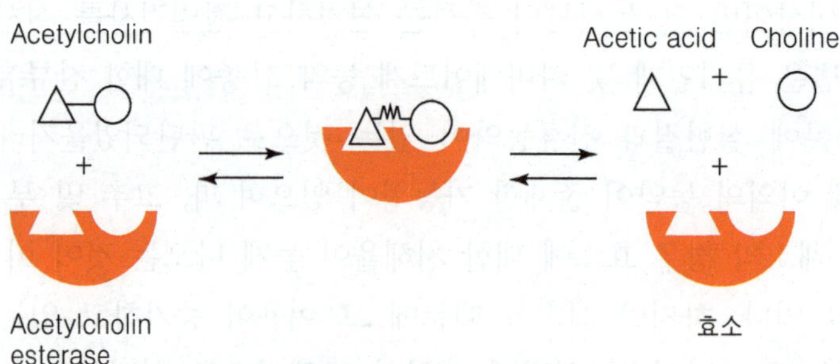

아세틸콜린에스테라아제의 작용

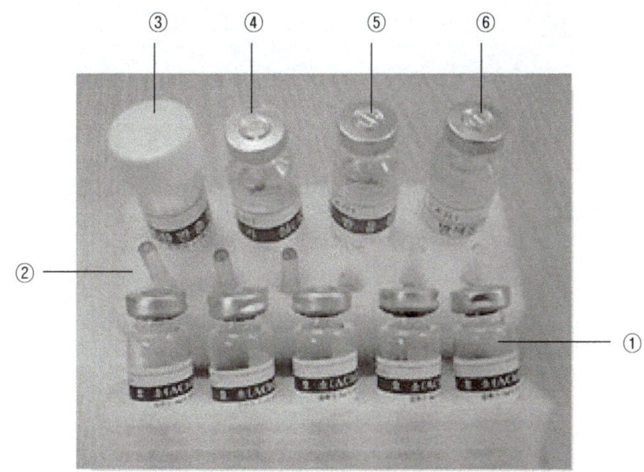

그림 7-8. 잔류농약 간이신속측정법에 사용되는 시약

① 효소 ② 브롬수 ③ 완충용액
④ 기질 ⑤ 반응정지액 ⑥ 발색시약

(Cheng, E. Y. *et al.* 1991. Rapid bioassay of pesticide residues(RBPR) on fruits and vegetables. J. Agric. Res. China, 40(2), 188～203)에 의하여 정립되었으며, 참고로 실험과정에 사용되는 효소를 포함한 모든 시약(그림 7-8)은 키트(kit)화 되어 판매되고 있다.

(1) 시료의 조제 및 잔류농약 추출

이 방법을 적용할 수 있는 가장 대표적인 농산물은 깻잎, 상추 등과 같은 엽채류이다. 시료가 대표성을 갖도록 골고루 선별하여 10잎 정도를 채취한 후, 이들을 도마 위에 놓고 스테인레스 봉(그림 7-9)으로 골고루 5곳을 찍어 모두 시험관에 넣는다. 시료로부터 잔류농약을 추출할 때에는 메탄올과 브롬수를 이용한다.

브롬수를 사용하지 않으면 유기인계 농약의 약 60% 정도가 추출되지 않는 것으로 알려져 있으며 카바메이트계 농약의 추출과는 관계가 없다. 이 때 브롬(bromine)은 건강에 심각한 해를 끼칠 수 있으므로 브롬수를 채취하고 추출할 때에는 모든 과정을 반드시 후드 내에서 하고 피부에 닿거나 흡입하지 않도록 주의한다. 브롬수를 가한 후에 약 5분 정도 지나면 브롬은 모두 휘발된다.

(2) 추출액과 효소의 반응

위에서 조제한 시료의 잔류농약 추출액과 아세틸콜린에스테라아제 효소액을 반응

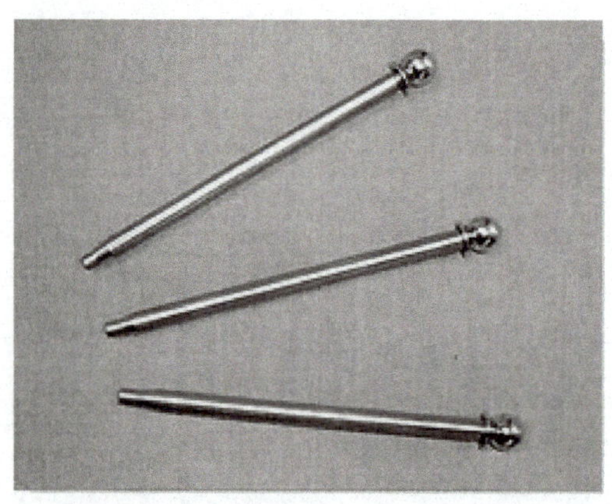

그림 7-9. 시료 채취용 스테인레스 봉

시킨다. 아세틸콜린에스테라아제는 아세틸콜린(acetylcholin)을 아세트산(acetic acid)과 콜린(choline)으로 분해한다. 만약 추출액 중에 잔류농약이 존재한다면 효소의 이러한 활성을 저해할 것이고, 잔류농약이 존재하지 않으면(대조구) 효소는 기질인 아세틸콜린을 아세트산과 콜린으로 분해하게 된다. 효소반응은 반응액에 반응정지액을 가하는 것에 의하여 끝나게 된다. 반응정지액의 성분인 카보후란(carbofuran)은 카바메이트계 살충제의 일종이다.

효소반응은 온도, pH, 기질 양, 반응 시간 등과 같은 여러 가지 요인에 의하여 영향을 받기 때문에 이 과정에서는 각 처리구에 대한 모든 처리가 똑같이 이루어지도록 세심한 주의를 하여야 한다. 예를 들어 추출액과 효소를 반응시키는데 어느 시료는 10분간 반응시키고 다른 시료는 11분간 반응시킨다면 좋은 실험 결과를 얻을 수 없다. 그리고 나중에도 설명하겠지만 이 방법의 실험결과는 분광광도계를 이용한 흡광도로 나타내는 것이기 때문에 실험 과정 중의 피펫팅에도 세심한 주의를 기울여야 한다.

(3) 발 색

앞에서도 설명한 바와 같이, 잔류농약 간이신속분석법에서 시료 중에 잔류농약이 존재하지 않으면 효소는 기질인 아세틸콜린을 아세트산과 콜린으로 분해하게 된다. 그러므로 시료 중에 잔류농약의 양이 많으면 많을수록 이 효소는 기질을 더욱 분해할 수 없게 된다. 거꾸로 설명하면 시료 중에 잔류농약이 적게 존재할수록 반응액 중에는 아세트산과 콜린의 양이 많이 존재한다.

이 분석법에서 효소의 활성이 얼마나 저해되었는지는 반응액 중의 콜린의 양을 측정하여 판단하는데 이를 위하여 발색시약[5,5'-dinitro-bis(2-nitrobenzoic acid)]을 사용한다. 이 발색시약은 반응액 중의 콜린과 반응하여 노란 색을 나타내는데 콜린의 양이 많으면(시료 중에 잔류농약이 적으면) 노란 색이 진하게 나타나고, 콜린의 양이 적으면(시료 중에 잔류농약이 많으면) 노란 색이 흐리게 나타나게 된다.

(4) 흡광도의 측정

발색시약에 의하여 형성된 노란 색의 진하고 흐림은 분광광도계를 이용하여 흡광도로 측정된다. 일반적으로 형성된 색의 진하고 흐린 정도, 즉 흡광도는 그 색의 형성에 관여한 물질의 농도에 비례한다. 그러므로 앞에서 설명한 바와 같이 흡광도가 낮으면 반응액 중에 콜린의 양이 적은 것이고, 흡광도가 높으면 반응액 중에 콜린의 양이 많은 것이다. 분광광도계와 흡광도 측정에 대한 구체적인 설명은 제8장 1절 (p. 359)을 참조하도록 한다.

(5) 판 정

시료 중의 잔류농약 유무의 판정을 위해서는 시료 시험관의 흡광도와 대조구 시험관의 흡광도를 측정하고 다음 식에 대입하여 저해율을 계산하여야 한다. 여기에서 대조구 시험관은 시료 추출액을 가하지 않은 농약이 전혀 없는 시험관을 말한다.

$$\text{저해율}(\%) = \frac{\text{대조구의 흡광도} - \text{시료의 흡광도}}{\text{대조구의 흡광도}} \times 100$$

일반적으로 모든 조건이 제대로 갖추어진 상태에서 실험하였을 때 저해율이 25% 미만이면 시료 중에 잔류농약이 기준치 이하이며, 저해율이 26~50%이면 기준치에는 못 미치지만 그에 가까운 양이 그리고 저해율이 50% 이상이면 기준치 이상의 농약이 잔류하고 있을 가능성이 있는 것으로 판단한다. 저해율이 50% 이상이면 출하를 연기하고 정밀검사를 하도록 한다.

4.2 실험목적

(1) 식품의 안전성과 관련하여 잔류농약의 중요성에 대하여 이해한다.
(2) 효소반응에 대하여 이해한다.
(3) 잔류농약 간이신속 측정법을 이용하여 농산물의 잔류농약 유무를 판정할 수 있다.

4.3 기 구

(1) 전자저울
(2) 분광광도계(그림 8-17)
(3) 항온수조(그림 1-17)
(4) pH 미터(그림 1-35)
(5) 시험관 혼합기(그림 4-4)
(6) Fume hood(그림 1-3)
(7) 메스플라스크
(8) 메스피펫
(9) 비 커
(10) 시료 채취용 스테인레스봉
(11) 도 마
(12) 시험관
(13) 세척병
(14) 시약스푼
(15) 황산지
(16) pipettors(20 μL, 100～200 μL)

4.4 재료 및 시약

(1) 잔류농약 유무를 측정할 엽채류

(2) 아세틸콜린에스테라아제(acetylcholinesterase/house fly ; 효소) [자료 없음]

(3) 제1인산나트륨(NaH_2PO_4, sodium phosphate, monobasic) [자료 없음]

(4) 제2인산나트륨(Na_2HPO_4, sodium phosphate, dibasic) [자료 없음]

(5) acetylthiocholine iodide(기질) [자료 없음]

(6) carbofuran(반응정지) 

(7) 5,5'-dinitro-bis(2-nitrobenzoic acid)(발색시약) [자료 없음]

(8) 메틸알코올(CH_3OH, methyl alcohol) 

(9) 브롬수(bromine water) 

(10) 완충용액(pH 4, 7 : pH 미터 보정용)

4.5 실험내용

1) 시료 및 시약조제

위에서도 설명한 바와 같이 잔류농약 간이신속 측정을 위한 시약은 그림 7-8과 같이 조제되어 판매되고 있으며, 그 조제법을 설명하면 다음과 같다.

(1) pH 7.0 인산완충용액(①)의 조제 : 제1인산나트륨 0.32 g과 제2인산나트륨

6.72 g을 증류수에 녹이고 500 mL로 정용한 후 pH를 7.0으로 조절한다.

(2) 효소 용액(②) : 냉동 보관된 acetylcholinesterase 0.0025 g을 인산완충용액(①) 10 mL에 용해하고 바로 사용한다.

(3) 기질 용액(③) : acetylthiocholine iodide 0.043 g을 인산완충용액(①) 10 mL에 용해하고 냉장 보관한다.

(4) 반응정지액(④) : carbofuran 0.02 g을 5 mL의 methanol에 녹이고 증류수 45 mL를 가하여 잘 혼합하고 냉장보관 한다.

(5) 발색시약(⑤) : 제1인산나트륨 0.234 g, 제2인산나트륨 0.433 g, 5,5'-dinitro-bis(2-nitrobenzoic acid) 0.198 g을 증류수 10 mL에 녹이고 냉장보관 한다.

(6) 메탄올(⑥) : 시판되는 시약을 그대로 사용한다.

(7) 브롬수(⑦) : 1% 농도로 조제된 것을 구입하여 사용한다.

2) 실험방법

(1) 시료의 채취

시료를 대표할 수 있는 상추 10잎을 채취한 후, 이들을 도마 위에 겹쳐 올려놓고 스테인레스 봉으로 골고루 5곳을 찍어 모두 시험관에 넣는다.

(2) 시료로부터 잔류농약의 추출

(1)의 채취된 시료가 들어 있는 시험관 + ⑥ 2 mL + ⑦ 40 μL → 10초 정도 vortex → 2분 정도 방치 → 이 추출액을 새로운 시험관으로 옮기고 이것을 시료추출액(⑧)으로 한다.

이때 브롬수(⑦)의 취급과 추출의 모든 과정은 반드시 후드 내에서 하며, 피부에 닿거나 흡입하지 않도록 주의한다.

(3) 효소액의 준비

이 과정은 효소가 냉동보관 되어 있었기 때문에 반응 최적온도에서 효소를 활성화시키기 위한 과정이다.

2개의 각 시험관(2반복) + ① 5 mL + ② 100 μL → 10초 정도 vortex → 37℃의 항온수조에서 5분간 방치

(4) 추출액과 효소액의 반응

(3)을 마친 각 시험관 + 시료추출액(⑧) 100 μL → 10초 정도 vortex →

③ 100 μL를 가하고 → 10초 정도 vortex → 37℃의 항온수조에서 10분간 방치 → ④ 100 μL를 가하고 → 10초 정도 vortex → 2분간 방치

이 때 각 처리별 반응시간을 동일하게 하기 위하여 각 시험관을 1～2분 간격으로 처리하는 것이 좋다.

(5) 대조구의 준비

(3)의 효소액의 준비까지는 같은 방법으로 처리 → ⑥ 100 μL를 가하고 → 10초 정도 vortex → ③ 100 μL를 가하고 → 10초 정도 vortex → 37℃의 항온수조에서 10분간 방치 → ④ 100 μL를 가하고 → 10초 정도 vortex → 2분간 방치

(6) 발 색

(5)를 마친 4개의 각 시험관 + ⑤ 100 μL → 10초 정도 vortex

(7) 흡광도의 측정

분광광도계를 warming up → 파장조절(412 nm) → 증류수를 이용하여 흡광도를 0으로 조정 → (6)의 4개 시험관의 흡광도 측정 → 저해율 계산 → 판정

4.6 질문 및 토론

4.7 주의사항

(1) 실험실에서의 주의사항(안전제일)을 반드시 지킨다.

(2) 브롬수의 처리는 반드시 후드 안에서 하며 피부에 닿거나 흡입하지 않도록 한다.

(3) 냉동 보관 중인 효소는 분석 전에 꺼내어 실온에서 녹인 후에 효소용액을 조제하는데 제조 후 1주일이 경과하면 사용하지 않는다. 그리고 한번 해동된 효소액은 다시 보관하였다가 재사용하지 않는다.

(4) 실험도중 효소액이 부족하여 다른 효소액으로 바꾸는 일이 없도록 미리 적당한 양의 효소용액을 준비한다.

(5) 분석 전에 적당한 방법으로 효소의 활성을 체크하면 좋은 결과를 얻을 수 있다.

제 8 장

기기 분석

기기분석이란 분석기기를 이용하여 시료에 들어 있는 목적성분을 분리, 검출, 확인 그리고 정량하는 분석법을 말한다. 기기분석에 이용되는 분석기기는 전기, 전자, 기계 및 제어공학의 급속한 발전에 힘입어 꾸준히 발전되어 왔으며 점차 자동화되어 가고 있다. 그 결과, 기기분석 과정도 간편, 신속, 및 정확하게 진행될 수 있도록 발전하고 있다. 이에 따라 정확도와 정밀도가 매우 높은 기기분석법이 개발되고 있고, 그 기기도 쉽게 조작할 수 있게 되어 기기분석은 화학의 기초연구뿐만 아니라 식품이나 의약품 분야, 환경 분야 등과 같은 여러 분야에서 광범위하게 활용되고 있다.

식품분석에 기기분석을 적용하기 위해서는 각 기기분석법에 대한 기본 개념과 원리 등에 대하여 정확하게 이해하는 것이 필요하다. 이 책에서는 식품분석 교재의 특성상 식품분석에서 자주 활용되는 흡광광도법, GC 그리고 HPLC의 기본 원리만을 설명하고자 한다.

1. 흡광광도법

1.1 원 리

유리의 절단면은 왜 녹색으로 보이는가? 백색광을 구성하는 모든 무지개색 중에서 녹색을 제외한 다른 색을 띠는 빛들은 유리에 의하여 흡수되고, 녹색을 띠는 빛만이 유리의 절단면에서 반사되기 때문에 유리의 절단면은 녹색으로 보이는 것이다. 왜 투명한 노란 액체는 노랗게 보이는가? 백색광을 구성하는 무지개 색을 내는 빛 중에서 노란빛을 제외한 나머지 빛들은 모두 이 액체에 흡수되고, 단지 노란 빛만이 이 액체를 통과하였기 때문이다.

기기분석법에는 빛의 성질을 이용한 방법들이 많다. 일반적으로 백색광이 물질에 닿으면 반사, 산란, 흡수, 형광/인광(흡수와 재방출), 그리고 광화학적 반응 등이 발생한다. 이 중에서 기기분석에서 특히 중요하게 이용되는 빛의 성질은 빛의 흡수이다. 흡광광도법은 어떤 물질에 의한 빛의 흡수현상을 이용하여 그 물질의 양을 정량하는 것이다. 물질에 의하여 흡수되는 특정 파장의 빛의 양(흡광도)은 그 물질의 농도에 따라 다르기 때문에 시료에 특정 파장의 빛을 쪼이고 흡광도를 측정하면 이 특정 파장의 빛을 흡수하는 시료(물질)의 양을 정량할 수 있다.

이와 같이 시료 용액의 흡광도를 측정하여 목적성분을 정량하는 방법을 흡광광도법(absorption spectrophotometry)이라고 하는데, 주로 자외선(ultraviolet, 180～320 nm) 및 가시광선(visible, 320～800 nm) 영역에서 빛의 흡수를 이용한다. 흡광광도법에 의한 정량분석은 빠르고, 간편하며, 경제적이면서도 정확도, 정밀도가 우수하며, 재현성도 좋기 때문에 자주 사용되는 기기분석법이다.

1) 빛의 성질

(1) 기본 개념

빛의 성질은 입자설과 파동설로 설명된다. 입자설은 빛은 연속적으로 튀어나와서 빠르게 움직이는 작은 입자(광자, photons)의 흐름이라는 것이고, 파동설은 빛은 입자가 아니라 소리나 수면파와 같은 파동이라는 것이다. 즉 입자설은 빛의 입자가 고속운동을 한다는 이론이고, 파동설은 소리나 수면파와 같이 진동운동을 한다는 이론인데, 빛은 이 두 가지 성질을 모두 지닌다.

우리는 연못에 돌을 던졌을 때 나타나는 물의 파동과 같은 빛의 파동을 상상할 수 있다. 광원으로부터 나온 빛의 파동은 그림 8-1과 같이 반복적으로 진행한다. 그림 8-1에서 마루에서 마루까지 또는 골에서 골까지의 길이를 파장(wavelength)이라고 하는데, 파장은 서로 다른 빛을 구별하는 특징이다. 즉, 그림 8-2에서 보는 바와 같이 붉은 빛의 파장은 노란 빛의 파장 그리고 푸른 빛의 파장과 다르다. 파장의 단위는 길이의 단위를 사용하는데, 빛의 파장은 그 종류에 따라 원자의 지름 크기로부터 수 km에 이르기까지 매우 다양하다.

각각의 빛은 서로 다른 파장을 가지지만 빛의 속도는 모두 같다. 파장이 1.0 mm인 빛이나 1.0 km인 빛이나 그 속도는 같다. 진공상태에서의 빛의 속도(c)는 3.00×10^{10} cm/sec이다. 빛이 공기나 용액과 같은 매개물을 지날 때에는 그 속도(υ)가 달라진다.

빛의 파동에서 매 초당 발생하는 진동의 횟수를 주파수(frequency)라고 한다. 1초당 한번 진동하는 것을 1 헤르츠(hertz, Hz)라고 하는데 1 메가헤르츠(MHz)는 10^6 Hz를 뜻한다. 앞에서도 설명한 바와 같이 빛의 속도는 같기 때문에 파장이 작을수록 주어진 시간(1초) 동안에 어떤 점을 통과하는 진동의 수(주파수)는 증가한다(그림 8-3). 그러므로 파장과 주파수는 반비례한다.

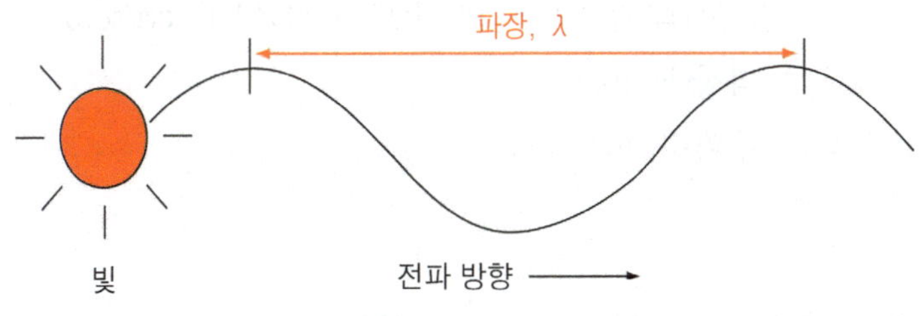

그림 8-1. 빛의 파동

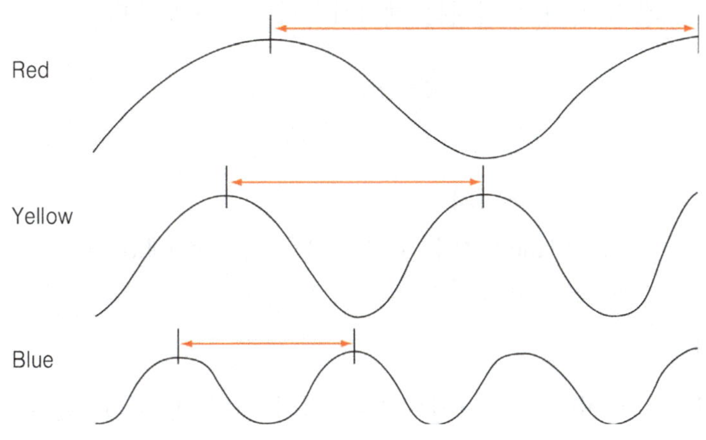

그림 8-2. 서로 다른 파장의 빛

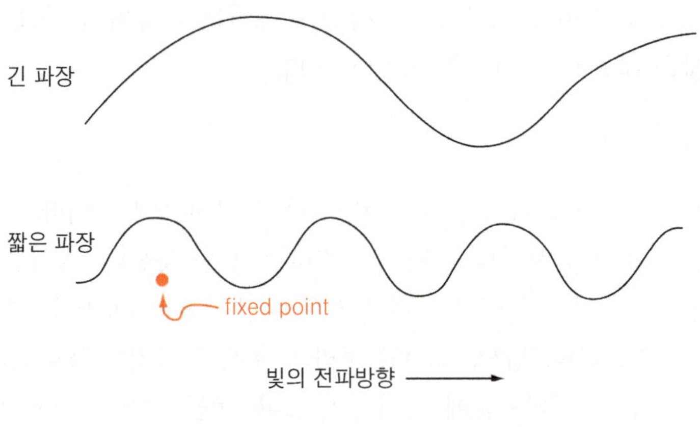

그림 8-3. 파장과 주파수

빛의 파장, 속도, 주파수의 관계는 다음 식으로 나타낸다.

$$c = \lambda \nu \tag{8.1}$$

여기에서 c : 진공상태에서의 빛의 속도(3.00×10^{10} cm/sec)
λ : 파장(lambda)
ν : 주파수(nu)

를 말한다.

식 8.1에서 어떤 빛의 주파수는 $\nu = \dfrac{c}{\lambda}$이다.

빛을 광자(photon)라고 하는 입자로 생각하면 빛이 가지는 에너지에 대하여 이해하기가 쉽다. 각각의 광자가 가지는 에너지(E)는 다음과 같다.

$$E = h\nu \tag{8.2}$$

여기에서 E : 빛 에너지
h : Planck 상수(6.62×10^{-27} erg · sec/photon)
ν : 주파수(nu)

를 말한다.

erg는 에너지 단위이며, 식 8.2에서 보는 바와 같이 빛 에너지는 주파수에 정비례한다. 그러므로 빛의 파장과 에너지는 반비례한다. 또한 주파수는 파장과 반비례(식 8.1)하기 때문에 에너지와 주파수는 정비례한다. 예를 들어 상대적으로 짧은 파장의 자외선은 높은 에너지를 지니고, 긴 파장의 적외선은 낮은 에너지를 지니며, 가시광선의 에너지는 그 중간이다. 그리고 가시광선 중에서는 파장이 긴 붉은색 빛의 에너지는 파장이 짧은 푸른색 빛의 에너지보다 작다.

(2) 전자기 스펙트럼

사람의 눈에 보이는 빛, 가시광선은 **전자기파**의 극히 일부분이다. 이것은 특정한 매우 좁은 파장의 빛만이 사람의 눈에 보여진다는 것을 뜻한다. 가시광선의 파장 범위는 분류방법에 따라 다소 차이가 있지만 320 nm에서 800 nm까지이며 무지개의 빨강, 주황, 노랑, 초록, 파랑, 남색, 그리고 보라의 순으로 파장이 짧아진다. 이 영역을 벗어난 파장을 지니는 것들은 눈에 보이지 않으며, 이들 중에는 자외선, 적외선, X-선, microwave 그리고 radio, TV파 등이 있다. 이들 모든 전자기파를 파장에 따라 분해하여 배열한 것을 전자기 스펙트럼(electromagnetic spectrum, 그림 8-4)이라고 한다. 전자기 스펙트럼에서 가시광선 영역(visible)은 극히 일부분임을 알 수 있다.

(3) 빛과 물질의 상호작용

앞에서 설명한 바와 같이 빛과 물질이 상호작용을 하면 반사, 굴절, 산란, 흡수, 형광/인광(흡수와 재방출) 그리고 광화학적 반응 등이 발생하는데, 이와 같은 빛과 물질의 상호작용을 연구하는 학문을 분광학(spectroscopy)이라고 한다. 분광학에서 흡수(absorption)란 투명한 매질에 들어 있는 어떤 화학종이 특정 파장을 지니는 전자기파의 세기를 감소시키는 현상을 말하는데, 이 장에서는 어떤 화학종이 빛을 흡수하

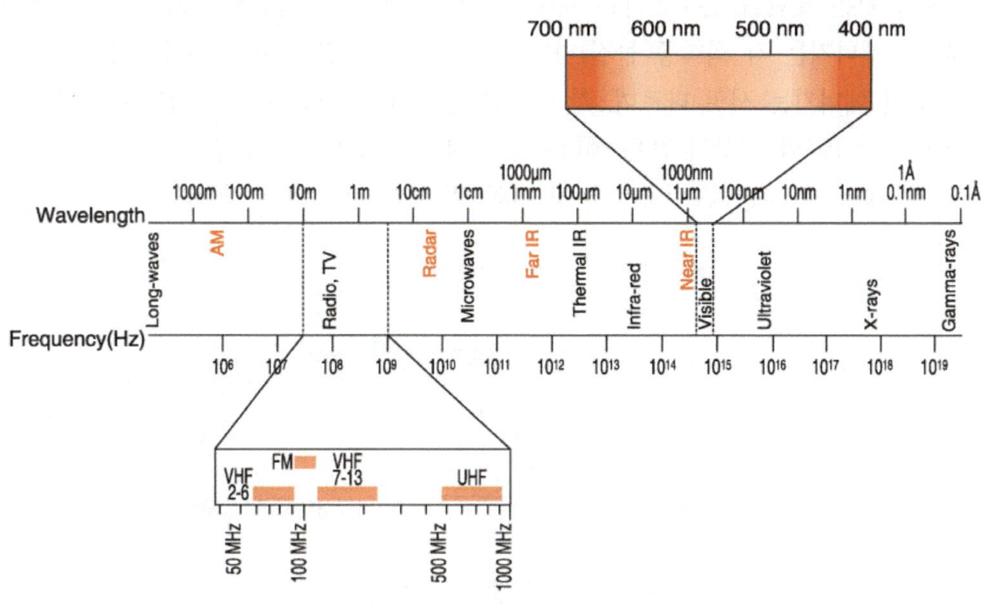

그림 8-4. 전자기 스펙트럼

▶ **전자기파**

전자기파는 그 파장이나 진동수에 따라 광선영역, 광학영역, 전파영역으로 구분한다. 광선영역은 감마선과 X선으로 구분되고, 광학영역은 자외선과 가시광선, 적외선 그리고 전파영역은 마이크로파와 라디오파로 구분된다. 가시광선의 빛은 그 파장에 따라 나타내는 색이 다른데, 1가지 색을 띠는 빛, 즉 같은 파장이나 진동수를 가진 빛은 단색광(monochromatic light)이라 하며, 여러 파장의 빛이 혼합되어 있는 빛은 복합광이라 한다.

였을 때 발생하는 현상에 대하여 설명하고자 한다.

원자, 분자 또는 이온을 구성하고 있는 전자는 여러 개의 **에너지 준위**(energy level)를 가지고 있으며, 이들 전자에 충분한 에너지가 공급되면 전자는 보다 높은 에너지 준위로 이동하게 된다. 이러한 현상을 전자전이(electronic transitions)라고 한다. 빛은 에너지를 가지고 있기 때문에 물질이 빛을 흡수하면 물질의 에너지양이 증가하게 된다. 그림 8-5는 이에 대한 설명이다. 즉, 물질이 빛을 흡수하면 이 빛이 가지는 에너지만큼 물질을 구성하는 전자의 에너지 준위가 더 높은 에너지 준위로 이동($E_o \rightarrow E_1$)하는 전자전이가 발생하게 된다.

흡수된 빛은 우리의 눈에 보이지 않는다(그림 8-5의 점선). 이 과정에서 중요한 것은 물질을 구성하는 전자는 에너지를 갖는 모든 빛을 흡수하는 것이 아니라 정해진 에너지를 갖는 빛만을 흡수한다는 것이다. 이런 현상을 양자화(quantization)라고 하는데, 이 에너지는 각 화학종(물질)마다 다르다. 즉, 물질에 따라 전자전이($E_o \rightarrow E_1$)에 필요한 에너지는 서로 다르며, 각 물질은 전자전이가 발생하는 2개의 에너지 준위의 차이($E_1 - E_o$)와 정확히 같은 에너지를 지니는 파장의 빛만을 흡수한다. 예를 들면 그림 8-6에서 빛(1)은 흡수되지만 빛(2)와 빛(3)은 흡수되지 않는다.

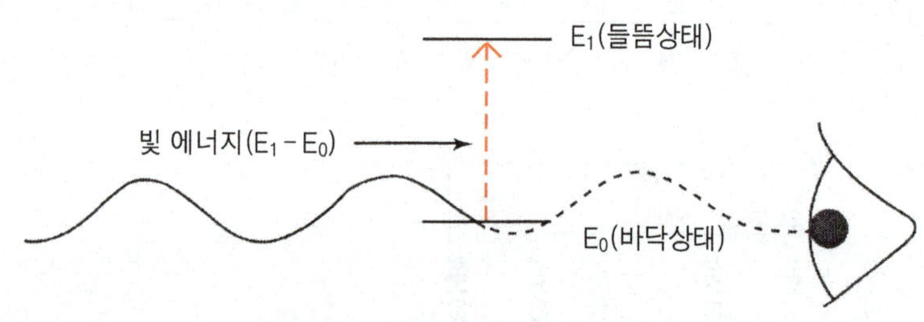

그림 8-5. 빛의 흡수와 전자전이

▸ **에너지 준위(energy level)**

각 전자 궤도는 원자핵과 그 주위를 회전하는 전자 등으로 구성되어 있으며, 이들 구성입자가 보유하는 에너지는 각각 다르다. 이때 그 에너지의 높고 낮음을 나타내는 값을 에너지 준위라고 한다. 에너지 준위는 정해진 양의 에너지를 방출하거나 흡수하면서 바뀔 수가 있는데, 그에 해당하는 에너지를 흡수하거나 방출하면서 에너지 준위가 달라지면 두 에너지 준위 사이에서 전이가 일어났다고 한다. 어떤 계에서 가장 낮은 에너지 준위를 바닥상태라고 하며 이보다 높은 에너지 상태를 들뜬상태라고 한다.

원자가 빛을 흡수하면 일반적으로 전자전이가 발생하지만, 분자의 경우에는 전자전이와 함께 진동전이와 회전전이가 발생하는데 진동전이와 회전전이도 마찬가지로 양자화되어 있다. 즉, 분자들의 진동과 회전에 필요한 에너지는 정해져 있으며, 진동과 회전에 필요한 에너지와 정확히 같은 에너지를 지니는 파장의 빛을 흡수하면 진동전이와 회전전이가 발생하게 된다.

진동과 회전은 분자 고유의 형식을 갖는다. 예를 들면 그림 8-7은 일직선상에 CO_2와 같은 3개(탄소와 산소 2개)의 원자가 결합한 분자의 3가지 진동형식을 보여주고 있다. 전자전이와 마찬가지로 전이에 필요한 정해진 양의 에너지를 지니는 빛이 흡수되면 V_1에서 V_2로, V_1에서 V_3로 또는 V_1에서 V_4로 진동전이가 발생하고 이 빛은 흡수되었기 때문에 시료를 통과하거나 반사되지 않으므로 눈에 보이지 않는다(그림 8-8의 점선).

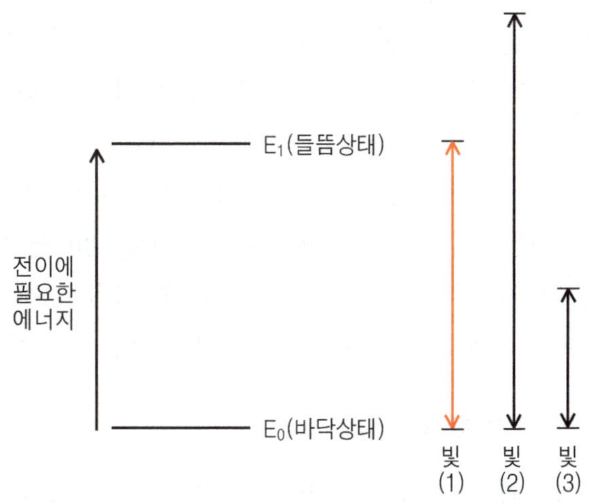

그림 8-6. 분자에 흡수되는 빛(양자화)

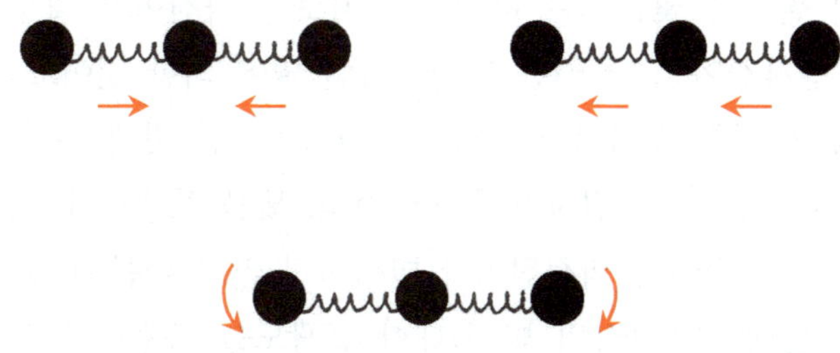

그림 8-7. 3원자 분자에서의 진동형식

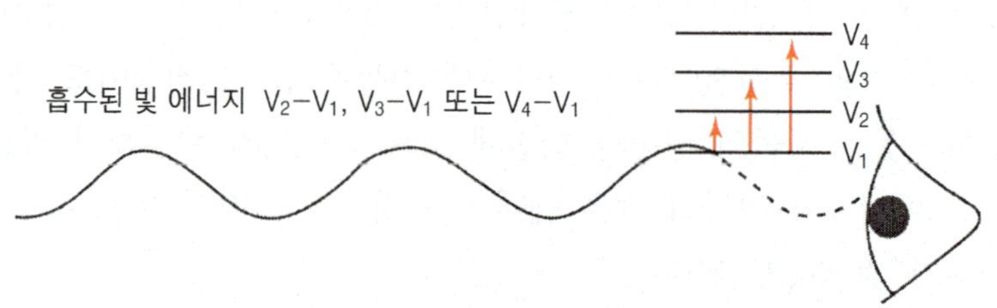

그림 8-8. 분자에 의한 빛의 흡수와 진동전이

전자전이에 필요한 에너지는 진동전위나 회전전위에 필요한 에너지 보다 크다. 앞에서 설명한 바와 같이 파장이 짧을수록 그 빛의 에너지는 크다. 그러므로 자외선이나 가시광선을 흡수, 방출하면 전자전이, 적외선을 흡수, 방출하면 진동전이, 그리고 파장이 긴 마이크로파를 흡수, 방출하면 회전전이가 발생하게 된다.

위에서도 설명한 바와 같이 전자전이, 진동전이, 그리고 회전전이에 필요한 에너지는 양자화 되어 있으며, 이 에너지는 각 화학종(물질)마다 고유의 값을 가진다. 그러므로 시료에 흡수되는 전자기파의 파장을 측정하면 시료 중에 존재하는 성분물질을 알 수 있다. 이와 같은 목적으로 전자기파의 파장을 변화시키면서 특정 파장에 대한 시료의 흡광도를 측정하면 흡수스펙트럼(absorption spectrum)을 얻을 수 있는데 흡수스펙트럼의 모양은 각 물질의 화학적 구조나 물리적 성질 등에 따라 다르다. 흡수스펙트럼은 크게 원자흡수스펙트럼과 분자흡수스펙트럼의 2가지로 나누어진다.

(4) 원자흡수스펙트럼과 분자흡수스펙트럼

원자에 의한 빛의 흡수와 분자에 의한 빛의 흡수는 차이가 크다. 원자에서는 분자와 다르게 진동전이와 회전전이가 발생하지 않기 때문에 빛 에너지를 흡수한 원자에서는 전자전이만 발생한다. 단일 원자의 입자로 된 시료에 연속적으로 파장을 변화시키면서 자외선 또는 가시광선을 조사하면 원자를 구성하는 여러 개의 전자가 개별적으로 전자전이에 필요한 빛을 흡수하여 따로따로 전자전이가 발생하게 된다.

그림 8-9에서 전자전이 $E_o \rightarrow E_1$은 파장 λ_1인 빛에 의한 것이고, 전자전이 $E_o \rightarrow E_2$는 파장 λ_2인 빛에 의한 것이며, $E_o \rightarrow E_3$은 파장 λ_3인 빛에 의한 것이라고 말할 수 있다. 예를 들면 나트륨의 $3s$ 전자가 589.3 nm의 빛을 흡수하게 되면 $3p$로 전이하게 된다. 원자에서는 진동전이와 회전전이가 발생하지 않기 때문에 몇 가지 일정한 파장의 빛만이 흡수되는데, 각 파장의 빛에 대한 흡광도를 측정하고 그래프를 그리면 그림 8-10과 같다.

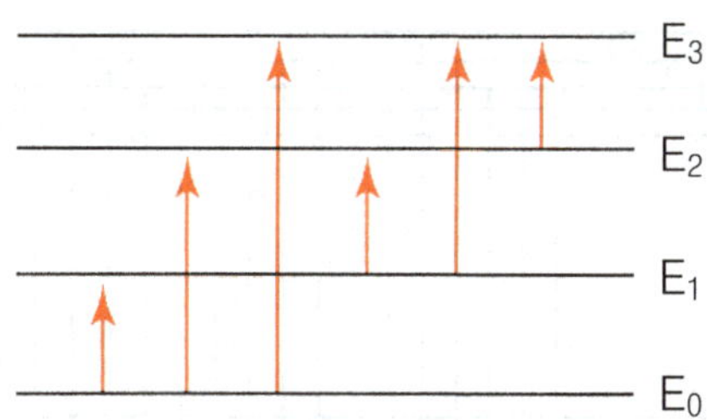

그림 8-9. 4개의 에너지 준위를 갖는 전자에서의 가능한 전자전이

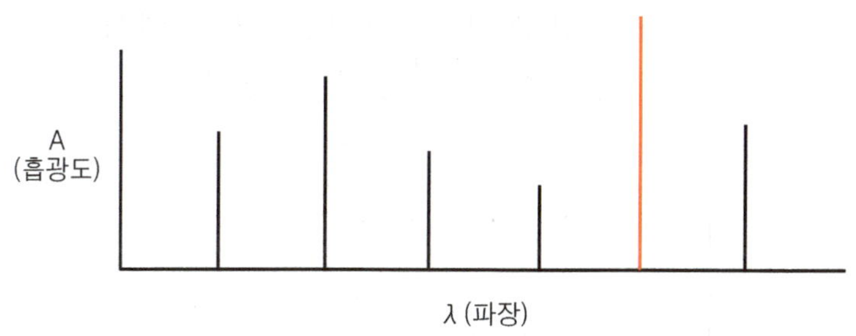

그림 8-10. 원자흡수스펙트럼(선 스펙트럼)

이 그림에서 각각의 수직선의 크기는 원자를 구성하는 전자 각각의 전자전이를 위하여 흡수된 정해진 파장의 빛의 양(흡광도)을 나타낸다. 각각의 파장을 지니는 빛의 흡수된 양이 다른 것은 각각의 전자전이가 서로 다른 경향을 보이기 때문이다. 이 경우 일반적인 분석실험에서는 흡광도가 가장 큰 파장의 빛이 선택된다. 그림 8-10과 같이 흡수되는 빛의 파장이 불연속적인 스펙트럼을 선 스펙트럼(line spectrum)이라고 한다.

분자는 원자와 달리 빛의 흡수에 의하여 전자전이, 진동전이, 그리고 회전전이가 발생하기 때문에 그 스펙트럼이 대단히 복잡하다. 여러 가지 원자로 구성된 분자는 수많은 전자들의 에너지 준위를 가지는데, 각 에너지 준위에는 또 여러 개의 진동 준위와 회전 준위가 존재하기 때문에 이들 사이에는 수많은 전이가 발생할 수 있다.

그림 8-11은 가상적인 어떤 전자의 에너지 준위 E_0와 E_1 사이에서 발생할 수 있는 수많은 전이를 보여 주고 있다. 그러므로 분자로 된 시료에 연속적으로 파장을 변화시키면서 자외선 또는 가시광선을 조사하면 여러 가지 수많은 파장의 빛이 흡수되기 때문에 분자흡수 스펙트럼은 연속적인 띠 스펙트럼(band spectrum, 그림 8-12)으로 나타난다. 마찬가지로, 일반적인 분석실험에서는 흡광도가 가장 큰 파장의 빛이 선택된다.

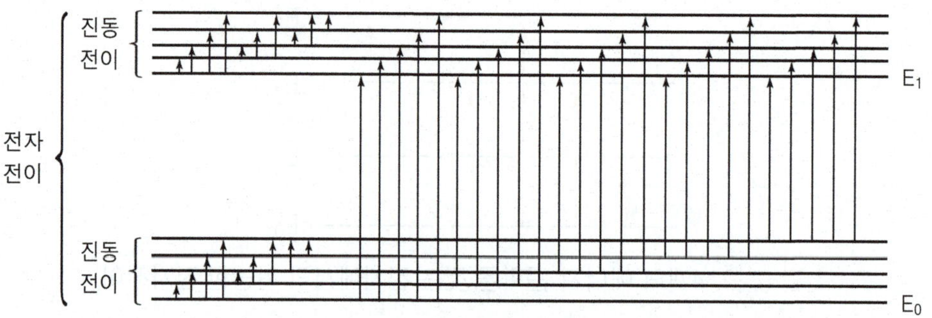

그림 8-11. 2개의 에너지 준위를 갖는 전자에서 가능한 전자전이와 진동전이

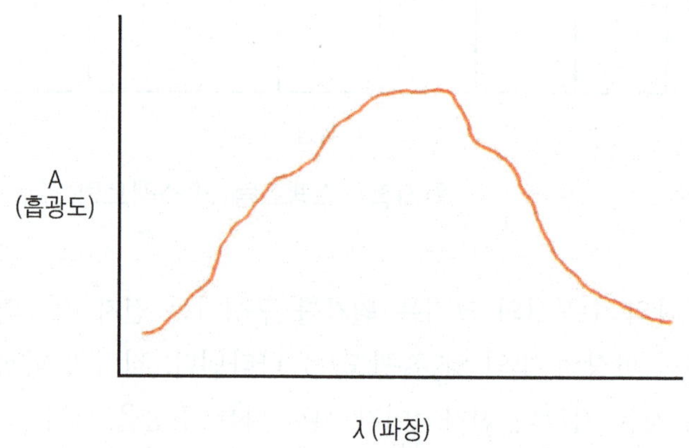

그림 8-12. 분자흡수스펙트럼(띠 스펙트럼)

2) Beer's law

전자기파, 예를 들어 자외선이나 가시광선을 물질에 조사하면 이 빛의 일부는 물질에 흡수되고, 그 물질을 통과한 빛의 세기는 감소한다. 위에서도 설명한 바와 같이 물질에 흡수된 빛 에너지는 전자전위, 진동전이 그리고 회전전이의 원인이 된다. Beer는 빛의 흡수에 관한 연구를 하면서 어떤 물질에 빛을 비추면 그 빛의 세기가 그 물질의 양 또는 농도에 비례하여 감소한다는 것을 발견하였다.

그림 8-13에서 보는 바와 같이 시료에 의하여 빛이 흡수되기 때문에 시료를 통과한 빛의 강도는 약해진다. 시료용액을 통과한 빛의 양(transmittance, T<투과율>)은 흡광물질이 존재하지 않았을 때의 빛의 강도(I_0)에 대한 흡광물질이 존재할 때의 빛의 강도(I)로 표시되는데, 이를 빛의 투과율이라고 하며 다음과 같이 %로 표시될 수 있다.

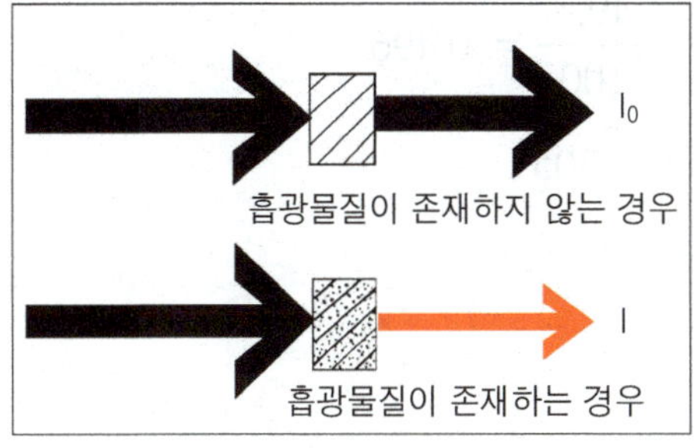

그림 8-13. 시료를 통과한 빛의 강도

$$T = \frac{I}{I_0} \tag{8.3}$$

$$\%T = T \times 100$$

시료용액에 대한 빛의 투과율은 시료 중의 어떤 물질의 농도와 특별한 상관관계를 나타내지 않지만, 그 로그함수는 다음과 같이 시료 중의 어떤 물질의 농도와 일정한 상관관계를 나타낸다.

$$-\log T = K \times C \tag{8.4}$$

여기에서 C : 시료 중에 존재하는 흡광물질의 농도
K : 상수

를 말한다.

위 식 8.4에서 $-\log T$를 흡광도(absorbance, A)라고 하면, 흡광도는 시료 중에 존재하는 흡광물질의 농도와 특별한 상관관계를 지니게 된다.

$$A = K \times C \tag{8.5}$$

시료의 흡광도 역시 빛의 통로에 흡광물질이 존재하였을 때와 존재하지 않았을 때의 빛의 강도를 비교하여 얻어지는 것이다. 다음의 예제를 통하여 빛의 투과율과 흡광도에 대한 이해를 높이도록 하자.

예 1 빛의 투과율이 0.347이면 흡광도는 얼마인가?

풀이 $A = -\log 0.347$이므로 $A = 0.460$

예 2 %T가 49.6%인 시료의 흡광도는?

풀이 $\%T = T \times 100$이므로 $T = \dfrac{49.6}{100} = 0.496$

$A = -\log 0.496$이므로 $A = 0.305$

예 3 흡광도가 0.774이면 %T는?

풀이 $A = -\log T$ 이므로

$0.774 = -\log T, \quad T = 0.168$

$\%T = 0.168 \times 100 = 16.8\%$

식 8.5에서 보는 것처럼 어떤 물질의 흡광도가 그 물질의 농도에 비례하는 것을 **Beer's law**라고 한다. 하지만 시료의 흡광도는 위에서 설명한 시료 중에 존재하는 흡광물질의 농도에 의해서만 결정되지는 않는다. 예를 들면 그림 8-14에서 보는 바와 같이 cuvette(흡광도를 측정할 때 시료를 넣는 기구)의 직경 또는 폭에 따라서 흡광도는 달라진다. 또한 흡광도는 물질 고유의 특성에 따라서도 달라지는데, 이것을 그 물질의 몰 흡광계수(molar absorptivity)라고 하며 ε 으로 표시한다. 그러므로 Beer's law는 다음과 같이 쓸 수 있다.

$$A = \varepsilon \times b \times c \tag{8.6}$$

여기에서 A : 흡광도

ε : 물질 고유의 흡광계수(mol/L)

b : cuvette의 직경 또는 폭(cm)

c : 흡광물질의 농도(mol/L)

를 말한다.

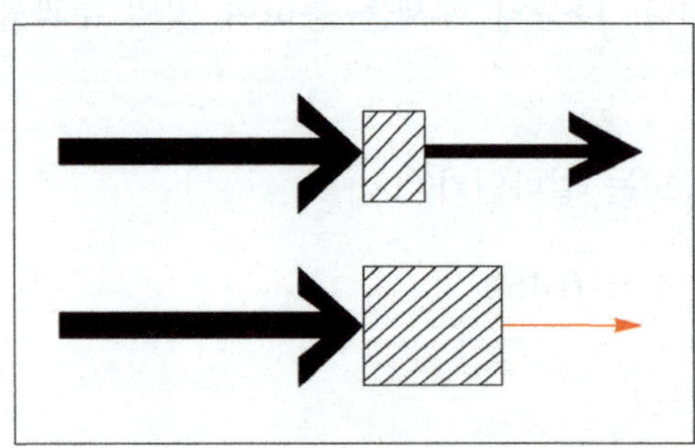

그림 8-14. Cuvette의 직경이 빛의 투과율에 미치는 영향

3) Beer's law의 응용

위에서 설명한 바와 같이 시료용액의 흡광도는 대조구(blank test)의 흡광도에 대한 시료 흡광도의 비율이기 때문에 단위가 없으며, 시료 중의 흡광물질의 농도와 정(正)의 상관관계를 지닌다. 그러므로 농도를 알고 있는 표준 시료의 용액에 대한 흡광도를 측정하여 검량선(standard curve)을 만들고 이를 기준으로 미지농도 시료의 농도를 계산할 수 있게 된다.

검량선을 만들기 위해서는 농도가 서로 다른 3개 이상의 표준용액의 흡광도를 측정하여야 하며, 그 농도에는 예측되는 미지시료의 농도범위가 포함되어야 한다. 그림 8-15는 시료 중에 존재하는 어떤 흡광물질의 농도를 측정하기 위하여 표준물질을 이용하여 1.0 ppm, 2.0 ppm, 3.0 ppm, 4.0 ppm 농도의 표준용액을 조제한 후 그 흡광도를 측정하여 작성한 검량선이다. 만약 시료의 흡광도(A_{unk})가 0.588이라면 이 검량선을 이용하여 시료 중의 흡광물질 농도가 2.7 ppm이라는 것을 알 수 있다.

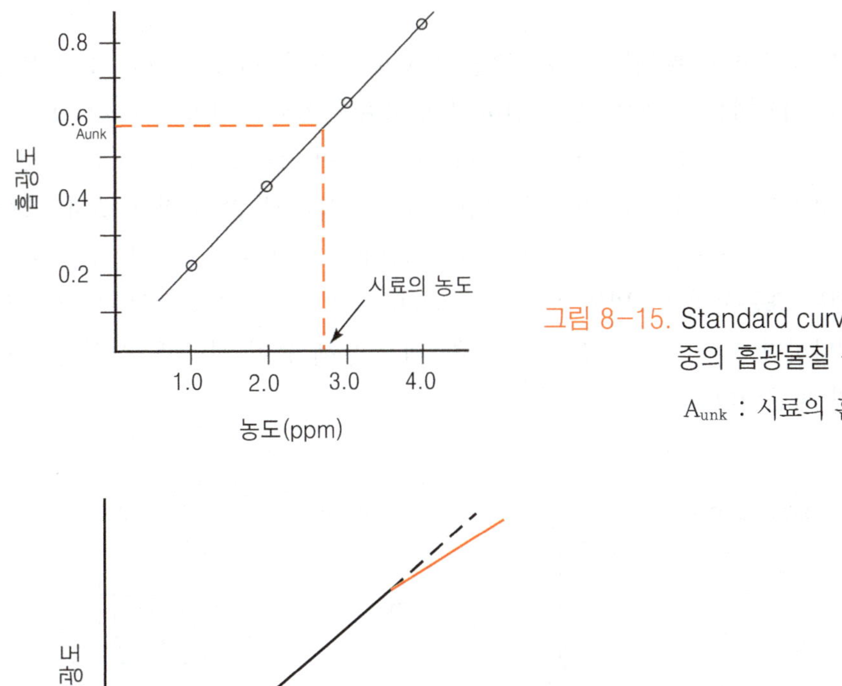

그림 8-15. Standard curve와 시료 중의 흡광물질 농도 측정

A_{unk} : 시료의 흡광도

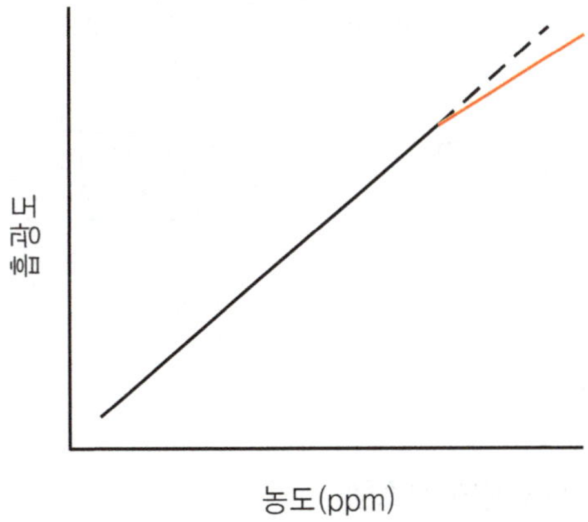

그림 8-16. 흡광물질의 농도가 높을 때의 편차

그림 8-16에서 보는 바와 같이 시료 중 흡광물질의 농도가 매우 높거나 낮으면 이 때의 흡광도는 Beer's law를 따르지 않는다. 이와 같은 편차는 일반적으로 농도 변화에 따른 화합물의 변화에 기인한다고 할 수 있다. 예를 들면 용액에서 어떤 산, 염기, 그리고 염 등은 농도가 희석될수록 그들의 이온화가 증가되는데, 이들 이온의 빛을 흡수하는 정도는 이온화되지 않는 분자의 그것과 다르다. 또한 어떤 유기화합물은 농도가 높아지면 응집되는 경향이 있는데, 이러한 작용은 일정 파장의 흡수하는 능력을 변화시킬 수 있다. 따라서 흡광도를 측정할 때에는 표준용액을 사용하여 standard curve를 얻은 후에 Beer's law가 적용되는 즉, 물질의 농도와 흡광도가 정의 상관관계를 나타내는 범위의 농도에서 흡광도를 측정하여야 한다.

1.2 흡광광도법에서 고려하여야 할 사항

흡광광도법에서 빛의 흡광도를 측정하는 기기를 분광광도계(spectrophotometer)라고 하는데 그 구조는 그림 8-17과 같다. 여기에서는 흡광광도법에서 고려하여야 할 주요 사항에 대하여 설명하도록 한다.

(1) 흡광도를 측정할 때에는 시료용액을 cuvette에 넣은 다음 이것을 빛의 통로에 놓게 되는데 사용하는 cuvette은 완전히 투명하여야 한다. 석영(quartz)으로 만든 cuvette은 UV/VIS 범위의 파장에서 사용이 가능하지만, 플라스틱 등과 같은 재질의 cuvette은 일반적으로 230 nm 이하의 파장에서는 사용하지 않는 것이 좋다. 흡광도를 측정할 때에는 가능한 같은 cuvette을 사용하여야 하며, 두 개 이상의 cuvette을 사용할 때에는 표준화된 한 벌의 cuvettes(matched cuvette, 그림 8-18)을 사용하여야 한다. 왜냐하면 cuvette의 굴절률, 반사율, 내부 두께 등이 시료(물질)의 흡광도에 영향을 주기 때문이다.

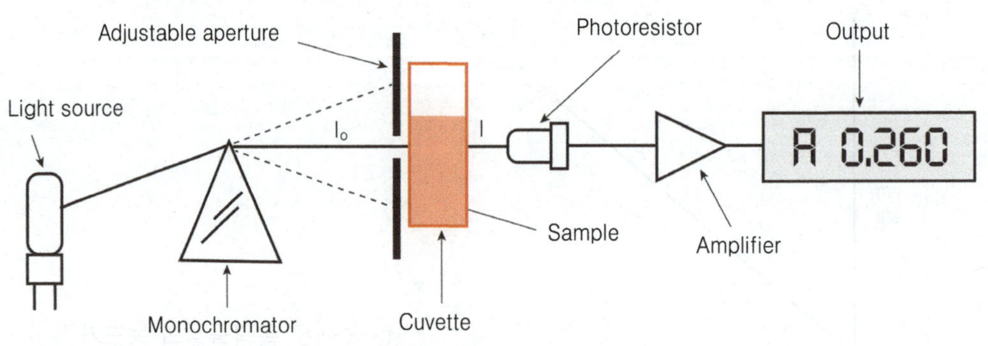

그림 8-17. 분광광도계의 시스템

표준화된 cuvette이란 빛에 대한 **굴절률**, 반사율 그리고 내부 두께 등이 동일한 cuvette를 말하는데, 이들은 빛의 50%를 통과시키는 용액에 대하여 cuvette 사이의 흡광도 차이가 1% 이하이다. 또한 cuvette은 같은 cuvette 내에서도 부위에 따라 굴절률, 반사율, 내부 두께 등이 다를 수 있기 때문에 흡광도를 측정할 때에 cuvette은 정확하게 같은 위치에 있어야 한다.

예를 들면 그림 8-19와 같이 흡광도를 측정할 때마다 cuvette의 상표가 있는 면을 광원을 향하게 하거나 또는 cuvette에 정확한 위치를 나타내는 표시가 있는 경우에는 cuvette의 세로선은 분광광도계 cuvette holder의 세로선에 일치하도록 하여야 한다. 또는 cuvette에는 지문, 용매 등이 묻어 있을 수가 있는데, 이들도 역시 흡광도에 영향을 미치기 때문에 잘 닦은 후에 흡광도를 측정하여야 한다.

(2) 흡광도를 측정할 때에는 그 물질이 빛을 가장 많이 흡수할 수 있는 빛의 파장, 즉 흡광도가 최대인 파장을 선택해야 한다. 왜냐하면 흡광도가 클수록 그 물질의 농도를 보다 정확히 측정할 수 있기 때문이다. 흡광도가 최대인 파장은 그림 8-20에서와 같이 각 파장(λ)에 대한 흡광도를 측정하는 것에 의하여 쉽게 결정할 수 있다.

그림 8-18. 표준화된 cuvette

▶ **굴절률**

굴절률(refractive index, n)은 다음과 같이 표현되고, 이것은 굴절계를 이용하여 쉽게 측정된다. 빛이 굴절률이 다른 두 매질 사이를 통과할 때, 주파수는 일정하게 유지되지만 파장은 변화한다.

$$n = \frac{\text{진공상태에서의 속도}}{\text{매개물에서의 속도}}$$

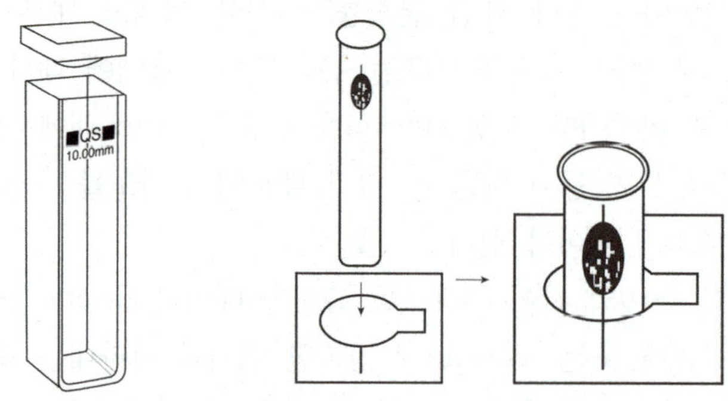

그림 8-19. 분광광도계에서 cuvette의 올바른 위치

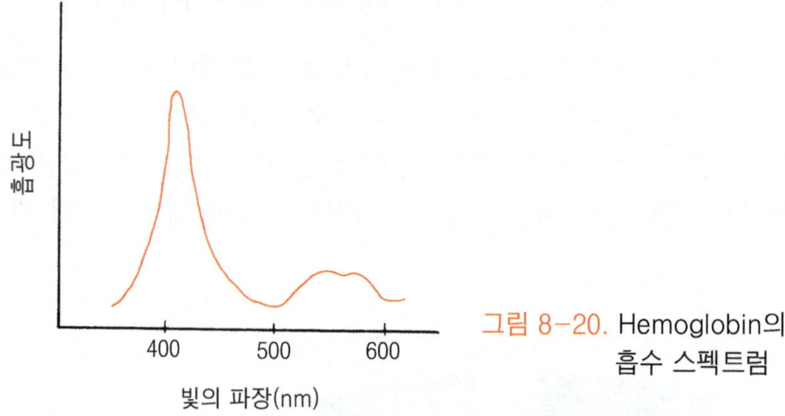

그림 8-20. Hemoglobin의 흡수 스펙트럼

(3) 흡광도를 측정할 때에 사용하는 용매는 우선 시료를 용해시키고, 비가연성이며 독성이 없어야 한다. 그리고 모든 파장의 빛을 완전히 통과시켜야 한다. 즉 흡광도에 영향을 미치지 않아야 한다. 또한 용매와 목적 성분의 반응이 흡광도에 영향을 주지 않아야 한다. 이러한 조건에 가장 가까운 용매는 증류수이지만 증류수는 소수성 유기 화합물을 용해시키지 못한다. 물을 제외한 다른 용매들은 표 8-1에서 보는 것처럼 자외선 영역 이하의 빛을 강하게 흡수하기 때문에 자외선 영역에서는 사용하기 어렵다. 유기용매를 사용할 때에는 기화에 의하여 시료의 농도가 변할 수 있기 때문에 덮개가 있는 cuvette을 사용하여야 한다.

(4) 용매의 극성은 최대 흡광 파장과 흡광도에 큰 영향을 미친다. 예를 들면 아세톤의 경우 용매에 따라 최대 흡광 파장이 259 nm에서 279 nm까지 달라진다. 이것은 용매와 시료성분의 상호작용에 의하여 앞에서 설명한 진동전이에 변화가 발생하기 때문이다. 일반적으로 비극성 물질을 비극성 용매에 녹인 경우에는 흡광도에 거의 변화가 없다. 하지만 물이나 알코올 등과 같은 극성 용매에 극성 물질을 녹인 경우에는

표 8-1. 여러 가지 용매의 한계 파장

용 매	한계파장(λ_{cutoff}, nm)[1)]	비 고
증류수	<195	
Acetone	331	인화성
Chloroform	246	인화성, 급성독성
Cyclohexane	211	인화성
Dimethylsulfoxide	270	건강 유해성
Ethanol	207	인화성
Methanol	210	인화성
Hexane	199	인화성

[1)] 1 cm 길이 cuvette에서 투과율이 25% 이하인 파장

영향을 준다. 예를 들면 에탄올은 phenol의 진동을 어렵게 하여 최대 흡광 파장과 흡광도를 변화시킨다. 그러므로 흡광도를 측정할 때에는 예비실험을 통하여 이를 확인하고 실험에 반영하여야 한다.

(5) 흡광도를 측정할 때에는 대조구 용액(blank test)을 조제하여야 한다. 대조구 용액은 시료용액에서 측정하려는 흡광물질이 존재하지 않는 용액을 말하는데, 흡광물질을 제외하고는 시료용액과 반드시 동일하게 만들어져야 한다. 즉, 시료용액을 조제할 때 사용한 용매와 같은 용매로 조제되어야 한다. 왜냐하면 시료용액 조제에 사용된 용매에 빛의 흡수에 영향을 주는 다른 물질이 들어 있을 수 있기 때문이다.

(6) 분광광도계는 반드시 빛의 투과율(%T)을 보정한 후에 사용하여야 한다. 즉, 대조구 용액에는 흡광물질이 들어 있지 않으므로 광원으로부터 나오는 빛을 100% 통과시킬 것이기 때문에 대조구 용액의 투과율이 100%T를 나타내도록, 반대로 광원으로부터의 빛이 모두 흡수되어 검출기에 전혀 닿지 않는다면 투과율은 0%T가 될 것이기 때문에 이와 같은 조건에서 투과율이 0%T를 나타내도록 분광광도계를 보정하여야 한다.

(7) 흡광광도법을 이용하여 어떤 물질의 농도를 측정하고자 할 때, 일부 유기화합물이나 금속 착색물과 같이 자외선 및 가시광선 영역에서 빛을 흡수하는 성분의 경우에는 직접 분석하는 경우도 있으나, 자외선 및 가시광선 영역에서 빛을 거의 흡수하

지 않는 성분을 분석할 때는 적당한 발색시약을 사용하여 빛을 흡수하는 화합물로 변화시켜야 한다. 발색반응은 산화환원반응, 중화반응 등을 이용하는 경우도 있으나 금속 킬레이트 생성반응을 이용하는 경우가 많다. 최근에는 극미량 성분에 대한 분석 요구가 높아짐에 따라 고감도 시약이나 고감도 발색반응에 대한 연구가 활발하다. 발색시약은 다음과 같은 조건을 갖추어야 한다.

① 발색된 색이 예민하고 안정하여야 한다.
② 방해성분이 적고 목적 성분에만 반응하여야 한다.
③ 발색된 화합물의 조성이 명확하여야 한다.
④ Beer's law를 충족시켜야 한다.

일반적으로 시료용액에는 흡광분석을 방해하는 물질들이 함유되어 있는 경우가 많다. 예를 들면 흡광분석법을 이용하여 시료 중의 단백질 양을 측정하는 Biuret 법은 peptides, tris, 설탕, 담즙색소, ammonium sulfate, glycerol, 지질, 세정제 등에 의하여 방해를 받는다. 이때에는 제3의 물질인 가리움제를 첨가하여 방해물질의 작용을 방지할 수 있는데, 가리움제는 방해물질이 발색시약과 반응하지 못하게 하는 역할을 한다.

(8) 만약 시료의 pH에 따라 시료의 흡광도가 변화한다면 완충용액을 사용하여 시료의 pH 변화를 방지하여야 한다. 하지만 대부분의 완충제가 흡광특성을 가지고 있으므로 주의하여 사용하여야 한다.

(9) 시료의 온도는 시료용액의 화학적, 물리적 영향을 주며, 이로 인하여 흡광도가 변할 수 있기 때문에 주의하여야 한다. 이러한 경우에는 온도조절이 가능한 cuvette holder를 사용하거나 일정한 온도가 유지되는 환경에서 흡광도를 측정하여야 한다.

2. Gas Chromatography

2.1 원 리

1) 크로마토그래피

크로마토그래피(chromatography)란 용어는 1906년에 러시아의 식물학자 Mikhail Tsvet가 처음으로 사용하였다. 그는 나뭇잎의 색소를 분리하는 연구를 하면서 탄산칼슘을 채운 유리관(column)에 석유 에테르를 채운 후 식물 색소를 주입하여 전개하였는데, 처음에는 하나의 색처럼 보였던 색소들이 탄산칼슘 관을 따라 아래로 전개되면서 다양한 색들로 분리되었다. 그는 이 현상을 색깔이 기록되었다는 의미로 라틴어의 chromos(color, 색깔)와 graphein(write, 쓰다)을 합성하여 크로마토그래피라고 하였다. 크로마토그래피란 여러 가지 물질이 섞여 있는 혼합물로부터 각 성분들을 분리, 확인 그리고 정량하는 방법을 말하며, 현재 분석화학 분야에서 최강의 분석방법으로 인정받고 있다.

크로마토그래피를 이용하여 혼합물로부터 각 성분들을 분리하는 과정은 선택된 이동상(mobile phase)과 고정상(stationary phase) 사이에서 각 성분들이 서로 다르게 분배되는 데에 기초를 두고 있다. 고전적 기체 크로마토그래프의 경우, 그림 8-21에서 보는 바와 같이 칼럼(column)에 고정상 입자가 충전되어 있고, 기체 이동상이 고정상 입자 사이를 통과해서 흐르는 것을 생각할 수 있는데, 성분 A는 이동상과 친하고(성질이 비슷하고) 고정상과 친하지 않기 때문에 빠르게 칼럼을 통과하고, 성분 B는 성분 A에 비하여 이동상과 덜 친하고 고정상과 더 친하기 때문에 중간 정도의 속도로 칼럼을 통과하며 성분 C는 이동상과 친하지 않고 고정상과 친하기 때문에 가장 늦게 칼럼을 통과한다. 즉 혼합물 중의 각 성분(A, B, C)이 서로 다르게 분리되는 것이다.

2) 기체 크로마토그래피

위에서도 언급한 바와 같이, 크로마토그래피는 서로 섞이지 않는 이동상과 고정상으로 이루어진다. 이동상으로는 기체 또는 액체가 고정상으로는 액체 또는 고체가 사용되는데, 이동상으로 기체를 사용하는 크로마토그래피를 기체 크로마토그래피(gas

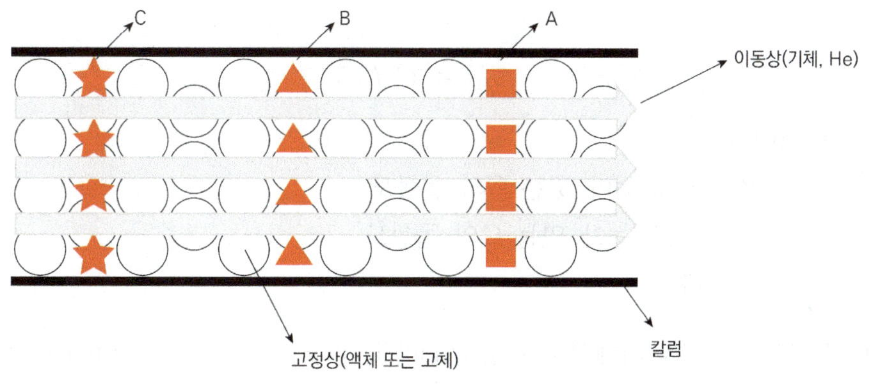

그림 8-21. GC의 분배기구

각 성분 A, B, C는 고정상과 이동상에 대한 친화성이
서로 다르기 때문에 칼럼을 통과하는 시간이 다르다.

chromatography, GC)라고 하고, 액체를 사용하는 크로마토그래피를 액체 크로마토그래피(liquid chromatography, LC)라고 한다. 그리고 기체 크로마토그래피는 고정상으로 코팅된 액체를 사용하는 기체-액체 크로마토그래피(gas-liquid chromatography, GLC)와 고체를 사용하는 기체-고체 크로마토그래피(gas-solid chromatography, GSC)로 나누어진다.

GSC는 실리카겔(silica gel), 다공성중합체(porous polymer) 등과 같은 고체 상태의 흡착제들을 고정상으로 사용하기 때문에 제한적이지만, GLC는 휘발성이 낮은 다양한 고분자 형태의 액상 용액을 고정상으로 사용할 수 있기 때문에 매우 다양한 칼럼의 개발이 가능하여 급속한 발전을 이루어 왔으며, 현재 사용되고 있는 기체 크로마토그래피의 대부분을 차지하고 있다.

3) 분리기작

크로마토그래피에서는 혼합물을 구성하는 각 성분의 이동상과 고정상에 대한 친화성에 따라 머무름시간(칼럼을 통과하는데 걸리는 시간, retention time)이 달라지게 되는데, 이것은 이동상과 고정상 사이에서 각 성분의 연속적인 분배가 일어나기 때문이다.

일정한 온도에서 서로 섞이지 않는 용매 A와 B가 층을 이루고 있는 곳에 이 두 용매에 녹는(친화성이 다르기 때문에 용해도는 다르다) 물질 C를 가하여 잘 교반하면 이 두 용매 중에 녹아 있는 물질 C의 농도의 비는 일정하게 된다. 이것을 분배의 법칙이라고 하며, 다음 식과 같이 분배계수로 나타낸다. 각 물질들의 분배계수(distribution coefficient)는 서로 다른 용매에 대하여 고유한 값을 가지며 각 물질의 특성이다.

$$K_D = C_B / C_A \tag{8.7}$$

여기에서

C_B : 용액 B에 녹아 있는 C의 몰농도

C_A : 용액 A에 녹아 있는 C의 몰농도

K_D : 분배계수

이것을 크로마토그래피에서의 이동상(mobile phase)과 고정상(stationary phase)에 대한 어떤 성분 C의 분배로 표시하면 다음과 같다.

$$K_D = \frac{C_S}{C_M} \tag{8.8}$$

여기에서

C_S : 고정상내의 용질의 몰농도

C_M : 이동상내의 용질의 몰농도

K_D : 분배계수

즉, 분배계수 K_D는 이동상에 분포된 용질의 농도(C_M)와 고정상에 분포된 용질의 농도(C_S)의 비율이기 때문에 C_M이 크면(이동상과의 친화성이 크면) K_D 값은 작아지며 머무름시간이 짧아지게 되고, 반대로 C_S가 크면(고정상과의 친화성이 크면) K_D 값은 커지며 머무름시간이 길어지게 된다. 각 물질은 이 분배계수가 다르기 때문에 자연스럽게 각 물질은 머무름시간이 다르게 나타나게 되는 것이다.

크로마토그래피에서 혼합물로부터 각 성분을 분리하는 기본 원리는 각 성분의 이동상과 고정상에 대한 분배계수 차이를 이용하는 것이다. 하지만 크로마토그래피에서는 여러 종류의 고정상을 사용하기 때문에 분배(partition) 이외에 흡착(adsorption), 크기배제(size exclusion), 이온교환(ion exchange) 그리고 친화(affinity) 등과 같은 다양한 반응이 적용되는데 기체 크로마토그래피에서는 분배, 흡착 및 크기배제가 적용된다.

분배는 지지체에 화학적으로 결합되어 있는 고정상인 극성 또는 비극성 액상에 대한 시료 각 성분의 용해도 차이에 의한 분리를 말한다(기체-액체 크로마토그래피, GLC). 극성 용매가 화학적으로 결합되어 있는 고정상의 경우, 극성을 지닌 성분들은 극성 고정상에 대한 용해도가 크기 때문에 극성 고정상에 오래 머물게 되어 머무름시간이 길어지게 되고, 반대로 비극성을 지닌 성분들은 머무름시간이 짧아지게 된다. 분배는 대부분의 기체 크로마토그래피에 적용되고 있으며, 다양한 고정상의 개발로 급속한 발전을 이루고 있다.

흡착은 고체 고정상 표면에 대한 각 성분의 친화도 차이에 의한 분리를 말한다(기체-고체 크로마토그래피, GSC). 고정상 표면과 친화도가 큰 성분들은 고정상에 강하게 흡착하기 때문에 고정상에 오래 머물게 되어 머무름시간이 길어지게 되고, 반대로 친화도가 작은 성분들은 머무름시간이 짧아지게 된다. 고체 고정상으로는 주로 극성을 지닌 실리카겔(silicagel), 후루리실(flurisil) 등이 사용되며, 어느 정도 극성을 지닌 성분들의 분리에 적합하다.

크기 배제는 각 성분의 크기 차이에 의한 분리를 말한다. 고정상으로 수많은 구멍을 가진 고체(기체-고체 크로마토그래피, GSC)가 사용되는데, 분자의 크기가 작은 성분들은 고정상의 구멍에 들어가기가 쉽기 때문에 고정상에 오래 머물게 되어 머무름시간이 길어지게 되고, 반대로 분자의 크기가 큰 성분들은 머무름시간이 짧아지게

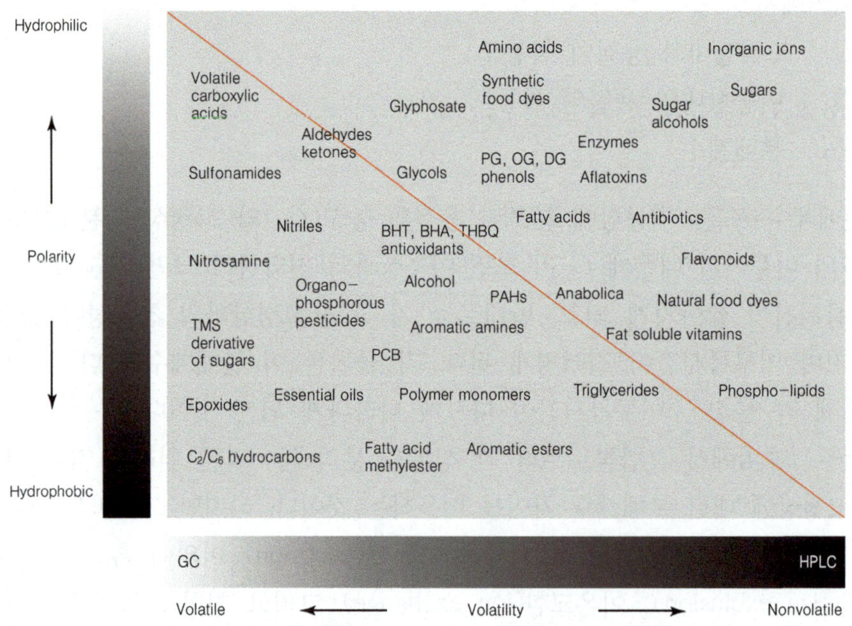

그림 8-22. 분석대상 성분의 특성에 따른 적절한 적용기기의 선택 가이드라인

(김태화 등, 2019, 쉬운 기기분석, 유한문화사)

된다. 이것은 다양한 가스 분석에 주로 적용된다.

기체 크로마토그래피(GC)는 이동상으로 기체를 사용하기 때문에 휘발성이며 극성이 낮은 물질의 분석에 적합하다. 그림 8-22는 식품 및 환경 분야 등에서 주로 분석되는 성분들을 휘발성 및 극성에 따라 나눈 것이다. 그림 중간의 대각선을 중심으로 좌측 하단에 있는 휘발성이면서 극성이 낮은, 즉 물에 잘 녹지 않고 유기용매에 잘 녹는 분자량이 작은 탄화수소(C_2/C_6 hydrocarbons), essential oil 및 fatty acid methyl ester 등이 GC 분석에 적합한 성분들이다. 우측 상단의 비휘발성이면서 극성이 큰 무기이온이나 당 등은 GC로 분석하기에는 적합하지 않으며, 이들은 LC를 이용하여 분석한다.

4) 머무름시간

크로마토그래피에서 시료(혼합물)는 기기의 시료 주입구에 주입된다. 그 후 시료의 각 성분은 고정상(칼럼)과의 친화도에 따라 서로 다른 시간 칼럼에 머문 후, 칼럼을 빠져나와 검출기를 통과하게 되는데, 각 성분의 칼럼 내 머무는 시간을 그 성분의 머무름시간이라고 부른다.

그림 8-23은 GC 분석 결과 얻어지는 크로마토그램(chromatogram)에서 나타나는

머무름시간을 설명하고 있다. 각 피크는 시료를 구성하는 각 성분의 머무름시간을 나타내며, 머무름시간은 각 성분을 분리 확인하는 자료로 사용된다. 예를 들면 A라는 물질(표준물질)을 GC 장치에 주입하면 하나의 A의 머무름시간을 나타내는 피크가 있는 크로마토그램이 얻어지게 되고, 여러 가지 성분으로 구성된 시료의 경우는 여러 성분의 머무름시간을 나타내는 여러 개의 피크가 있는 크로마토그램(그림 8-24)이 얻어지게 된다.

크로마토그램에서 A 물질의 머무름시간(피크)과 시료를 구성하는 각 성분의 머무름시간(피크)을 비교하였을 때 A 물질의 피크와 같은 것이 있다면 시료 중에는 A 물질이 존재하는 것이다. 그리고 크로마토그래피에서 정량분석의 원리는 크로마토그램의 피크 면적(또는 높이)은 분석 대상 물질의 농도와 비례한다는 이론에 기초를 두고 있다.

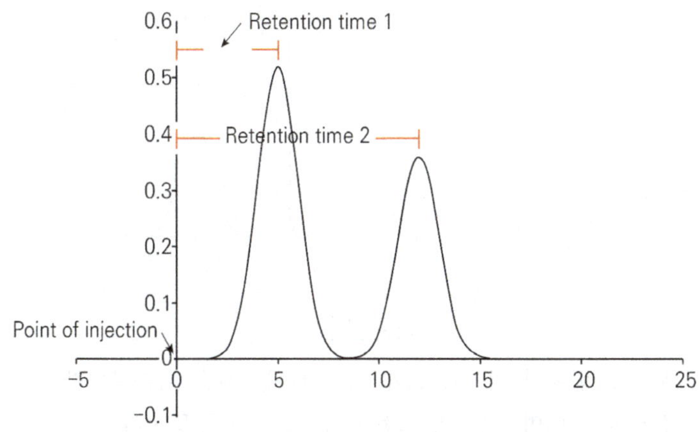

그림 8-23. 크로마토그램에서의 머무름시간

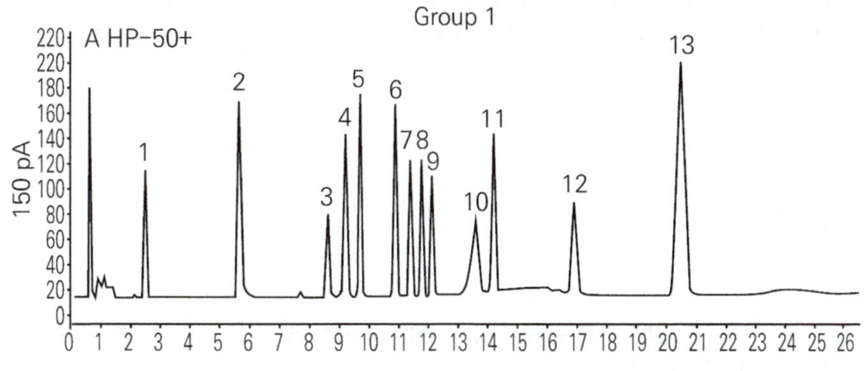

그림 8-24. 유기인계 농약 표준 용액의 크로마토그램(Agilent Co.)

▶ 칼럼의 효율성

크로마토그래피에 사용되는 칼럼의 효율성(column efficiency)은 이론단수(N : number of theoretical plates)로 설명되는데, 이론단수(N)는 다음 식으로 나타낸다.

$$N = 5.54 \frac{(t)^2}{W_{1/2}}$$

여기에서
t : 머무름시간
$W_{1/2}$: 피크 중간부위의 폭

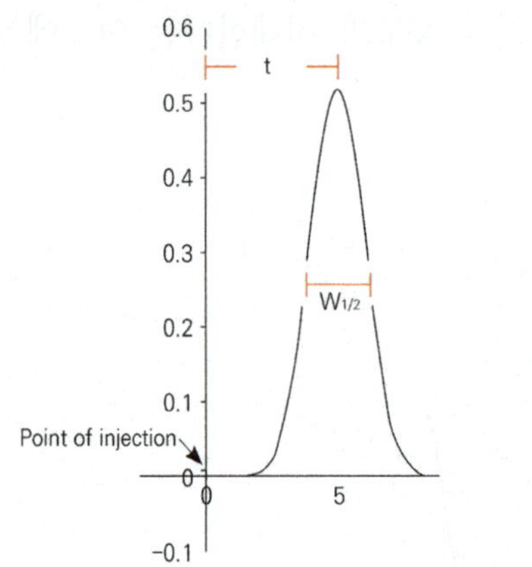

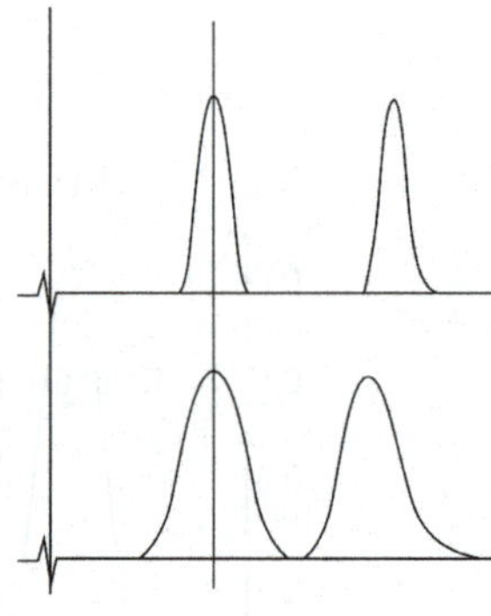

이론단수

우측 그림에서 피크가 넓게 나타난다는 것은 이론단수가 감소한 것이며, 칼럼의 효율이 감소한 것을 뜻한다.

크로마토그램에서 날씬한 피크일수록 이론단수 값이 크며, 효율이 좋은 칼럼으로 평가된다. 이론단수와 관련하여 같이 이해하여야 하는 것이 HETP(Height Equivalent Theoretical Plate, 단높이)이다. 이것은 다음 식에서 보는 바와 같이 칼럼의 길이를 고려한 칼럼의 효율을 나타내는 값이다.

$$HETP = \frac{L}{N}$$

여기에서
L : 칼럼의 길이
N : 이론단수

HETP 값이 작을수록 칼럼의 효율(분리능)이 높은 것이다. 즉, 같은 길이의 칼럼이라도 이론단수가 클수록 분리능이 높아진다.

▸ **이론단수에 영향을 주는 요인**

아래 표는 칼럼의 효율성을 나타내는 이론단수에 영향을 주는 요인을 설명하고 있다. 칼럼의 효율성을 높이기 위해서는 이들 요인을 고려하여야 한다.

이론단수에 영향을 주는 요인

요 인	이론단수(N)에 미치는 영향
이동상의 속도	느릴수록 이론단수는 커진다.
칼럼내 충전물의 크기	작을수록 이론단수는 커진다.
칼럼의 길이	길이에 비례하여 이론단수는 증가한다.
이동상의 점도	작을수록 이론단수는 커진다.
칼럼의 내경	작을수록 이론단수는 커진다.
칼럼의 온도	높을수록 이론단수는 커진다.
시료의 주입량	작을수록 이론단수는 커진다.

하지만 분석조건이 적당하지 않으면 각 성분의 분리가 제대로 되지 않게 된다. 크로마토그래피에서 시료 각 성분의 분리에 영향을 주는 요인으로는 고정상과 이동상에 대한 선택성, 분배계수, 및 **칼럼의 효율성** 등이 있다. 그러므로 GC 분석을 하기 위해서는 시료 성분의 물리화학적 성질을 정확히 파악하여 가장 합리적인 분석 조건을 확립하여야 한다.

2.2 기체 크로마토그래피법에서 고려하여야 할 사항

기체 크로마토그래피(GC)에서 GC의 원리를 적용하는 기기를 기체 크로마토그래프(gas chromatograph)라고 부르는데, 그 구조는 그림 8-25와 같다. 여기에서는 GC에서 고려하여야 할 주요 사항에 대하여만 설명하도록 한다. 이 책에서 언급하지 않은 내용에 대해서는 GC 관련 전문서적이나 참고문헌 등을 참고하기 바란다.

1) 고정상

위의 분리기구에서 설명한 바와 같이 크로마토그래피에서 이동상에 분포된 용질의 농도(C_M)와 고정상에 분포된 용질의 농도(C_S)의 비율로 나타내는 분배계수(K_D)는 머무름시간에 가장 크게 영향을 주는 요인이다. 이동상으로 다양한 액체를 사용하는

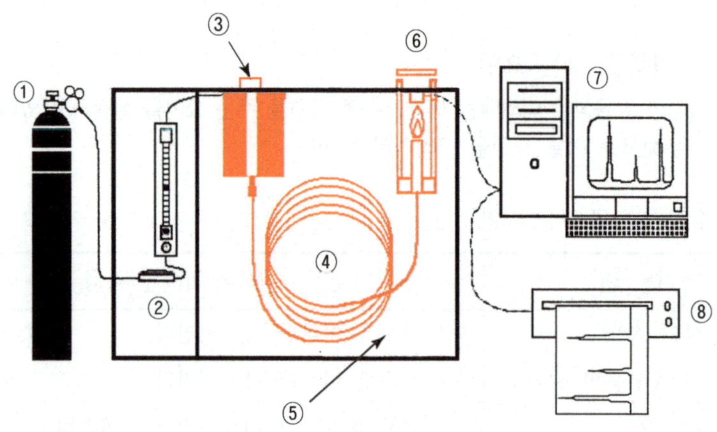

그림 8-25. 기체 크로마토그래피의 개요도

① Carrier gas
② Flow controller, ③ Sample injector
④ Column, ⑤ Column oven, ⑥ Detector
⑦ Data system, ⑧ Printer

액체 크로마토그래피와 달리 질소, 수소, 헬륨과 같은 매우 한정된 기체만을 이동상으로 사용하는 기체크로마토그래피의 경우, 이동상 내의 용질의 몰농도는 거의 일정하기 때문에 고정상 내의 용질의 몰농도에 따라 분배계수가 달라지게 된다. 즉, GC에서는 고정상에 대한 각 시료 성분의 친화도(용해도) 차이에 따라 각각의 성분이 분리되는 것이기 때문에 분석하고자 하는 시료의 성분과 고정상의 반응은 매우 중요하다.

(1) 칼 럼

고정상이 존재하는 곳을 칼럼(column)이라고 하는데, 칼럼은 GC에서 가장 중요한 부분이다. 칼럼은 스테인레스나 유리로 된 원통형 관에 충전물(고정상)을 직접 충전한 충전칼럼(packed column)과 **fused silica**라는 물질로 만든 가늘고 긴 관에 다양한 고정상을 입힌 모세관칼럼(capillary column)으로 나누어지는데, 충전칼럼과 모세관칼럼의 가장 큰 차이점은 그림 8-26에서 보는 바와 같이 충전칼럼은 내부가 채워져 있고 모세관칼럼은 비어있는 것이다.

이로 인하여 모세관칼럼은 충전칼럼에 비하여 시료의 각 성분을 효과적으로 분리시켜 주는 분리능이 매우 좋다. 그리고 모세관칼럼은 편리성, 다양성 등의 많은 장점을 지니기 때문에 최근 기체 크로마토그래피에서 주로 사용되며, 충전칼럼은 가스 분석에 한하여 사용되고 있다.

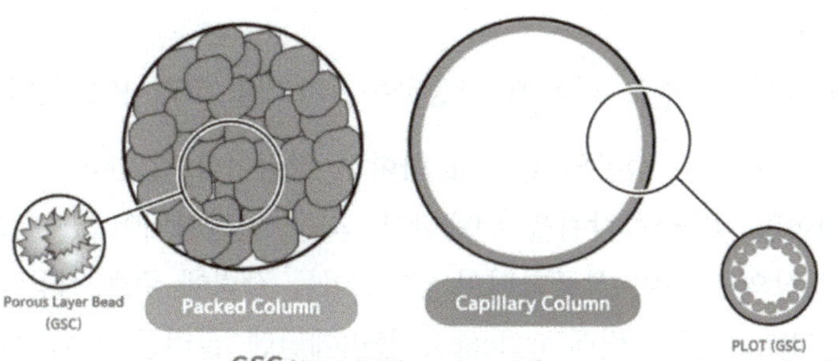

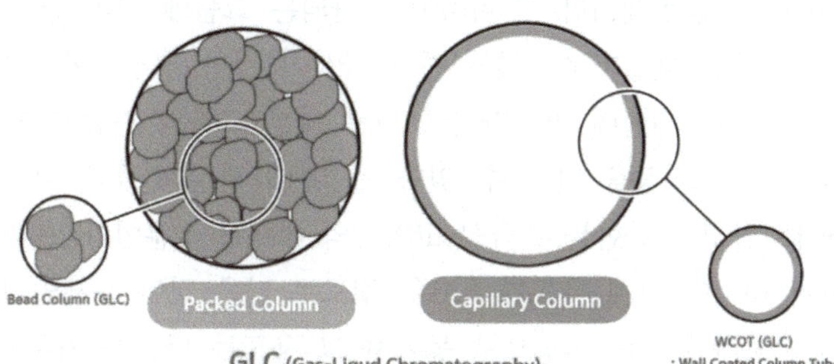

그림 8-26. 충전칼럼과 모세관칼럼

▸ **fused silica**

Silica란 우리에게 석영(quartz)으로 알려진 물질로 실리콘의 산화물(silicon dioxide, SiO_2)을 말하는데 모래의 주성분이다. Fused silica는 silica로 만들어진 유리를 말한다. 불순물이 거의 존재하기 않기 때문에 유리에 비하여 매우 높은 온도에서 녹으며 탄성이 커서 웬만큼 구부려도 부러지지 않는 성질을 지녀 칼럼의 재료로 사용하기에 매우 편리하다.

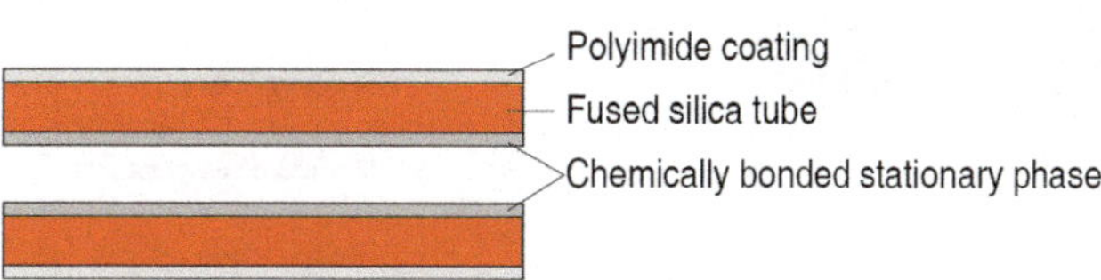

모세관 칼럼의 단면도

(2) 칼럼의 선택

칼럼을 선택할 때에는 주로 다음에 설명하는 4가지를 고려하여 선택한다.

첫째는 분석하고자 하는 성분의 물리적 화학적 성질이다. 일반적으로 극성이면 극성 칼럼, 비극성이면 비극성 칼럼을 선택한다. 최근 일반화되어 있는 모세관칼럼의 경우 다양한 고정상의 칼럼이 상품화되어 있다. 이들 칼럼에 주로 사용되는 고정상은 폴리실록산(polysiloxane), 아릴렌(arylene), 폴리에틸렌 글리콜(polyethylene glycol) 및 다공성 폴리머(porous polymer) 등이다.

폴리실록산은 우리가 흔히 실리콘이라고 부르는 물질이며, 실록산(-RSi-O-SiR-, R=organic group)의 중합체이다. R 위치에 치환되는 그룹에 따라 고정상의 극성이 달라지는데, 예를 들면 메틸기로 치환되면 비극성이 강한 고정상이 된다. 아릴렌은 방향족 탄화수소의 유도체인데 마찬가지로 서로 다른 그룹의 기능기 치환으로 서로 다른 선택성을 가진 고정상을 만들 수 있다. 폴리에틸렌 글리콜[$H-(O-CH_2-CH_2)_n-OH$]은 폴리에테르알코올 화합물로 극성 고정상의 대표적 성분이다. 폴리실록산에 비하여 불안정하기 때문에 한계 온도가 220℃ 정도로 낮은 것이 문제인데 제조방법의 개선으로 한계 온도가 240℃ 이상으로 높아져 그 용도는 나날이 커지고 있다. 그림 8-27은 상품화된 모세관칼럼의 설명서이다.

두 번째는 칼럼의 길이이다. 일반적으로 칼럼의 길이가 길어지면 분리능은 커진다.

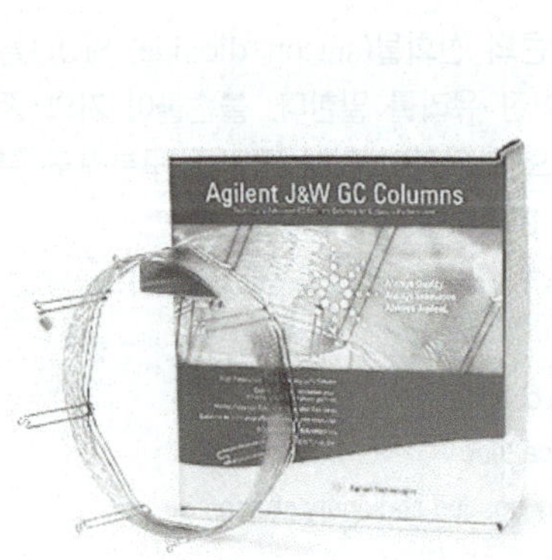

Specifications

Format	5 inch
Phase	DB-WAX
With Smart Key	No
Length	10 m
Minimum Temperature	20 °C
Polarity	High Polarity
Temperature Range	20 °C-250/260 °C
Capillary Tubing	Fused Silica
Maximum Temperature	250/260 °C
UNSPSC Code	41115710
Film Thickness	0.1 µm
Inner Diameter (ID)	0.1 mm

그림 8-27. 모세관칼럼과 설명서
(Agilent Co.)

하지만 분석시간은 길어지고 칼럼의 가격은 비싸진다. 모세관칼럼이 충전칼럼에 비하여 월등한 분리능을 가지는 가장 큰 이유는 사용 가능한 칼럼 길이가 크게 다르기 때문이다. 충전칼럼의 경우 최대 길이가 5미터 정도이지만 모세관칼럼의 경우 수백 미터까지도 관의 길이를 늘일 수 있는데, 일반적으로 30미터 정도를 사용한다.

GC에서는 다음(p. 388)에 설명하는 바와 같이 운반기체(carrier gas, 이동상)의 유속을 일정하게 유지하며 칼럼을 통과시켜야 하는데, 칼럼의 길이가 길수록 보다 큰 압력이 필요하다. 모세관 칼럼은 그림 8-26에서 보는 바와 같이 칼럼의 내부가 비어 있어 큰 압력을 가하지 않아도 운반기체의 일정한 유속을 유지하는 것이 가능하다. 하지만 무조건 긴 칼럼을 사용할 경우에는 확산 등에 의하여 칼럼의 효율이 크게 떨어질 수 있다.

세 번째는 칼럼의 내경 및 코팅된 고정상 필름의 두께이다. 일반적으로 칼럼이 내경이 작을수록 분리능은 커지고 분석시간은 짧아지지만 시료 수용력이 작아진다. 그리고 칼럼에 코팅된 필름의 두께가 얇을수록 분석대상 화합물의 머무름시간은 짧아지고, 시료 수용력이 작아진다.

네 번째는 칼럼의 최소/최대 온도이다. GC에서 칼럼은 그림 8-25에서 보는 바와 같이 칼럼 오븐 내에 존재하며, 분석 중에 칼럼의 온도는 자동으로 조절된다. 비점이 낮은 성분은 낮은 온도에서, 비점이 높은 성분은 높은 온도에서 분리되기 때문에 시료의 비점에 따라 칼럼의 온도를 적절, 정밀 그리고 정확하게 제어하는 것은 매우 중요하다. 낮은 온도에서 분석할수록 대부분의 경우 분리능은 향상되지만 분석시간은 길어진다(그림 8-28).

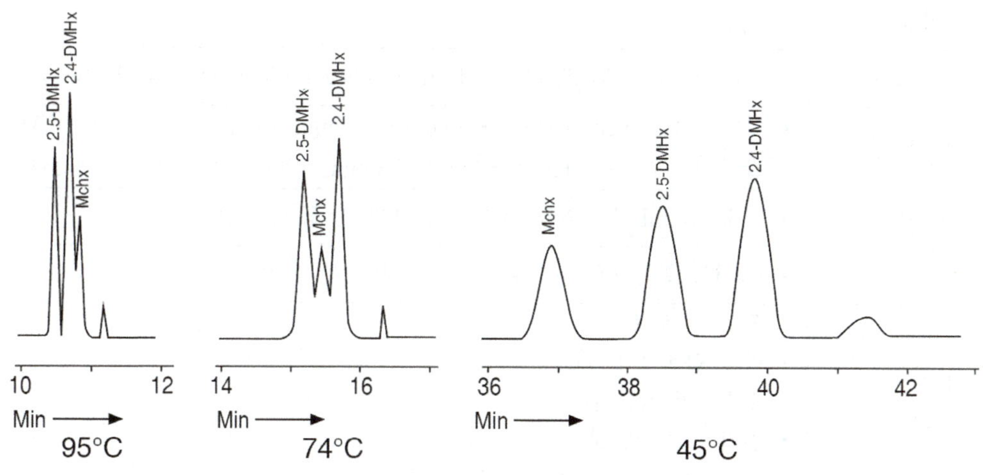

그림 8-28. 칼럼의 온도와 유지 시간에 따른 분리능의 차이

일반적으로 GC에서는 시료의 비점보다 약간 높은 온도에서 피크 용출시간을 20~30분 정도로 설정하는데, 분리능, 감도 및 효율 등을 극대화하기 위하여 각 분석대상 성분에 맞는 온도에서 여러 단계에 걸쳐 온도를 올리거나 항온상태를 유지하는 등의 방법(3~10단계 온도상승, 유지 등)을 적용한다. 이것은 GC의 온도조절 프로그램으로 쉽게 적용이 가능하다. 이와 같이 GC에서 칼럼의 온도 조건은 매우 중요하기 때문에 분석 대상 성분에 맞는 온도 조건을 적용할 수 있는 칼럼을 선택하여야 한다. 표 8-2는 유기인 분석에서 사용한 GC 분석조건인데, 칼럼오븐의 온도 프로그램을 설명하고 있다.

2) 운반기체

GC에서 이동상은 기체이다. 이 기체는 단지 시료를 나르는 역할을 하므로 일반적으로 운반기체(carrier gas)라고 부른다. 운반기체는 활성이 없으며, 점도가 낮고, 건

표 8-2. 가스 크로마토그래피 분석조건

유기인 분석법	
GC	FPD 2개를 장착한 Agilent 8890 GC
주입구	• 분할/비분할 • 온도 : 220℃ • 비분할 모드, 퍼지 유속 60 mL/분, 퍼지 지연시간 0.75분
라이너	• Agilent Ultra Inert, splitless, single taper, glass wool(P/N 5190-2293)
주입량	• 2 μL
가드 칼럼	• 0.5×0.53mm id deactivated fused silica tubing(P/N 160-2535-5)
컬 럼	• 칼럼 1 : Agilent HP-50 + 30 m×0.53 mm, 1 μm(P/N 19095L-023) • 칼럼 2 : Agilent HP-1 30 m×0.53 mm, 1.5 μm(P/N 19095Z-323)
운반가스	• 질소, 10 mL/분, 일정 유속(칼럼 1과 2, 동일한 칼럼 유속)
오 븐	• 150℃(2분), 8℃/분으로 250℃까지(12분 유지)
FPD Plus 1 및 2	• 온도 : 250℃ • 방출 블록 : 150℃ • 수소 : 60 mL/분 • 공기 : 60 mL/분 • 보충 가스(N_2) : 60 mL/분

조상태의 순도 99.9995% 이상의 순수한 기체를 사용하는데 질소, 헬륨 및 수소 등이 주로 쓰인다. 운반기체의 선택과 유속은 GC의 분리능에 직접적인 영향을 끼치기 때문에 그 선택에 신중을 기하여야 한다.

운반기체를 선택할 때에는 다음에 설명하는 검출기(detector)의 종류에 따라 선택에 신중을 기하여야 한다. 표 8-3에서 보는 바와 같이 검출기가 시료 성분의 열전도도 차이를 이용하는 열전도도 검출기이면 운반기체로 열전도율이 높은 헬륨이나 수소를 사용하면 최대의 감도를 얻을 수 있다. 하지만 시료 성분을 태운 후에 발생하는 이온의 차이에 따라 감응하는 불꽃이온화 검출기이면 질소가 가장 우수한 운반기체이다.

일반적으로 가장 우수한 운반기체는 수소이며, 다음으로는 헬륨 그리고 질소의 순이다. 하지만 수소는 폭발성 때문에 사용 시 주의가 필요하다. 수소의 경우 유속이 빨라져도 안정된 분리능을 나타내지만 질소는 유속이 약 10 cm/sec 보다 빨라지면 분리능의 급격히 떨어지는 것으로 알려져 있다. 이러한 분리능의 손실에 크게 영향을 주는 요인은 운반기체의 **점도**이다. 운반기체의 점도가 크면 유속이 빨라짐에 따라 칼

표 8-3. GC 검출기와 적합한 운반기체

	Detector※	Carrier Gas	내 용
일반적인 검출기	TCD	He H_2 N_2	가장 일반적 감도는 높으나 사용상 주의를 요함 H_2 분석 시 사용
	FID	N_2 H_2, He	가장 일반적 대체로 사용 가능
	NPD	He N_2	최적 최고 감도
	ECD	N_2 Ar/CH_4	최고 감도 최고의 동적 범위
	PDD	He	He만 사용
정성 가능한 검출기	MSD	He	MSD Mass Range가 10～800 *m/z***이기 때문에 반드시 He 사용해야 함

*TCD : Thermal Conductivity Detector, FID : Flame Ionization Detector,
NPD : Nitrogen Phosphorus Detector, ECD : Electron Capture Detector,
PDD : Pulsed Discharge Detector, MSD : Mass Spectrometer

***m/z* : (mass to charge, 질량 대 하전비)

럼 내 저항이 증가하게 되며, 용질의 이동은 상대적으로 느려지면서 확산 현상이 가속화되고, 확산된 용질은 긴 시간에 걸쳐 용출되므로 피크의 폭(width)이 넓어지면서 분리능이 떨어지게 된다. 그러므로 운반기체로 질소 대신 수소 혹은 헬륨을 사용하면 빠른 유속을 적용하여 분석시간을 절약하면서 우수한 분리능을 얻을 수 있다.

앞에서 설명한 바와 같이 운반기체의 유속은 GC의 분리능에 직접적으로 영향을 준다. 그림 8-29는 전형적인 Van Deemter 곡선을 나타낸 것인데 이 곡선의 모양은 기체에 따라 다르다. 이 곡선은 이동상의 유속 변화에 따른 단 높이(plate height)의 변화를 나타내는데, 단 높이는 칼럼의 분리능을 나타내는 척도이며, 그 값이 작을수록 분리능이 좋다.

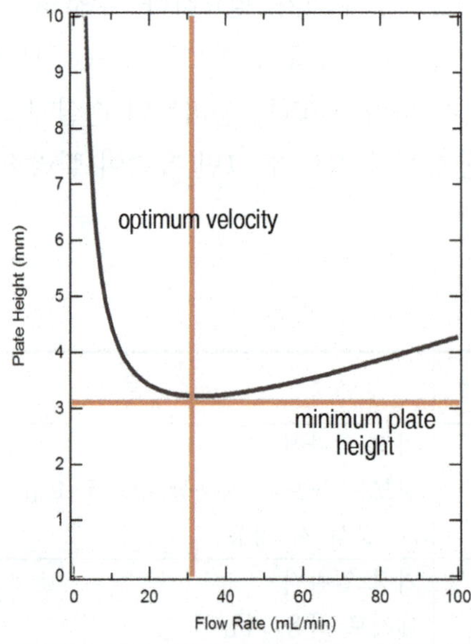

그림 8-29. Van Deemter 곡선

▸ **운반기체의 점도**

질소, 헬륨 및 수소의 점도(cP×10^2)는 0℃, 1기압에서 각각 1.66, 1.07 및 0.84로 질소의 점도가 가장 크다.

점도의 단위는 국제단위계에서는 Pa · s(N · s/m^2 = kgf · s/m^2), CGS 단위계에서는 P(poise ; dyn · s/cm^2 = g/cm · s)이고 1 Pa · s = 10 P, poise의 100분의 1인 centi poise(cP ; 1 cP = 1 mPa · s)도 널리 사용되고 있다. 참고로 물의 점도는 20℃에서의 약 1 mPa · s, 벌꿀이나 당밀의 점도는 약 500 Pa · s이다.

표 8-4. GC 칼럼의 종류 및 내경에 따른 적절한 운반기체 유속
(김태화 등, 2019, 쉬운 기기분석, 유한문화사)

컬 럼	칼럼 내경	적절한 운반기체 유속	
		mL/min	cm/sec
충전 칼럼	1/4 inch	50~60	2.6~3.2
	1/8 inch	20~30	4.2~6.3
모세관 칼럼	0.53 mm	3~5	22~38
	0.32 mm	1~3	20~62
	0.2 mm	0.5~1	26~53
	0.1 mm	0.2~0.5	42~106

그러므로 가장 적당한 이동상 기체의 유속은 가장 낮은 단 높이에서의 속도가 된다. 하지만 GC 분석을 할 때마다 매번 Van Deemter 곡선을 측정할 수는 없으므로 표 8-4를 참조하거나 구입하는 칼럼의 설명서 등을 참조하여 적당한 이동상의 유속을 결정하도록 한다.

최근의 GC 기기들은 운반기체의 유속을 전자적으로 제어하는 장치를 가지고 있기 때문에 직접 제어가 가능하다. 하지만 전자제어 장치는 사용 중에 정확도 및 정밀도에 오차가 자주 발생하므로 수시로 그 정확성 여부를 점검하여야 한다.

3) 검출기

칼럼의 끝에는 운반기체 이외의 시료 성분을 검출하는 검출기(detector)가 연결되어 있다. 칼럼을 통과하면서 분리된 각각의 단일 성분은 검출기에 도달하여 전기적 신호를 발생하는데 검출기는 이 전기적 신호를 기록계의 차트에 표시하여 정량 혹은 정성 정보를 제공한다.

(1) 검출기의 조건

GC에서 검출기를 선택할 때에 고려하여야 할 사항은 첫째, 분석하고자 하는 성분에 대하여 적합한, 즉 낮은 농도에서도 큰 전기적 신호를 내는 것이다. 이것을 감도가 높은 검출기라고 한다. 둘째, 분석 대상 성분이 아닌 것들에 대한 전기적 신호, 즉 잡신호(noise)의 크기(크로마토그램에서의 바탕선)가 작아야 한다. 잡신호는 분석 성분에 대한 감도를 결정하는 주요 요인 중 하나이다. 검출기의 감도가 아무리 높더라도 잡신호가 크면 분석 대상 물질의 해당 피크는 잡신호에 묻혀 상대적으로 그 크기

가 작아지게 된다. 셋째, 시료의 농도 증가에 따라 검출기가 내는 전기적 신호가 넓은 농도 범위에서 직선성을 유지하여야 한다.

이론적으로 검출기는 시료 성분의 농도에 정비례하여 보다 큰 전기적 신호를 생산한다. 하지만 그림 8-30에서 보는 바와 같이 직선성을 나타내는 정비례 관계는 일정한 농도 범위 내에서만 나타난다.

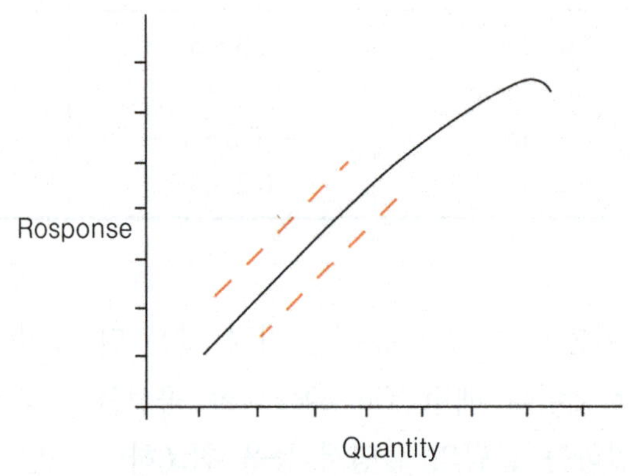

그림 8-30. 성분 농도에 대한 검출기 감응 직선성의 변화
(김태화 등, 2019, 쉬운 기기분석, 유한문화사)

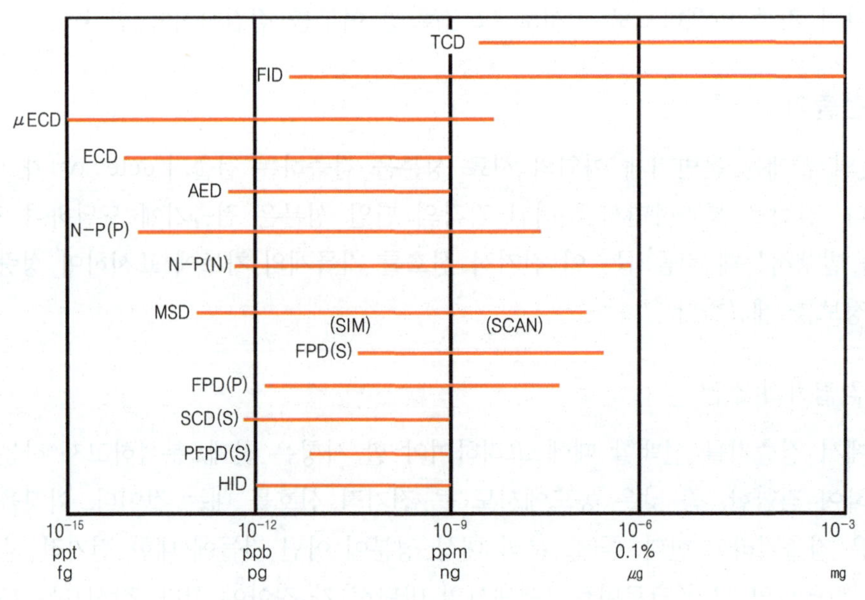

그림 8-31. GC 검출기의 직선농도 범위
(김태화 등, 2019, 쉬운 기기분석, 유한문화사)

즉, 직선성을 나타내는 시료의 농도범위는 제한적이다. 그러므로 정확한 분석을 위해서는 시료의 농도가 직선성을 나타내는 범위 안에 있도록 시료 용액을 조제하여야 한다. 그림 8-31은 여러 가지 검출기들의 직선성을 나타내는 시료의 농도 범위를 비교한 것이다. FID의 직선 범위가 가장 넓으며 감도는 ECD(μ-ECD)가 가장 우수한 것을 알 수 있다.

(2) 검출기의 분류

검출기에는 여러 가지 유형이 있는데 크게 일반적 검출기와 선택적 검출기로 나누어진다. 일반적 검출기는 칼럼으로부터 분리되어 나오는 거의 모든 화합물을 검출할 수 있지만, 선택적 검출기는 특정 구조나 반응기를 지닌 화합물만을 검출할 수 있다. 일반적 검출기에는 불꽃 이온화 검출기(flame ionization detector, FID), 열전도도 검출기(thermal conductivity detector, TCD), 적외선 검출기(infrared detector, IRD), 질량분석기(mass spectrometer, MS 혹은 MSD) 등이 있고, 선택적 검출기에는 질소/인 검출기(nitrogen phosphorus detector, NPD), 전자 포획 검출기(electron capture detector, ECD), 불꽃 광도 검출기(flame photometric detector, FPD), 광이온화 검출기(photo ionization detector, PID), 전자 전도도 검출기(electrolytic conductivity detector, ELCD), 펄스 방전 검출기(pulsed discharge detector, PDD) 등과 같은 여러 가지 검출기가 있다.

GC 분석을 할 때에는 분석하고자 하는 성분에 대한 선택성과 감응도가 큰 검출기를 선택하여야 한다. 이 책에서는 GC에서 가장 널리 쓰이는 불꽃 이온화 검출기(flame ionization detector, FID)와 열전도도 검출기(thermal conductivity detector, TCD)에 대하여 설명하고자 한다. 이들 외의 다른 검출기들에 대해서는 관련 전문서적이나 참고문헌을 참고하기 바란다.

① 불꽃 이온화 검출기(flame ionization detector, FID)

불꽃 이온화 검출기는 불꽃에서 유기화합물이 연소되면 양이온과 전자가 생성되는 불꽃 이온화 현상을 이용한 것이다. 그림 8-32에서 보는 바와 같이 칼럼으로부터 나온 이동상과 시료 성분의 기체는 수소와 혼합되고 불꽃에서 연소된다. 불꽃으로 이동상만 흘러 들어가면 거의 이온이 생성되지 않지만, 칼럼을 통과한 시료 성분인 가연성 유기화합물이 불꽃으로 유입되면 양이온과 전자가 발생하는데 두 전극 사이에 전자의 이동으로 발생한 전류를 측정한다. 여기에서 유기화합물로부터 형성된 양이온과 전자의 양은 그 농도에 비례한다.

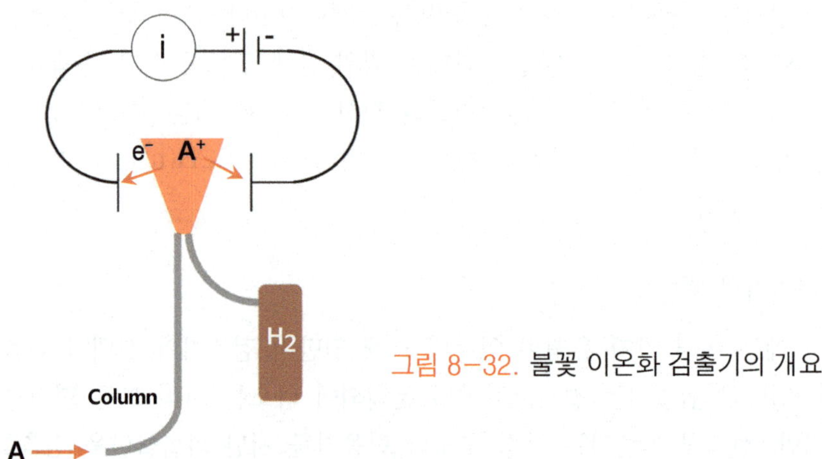

그림 8-32. 불꽃 이온화 검출기의 개요

불꽃 이온화 검출기는 대부분의 유기화합물이 열분해 되기 때문에 가스 크로마토그래피에서 가장 보편적으로 사용되고 있다. 탄소-수소 결합을 지니는 유기화합물에서 탄소수가 많을수록 높은 감도를 나타내는데, 일반적인 유기화합물에 대한 감응수준은 10~100 pg이다. 검출이 불가능한 화학성분은 H_2O, CO_2, CO, N_2, NO_2, NH_3, CCl_4, O_2, CS_2, Ar, SO_2, $SiCl_4$ 등이다.

② 열전도도 검출기(thermal conductivity detector, TCD)

열전도도 검출기는 시료와 이동상 기체의 열전도도 차이를 이용하는 것이다. 표 8-3에서 보는 바와 같이 열전도도 검출기를 채택한 GC에서 사용하는 운반기체는 주로 수소 혹은 헬륨이다. 이 수소와 헬륨의 열전도도는 칼럼을 통과한 시료 성분(유기물)보다 대략 6~10배 정도 더 크다. 그러므로 칼럼을 통과한 기체에 적은 양의 시료 성분이 섞여 있으면 그 열전도도는 크게 감소하고 검출기 내의 필라멘트를 뜨겁게 가열시키는데, 이때의 저항 변화를 그림 8-33과 같은 회로(Wheatstone bridge circuit)를 통하여 전위의 변화로 감지한다. 회로 4에는 이동상 기체를, 회로 3에는 칼럼을 통과한 시료 성분을 포함한 기체를 흘리고, 두 기체의 열전도도 차이에 따른 저항의 변화를 전위의 변화로 감지하는 것이다. 이 변화는 시료의 성분인 유기물의 농도에 비례한다.

열전도도 검출기는 불꽃 이온화 검출기와 달리 비파괴적이다. 탄소-수소 결합을 포함하지 않는 화합물을 검출할 수 없는 불꽃 이온화 검출기와 달리 거의 모든 화합물의 열전도도가 이동상인 수소 또는 헬륨의 열전도도와 크게 차이가 나기 때문에 열전도도 검출기는 거의 모든 화합물을 감지할 수 있다. 그러므로 넓게 사용되고 있으나 그림 8-31에서 보는 바와 같이 감도가 낮은 것이 단점이다.

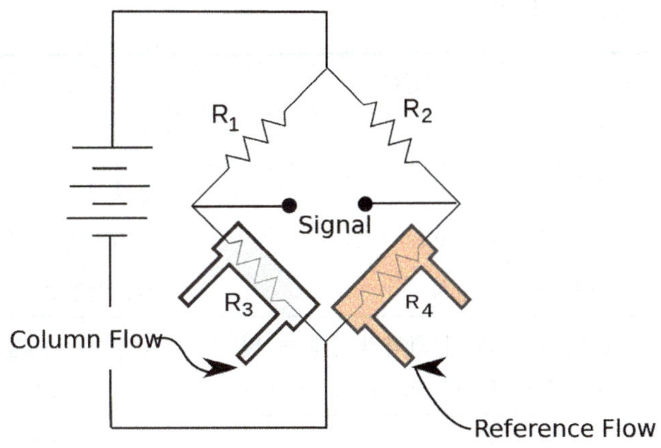

그림 8-33. 열전도도 검출기의 개요

3. High Performance Liquid Chromatography

3.1 원 리

1) 크로마토그래피

제 2절(2.1항, p. 376)에서도 설명한 바와 같이 크로마토그래피란 여러 가지 물질이 섞여 있는 혼합물로부터 각 성분들을 분리, 확인, 그리고 정량하는 방법을 말하며, 현재 분석화학 분야에서 최강의 분석방법으로 인정받고 있다. 크로마토그래피를 이용하여 혼합물로부터 각 성분들을 분리하는 과정은 선택된 이동상(mobile phase)과 고정상(stationary phase) 사이에서 각 성분들이 서로 다르게 분배되는 데에 기초를 두고 있다.

2) High performance liquid chromatography

액체 크로마토그래피(liquid chromatography)는 이동상으로 액체를 사용하는 크로마토그래피이다. 액체 크로마토그래피는 이동상인 액체의 흐름을 단지 중력에 의존하기 때문에 기체 크로마토그피에 비해 분석시간이 많이 걸리고 비효율적이었다. 하지만 기체 크로마토그래피는 분자량이 작은 휘발성 물질만 분석이 가능하다는 단점이 있다. 때문에 효과적으로 분자량이 큰 물질을 분석해야 하는 생화학자들은 액체 크로마토그래피의 분석시간을 단축시키는 방법의 개발이 필요하였고, 결국 고성능 액체 크로마토그래피(high performance liquid chromatography, HPLC)가 탄생하게 된다. 즉, HPLC는 펌프와 같은 기기를 이용하여 이동상인 액체를 빠른 속도로 이동시켜

표 8-5. GC와 HPLC의 비교

구 분	GC	HPLC
이동상	기 체	액 체
분석 시료	휘발성 낮은 분자량(M.W : <500) 열에 대한 안정성	용해성 분자량의 상한선 없음 pH 안정성
분리기구	고정상과 시료의 화학적 친화력 및 비점 차이에 의한 분리	고정상과 이동상 및 시료 간의 화학적 친화력
시료 회수	거의 불가능	비교적 쉽게 회수 가능
감 도	고감도 검출 가능	상대적으로 감도 낮음

액체 크로마토그래피의 가장 큰 단점인 긴 분석시간을 크게 단축시킴으로써 효율을 높인 액체 크로마토그래피이다.

최근에는 그 효율성을 크게 향상시킨 초고성능 액체 크로마토그래피(ultra high performance liquid chromatography, UHPLC)의 사용도 일반화되어 있다. HPLC는 GC에 비하여 비교적 분자량이 크거나 비휘발성인 시료를 분석할 수 있고, 분석한 시료의 회수가 가능하다는 장점을 지니기 때문에 천연물을 비롯하여 식품, 농약, 생명공학 그리고 신약개발 등 다양한 분야에서 가장 많이 사용되고 있는 분석방법이다.

3) 분리기작

GC가 주로 시료 성분과 고정상의 반응에 의하여 각 성분이 분리되는 것에 비하여 HPLC는 시료 성분이 이동상과 고정상 모두와 반응하여 각 성분이 분리되기 때문에 다양한 형태의 분리기구를 적용하는 것이 가능하다. HPLC의 분리기구는 크게 흡착(adsorption), 분배(partition), 이온교환(ion exchange) 및 크기 배재(size exclusion)의 네 가지로 분류할 수 있는데 분석하고자 하는 물질에 따라 적당한 분리기구를 선택하여 적용하며, 이는 결국 어떤 칼럼을 선택하느냐를 결정하는 것과 같은 것이다.

(1) 흡 착

흡착은 가장 처음으로 HPLC에 적용된 분리기구이다. 고정상으로 극성이 큰 고체 흡착제를, 이동상으로 극성이 작은 용매를 사용한다. 고정상의 표면은 강한 극성기를 가지고 있기 때문에 시료의 각 성분들은 Van der Waals force, 정전기적 인력, 수소

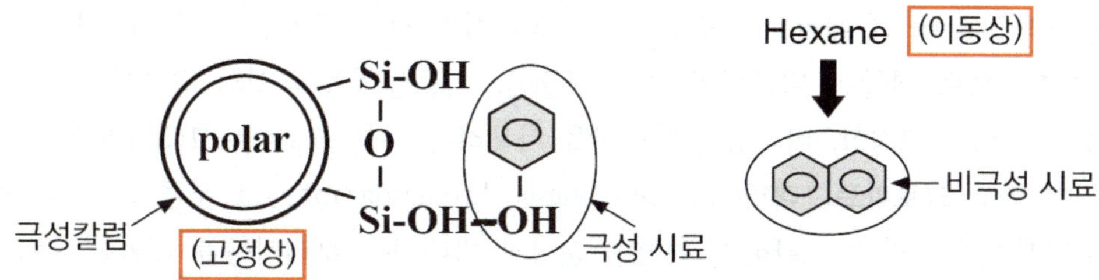

그림 8-34. 흡착 크로마토그래피

결합 및 소수결합 등과 같은 물리·화학적 작용에 의해서 고정상의 표면에 흡착된다. 시료의 각 성분들은 이 흡착 반응의 난이도와 강도가 다르기 때문에 이동상에 의하여 분리되게 된다. 강하게 흡착될수록 칼럼을 느리게 통과하며 머무름시간은 길어지게 된다. 즉, 시료의 극성도가 클수록 천천히 용출되게 된다. 극성이 큰 고정상 흡착제로는 실리카(silica, slightly acidic and polar), 활성알루미나(alumina, slightly basic and polar), 활성탄, 산화마그네슘 및 탄산마그네슘 등이 주로 사용된다.

앞에서 설명한 바와 같이 흡착은 HPLC에서 처음으로 적용된 분리기구이다. 따라서 **흡착 크로마토그래피**는 순상 크로마트그래피(normal phase chromatography)로 불리게 되었다. 다시 말하면 순상 크로마토그래피란 고정상으로 극성을 지닌 실리카(silica), 시안(CN), 아민(NH_2) 등을 칼럼의 내부에 충진하고 고정상에 비해 상대적으로 비극성인 용매를 이동상으로 사용하는 흡착 크로마토그래피(absorption chromatography)의 일종이다(그림 8-34).

순상 크로마토그래피는 이동상이 비극성이고 휘발성이므로 압력의 손실이 적어 칼럼과 장치에 부하가 적게 걸리기 때문에 칼럼의 수명이 비교적 길며, 분리 성분의 회수가 용이하고, 다음에 설명하는 역상 크로마토그래피에서 분리하기 어려운 성분, 비극성 용매에 쉽게 용해되는 성분을 분리하는 데 효과적이지만, 최근에는 역상 크로마토그래피가 많이 사용되고 있다.

(2) 분 배

제 2절(2.1항, p. 378)에서도 설명한 바와 같이 분배는 크로마토그래피에서 가장 일반적인 분리기구이다. 시료의 각 성분들은 고체 지지체에 화학적으로 결합되어 있는 액상 고정상과 액체 이동상에 대한 분배의 차이에 의하여 분리되게 된다. 비극성 고정상의 경우, 비극성 성분들은 비극성 고정상에 대한 용해도가 크기 때문에 비극성 고정상에 오래 머물게 되어 머무름시간이 길어지게 되고, 반대로 극성을 지닌 성분들

은 머무름시간이 짧아지게 된다.

일반적으로 HPLC에서는 고정상으로 실리카겔과 같은 다공성 고체 지지체의 표면에 화학적으로 결합된 비극성의 액상 물질을, 이동상으로 극성의 용매를 사용한다. 이것은 극성의 고정상, 비극성의 이동상을 사용하는 순상 크로마토그래피와 반대이기 때문에 **역상 크로마토그래피**(reversed phase chromatography)로 부른다. 순상 크로마토그래피의 단점을 보완하기 위하여 순상과 반대되는 분리기구를 개발한 후에 그 이름을 역상이라고 부른 것이다.

▸ 흡착(순상) 크로마토그래피와 분배(역상) 크로마토그래피

크로마토그래피의 분리기구에서 분배와 흡착은 일반적으로 동시에 작용하기 때문에 그 분리기구를 명확하게 구별하는 것은 어렵다. 그림에서 보는 바와 같이 기능기가 결합되어 있지 않은 고체 고정상(극성)을 이용했을 경우 흡착(순상) 크로마토그래피, 고체 지지체에 기능기를 지닌 액상 물질을 코팅하여 기능기가 결합되어 있는 액상 고정상(비극성)을 이용했을 경우에는 분배(역상) 크로마토그래피로 구별한다. 그리고 이동상의 극성이 고정상의 극성보다 상대적으로 작은 경우에 순상 크로마토그래피라고 하기도 한다.

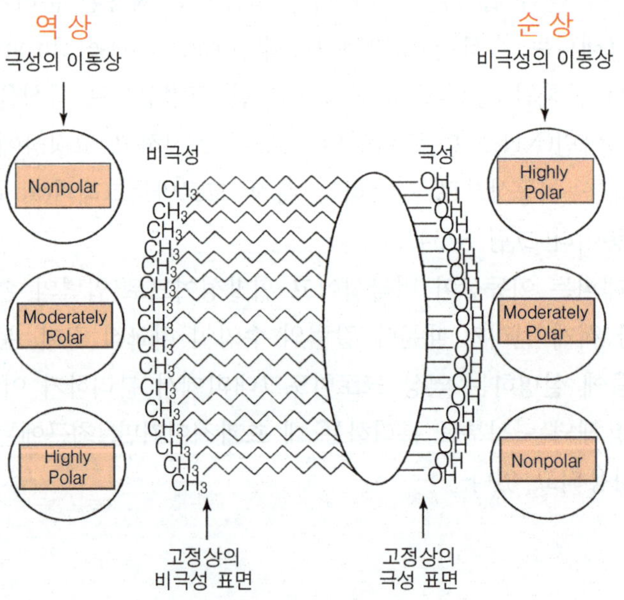

역상 크로마토그래피와 순상 크로마토그래피

역상 크로마토그래피의 경우, 시료 성분 중에 극성이 강한 물질이 가장 먼저 칼럼을 통과하고, 순상 크로마토그래피에서는 비극성 물질이 가장 먼저 칼럼을 통과한다.

최근 HPLC에서는 역상 크로마토그래피를 주로 사용한다. 이동상으로 극성을 지닌 물, 메탄올, Acetonitrile 등을 사용하기 때문에 수용액 상태의 시료도 분리가 가능하며, 냄새가 적고 작업하기도 편리하다. 그리고 이동상에 완충염, 이온쌍 시약과 같은 다양한 첨가제를 적절하게 추가함으로써 비이온성, 이온성 또는 이온화 가능한 시료를 분리할 수 있다. 또한 다양한 액상 고정상의 개발과 고정상에 대한 이동상의 조성 변화가 가능하여 응용 범위가 넓기 때문에 의학, 화학, 농약 및 식품에 이르기까지 분석 대상 범위가 넓을 뿐만 아니라 분리능 또한 우수하기 때문이다.

역상 크로마토그래피에서는 다양한 기능기를 지닌 고정상이 존재하기 때문에 시료 성분에 가장 적합한 칼럼을 선택하여 사용할 수 있다. 고정상으로 비극성인 C_{30}(-Si-$C_{30}H_{61}$), C_{18}(-Si-$C_{18}H_{37}$), C_8(-Si-C_8H_{17}), C_4(-Si-C_4H_9), C_1(TMS, -Si-CH_3), phenyl (-Si-C_6H_5), cyano(-Si-C_3H_6-CN) 등을 다공성 고체 지지체에 화학적으로 결합시켜 사용하는데, 이들은 화학적으로 안정하며 재현성이 좋다. 그림 8-35에서 보는 바와 같이 탄소수가 증가하면 소수성은 커지지만 수소결합능은 감소한다. 이 중에서 Octadecyl(C18) 칼럼이 가장 많이 사용되는데, 같은 회사 제품에서도 그 종류가 무척 다양하다.

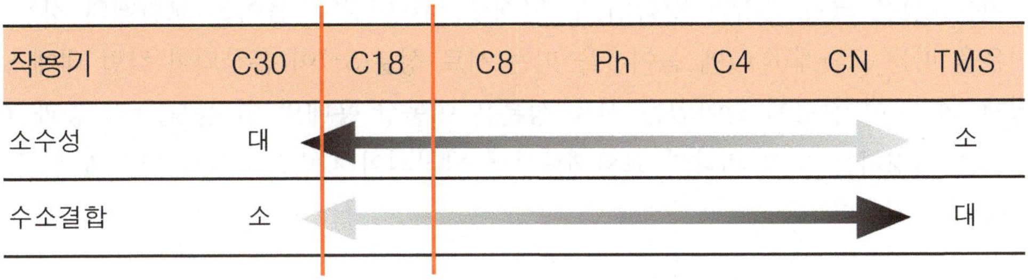

작용기	C30	C18	C8	Ph	C4	CN	TMS
소수성	대	◀				▶	소
수소결합	소	◀				▶	대

그림 8-35. 작용기에 따른 고정상의 성질

표 8-6. 순상 크로마토그래피와 역상 크로마토그래피의 비교

구 분	순 상	역 상
분석 시료	극성 시료	비극성 시료
고정상(칼럼)의 극성도	높 음	낮 음
이동상 용매의 극성도	낮거나 중간	높거나 중간
시료 성분의 용출 순서	극성이 낮은 성분이 빨리 용출	극성이 높은 성분이 빨리 용출
분석시간	짧 다	길 다

Octadecyl 칼럼은 고정상이 탄소 18개의 긴 알킬(alkyl) 체인을 지니기 때문에 비극성 시료와 강하게 결합한다. Phenyl 칼럼은 실리카에 페닐을 흡착시켜서 만들어지는데 이중결합이나 삼중결합 화합물의 분리에 효과적이다. 시료의 각 성분은 고정상과의 상호작용에 의하여 분리되는데 극성인 물질이 빨리 용출되며, 비극성인 물질은 늦게 용출된다. 그러므로 분석 대상 물질의 물리화학적 성질을 확인하고 칼럼을 선택하는 것이 매우 중요하다.

(3) 이온교환

이온교환(ion exchange)은 시료의 각 성분과 고정상(칼럼)의 전하 차이에 따른 시료의 각 성분과 고정상 사이의 정전기적 인력(끌어당기는 힘) 차이를 이용하여 이온을 지닌 화합물을 분리하는 것이다. 이온교환에서 시료의 각 성분과 고정상은 서로 반대의 이온을 지닌다. 고정상이 양이온을 지니면(음이온 교환체, anion exchanger) 음이온을 지니는 시료 성분은 칼럼 내에 머물게 되고 양이온을 지니는 시료 성분은 칼럼을 통과하게 된다. 반대로 고정상이 음이온을 지니면(양이온 교환체, cation exchanger) 양이온을 지니는 시료 성분은 칼럼 내에 머물게 되고, 음이온을 지니는 시료 성분은 칼럼을 통과하게 된다(그림 8-36).

이온교환은 크게 흡착과 탈착의 두 단계로 이루어진다. 음이온 교환체의 경우, 양이온을 띠는 교환체(R+)에 음이온을 띠는 시료 성분(S-)이 흡착되어 칼럼 내에 남아있게 되고, 이 칼럼에 남아있는 시료 성분은 이동상 용매의 염 농도, pH 등과 같은 조건을 변경하는 것에 의하여 교환체로부터 탈착되어 칼럼으로부터 나오게 된다. 즉 분리되는 것이다.

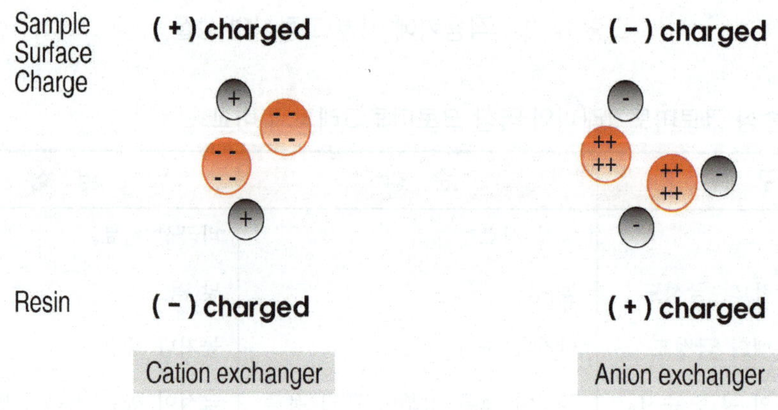

그림 8-36. 이온교환

$HC=CH_2$ / benzene ring / $HC=CH_2$	$=HC=CH_2=$ / benzene ring / SO_3^- (H+)	R-COO⁻ (H+)	R—N(R')—R' H (OH⁻) (R' may be H)	R—[N(CH₃)₂—CH₃]⁺ (OH⁻)
divinyl benzene monomer for cross linking	sulfonic strong acid cation exchange resin	carboxylic weak acid cation exchange resin	ammonium weak base anion exhange resin	quaternary ammonium strong base anion exchange resin

그림 8-37. 양이온, 음이온 교환체

이온교환 크로마토그래피에서 음이온 또는 양이온 교환체의 역할을 하는 고정상은 Styrene($C_6H_5CH=CH_2$), Divinylbenzene($C_6H_4(C_2H_3)_2$)의 중합체, Cellulose, Dextran, 실리카겔 등으로 만들어지는데, 이들은 이동상 용매 중에서 해리되어 이온을 띤다. 그림 8-37은 이들 양이온, 음이온 교환체의 예이다.

이온교환 크로마토그래피는 이온성 화합물 및 무기 이온의 분리에 사용하는데, 의약품과 그 대사물질, 단백질, 탄수화물, 올리고당 등의 응용 분야에서 널리 사용된다.

(4) 크기배제

크기배제(size exclusion)는 분자 크기의 차이를 이용하여 분리하는 방식으로 분자량 10,000 이상의 시료의 분석에 주로 사용된다. 고정상으로는 다공성의 깊은 홈이나 그물구조를 가지는 겔(gel)을 사용하는데, 분석하고자 하는 시료 성분 분자의 크기가 작은 경우에는 겔의 작은 구멍에 깊숙이 침투하여 칼럼 속에 오래 머무르게 되고, 분자의 크기가 클 경우에는 구멍 속으로 들어가지 않거나 얕게 들어가서 쉽게 이동상과 같이 빠져나가게 된다. 그러므로 분자의 크기가 작은 성분은 고정상에 오래 머물게 되어 머무름시간이 길어지게 되고, 반대로 분자의 크기가 큰 성분들은 머무름시간이 짧아지게 된다.

이동상 용매로 유기용매를 사용하면 GPC(gel permeation chromatography)라고 하고, 이동상 용매로서 물을 사용하게 되면 GFC(gel filtration chromatography)라고 한다.

4) 머무름시간

2절(2.1항, p. 380)에서도 설명한 바와 같이 HPLC에서 시료의 각 성분은 이동상, 고정상과 반응하여 서로 다른 시간 칼럼에 머문 후 칼럼을 빠져나오게 되는데, 각 성

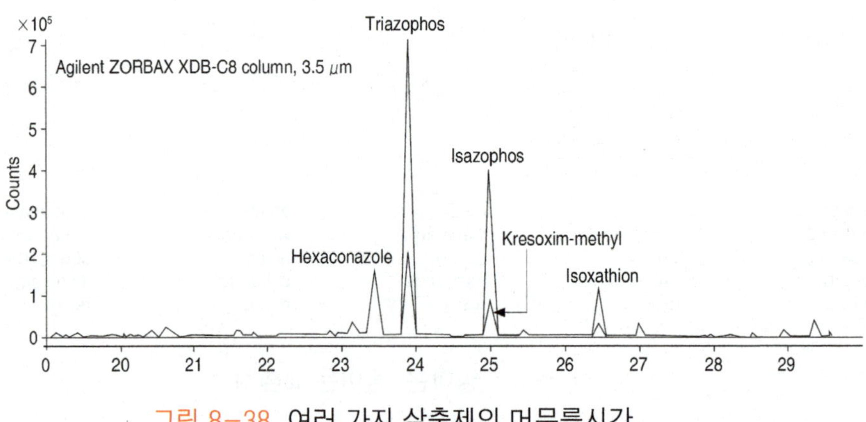

그림 8-38. 여러 가지 살충제의 머무름시간

분의 칼럼 내 머무는 시간을 그 성분의 머무름시간이라고 부른다. 그림 8-38은 HPLC를 이용하여 식품 중의 살충제를 분석한 결과 얻어진 크로마토그램이다.

3.2 HPLC에서 고려하여야 할 사항

HPLC 시스템은 일반적으로 이동상 중의 용존산소, 질소, 기포 등을 제거하기 위한 탈기장치, 이동상 용매를 운송하기 위한 고압 펌프, 시료 주입 장치, 시료 성분의 분배가 일어나는 칼럼, 시료 성분의 검출을 위한 검출기, 데이터를 수집 분석하는 제어 시스템으로 구성되며 그 구조는 그림 8-39와 같다.

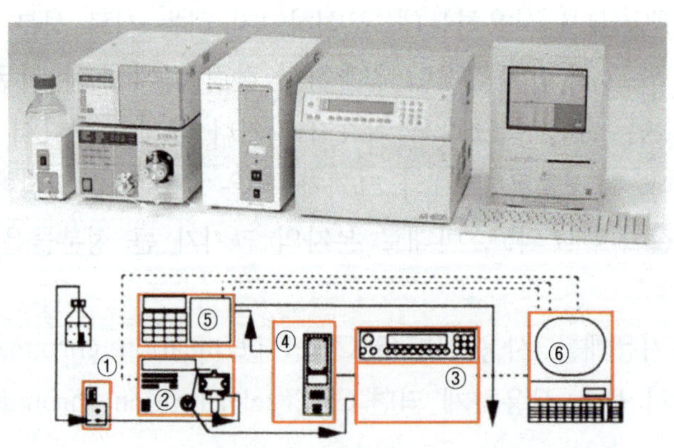

그림 8-39. HPLC의 시스템

① 용매탈기장치, ② 고압펌프, ③ 시료 주입장치
④ 칼럼, ⑤ 검출기, ⑥ 제어 시스템
(아래 그림의 화살표 순서대로)

여기에서는 HPLC에서 고려하여야 할 주요 사항에 대하여만 설명하도록 한다. 이 책에서 언급하지 않은 내용에 대해서는 HPLC 관련 전문서적이나 참고문헌 등을 참고하기 바란다.

1) 칼 럼

칼럼(column)은 GC에서와 마찬가지로 HPLC에서 가장 중요한 부분이다. 제2절(2.1항, p. 384)에서 설명한 바와 같이 혼합물 시료를 구성하는 각 성분이 칼럼에서 분리되기 때문이다. 시료 중의 각 성분은 물리화학적 특성이 서로 다르기 때문에 이동상, 고정상과 반응하여 서로 다른 시간 칼럼에 머문 후 칼럼을 빠져나오게 되는데, 그 결과 칼럼 내에서 머무름시간이 달라지고 단일성분으로 분리된다. 칼럼의 종류는 위의 분리기구에서 설명한 바와 같이 순상, 역상, 이온, 크기배제 칼럼 등이 있으며, 분석시료에 맞는 칼럼을 선택하여 사용한다.

HPLC에서 칼럼은 주로 스테인레스 스틸로 된 관모양의 용기에 충진제를 채워서 사용하는데, 분석하고자 하는 시료의 물리화학적 특성에 따라 충진제의 종류, 칼럼의 내경(안지름), 및 길이 등을 다르게 하여 사용한다.

충진제로는 초미립자인 다공성의 실리카(silica)가 가장 많이 사용되는데, 그 표면에 고정상을 화학적으로 결합시켜 칼럼으로 사용한다. 실리카 입자의 크기는 다양한데, 5 μm가 가장 일반적으로 사용되고 있다. 입자의 크기가 작을수록 표면적이 넓어지므로 분리능은 좋아지지만 이동상 용매의 흐름에 필요한 압력은 그만큼 증가하게 된다. 예를 들면 동일한 직경의 칼럼에서 입자의 크기를 1/2로 줄이면 이동상 용매의 흐름에 필요한 압력은 4배로 증가한다.

HPLC에서 칼럼의 내경은 검출 감도와 분리능에 영향을 미치는 중요한 요인이다. 내경이 작을수록 감도가 향상되고 이동상 용매의 소비량도 줄어든다. 일반적으로 가

표 8-7. HPLC에 사용되는 칼럼의 내경과 유속(자료 : 영인과학)

구 분	칼럼 내경(mm)	칼럼의 길이(cm)	유속(mL/min.)
일반 칼럼	4.0~4.6	15~30	1~2
고속 분리용	4.0~4.6	4~10	2~4
Microbore-2	2.0	15~30	0.5~1
Microbore-1	1.0	15~100	0.03~0.06
Capillary(packed)	0.2~0.5	10~200	0.001~0.01

장 많이 사용되는 칼럼의 내경은 4.6 mm이지만, 최근에는 더 높은 감도의 필요성 때문에 내경 1~2 mm인 작은 칼럼의 사용이 빠르게 증가하고 있으며, 질량 분석 검출기의 경우 0.3 mm 미만의 모세관 칼럼도 사용된다. 이들은 훨씬 더 고압에서 견딜 수 있도록 설계되어 있다. 칼럼 제조사들은 칼럼 내경에 맞는 이동상 용매의 적절한 유속을 제시하고 있다(표 8-7).

2) 이동상 용매

HPLC에서 이동상 용매는 이동상의 역할 뿐만 아니라 시료와 고정상의 반응에도 영향을 미치는 중요한 요인이다.

(1) 용매의 조건

이동상 용매로 사용되는 모든 용매는 HPLC용으로 만들어진 HPLC grade를 사용하는 것이 바람직하며 이동상 용매의 극성도를 조절하기 위해서 사용하는 물도 **비저항값**이 18 MΩ 이상인 초순수를 사용하여야 한다. 이 용매들은 분리하고자 하는 시료 성분을 녹일 수 있어야 하고, 점도가 낮아야 하며, 측정하고자 하는 파장보다 낮은 UV cut off 값(표 8-8)을 가지고 있어야 한다.

그리고 HPLC에서는 다음에 설명하는 바와 같이 단일 용매를 사용하는 경우는 거의 없고, 대부분 혼합용매를 사용하기 때문에 이들 용매는 섞임성이 있어야 한다. 서로 섞이지 않는 용매를 동일한 HPLC 시스템에 사용하게 되면 칼럼에 치명적인 손상을 초래할 뿐만 아니라 시스템에서 막힘 현상이나 염의 석출 등이 발생하게 된다.

표 8-8. HPLC 용매의 특성

Solvent	UV Cut off[1]	Solvent	UV Cut off
Water	180	*n*-Heptane	197
Methanol	210	Cyclohexane	200
n-Propanol	205	Carbon tetrachloride	265
Acetonitrile	190	Chloroform	245
Tetrahydrofuran	230	Benzene	280
Acetone	330	Toluene	285
Methyl acetate	260	Methylene chloride	232
Ethyl acetate	260	Tetrachloroethylene	280
Nitromethane	380	1,2-Dichloroethane	225

[1] 자외선 흡수 파장보다 큰 파장에서 성분이 검출될 수 있는 대략적인 최소 파장

(2) 이동상 용매의 조제

앞에서도 설명한 바와 같이 주로 사용되는 역상 크로마토그래피에서 이동상은 극성 용매를 사용한다. 이 이동상 용매는 분석하려는 시료에 따라 서로 다른 용매 세기를 지니는 용매를 알맞은 부피 비율로 섞어 조제하는데, 이 비율은 HPLC에서 분리능을 높이는 데 있어 매우 중요한 역할을 한다.

이들 용매들은 반드시 여과 후에 사용하여야 한다. 이동상 용매에 미세입자들이 존재하면 이들이 칼럼을 막기 때문이다. 시료 중의 미세입자도 칼럼이 막히는 원인이 되기 때문에 마찬가지로 여과 후에 사용하여야 한다.

이동상 용매는 반드시 탈기 후에 사용하여야 한다. 용매 중에 용존산소, 공기 및 기포 등이 존재하면 칼럼 내에서 이동상의 흐름이 원활하지 않기 때문이다. 탈기를 위하여 최근의 HPLC 시스템에서는 펌프에 직접 연결된 on-line degasser를 장착하고 있다.

(3) 등용매 용출과 기울기 용출

위에서 HPLC에서 이동상 용매는 여러 용매를 적당한 부피 비율로 섞어 사용하는 것이 매우 중요하다고 설명하였다. 이동상 용매의 두 가지 구성 요소는 흔히 A와 B로 불리는데, A는 칼럼에서 성분이 천천히 용출되도록 하는 약한 용매이고, B는 칼럼에서 성분이 빠르게 용출되도록 하는 강한 용매이다.

역상 크로마토그래피에서 용매 A는 주로 물, 용매 B는 acetonitrile, methanol, isopropanol 등과 같이 물과 섞이는 유기 용매를 사용한다. HPLC에서 처음의 용매 조성을 끝까지 그대로 유지하는 방식을 등용매(isocratic) 방식, 시간의 경과에 따라 용매의 조성을 조금씩 달리해 주는 방식을 기울기(gradient) 방식이라고 한다.

일반적으로 HPLC에서는 기울기 방식이 등용매 방식에 비해 분리능이 좋고 분리시간을 절약할 수 있어 주로 이용된다. 표 8-9는 HPLC 분석조건에서 이동상 용매를 구성하는 A와 B 두 용액의 조성과 시간의 경과에 따라 용매의 조성을 달리하는 기울

▶ **비저항**

비저항(specific resistance) 값은 어떤 물질이 전류의 흐름에 얼마나 거스르는지를 나타내는 수치이다. 즉, 비저항 값이 크다는 말은 물질에 전류가 잘 통하지 않는다는 뜻이다. 그러므로 비저항은 물질이 얼마나 전류를 잘 흐르게 하는지를 나타내는 전도율의 역수(비저항 = 1/전도율)이다. Ω(ohm)은 저항의 단위이며, MΩ(mega ohm)은 Ω의 10^6배이다.

표 8-9. HPLC의 분석조건

Column	Agilent ZORBAX XDB-C8 Reversed-Phase, 4.6×150 mm, 3.5 μm (963967-906) Agilent ZORBAX Eclipse XDB-C18, 2.1×100 mm, 1.8 μm (928700-902) Agilent SB-Phenyl, 2.1×50 mm, 1.8 μm (827700-912)
Column temperature	25.0℃
Injection volume	20 μL
Mobile Phase	A) 0.1% formic acid in water v/v B) Acetonitrile
Linear gradient	10% B for 5 minutes, then 10% B to 100% B over 25 minutes at constant flow, hold at 100% B for 10 minutes
Flow rate	0.6 mL/min

기 방식을 설명하고 있고, 그림 8-40은 기울기 방식을 이용한 역상 크로마토그래피에서 시간이 지남에 따라 이동상 용매에서 유기용매 농도가 높아지면서 비극성 성분이 용출되는 것을 설명하고 있다.

(4) 완충용액의 사용

분석하고자 하는 시료가 이온성 시료일 경우에는 이온의 억제나 이온쌍의 형성을 위하여 완충용액(buffer solution)을 사용한다. 이 외에도 생리활성 물질 등을 순수분리하거나 정제할 때 pH를 조절할 목적으로, 그리고 이온성 물질을 분리할 때 이온강도를 조절할 목적으로 완충용액을 사용한다.

3) 검출기

GC에서와 같이 HPLC에서도 여러 가지 검출기(detector)가 사용된다. 칼럼에서 분리된 시료 성분이 검출기를 통과하면 검출기는 일정한 규칙에 따라 그 성분의 존재 및 양을 나타내는 전기적 신호를 발생시킨다. 이 전기적 신호는 기록계에 보내져 크로마토그램으로 기록된다. HPLC 검출기는 액체 성분을 검출하기 때문에 GC의 검출기와는 다른 점이 많다. HPLC 분석을 할 때에는 분석하고자 하는 성분에 대한 선택성과 감응도가 큰 검출기를 선택하여야 한다.

HPLC 검출기에는 가변파장 검출기(variable wavelength detector), 다이오드 어레이 검출기(diode-array detector), 형광 검출기(fluorescence detector), 굴절률 검출

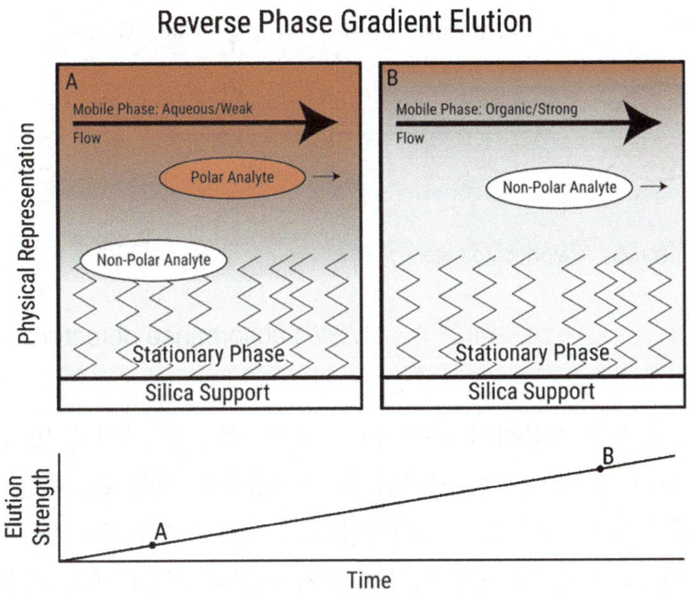

Reverse Phase Gradient Elution

그림 8-40. 기울기 용출을 이용한 역상 크로마토그래피

기(refractive index detector), 전기화학 검출기(electrochemical detector), 전도도 검출기(conductivity detector) 등이 있지만, 이 책에서는 가장 널리 쓰이는 흡광도 검출기(UV-Vis absorbance detector), 형광 검출기(fluorescence detector), 굴절률 검출기(refractive index detector)에 대하여 설명하고자 한다. 다른 검출기들에 대해서는 관련 전문서적이나 참고문헌을 참고하기 바란다. 참고로 가변파장 검출기와 다이오드 어레이 검출기는 흡광도 검출기의 일종이다.

(1) UV-Vis absorbance detector

제1절(1.1항, p. 359)의 흡광광도법에서 설명한 바와 같이 화합물 중에는 자외선 혹은 가시광선 영역의 빛을 흡수하는 성질을 가진 것들이 있다. 이 검출기는 화합물이 빛을 흡수하는 성질을 이용한 것이다. 즉, 이러한 화합물들이 칼럼에서 나와 검출기의 셀을 지나면서 흡수한 빛의 양을 전기적인 신호로 바꾸어 주는 원리를 이용한 것이다. 이 검출기에는 기본적으로 검출기를 통과하는 액체의 흡광도를 측정하는 분광광도계가 장착되어 있다.

그림 8-41에서 보는 바와 같이 칼럼을 통하여 계속적으로 유출되는 액체 성분의 흡광도를 측정하는데, 그 흡광도에 비례하는 전기적 신호가 발생하고, 이것이 기록계에 보내지는 것이다. 이때 이동상의 흡광도는 0으로 조절된다.

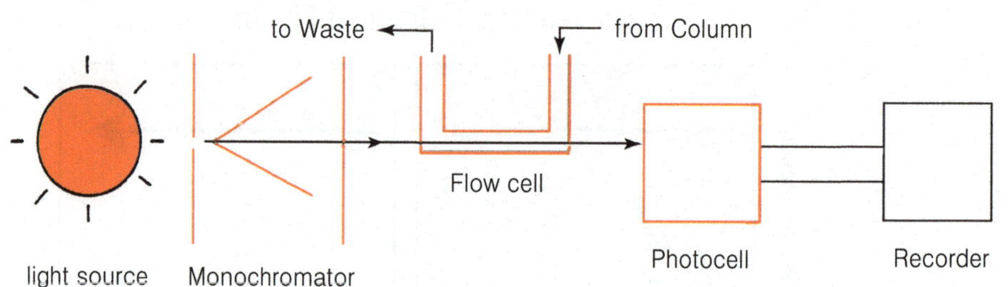

그림 8-41. UV-Vis absorbance detector

UV-Vis 검출기를 사용하여 분석하고자 하는 물질은 자외선 및 가시광선의 빛을 흡수하여야 한다. 모든 물질이 자외선 및 가시광선의 빛을 흡수하는 것이 아니기 때문에 각 물질의 분자 내에 흡수 스펙트럼을 가지는 구조가 존재하는지를 먼저 조사하여야 한다. 이 검출기는 감도가 상당히 좋기 때문에 HPLC에서 가장 많이 사용되는데 약품, 식품, 향료, 펩타이드와 단백질 및 비타민 등의 다양한 분야에서 폭넓게 사용되고 있다.

(2) Fluorescence detector

제 1절(1.1항, p. 359)에서 설명한 바와 같이 원자나 분자가 빛을 흡수하면 전자전이의 발생으로 바닥상태(ground state)에서 들뜬상태(excited state)가 되었다가 다시 바닥상태로 되돌아가게 된다. 이 과정에서 특정한 구조를 가진 화합물들은 흡수하였던 이 에너지를 다시 빛으로 방출하는데 이 빛을 형광(fluorescence), 이와 같은 성질을 지니는 물질을 형광물질이라고 한다.

형광검출기는 형광을 내는 화합물을 특이적으로 검출하는 검출기이다. 형광을 내는 물질이 칼럼으로부터 유출되면 형광광도가 측정되고, 이에 대한 전기적인 신호가 기록계에 전달, 기록되게 된다. 형광을 내는 성분에만 적용할 수 있는 제한점이 있지만 흡광도 검출기에 비하여 10~100배 이상의 매우 우수한 감도를 가진다.

형광 검출기는 약품, 임상, 식품, 환경 등과 같은 다양한 분야에서 사용되고 있다.

(3) Refractive index detector

굴절률 검출기는 시료의 농도 변화에 따른 빛의 굴절률의 차이를 측정하는 것이다. Cell은 이동상으로 채워진 reference cell과 시료가 통과하는 sample cell로 구성되어 있는데, 분석시간 동안 reference cell은 이동상만으로 채워지고, 시료를 포함한 이동상은 sample cell을 통과하여 흐른다. 이때 두 cell의 농도 차에 의하여 굴절률의 차이가 발생하는데, 이를 전기적인 신호로 바꾸어 크로마토그램으로 기록하게 된다.

이 검출기는 굴절률에 의하여 물질을 분석하기 때문에 거의 모든 화합물에 적용할 수 있지만, 흡광도 검출기나 형광 검출기 등에 비하여 감도가 낮고, 이동상의 유속과 온도에 대해서 매우 민감하다. 굴절률 검출기는 흡광도 검출기나 전기전도도 검출기에서 검출이 안 되는 고분자 화합물이나 당 등의 분석에 주로 이용된다.

4) HPLC 분석법 개발을 위한 단계

HPLC 분석법을 개발할 때에는 분석하고자 하는 물질의 특성과 시료 중에 존재하는 방해물질의 종류 및 양 등을 고려하여 적합한 칼럼 및 검출기를 선택하는 것이 매우 중요하다. 최적의 분석 방법을 얻기 위한 단계는 다음과 같은 6단계 과정을 거친다.

(1) 분석하고자 하는 시료의 물리화학적 특성을 조사한다.
(2) 분리에 적합한 칼럼을 선택한다(충전제의 종류, 칼럼의 크기 등).
(3) 표준품을 이용한 크로마토그램을 얻는다.
(4) 알맞은 분리 간격을 위한 용매의 조성비를 조절한다.
(5) 피크의 분리 간격을 최적화한다. 이때 피크의 분리가 만족스럽지 않으면 칼럼을 변경한다(충전제의 종류, 칼럼의 크기 등).
(6) 최상의 칼럼 규격을 선택한다.

참고문헌

권중호 등 : 식품화학, 신광출판사(2017)
금종화 등 : 식품분석(이론 및 실습), 지구문화사(2017)
김건희 : 재미있는 식품화학, 수학사(2018)
김동훈 : 식품화학, 탐구당(2010)
김민식 등 : 도해 기본분석화학실험, 형설출판사(1996)
김범식 등 : 식품분석(실무의 기초가 되는), 교문사(2019)
김태화 등 : 쉬운 기기분석, 유한문화사(2019)
노봉수 등 : 식품화학, 수학사(2014)
맹영선 등 : 식품과 건강, 유한문화사(1999)
박기채 : 기기분석의 원리, 탐구당(1995)
생물화학연구회 : 생화학 실험서, 동명사(1995)
손종연 : 알기 쉬운 식품분석, 진로(2017)
손종연 : 최신 식품화학, 진로(2018)
송태희 등 : 이해하기 쉬운 식품분석, 파워북(2014)
송태희 등 : 이해하기 쉬운 식품화학, 효일(2020)
송효남 : 식품화학, 창지사(2019)
신말식 등 : 식품화학, 교문사(2019)
신효선 : 식품분석(이론과 실험), 신광출판사(2004)
안승요 등 : 식품화학, 교문사(2010)
양종범 등 : 쉬운 식품화학, 유한문화사(2011)
윤석권 : 식품화학, 수학사(2020)
이용일(역) : 기기분석(그레인저의 핵심), 사이플러스(2020)
이성우 : 식품화학, 수학사(1999)
정맹준 : 기기분석, 드림플러스(2017)
정현정 : 식품화학(기초가 탄탄한), 수학사(2015)
조신호 등 : 식품화학, 교문사(2014)

한국분석기기(주) : Pipette User's Training(2008)

한국생화학회 : 실험 생화학, 탐구당(2000)

Adams, R. P. : Identification of Essential Oil Components By Gas Chromatography/Mass Spectrometry, Allured Pub Corp.(2007)

Adlard, E. R. *et al.* : Gas chromatographic techniques and applications, Sheffield Academic, London(2001)

A.O.A.C : Official Methods of Analysis of AOAC 18th ed. AOAC International, Arlington(2005)

Barry, E. F. *et al.* : Modern practice of gas chromatography, Wiley Interscience, New York(2004)

Boyer, R. F. : Modern Experimental Biochemistry, Addison Wesley, Boston (1986)

Cheng, E. Y. *et al.* : Rapid bioassay of pesticide residues(RBPR) on fruits and vegetables. J. Agric. Res. China, 40(2), 188(1991)

Cooper, T. G : The Tools of Biochemistry, John Wiley & Sons, Inc., Hoboken (1977)

Donald Voet, *et al.* : Biochemistry, John Wiley & Sons, Inc., Hoboken(2010)

FSA : McCance and Widdowson's The Composition of Foods, 6th Summary Edition. Cambridge : Royal Society of Chemistry(2002)

Harris DC. : Quantitative Chemical Analysis, Freeman, New York(2015)

John M. de Man : Food process engineering and technology, Academic Press, London and New York(2009)

Kathy Barker : At the Bench, CSHL Press, New York(1998)

Kenkel, J. : Analytical Chemistry for Technicians, Lewis Publishers, Inc.(1988)

Korean Food and Drug Administration, Analytical method guideline about validation of drugs and etc. Seoul(2015)

Murray, R. F. *et al.* : Harper's Illustrated Biochemistry, Lange Medical Books, New York(2006)

Owen R. Fennema *et al.* : Handbook of Food Analysis, Marcel Dekker, New York(1998)

R. H. Burdon *et al.* : Laboratory Techniques, Elsevier, Massachusetts(1989)

Skoog, D. A. *et al.* : Fundamentals of Analytical Chemistry, Saunders College Publishing, New York(1988)

Stryer L. *et al.* : Biochemistry, W. H. Freeman, San Francisco(2007)

Thermo Fisher Scientific Inc. : Thermo Scientific Orion Laboratory Products Catalog(2007)

Weber A. *et al.* : Mass Spectral and GC Data of Drugs, Poisons, Pesticides, Pollutants and Their Metabolites, Wiley-VCH, Weinheim (2007)

WHO : "Prevention of foodborne disease: Five keys to safer food"(2010)

Wilson, K. *et al.* : A Biologist's Guide to Principles and Techniques of Practical Biochemistry, Edward Arnold, London(1987)

〈Website〉

Agilent Technologies : 검출기 4개의 Agilent 8890 GC를 이용한 과일과 채소의 유기인 및 유기염소계 농약 분석, Available from: https://www. agilent.com/cs/library/applications/application-organophosphorus-organochlorine-pesticides-5994-1215ko-kr-agilent.pdf, Accessed Oct. 8, 2019(표 8-2)

Agilent Technologies : Both High-Resolution Chromatography and Accurate Mass Spectrometry are Essential for Analysis of Isobaric Pesticides in Complex Food matrices, Available from: https://www. agilent.com/cs/library/applications/5991-5216EN.pdf, Accessed Oct. 21, 2014(표 8-9)

Kkmurray : Flame ionization detector, Available from: https://commons. wikimedia.org/wiki/File:Flame_ionization_detector_schematic.gif,Accessed Oct. 24, 2003(그림 8-29)

KOSHA : 한국산업안전보건공단 화학물질정보, Available from: https://msds. kosha.or.kr/MSDSInfo/kcic/msdssearchMsds.do

Lovecat2010 : Theory of Gas Chromatography(GC), Available from: https://blog.naver.com/lovecat2010/10077967362, Accessed Feb. 8, 2010(그림 8-28)

Mattj63 : Thermal Conductivity Detector, Available from: https://en.wikipedia. org/wiki/Thermal_conductivity_detector#/media/File:Thermal_Conductivity_Detector_1.svg, Accessed Sep. 18, 2007(그림 8-33)

MFDS(Ministry of Food and Drug Safety) : 식품공전, Available from: http://www.foodsafetykorea.go.kr/foodcode/01_01.jsp, Accessed Dec. 28, 2020

Nategm : Reverse Phase Gradient Elution, Available from: https://en. wikipedia.org/wiki/High-performance_liquid_chromatography#/media/File:Reverse_Phase_Gradient_Elution_Schematic.svg, Accessed Mar. 22, 2017 (그림 8-40)

Younglin_ : GC system 기본 개념 잡기, Available from: https://blog.naver.com/younglin_/220631982694, Accessed Feb. 19, 2016(표 8-3)

Younglin_ : GC 검출기, 그것이 궁금하다., Available from: https://blog. naver.com/younglin_/220636768897, Accessed Feb. 24, 2016

Younglin_ : GC 컬럼 선택 Tip을 알아볼까요?, Available from: https://blog.naver.com/younglin_/221596419641, Accessed Jul. 26, 2019(그림 8-26)

찾아보기

Index

X

0

◈ 집 필 진 ◈

양 종 범
동남보건대학교 식품제약과

오 창 환
세명대학교 바이오식품산업학부

윤 경 영
영남대학교 식품영양학과

이 근 보
영미산업주식회사

(증보개정판) 쉬운 **식품분석**

2021년 5월 5일 개정 4판 인쇄
2021년 5월 10일 개정 4판 발행

저 자 : 양종범 · 오창환 · 윤경영 · 이근보
펴낸이 : 천승배
펴낸곳 : 도서출판 유한문화사

주소 : 경기도 고양시 덕양구 지도로 124번길 8-35
전화 : 2668-2055
팩스 : 2668-2565
http://www.yuhansa.com
E-mail : yuhansa@hanmail.net
등록 : 제 5-31호. 1979. 3. 6.

값 26,000 원

ISBN : 978-89-7722-949-5 93570